U0277327

浙江科学技术史研究丛书

浙江科学技术史

History of Science and Technology in Zhejiang Province

当代卷

许为民 等 编著

ZHEJIANG UNIVERSITY PRESS
浙江大学出版社

图书在版编目(CIP)数据

浙江科学技术史. 当代卷 / 许为民等编著. —杭州：
浙江大学出版社,2014.10
ISBN 978-7-308-11020-4

Ⅰ. ①浙… Ⅱ. ①许… Ⅲ. ①自然科学史－浙江省－
现代 Ⅳ. ①N092

中国版本图书馆 CIP 数据核字(2013)第 006383 号

浙江科学技术史·当代卷

许为民等　编著

丛书策划	朱　玲
责任编辑	朱　玲
封面设计	奇文云海
出版发行	浙江大学出版社
	（杭州市天目山路 148 号　邮政编码 310007）
	（网址：http://www.zjupress.com）
排　　版	杭州中大图文设计有限公司
印　　刷	浙江印刷集团有限公司
开　　本	710mm×1000mm　1/16
印　　张	23.75
字　　数	425 千
版 印 次	2014 年 10 月第 1 版　2014 年 10 月第 1 次印刷
书　　号	ISBN 978-7-308-11020-4
定　　价	68.00 元

浙江文化研究工程成果文库总序

  有人将文化比作一条来自老祖宗而又流向未来的河,这是说文化的传统,通过纵向传承和横向传递,生生不息地影响和引领着人们的生存与发展;有人说文化是人类的思想、智慧、信仰、情感和生活的载体、方式和方法,这是将文化作为人们代代相传的生活方式的整体。我们说,文化为群体生活提供规范、方式与环境,文化通过传承为社会进步发挥基础作用,文化会促进或制约经济乃至整个社会的发展。文化的力量,已经深深熔铸在民族的生命力、创造力和凝聚力之中。

  在人类文化演化的进程中,各种文化都在其内部生成众多的元素、层次与类型,由此决定了文化的多样性与复杂性。

  中国文化的博大精深,来源于其内部生成的多姿多彩;中国文化的历久弥新,取决于其变迁过程中各种元素、层次、类型在内容和结构上通过碰撞、解构、融合而产生的革故鼎新的强大动力。

  中国土地广袤、疆域辽阔,不同区域间因自然环境、经济环境、社会环境等诸多方面的差异,建构了不同的区域文化。区域文化如同百川归海,共同汇聚成中国文化的大传统,这种大传统如同春风化雨,渗透于各种区域文化之中。在这个过程中,区域文化如同清溪山泉潺潺不息,在中国文化的共同价值取向下,以自己的独特个性支撑着、引领着本地经济社会的发展。

  从区域文化入手,对一地文化的历史与现状展开全面、系统、扎实、有序的研究,一方面可以藉此梳理和弘扬当地的历史传统和文化资源,繁荣和丰富当代的先进文化建设活动,规划和指导未来的文化发展蓝图,增强文化软实力,为全面建设小康社会、加快推进社会主义现代化提供思想保证、精神动力、智力支持和舆论力量;另一方面,这也是深入了解中国文化、研究中国文化、发展中国文化、创新中国文化的重要途径之一。如今,区域文化研究日益受到各地重视,成为我国文化研究走向深入的一个重要标志。我们今天实施浙江文化研究工程,其目的和意义也在于此。

  千百年来,浙江人民积淀和传承了一个底蕴深厚的文化传统。这种文化传统的独特性,正在于它令人惊叹的富于创造力的智慧和力量。

浙江文化中富于创造力的基因,早早地出现在其历史的源头。在浙江新石器时代最为著名的跨湖桥、河姆渡、马家浜和良渚的考古文化中,浙江先民们都以不同凡响的作为,在中华民族的文明之源留下了创造和进步的印记。

浙江人民在与时俱进的历史轨迹上一路走来,秉承富于创造力的文化传统,这深深地融汇在一代代浙江人民的血液中,体现在浙江人民的行为上,也在浙江历史上众多杰出人物身上得到充分展示。从大禹的因势利导、敬业治水,到勾践的卧薪尝胆、励精图治;从钱氏的保境安民、纳土归宋,到胡则的为官一任、造福一方;从岳飞、于谦的精忠报国、清白一生,到方孝孺、张苍水的刚正不阿、以身殉国;从沈括的博学多识、精研深究,到竺可桢的科学救国、求是一生;无论是陈亮、叶适的经世致用,还是黄宗羲的工商皆本;无论是王充、王阳明的批判、自觉,还是龚自珍、蔡元培的开明、开放,等等,都展示了浙江深厚的文化底蕴,凝聚了浙江人民求真务实的创造精神。

代代相传的文化创造的作为和精神,从观念、态度、行为方式和价值取向上,孕育、形成和发展了渊源有自的浙江地域文化传统和与时俱进的浙江文化精神,她滋育着浙江的生命力、催生着浙江的凝聚力、激发着浙江的创造力、培植着浙江的竞争力,激励着浙江人民永不自满、永不停息,在各个不同的历史时期不断地超越自我、创业奋进。

悠久深厚、意韵丰富的浙江文化传统,是历史赐予我们的宝贵财富,也是我们开拓未来的丰富资源和不竭动力。党的十六大以来推进浙江新发展的实践,使我们越来越深刻地认识到,与国家实施改革开放大政方针相伴随的浙江经济社会持续快速健康发展的深层原因,就在于浙江深厚的文化底蕴和文化传统与当今时代精神的有机结合,就在于发展先进生产力与发展先进文化的有机结合。今后一个时期浙江能否在全面建设小康社会、加快社会主义现代化建设进程中继续走在前列,很大程度上取决于我们对文化力量的深刻认识、对发展先进文化的高度自觉和对加快建设文化大省的工作力度。我们应该看到,文化的力量最终可以转化为物质的力量,文化的软实力最终可以转化为经济的硬实力。文化要素是综合竞争力的核心要素,文化资源是经济社会发展的重要资源,文化素质是领导者和劳动者的首要素质。因此,研究浙江文化的历史与现状,增强文化软实力,为浙江的现代化建设服务,是浙江人民的共同事业,也是浙江各级党委、政府的重要使命和责任。

2005 年 7 月召开的中共浙江省委十一届八次全会,作出《关于加快建设文化大省的决定》,提出要从增强先进文化凝聚力、解放和发展生产力、增强社会公共服务能力入手,大力实施文明素质工程、文化精品工程、文化研究工程、文化保护工程、文化产业促进工程、文化阵地工程、文化传播工程、文化人才工程等"八项工程",实施科教兴国和人才强国战略,加快建设教育、科技、卫生、体育等"四个强省"。作为文化建设"八项工程"之一的文化研究工程,其任务就是系统研究浙江文化的历史成就和当代发展,深入挖掘浙江文化底蕴、研究浙江现象、总结浙江经验、指导浙江未来的发展。

浙江文化研究工程将重点研究"今、古、人、文"四个方面,即围绕浙江当代发展问题研究、浙江历史文化专题研究、浙江名人研究、浙江历史文献整理四大板块,开展系统研究,出版系列丛书。在研究内容上,深入挖掘浙江文化底蕴,系统梳理和分析浙江历史文化的内部结构、变化规律和地域特色,坚持和发展浙江精神;研究浙江文化与其他地域文化的异同,厘清浙江文化在中国文化中的地位和相互影响的关系;围绕浙江生动的当代实践,深入解读浙江现象,总结浙江经验,指导浙江发展。在研究力量上,通过课题组织、出版资助、重点研究基地建设、加强省内外大院名校合作、整合各地各部门力量等途径,形成上下联动、学界互动的整体合力。在成果运用上,注重研究成果的学术价值和应用价值,充分发挥其认识世界、传承文明、创新理论、咨政育人、服务社会的重要作用。

我们希望通过实施浙江文化研究工程,努力用浙江历史教育浙江人民、用浙江文化熏陶浙江人民、用浙江精神鼓舞浙江人民、用浙江经验引领浙江人民,进一步激发浙江人民的无穷智慧和伟大创造能力,推动浙江实现又快又好发展。

今天,我们踏着来自历史的河流,受着一方百姓的期许,理应负起使命,至诚奉献,让我们的文化绵延不绝,让我们的创造生生不息。

2006 年 5 月 30 日于杭州

《浙江文化研究工程》序

赵洪祝

　　浙江是中国古代文明的发祥地之一，历史悠久、人文荟萃，素称"文物之邦"，从史前文化到古代文明，从近代变革到当代发展，都为中华民族留下了众多弥足珍贵的文化遗产。勤劳智慧的浙江人民历经千百年的传承与创新，在保留自身文化特质的基础上，兼收并蓄外来文化的精华，形成了具有鲜明浙江特色、深厚历史底蕴、丰富思想内涵的地域文化，这是浙江人民共同创造的物质财富和精神财富的结晶，是中华文化中的一朵奇葩。如何更好地使这一文化瑰宝为我们所用、为时代服务，既是历史传承给我们的一项艰巨任务，也是时代赋予我们的一项神圣使命。深入挖掘、整理、探究，不断丰富、发展、创新浙江地域文化，对于进一步充实浙江文化的内涵和拓展浙江文化的外延，进一步增强浙江文化的创新能力、整体实力、综合竞争力，进一步发挥文化在促进浙江经济、政治和社会建设中的作用，具有重要的现实意义和深远的历史意义。

　　改革开放以来，历届浙江省委始终高度重视社会主义文化建设。早在1999年，浙江省委就提出了建设文化大省的目标；2000年，制定了《浙江省建设文化大省纲要》；2005年，作出了《关于加快建设文化大省的决定》，经过全省上下的共同努力，浙江文化大省建设取得了显著成效。

　　浙江文化研究工程是浙江文化建设"八项工程"的重要内容之一，也是迄今为止国内最大的地方文化研究项目之一。该工程旨在以浙江人文社会科学优势学科为基础，以浙江改革开放与现代化建设中的重大理论、现实课题和浙江历史文化为研究重点，着重从"今、古、人、文"四个方面，梳理浙江文明的传承脉络，挖掘浙江文化的深厚底蕴，丰富与时俱进的浙江精神，推出一批在研究浙江和宣传浙江方面具有重大学术影响和良好社会效益的学术成果，培养一支拥有高水平学科带头人的学术梯队，建设一批具有浙江特色的"当代浙江学术"品牌，进一步繁荣和发展哲学社会科学，提升浙江的文化软实力，为浙江全面建设惠及全省人民的小康社会和实现社会主义现代化，提供强大的精神动力、正确的价值导向和有力的智力支持，为提升浙江文化影响力、丰富中华文化宝库作出贡献。

浙江文化研究工程开展三年来，专家学者们潜心研究，善于思考，勇于创新，在浙江当代发展问题研究、浙江历史文化专题研究、浙江名人研究、浙江历史文献整理等诸多研究领域都取得了重要成果，已设立 10 余个系列 400 余项研究课题，完成 230 项课题研究，出版 200 余部学术专著，发表大量的学术论文，产生了广泛而深远的社会影响。这些阶段性成果，对于加快建设文化大省提供了新的支撑力和推动力。

党的十七大突出强调了加强文化建设、提高国家文化软实力的极端重要性，并对兴起社会主义文化建设新高潮、推动社会主义文化大发展大繁荣作出了全面部署。为深入贯彻落实党的十七大精神，浙江省第十二次党代会提出"创业富民、创新强省"总战略，并坚持把建设先进文化作为推进创业创新的重要支撑。2008 年 6 月，省委召开工作会议，对兴起文化大省建设新高潮、推动浙江社会主义文化大发展大繁荣进行专题部署，制定实施了《浙江省推动文化大发展大繁荣纲要（2008－2012）》，明确提出：今后一个时期我省兴起文化大省建设新高潮、推动文化大发展大繁荣的主要任务是，在加快建设教育强省、科技强省、卫生强省、体育强省的同时，继续深入实施文明素质工程、文化精品工程、文化研究工程、文化保护工程、文化产业促进工程、文化阵地工程、文化传播工程、文化人才工程等文化建设"八项工程"，着力建设社会主义核心价值体系、公共文化服务体系、文化产业发展体系等"三大体系"，努力使我省文化发展水平与经济社会发展水平相适应，在文化建设方面继续走在前列。

当前，浙江文化建设正站在一个新的历史起点上，既面临千载难逢的机遇，也面对十分严峻的挑战。如何抓住机遇，迎接挑战，始终保持浙江文化旺盛的生命力，更好地发挥文化软实力的重要作用，是需要我们认真研究、不断探索的重大新课题。我们要按照科学发展观的要求，全面实施"创业富民、创新强省"总战略，以更深刻的认识、更开阔的思路、更得力的措施，大力推进浙江文化研究工程，努力回答浙江经济、政治、文化、社会建设和党的建设遇到的各种新问题，努力回答干部群众普遍关心的热点问题，努力形成一批有较高学术价值和社会效益的研究成果。

继续推进浙江文化研究工程，是一件功在当代、利在千秋的事业。我们热切地期待有更多的优秀成果问世，以展示浙江文化的实力，增强浙江文化的竞争力，扩大浙江文化的影响力。

2008 年 9 月 10 日于杭州

编首语

（一）

科学技术是人类认识自然、改造自然的有力武器，科学技术史是人类文明史的基础和主干，在人类社会发展历史中具有十分重要的地位。浙江地处中国东南沿海，历来人文荟萃，科技人才辈出，创造了辉煌的科学技术成就，在中国科技史、东亚科技史乃至世界科技史上都具有重要的地位。

开展浙江科学技术史研究，对于认识和了解浙江科技的历史发展进程，对于浙江的现代科技文化建设具有重要的理论价值和现实意义。一方面，浙江科学技术史是浙江文化史的重要组成部分，探讨浙江科学技术史多元丰富的内涵和鲜明独特的传统，对于挖掘浙江文化的深刻内涵和丰富底蕴具有重要的理论价值；另一方面，研究浙江科学技术史不仅能够帮助人们认识和了解浙江科学技术的发展进程，同时也有助于总结浙江科学技术发展的历史经验和教训，从而为规划浙江科学技术发展和推动科学文化传播提供有益的借鉴，为浙江全面建设物质富裕、精神富有的现代化社会提供强大的精神动力和智力支持。

然而，科学技术史如同人类的其他历史，头绪繁杂纷纭，材料无限丰富且还在不断被挖掘和充实，如何剪裁布局是见仁见智的事情。综观各种科技史版本，有专门讨论观念发展的思想史，有侧重科技活动的社会史，有关注人物事件的专题史，有着墨区域民族的地方史等等，各有千秋，精彩纷呈。2005年，在中共浙江省委作出实施"浙江文化研究工程"重大战略部署时，我们根据自己的研究基础和力量，设计了三卷本"浙江近代科技文化史研究"项目,计划以明末清初到民国为时间范围,对近代浙江科学技术发展与文化发展的互动和关联进行专题史性质的研究。

项目计划送审时,浙江省哲学社会科学发展规划办公室的领导提出,对浙江科学技术发展进行通史式研究一直是学界空白,与具有悠久历史的浙江文化传统很不相称,也在一定程度上影响了浙学研究的深入。因此希望我们拓展研究视野,开展对浙江科学技术史从古代贯通到现代的研究,写出一部自上古到 20 世纪末的浙江科学技术通史,以填补这方面研究的空白。

这是一个高难度的任务,具有极大的挑战性。能否承接?我们经过深入研读文献,并多方讨教,反复讨论,最后终于鼓起勇气,尝试吃一下"螃蟹",并且做好了当"铺路石"的心理准备。总要有人跨出第一步,即使这一步走得不够理想,也可以为他人以后继续走下去、走得更好提供基础和借鉴。这样,我们重新设计了"浙江科学技术史系列研究"(上古到当代)的课题,并在 2005 年年底经浙江历史文化研究工程专家委员会论证后,获得浙江省社会科学规划领导小组批准。

系列研究被列为浙江省哲学社会科学规划重点课题,许为民为课题总负责人,王淼任课题组秘书。下面设置 7 个单项课题,分别由龚缨晏、张立、王淼、王彦君、许为民负责。作为系列研究的最后成果,就是出版 7 卷本的"浙江科学技术史研究丛书"。由于历史研究需要大量查阅文献,且年代越早文献越难寻找和获得,我们根据研究力量和文献情况,把丛书的完成由近及远分为两个阶段:第一阶段的研究范围确定为清代到现代,开展 4 个单项课题的研究,完成研究文稿后先行提交评审和出版;第二阶段的研究范围确定为上古到明代,分为 3 个单项课题,完成文稿后再评审出版。

(二)

一般来说,一部科学技术通史的编撰可以按照历史阶段和学科门类两种思路展开,鉴于浙江科学技术史研究的一些特点,我们采用了断代分期的方式撰写。"浙江科学技术史研究丛书"各卷断代分期的设计主要考虑了以下因素:与一般历史分期基本相当,与各时期相关文献的多寡和影响大小相联系,保持各卷研究内容相对均衡。这样的分卷考虑虽然不一定是最合理的,有厚今薄古的倾向,但也是从实际出发的一种可行设计。

丛书各卷的名称、年代和编著者分别是:

浙江科学技术史·上古到五代卷(上古至 960 年),编著者:项隆元,龚缨晏;

浙江科学技术史·宋元卷(960—1368 年),编著者:张立;

浙江科学技术史·明代卷(1368—1644 年),编著者:王淼;

浙江科学技术史·清代前期和中期卷(1644—1840 年),编著者:张立;

浙江科学技术史·晚清卷(1840—1911 年),编著者:王淼;

浙江科学技术史·民国卷(1912—1949 年),编著者:王彦君;

浙江科学技术史·当代卷(1949—2000 年),编著者:许为民等。

各卷的主要内容简介如下:

上古到五代卷

史前时代,浙江的先民们创造出了发达的稻作农业、独特的干栏式建筑、精湛的治玉工艺等,从而为中华文明的形成作出了贡献。进入文明时代后,从商周时代出现的原始青瓷到唐五代的"秘色瓷",从越国的青铜宝剑到东晋六朝的造纸术,从魏伯阳的《周易参同契》到喻皓的《木经》,从虞喜的"岁差说"到吴越国的天文图,都反映了浙江在中国早期科技史中的重要地位。需要指出的是,浙江的科学技术自史前时代开始,就具有海洋文化的印记。中国现知最早的独木舟,即出现在 8000 年前的钱塘江南岸。史前浙江的稻作农业,还漂洋过海,传播到朝鲜半岛和日本列岛。汉唐时代的"海上丝绸之路",则有力地促进了浙江与海外的科技文化交流。

宋元卷

宋元时期是中国也是浙江古代科学技术发展的高峰时期,经济的繁荣为科学技术的发展提供了必要的物质基础与技术需求,很多传统的科学技术在这一时期达到了古代的最高水平。浙江的科学技术在这一时期取得了许多突出的成就,涌现了一批杰出的人物,例如:被誉为"中国科学史上的坐标"的沈括和发明活字印刷术的毕昇生活于北宋时期,中国数学史上"宋元四大家"之一的杨辉生活于南宋时期,中国医学史上"金元四大家"之一的朱震亨则生活于元代。尤为值得重视的是,在南宋时期,汉族中央政治和文化中心从中原地区转移到浙江杭州,南宋社会的发展更多地打上了浙江文化的烙印。

明代卷

明代是浙江科学技术史上的重要时期,传统科学在这一时期经历了从衰退到复兴的发展历程,传统技术出现了一些重要的创新性成果,中医药学也获得了新的发展。与此同时,明代浙籍学人在中外科学技术交流领域表现活跃,特别是为促进西方科技的传入、揭开中国近代科技发展的序幕作出了积极贡献。本卷对明代浙江在天文历算、地学、生物学、医药学、技术和中外科学技术交流等领域涌现出的杰出人物、重要著作以及取得的成就作了较为全面和深入的探讨。基于对相关科学技术内容的介绍,简要分析了这一时期浙江科学技术发展的特征以及与社会的互动关系。

清代前期和中期卷

明末清初被科学技术史界认为是中国近代科学技术史的起点。西方科学技术传入到清初中断,清代中叶中国学者在科学技术方面的工作重点转为挖掘、整理和考辨古代文献,但西学的影响无法中断,西学的传入使中国科学技术的发展道路发生了重要改变。这一时期,浙江地区传统的科学技术持续发展,在地理学、生物学与农学、医药学以及手工业技术和水利工程等方面的成就比较突出。西方科学技术也随着传教士的进入得到初步传播,浙江的杭州、宁波等地是当时西学传播的重要地区。清代前期的西学初步传播为浙江在晚清全面走向近代化打下了重要基础。

晚清卷

晚清时期,随着西方近代科学技术的广泛传播和普及,浙江初步实现了科学技术近代化。与此同时,浙江在传统科学技术领域也取得了一些新进展。本卷描述了第一次鸦片战争前后、洋务运动时期以及清末时期浙江的科学技术传播和研究活动以及科技教育的演进历程,同时叙述了晚清时期浙江在传统中医药学、民间传统工艺技术方面获得的新发展。在此基础上,简略概括晚清浙江科学技术发展的特点,并从科学技术与社会互动的角度出发,对晚清时期制约和促进浙江科学技术发展的因素以及科学技术对晚清浙江社会发展的影响作了简要探讨。

民国卷

中华民国时期是现代科学技术在浙江省的起步阶段。在大批归国留学生的支持和努力下，以浙江大学为代表，浙江省在自然科学、农学、工业技术等领域取得了丰硕成果，尤其在物理学、遗传学、化学工程等学科培养了大批人才，支持了地方以及全国的经济建设。1929年，西湖博览会的召开标志着浙江省工农业技术达到了较高水平。1948年中央研究院遴选的第一批81位院士中有20位是浙江籍（理工类）；新中国成立后中国科学院遴选的第一批172名学部委员中有27位是浙江籍。浙籍院士在新中国科学技术事业领军人才中占据了重要份额。

当代卷

本卷把从新中国成立到20世纪末半个世纪间从边缘走向中心的浙江当代科学技术历程，分为"新中国成立初期到'文革'的曲折前进"和"改革开放到20世纪90年代的快速发展"两个时期，每个时期又分为特点明显的三个阶段。全书按照概述、考古研究、基础研究、农学农业、医学医疗、工业技术和科普科协活动的逻辑，对该期间浙江大地上发生的重大科学技术事件及其背景、经过和影响进行了比较系统的梳理，对该时期在浙江科技发展方面作出重要贡献的机构和人物进行了较为深入的挖掘，并特别探讨了浙江科学技术体制化的进程和经验，分析了当代浙江科学技术发展与社会的互动关系，以揭示当代浙江科技发展的自身特点与内在规律。

（三）

编撰7卷本"浙江科学技术史研究丛书"是一项工程较大、历时较长、需要多人分工合作的事业。研究中既要目标一致体现整体性，又要各扬所长展示独特性。为此，我们集思广益，在课题研究和书稿撰写的过程中，首先确定统一的目标：尽最大可能搜集和整理浙江科学技术史素材，积累基本资料；理清浙江历史上科学技术发展的基本问题，拓展研究视野，提升研究水平；争取在探索浙江科学技术发展的基本史实、内在机制、外在影响等方面有所突破。研究中力求贯彻"三个结合"的原则：考古资料与文献资料相结合，挖掘实物资料包含的科学技术内涵；专题研究与归纳分析相结合，探究浙江科学技术发展的原创精神和基本特征；内史研究与外史探究相结合，突破传统成就描述，使研究成果更具解释功能。

关于如何取舍浩如烟海的文献资料，我们认为，由于历史过程的不可逆性和无限丰富性，对它的任何描述都将是不完备的。为此我们确定了"求准不求全"的史料使用原则，要求入书的内容无误或少误。虽然"求准不求全"可能导致一些本该介绍的事件、机构、人物因史料不足没有介绍或介绍过略，但是以后可以补充修订；介绍错误虽然也可以订正，而造成的不良影响会更大，甚至将以讹传讹，贻笑大方。

就每个单项课题研究过程来说，基本上是从搜集、整理和分析重要的研究文献和科学技术史料入手，通过不断汇集和反复筛选，梳理浙江历史上各个时期重大的科学技术成就和科学技术事件，编写并不断完善各个时期的大事记，力争比较完整地勾勒出该时期浙江科学技术发展的全貌。同时，围绕影响较大的成就、人物、机构和活动，开展一系列综合研究和案例研究。此外，还特别关注科学技术的社会史、文化史、思想史和跨学科研究，探讨科技与社会文化的互动机制，揭示这一时期浙江科学技术发展的内在逻辑，使研究成果更具启发意义。

在写作体例方面，丛书有基本的规范要求，每卷除了正文还有相对比较完备的附录，主要包括参考文献，人物、著作索引和大事记，有的卷册因时代特点不同还有其他附录。撰稿技术规范是以中国科学院自然科学史研究所的规范为底本统一制定的。尽管有统一要求，由于存在着时代、文献、编著者等方面的差异性，各卷之间的不平衡是客观存在的。这一不平衡只能留待以后在修订时解决了。

"浙江科学技术史研究丛书"的撰写和出版，要感谢的人很多，无法一一罗列，这里特别需要提及的有：感谢浙江大学何亚平教授、黄华新教授，内蒙古师范大学罗见今教授，中国科技大学石云里教授，他们作为系列研究的首席专家给了我们悉心的指导；感谢浙江省哲学社会科学发展规划办公室原主任曾骅，她为课题的策划和立项给予了热情的鼓励；感谢浙江大学出版社傅强社长、徐有智总编辑和朱玲编辑，他们对于丛书的编辑和出版给予了大力的支持。此外还有许许多多的学者和同行，各位的指导、鼓励和支持是我们终于能够完成系列研究任务的强大动力。与此同时，我们也真诚地希望学界对于丛书存在的问题和谬误不吝赐教。

编委会

2013 年 12 月

前　言

—

　　本卷是七卷本"浙江科学技术史研究丛书"的最后一卷,起讫年限基本框定在 1949 年新中国成立到 2000 年之间。在承接这一任务之前,我们是心存惶恐、忐忑不安的。即使在完成书稿准备递交审查和付梓出版之际,这种惶恐依然萦绕于心,挥之不去。

　　这是因为写当代史难,许多学者,包括中外史学大家,都似乎在有意无意地回避写当代史。

　　20 世纪五六十年代,我国著名历史学家范文澜先生主编的《中国通史简编》(修订本)共四编,第一编远古到秦统一,第二编秦到南北朝,第三编隋唐五代辽宋金元,第四编明到清鸦片战争以前,其研究的时间范围为远古到鸦片战争。即使还有与之相衔接的《中国近代史》,也没有涉及现代和当代的内容。

　　由金普森和陈剩勇主编、浙江人民出版社 2006 年出齐的《浙江通史》鸿篇巨制共 12 卷,自旧石器时代开始,按史前、先秦、秦汉六朝、隋唐五代、宋代、元代、明代、清代、民国一路下来,遗憾的是写到中华人民共和国成立前的民国卷就结束了。《浙江通史》也把编写当代卷的任务留给了将来。

　　国际上的历史研究不乏同样的情况。由查尔斯·辛格等主编的牛津版《技术史(Ⅰ—Ⅶ卷)》在 1954—1958 年期间出版了前 5 卷,论述内容从人类有史以来到 1900 年,主编之一特雷弗·威廉斯在该书第Ⅵ、Ⅶ卷的前言中特别说明:"当时认为应把 1900 年作为技术史终点的另一个理由是,要对新近发生的事件作出评价,指出其中哪些具有历史意义,哪些则不具有历史意义,通常总是极其困难的。"[1]因为相隔时间太近,有可能不是在写历史而是在写时事。

写当代史,资料汗牛充栋,如何取舍,写什么不写什么,什么详写什么略写,是一大难点;因为年代太近,许多当事人都还健在,不同当事人由于立场和价值观不同,甚至完全对立,对同一事件的看法会南辕北辙、大相径庭,不说盖棺定论,就是保持评价的客观性也不容易,这是又一个难点。

浙江省哲学社会科学发展规划办公室的领导根据推进"浙江文化研究工程"整体建设的需要,希望我们开展浙江科学技术史的全面研究,并把当代浙江科技史包括其中,以填补目前学界研究的空白。面对这一具有极大挑战性的难题,我们考虑再三,最后硬着头皮承接了下来。本卷书稿就是这一研究的主要成果,我们把它看作是提供给专家和读者批评指教的一个基础。

二

在历史上,浙江曾经是我国文明发展比较早、经济基础比较好的地区之一。但是到了近代,在世界列强的大肆入侵和掠夺之下,整个中华民族陷入了深重的灾难中,浙江的社会经济基础也遭受了严重破坏,至 20 世纪三四十年代几乎到了崩溃的边缘。新中国成立后,浙江人民在中国共产党的领导下,在战争的废墟上重建经济,发展社会事业。从 1949 年新中国成立到20 世纪结束的 50 余年时间里,既有 50 年代社会经济发展走上正常发展轨道的良好开局时期,也有"文革"期间受到严重挫折和破坏的灾难浩劫时期,更有改革开放以来依靠"浙江精神"创造"浙江经验"的高速发展时期。

下面一组可资对比的数据生动有力地说明了浙江半个世纪的经济腾飞和历史跨越:

1949 年,浙江 GDP 为 15 亿元,人均 72 元;到 2000 年,GDP 达 6036.34

---

〔1〕 特雷弗·威廉斯. 技术史(第Ⅵ卷). 上海:上海科技教育出版社,2004.

亿元,人均 13461 元,分别增长 401.42 倍和 185.96 倍。

1949 年,浙江农业总产值约 14 亿元;2000 年达 664.16 亿元,增长 46.44 倍。

1949 年,浙江工业总产值仅 4 亿元;2000 年达 2883.37 亿元,增长 719.84 倍。

1949 年,浙江全省财政收入仅 0.45 亿元;2000 年全省财政总收入达 658.42 亿元,增长 1462.16 倍。

1949 年,浙江国内生产总值构成中第一、二、三产业的比例为 68.5:8.0:23.5,是典型的农业社会;2000 年三次产业的比例达到 11.0:52.7:36.3,进入了工业化社会的新阶段。

1949 年,浙江城镇居民年均消费支出仅 62 元;2000 年,浙江城镇居民人均可支配收入达 9279 元。

1949 年,浙江农村居民人均纯收入仅 47 元;2000 年达 4254 元,增长 89.51 倍。

1949 年,浙江国民经济各部门的固定资产仅 3 亿元左右;2000 年,浙江全社会固定资产投资就达 2267.22 亿元。

1949 年,浙江全民文化素质低下,小学学龄儿童入学率不到 30%,在校学生人数占总人口比率为 4.3%;2000 年,在全面普及九年义务教育的基础上,高等教育也快速发展,在校大学生达到 22.23 万人,高考录取率达到 60%。

……

半个世纪在人类历史的长河中仅仅是短短的瞬间,但勤劳勇敢的浙江人民,以土地面积仅占全国 1.1%、人均资源拥有量居全国倒数第三位的条件,创造了人均 GDP、城镇居民年均可支配收入、农民年均纯收入、可持续发展能力均居全国各省(自治区、直辖市)第四位的"浙江奇迹",创造了以"经济民本多元、社会包容有序、文化自强创新、政府服务有为、党建坚强有力"为基本特征的"浙江模式"[1]。

浙江半个世纪的经济社会发展历程,深刻地影响着同期的科学技术发

---

〔1〕 陆立军,王祖强.浙江模式.北京:人民出版社,2007:20,24。

展,从而形成了具有自身特点的发展轨迹。本书据此进行了浙江当代科学技术历史分期问题的分析和探讨。

在 1996 年出版的《浙江省科学技术志》中,把 1949 年以后 40 年浙江省科学技术发展的历史划分为初创阶段(1949—1958)、曲折发展阶段(1958—1976)、全面发展阶段(1977—1990)三个时期。[1] 我们的研究认为,这一分期偏于简单,尤其是没有能够准确刻画出浙江当代科技发展的基本特征。科技发展历史时期的划分需要以内在的自身特点和外在的社会功能两个方面为依据进行把握。

为此我们提出了两个时期六个时段的分期:第一个时期是新中国成立初期到"文革"的曲折前进时期,期间又分为"在废墟上重建"(1949—1956)、"在新途中奋进"(1957—1966)、"在劫难下停滞"(1966—1976)三个时段;第二个时期是改革开放到 20 世纪 90 年代末的快速发展时期,期间也可以分为"迎接科学春天的到来"(1977—1985)、"吹响体制改革的号角"(1985—1992)、"实施科教兴省的战略"(1992—2000)三个时段。每个时段,在历史上都有标志性的事件。这种划分,与三个阶段的划分比较,我们认为可能更加客观和切合实际,也更合乎科技史的研究规范。当然,也完全存在更好划分方法的可能,如果本书的分期之"砖",能够引来更为科学合理的浙江当代科技史分期之"玉",作者将不胜欣慰,因为我们可能起到了"铺路石"的作用。

三

根据分期,浙江当代科学技术发展在前后两个时期具有明显不同的特点。

在第一个时期,也即改革开放以前,浙江是一个落后的农业省份。10.18 万平方千米的土地"七山一水两分田",人均耕地不足 1 亩,多产粮食吃饱肚子是全省上至省委书记下至平民百姓最为关切的头等大事。由于矿

---

〔1〕 浙江省科学技术志编纂委员会.浙江省科学技术志.北京:中华书局,1996:6—7.

产资源等要素禀赋供给不足,95％的一次性能源要依靠外面输入,又加上长期被作为对敌斗争的海防前线,缺少国家投资,整个工业基础相当薄弱。与之相对应,这一时期的科学技术成就较多体现在农业方面,工业方面的科技成就相对较少,即使有一些也以轻工业为主。

"文革"结束以后,浙江当代科学技术发展进入了第二个时期。这一时期的浙江人民,在缺少陆域自然资源、缺少国家资金投入、缺少特殊优惠政策的条件下,穷则思变,敢为人先,抓住改革开放带来的历史机遇,大胆解放思想,不等不靠不要,坚持市场取向的改革道路,以"自强不息、坚忍不拔、勇于创新、讲求实效"的浙江精神,一次又一次地赢得了改革和发展的先机,从落后的农业社会中脱颖而出,快速跨入了先进的工业化社会行列。与生机勃勃的经济体制改革相呼应,这一时期浙江科学技术发展的最显著特点,是在科技体制改革中走在全国前列。

例如,1984年6月,省政府下发《浙江省技术开发和应用推广科研单位由事业开支改为实行有偿合同制的改革试点意见》,拉开了科技体制改革的序幕。1985年3月,中共中央作出《关于科学技术体制改革的决定》,其主要政策走向是"放活科研机构、放活科技人员",科研单位拨款体制改革此后在全国范围展开。由于较早开展了市场取向的科研机构体制改革,当时的国家科委评价浙江省研究开发机构的绩效在全国处于先进行列。

又如,1992年6月,省委、省政府作出了《关于大力推进科技进步,加速经济发展的决定》,提出实施"科教兴省"的战略任务和主要奋斗目标,这在全国又走在前面。1995年5月,中共中央、国务院召开全国科学技术大会,江泽民总书记在会上发表了《实施科教兴国战略》的讲话,全国各地随后相继踏上了科教兴省(自治区、直辖市)的新征程。

再如,得益于市场大省的经济改革优势,浙江成为全国技术市场起步较早的省份和技术贸易较为活跃的省份,并在1995年1月开设了省级常设技术市场——浙江省技术交易市场;1996年浙江省又在全国率先实行市县党政领导科技进步目标责任制和开展创建科技进步先进县活动;1998年10月,省政府颁发了《浙江省鼓励技术要素参与收益分配若干规定》,技术入股政策普遍推开,极大地激发了科技人员创新创业的积极性,在全国产生了很大影响,技术成果的市场化推广成为浙江科技体制改革的一个亮点。

四

浙江当代科学技术发展与教育尤其是高等教育发展的关系也很值得探讨。

历史上浙江有"文化之邦"的美誉,人才辈出。思想家王充、王阳明、黄宗羲、龚自珍,诗人贺知章、骆宾王、孟郊、陆游,科学家沈括,戏剧家李渔、洪升等都是杰出代表。20世纪则产生了鲁迅、茅盾、蔡元培、茅以升、竺可桢、钱学森、陈省身、李叔同、王国维、夏衍、艾青、徐志摩、陈望道、马寅初等一大批名人。但遗憾的是,他们的成就绝大多数都不是从浙江大地上产出的。

根据我们的统计,截至2000年,浙江籍中国科学院、中国工程院院士多达250多人,曾经占到全国院士总数的六分之一以上,但在浙江工作的院士比例却很低。早期的院士很少在本省接受高等教育,有些在浙江接受了初等教育后外出求学但没有再回浙江工作,有些是从小跟随父母在外地求学成长,还有些祖籍浙江但是在外地出生和发展的。特别突出的是在浙江宁波,近百名宁波籍院士中,没有一人是在宁波接受的高等教育,因为宁波在20世纪80年代以后才出现真正意义上的大学;更没有一人是在宁波工作的。

历史上,浙江有"重教崇文"的良好传统,有较好的初等教育基础,但却是高等教育的小省,缺乏培养和吸引拔尖人才的深厚土壤。长期以来,科研机构数量偏少,科技人才规模偏小,科技活动和科技成果不可避免地受此影响。因此浙江当代前期有影响的科学技术成果数量不多,且主要集中在少数高校。在我们的研究中可以看到,浙江当代基础科学研究主要集中在浙江大学和原杭州大学,工业技术研究以浙江大学和浙江工业大学等高校为代表,农学和农业技术研究以原浙江农业大学为龙头,医学和医疗技术研究以原浙江医科大学为代表。

当代科技发展与高等教育的关系非常密切,科技史通常可以把高等教育的许多内容纳入其中。但是限于篇幅,本书没有这样做,而是希望把浙江当代高等教育史的研究留给他人专门进行研究。特别是20世纪90年代末,在全国高校大扩招的背景下,浙江的高等教育出现了跨越式发展。完全可以相信,在将来的进一步研究中,实践会为研究者提供更为丰富鲜活的素材,从而更加深刻地揭示浙江当代科学技术与高等教育互动发展的内在规律。

五

浙江省社会科学规划领导小组正式下达本课题研究任务后,在前期调研基础上,我们进一步开展大规模的文献研究和实证考察工作。通过编写大事记,不断梳理和补充文献资料,基本掌握了浙江当代科技发展的纵向历史进程和横向主要学科领域,从而对本书的基本框架在原课题申请书的基础上进行了个别调整,最后形成从历史分期开始的概述讨论到考古研究、基础研究、农学农业、医学医疗、工业技术和科普组织分门别类论述的基本逻辑。这是一种常见的科技史研究逻辑,看起来缺乏创意。考虑到本书是第一本系统的浙江当代科技史研究著作,重点是梳理线索、集成资料,要能够为后来者进一步深化研究和超越提供一块奠基石,因此采用了通行的叙事方式,而未能在突破传统范式方面有所创新。

如前所述,在浙江当代科学技术史浩如烟海的文献资料中,如何取舍是个大难题。为此,经过多方求教和反复讨论,我们确定了"求准不求全"的史料使用原则,并且力争入书的内容无误或者少误。根据这样的原则,可能导致一些本该介绍的事件、机构、人物因为史料不足没有介绍或者介绍过略。尽管如此,我们认为坚持这一原则还是应该的。介绍缺失或过略,以后可以补充修订;介绍错误虽然也可以订正,但造成的不良影响会更大,甚至将以讹传讹,贻笑大方。

需要补充说明的是,在专家对书稿的评审意见中,有一条是希望我们把本课题的研究时段延续到21世纪。经过认真考虑,我们认为,根据课题申报时的约定,当代卷的时间确定为1949—2000年,我们的研究也主要围绕这一要求展开。在书稿已经基本完成之际扩展研究内容,涉及的变化较大,可能需要对全书的逻辑进行重新架构,超出了课题的原定目标。因此,我们把研究的时间下限仍然确定到 2000 年。当然,在书稿撰写过程中,由于资料获得的便利和叙述连贯的需要,有些地方的讨论也会延伸到 21 世纪初,但总体上没有展开。

进入 21 世纪以来,世界政治、经济和文化的格局都在发生激烈的变革。2001 年的"9·11 事件";2007—2011 年的美国次贷危机及全球金融危机;2010 年第 3 季度中国 GDP 达到 1.415 万亿美元,超过日本成为世界第二大经济体,这一系列事件都在深刻影响世界科学技术的进程,影响中国和浙江科学技术的发展。我们完全有理由期待,若干年以后无论谁修订或者重新撰写浙江当代科学技术史,将会获得更加波澜壮阔、精彩纷呈的鲜活材料,也会涌现更加高屋建瓴、鞭辟入里的思想智慧。

目　录

第一章

概述：从边缘走向中心的浙江科学技术

中华人民共和国成立以后，浙江省科学技术在十分薄弱的基础上开始新的起步，从新中国成立初期到 20 世纪末的 50 多年时间里，与国家的政治、经济和文化发展相呼应，经历了改革开放之前的曲折前进和改革开放以后快速发展两个不同的时期。其中，改革开放以前又可以分为新中国成立早期的恢复、20 世纪五六十年代的发展、"文革"期间的停滞三个阶段；改革开放以后的 20 多年也可以进一步分为拨乱反正的复苏、科技体制改革的攻坚、科教兴国战略的实施三个阶段。

与科学技术发展的世界潮流相似，浙江省的科学技术在 20 世纪下半叶的发展历程中，逐步从社会的边缘走到了社会的中心。到 20 世纪末，科学技术已经成为浙江社会事业全面发展中不可或缺的重要组成部分，并越来越体现出它在全省政治、经济和文化事业中的引领作用和主导地位。

第一节　新中国成立初期到"文革"的曲折前进

一、1949—1956 年：在废墟上重建

新中国成立时，国民党政府遗留下来的浙江省科学技术工作基础十分薄弱。反映当时科学技术主要水平的全省工业除了几家破烂不堪的小铁工厂和寥若晨星的纺织厂外，冶金、重型机械、机电、基础化学、建筑等工业部门完全是一张白纸。科学研究更是冷冷清清。除了浙江大学，全省只有一所农业改进所和一所卫生实验所，科技人员仅 100 人左右。高级研究人员更是屈指可数，许多学科一片空白。

新中国成立后的头几年,浙江省的科学技术处于恢复重建时期,其任务和内容主要反映在第一个五年计划发展纲要中。"一五"计划纲要提出:"首先应尽一切可能从发展生产中,为国家积累资金,培养人才以支援重点建设";要"大力发展以互助合作为中心的农业增产运动,积极增产粮食、棉花、油料作物及其他工业原料、副食品与各项可供出口的土特产";"积极地整顿、改造与发展地方工业,有计划地指导手工业的发展,增加对农业生产资料及当地所需的日用品的生产";"在工农业发展的基础上,相应地发展商业……交通运输业,适当地增加社会文教福利事业,以逐步提高人民物质文化生活水平"。同时,计划要求工业贯彻为农业服务的方针和沿海工业基本建设应当"踏步"的精神。[1] 这些战略要点,是根据国家在过渡时期的总路线和全国"一五"计划的基本任务,结合浙江地处沿海,在当时国内外环境下处于对敌斗争前线,国家基本上不安排重大工业建设项目的实际提出的。

1956 年 1 月 5 日,毛泽东在杭州召集陈毅、柯庆施、谭震林、廖鲁言,以及辽宁、山西、甘肃、陕西、四川、华东五省和中南六省的省委书记开会,对《农业 17 条》进行多次补充和修改,逐步形成了《1956 年到 1967 年全国农业发展纲要(草案)》,共 40 条。23 日,草案由中共中央政治局正式提出;25 日,经最高国务会议讨论通过;26 日,在《人民日报》上公布。[2]《纲要》的发表极大地促进了作为农业大省的浙江农业科技及相关事业的发展。这一时期浙江经济结构是在恢复传统农业和轻纺工业的基础上,利用浙江综合农业的优势,有重点地新建和扩建一批以农副产品为原料的轻纺加工企业,使工业在国民经济中的比重逐步上升,轻纺加工结构初具雏形。"一五"期间,全省国民经济各部门投资中,工业比重最大,占 41.3%,基础设施和第三产业分别占 18.3%和 23.6%。

二、1957—1966 年:在新途中奋进

科技发展规划

1956 年 1 月 14 日,中共中央在北京召开知识分子工作会议,周恩来作《关于知识分子问题的报告》,该报告向全党、全国人民发出了"向科学进军"的号召。20 日,毛泽东在闭幕式上讲话,指出:技术革命、文化革命,没有知识分子是不成的,中国应该有大批知识分子。号召全党努力学习科学知识,

〔1〕 1958 年科技工作会议文件,浙江档案馆:J115－5－006.
〔2〕 共和国 7 个科技规划回放,http://www.gov.cn,2006-03-21.

同党外知识分子团结一致,为迅速赶上世界科学先进水平而奋斗。

1956年3月,中央政府成立了以陈毅副总理为主任的国家科学规划委员会,组织全国600多位科学家和技术专家,并邀请16名苏联各学科的著名科学家参与,历经七个月制订出新中国第一个发展科学技术的长远规划,即《1956年至1967年科学技术发展远景规划》(十二年规划)。规划确定了"重点发展,迎头赶上"的指导方针,拟定了57项重大任务,对我国科研机构的设置和布局、高等院校学科及专业的调整、科技队伍的培养方向和使用方式、科技管理的体系和方法,以及我国科技体制的形成作出了全面部署。规划于1956年12月经中共中央、国务院批准后执行。此规划提出的主要任务于1962年提前完成,从而奠定了新中国的原子能、电子学、半导体、自动化、计算技术、航空和火箭技术等新兴科学技术基础,并促进了一系列新兴工业部门的诞生和发展。在提前完成十二年规划的基础上,国家又制订了《1963年至1972年科学技术规划纲要》(十年规划)。该规划的实施虽然被"文化大革命"打断,但是这个规划是经历了"反右"、"大跃进"等曲折后中国科研工作的一个新起点,方向明确,目标、任务合理可行,执行措施有力,对指导我国科技事业的稳定发展起到重要的作用。规划中的一些指导思想和为实现规划制订的一些措施,其发生作用的时间并不局限在实际执行规划的那三年,在一个较长的时期里,规划一直影响着中国科技发展的模式。

在国家提出十二年规划之际,浙江省根据科学技术为生产服务,专门科研机构与群众性技术革命运动相结合的方针,制订和实施1958—1962年重要科学技术任务规划纲要。[1] 规划纲要要求通过全面规划、加强领导,把一切可以组织的力量都调动起来协力解决科技难题。规划纲要包括农业、水利、水产、林业、盐业、重工业、轻工业、地质、城市建设、医学卫生十大部分,确定了重要研究任务29个大项,253个研究大题目。农业有14项题目,以水稻为重点,研究连作稻增产技术措施、老三熟、棉粮麻丰产综合技术措施等;水利包括钱塘江河口的测量研究、农田水利设计施工管理的研究等;水产5项,重点研究海洋水产资源、大黄鱼带鱼等鱼群预报等;林业8项,包括提高油茶、绿化和林副产品利用的技术措施等;盐业8项,着重研究海水加速蒸发的利用、改建盐田土壤和加固结晶池的实验研究等;重工业41项,着重研究本省资源的综合利用,为大力发展化肥、钢铁、电力、煤炭等工业提供技术条件;轻工业安排了包括蓖麻油的工业利用等在内的90多项重点任务;地质包括各种型式规格钻头、不同地质的最优规程研究;医药卫

---

[1]　1958—1962年重点研究任务规划纲要及主要研究项目,浙江档案馆:J115-5-007.

生研究以血吸虫病、钩虫病、丝虫病等浙江地方病的防治为重点,并开展本省出产的常用中药品种鉴定和标准规格制定等。这是浙江省第一个科技发展规划纲要,从其确定研究的大题目看,都与浙江当时经济社会发展的现实需要密切相关,较早体现出科学技术发展为社会服务的指导思想。

规划纲要对于全省科学事业的发展起了积极引导作用。据统计,1958年在农业、林业、轻工、粮食、化工、冶金、煤炭、地质、机械、水利、电力、建筑、邮电、交通、医药卫生、基础理论等16个专业共取得了330项重要成果。其中作物品种和栽培技术23项,土壤改良与化肥技术12项,病虫防治15项,农机具设计16项,家畜饲养和疫病防治技术3项,蚕桑品种选育和增产技术5项,茶叶栽培技术、品种、生化3项,果树蔬菜品种选育和增产技术10项,林业6项,海洋水产6项,淡水水产5项。[1]

为了进一步落实1958—1962年重要科学技术任务规划纲要,浙江省还专门制订了1959年科学技术发展计划。[2] 该计划确定了六项重点任务,包括:突破钢铁工业中的科学技术关键问题;积极研究和创造各种土机床、专用机床,系统总结群众经验,大搞农具改革;进一步发展农药、化学肥料和各种化学工业产品;认真总结研究中医中药的经验和理论,促进中西医合流,研究严重危害人民身体健康的疾病和解决措施;开展原子能、电子学与遥控自动控制的科学研究和重点测试工作,为发展现代最新科学和技术打下基础;扩大浙江省资源综合利用范围,发展矿物、山林、野生植物、水产、海水等综合利用,促进生产发展。根据浙江省科学工作委员会的不完全统计,1959年科学技术发展计划执行情况是:原定研究项目共2710个,其中年度完成项目2607个,实际完成2562个;已经推广和推广中的项目859个;全省召开了各层次和类型的学术会议和科技工作会议120次;提交了968篇学术论文和研究工作报告。[3]

科技组织机构

新中国成立初期,浙江省几乎没有健全的科学技术研究机构,更没有体系完整的科研单位建制。新中国成立后,省委、省政府在部署科学技术工作中,逐步充实和建立起一些新的研究与开发机构。到1958年,有省级科研机构14个,科技人员669人。同期,科学技术普及协会成立,县、区建立了农业技术推广站。为加强对全省科技工作领导,1958年4月成立了浙江科

---

〔1〕　1958年科技工作会议文件,浙江档案馆:J115－5－006.

〔2〕　1959年科研发展纲要、总结,浙江档案馆:J115－6－033.

〔3〕　1959年度科研工作总结,浙江档案馆:J115－6－026.

学工作委员会(简称省科工委,1962年更名为浙江省科学技术委员会,简称省科委),各市(地)和部分县也建立了科委,分别主管全省和地方的科技工作。1958年6月在中央的统一部署下成立了中国科学院浙江分院。各种科学研究机构的建立和政府科技管理部门的设置,标志着浙江省的科学技术开始了体制化的新进程。

1958年10月15—18日,浙江省科学技术协会第一次代表大会暨浙江省科学技术积极分子大会召开。大会根据中国科学技术协会第一次代表大会的精神,通过了"关于建立浙江省科学技术协会的决议"、"关于响应党中央号召为提前五年实现十二年科学规划而奋斗的决议"等,表彰了250名积极分子,展出了746件科研成果。[1]

1960年4月,浙江省科学工作委员会向省委提出了"'二五'、'三五'期间科研机构发展初步规划"[2]。该项规划明确了中国科学院浙江分院、浙江农业科学院、浙江医学科学院为直属单位,确定"二五"期间新建机构77个,其中中科院浙江分院28个(有原子能研究所、建筑工程研究所、冶金研究所、机械研究所等),农业科学院18个(有作物栽培研究所、植物保护研究所、畜牧兽医研究所、农业机械研究所、桑蚕研究所等),医学科学院31个(有生物研究所、药物研究所、寄生虫研究所、微生物研究所等);"三五"期间再建33个,其中浙江分院22个(包括电子技术计算机研究所、半导体研究所、自动化研究所、电真空研究所等),农业科学院4个(作物栽培科学分院、植物保护科学分院、桑蚕科学分院、园艺科学分院),医学科学院7个(有药化研究所、药剂研究所、生药研究所、分析检定研究所、中药研究所等)。受到当时"大跃进"思想的影响,这一研究机构建设规划目标比较大,在执行中出现了力量分散、低水平重复、有些项目盲目追求"高、大、精、尖"等问题。1961年下半年,浙江省开始贯彻中共中央批转的《关于自然科学研究机构当前工作的十四条意见》,到1965年年底,全省研究与开发机构调整为65个,科技人员2095人。科研的重点调整为为"大办农业、大办粮食"服务,为提高工业产品质量、增加品种、节约原材(燃)料和"三废"利用服务,并开展防治肝炎等传染病和计划生育方面的工作。

另一方面,浙江省的科技管理机构也逐步建立。浙江省科学技术普及协会于1950年12月开始筹备,1953年6月成立。1958年,省科学技术普及协会和1956年成立的省科学技术联合会合并,成立浙江省科学技术协会

---

〔1〕 1958年科技工作会议文件,浙江档案馆:J115—5—006.
〔2〕 关于"二五"、"三五"建所规划,浙江档案馆:J115—7—014.

（简称省科协），1959年省科协与省科学工作委员会合署办公。省科协是以科学技术工作者为主体的普及科学技术知识的群众团体，宗旨是向人们普及科学技术知识，内部机构设办公室、学会工作组、基层工作组和刊物组。陈立、王国松等曾任省科协主席。1958年4月，浙江省科学工作委员会成立大会召开，省长周建人兼任主任委员。省科工委负责贯彻执行国家的科技法规、方针、政策，负责统一编制、管理全省科学技术发展规划和年度计划。同时，组织编制并管理科研经费和科技事业费、组织重大科学技术攻关，并督促、检查、管理和指导研究和开发机构。同年6月17日，中国科学院浙江分院成立大会召开。中国科学院副院长竺可桢到会讲话，对浙江分院的工作提出了具体要求："1.组织和发展科学队伍，开展各种学术活动，成为全省的科学研究中心。2.协助省科学工作委员会具体领导所属各研究机构，并经常督促检查这些机构按时完成国家的和地方的研究任务。3.有计划地收集和总结群众的各种创造发明并按具体情况积极组织科学力量帮助他们提高。"[1]1959年11月，省科学工作委员会、中国科学院浙江分院、省科学技术协会合署办公，一套班子三块牌子，这标志着全省科研计划管理、科学技术研究以及科普及宣传较为完善的体制真正确立，1960年5月曾一度与省工业生产委员会合并，同年11月又分开。1962年1月，浙江省科委制订了1962—1969年科技发展规划。6月，根据中央关于撤销各省、市科学分院的通知，中国科学院浙江分院撤销。1962年9月，经国务院批准，浙江省科学工作委员会改名为浙江省科学技术委员会，陈伟达任主任。

技术革新运动

1960年，浙江省第三次党代会提出了"把主要注意力转移到技术革命和文化革命上来"的目标，明确提出"要积极地变手工操作为半机械化、机械化操作"[2]。党代会后，技术革新和技术革命运动迅速进入了以手工操作机械化、半机械化为中心的新阶段。这一年全省工业机械化、半机械化程度由1959年年底的42.56%上升到63.21%，并且出现了自动生产线135条、生产联动线660条，机床实现自动化、半自动化的占76.53%。在此期间，全省建成煤气炉29794座、水利动力站5606座、小型水力发电站901座。[3]发动了学校、科研机构与生产单位挂钩，实行工厂、学校、科研机构三结合，密切结合生产实际，突破技术关键。

---

〔1〕 竺可桢全集（第3卷）.上海:科技教育出版社,2004:442.
〔2〕 浙江省的第三次党代会报告.浙江政报,1960.
〔3〕 省科协1960年工作计划、总结及三年工作总结.浙江档案馆:J115—2—027.

1960年，浙江省编制了"全省群众性科学技术工作发展纲要"[1]。这是浙江省首部群众性科学技术发展的规划纲要。规划按照"两条腿走路"的方针，积极发展专业机构的研究工作和群众性的科学技术工作，提出要贯彻"普及与提高相结合"、"理论与实践相结合"、"知识分子与工农群众结合"、"土洋结合"、"生产、科研、教育相结合"、"领导干部、工农群众、科学技术人员相结合"的指导思想，以任务带学科，使科学研究工作更好地为生产服务。各级科研机构纷纷响应并付诸行动，如浙江大学组织了6个系29个专业的200多名教师和2000多名学生先后下厂下矿，支援工矿企业的技术革新；省科委在两个多月的时间里就提供给各个部门技术资料128种3万多份，复制资料4次2000份；宁波市与全国各地80多个科技部门挂钩，相互联送情报资料。在广大科技人员的努力下，科学技术在基层中得到蓬勃发展，并逐步形成了全省的科学技术工作与基层需要紧密结合的良好传统。

总体上，这一期间全省的科技工作走上了多快好省的发展道路，在出人才、出成果、健全和发展科研机构、提高科技人员的政治和思想水平、广泛开展群众性科研活动等方面取得了许多重要进展。同时，这一阶段也存在一些问题：如坚持实事求是、调查研究、群众路线的作风不够；贯彻执行国民经济以农业为基础、工业为主导方针的自觉性不够；科学战线集中领导不够，计划、经费、物资材料、科研人员、机构建立与撤销的审批制度等管理工作上过于分散，不利于科学事业的发展；研究任务太重，战线太长，指标过高，要求过急，与现实水平和科学工作规律不相符合；对知识分子政策和科学工作政策贯彻执行得不够全面，有些政策界线划分得不够清楚，影响了一部分人的积极性和主动性，等等。

三、1966—1976年：在劫难下停滞

从1966年开始，中国经历了长达10年的"文化大革命"。这场运动给刚刚走上正常发展轨道的中国科学技术事业带来了巨大的灾难，使得全国和浙江省的科学技术规划执行基本陷入了停顿。其间，研究机构被肢解，一批科学家蒙受错误批判，部分科技仪器和图书资料散失，广大科学技术工作者被迫停止科研工作，下放到农村或厂矿劳动。中国的科学技术事业遭受严重摧残。

这10年中，中国科学技术工作者在极为困难的条件下也取得了一些成

---

[1] 省科协1960年工作计划、总结及三年工作总结，浙江档案馆：J115-2-027.

就,如 1967 年中国第一颗氢弹空爆成功,1970 年"东方红一号"人造地球卫星发射成功,但主要是靠着前 17 年的积累和惯性。全中国的科学技术事业在这 10 年中整体上处于停滞状态。

浙江省的情况也同样。"文化大革命"中,浙江省科学技术委员会开始是停止活动,继而在 1968 年又被撤销,总体上全省的科研系统处于瘫痪状态。1970 年 4 月,重新建立了省科学技术局,逐步开展了一些管理活动,但继续受到多方面的干扰,不能开展全面的正常活动,工作断断续续,队伍基本散失。这期间的成绩主要是以前已经打了基础而幸免于难的硕果仅存部分。而这 10 年,又是世界进入新技术革命、发达国家科学技术突飞猛进的时期,"文化大革命"把本来已经存在的中国科学技术与世界先进水平的差距进一步拉大了。

第二节　改革开放到 20 世纪 90 年代的快速发展

一、1977—1985 年:迎接科学春天的到来

1976 年 10 月,长达 10 年的"文化大革命"终于结束,中国进入了新的历史发展阶段。经过 70 年代末期的拨乱反正,全省科技事业迅速恢复和发展。1977 年 10 月,"文革"期间成立的省科学技术局恢复为省科学技术委员会。同时,各有关单位和市、县也成立科委等相关机构或配备专人,加强科技计划管理。省科委的职责是:统一领导和管理全省的科学技术工作和科技普及工作,制订和审查科研计划。内部机构设有办公室、综合计划处、工业处、情报处、计量处、省科协、器材财务处、农医处和《农村科技报》。翌年省科协恢复。

1978 年 3 月 18—31 日,被中国改革开放总设计师邓小平称为"我国科技史上空前的盛会"[1]——全国科学大会在北京召开,5586 人出席会议。邓小平在大会开幕式上发表了长篇讲话,提出了"科学技术是生产力"、"知识分子是工人阶级的一部分"、"四个现代化关键是科学技术现代化"三大著名论断,为新时期中国科学技术的拨乱反正指明了正确的方向,给中国广大知识分子以极大的鼓舞。时任中国科学院院长郭沫若,以澎湃奔放、热情洋溢的语言发表了《科学的春天》讲话稿,由工作人员在闭幕式上宣读,表达出

---

〔1〕 邓小平文选(第二卷).北京:人民出版社,1994:85.

"文革"结束后中国知识分子的喜悦心情和昂扬斗志。这次大会标志着中国的科学技术事业重新走上由乱到治、由衰到兴的道路，迎来了科学的春天。同年底，党的十一届三中全会全面纠正"文化大革命"的错误，作出了党的工作重点转移到社会主义现代化建设上来的战略决策。

1979年，中共浙江省委召开全省科学大会，贯彻中共中央发展科学技术的方针、政策，浙江的科技事业随同全国的步伐共同进入了一个新的全面发展阶段。

在全国科学大会和全省科学大会后，浙江采取多种措施落实知识分子政策，包括审查撤销对部分科技人员的错误结论，调整用非所学，评定技术职称，对科技人员进行继续教育等，加速科技人才培养。根据全省经济、社会发展需要，相继建立了一批研究和开发机构。在农村建立了政府和群众办的技术推广组织，重点推广农业技术。从1982年开始，浙江省试行科技人员兼职和合理流动。与此同时，加强科技与经济结合的中间环节，积极开拓技术市场。1981年，省石化系统举办首次技术交易会以后，不同层次、不同内容的技术经济交易会、洽谈会陆续举办，技术中介、技术开发、技术咨询等服务机构相继涌现。虽然是刚刚起步，但是浙江省科学技术发展的市场取向已经初显端倪，也预示了全省科技体制改革以后的方向。

针对国民经济建设中的当务之急，浙江省编制了《1978—1985年浙江省科学技术发展规划纲要》，该纲要根据全国科学大会提出的"向科学技术现代化进军"的要求，由省科委与省计经委联合组织力量制订，先后开过48次论证会，有1700多人次科技工作者参加。规划纲要的指导思想是坚持自力更生的方针，积极引进和消化、吸收国外先进科学技术，针对浙江国民经济建设中的当务之急，以应用技术为主，在全面安排的基础上突出重点，加速科学技术的发展。规划的目标是：到1985年专业科研人员达到4万～5万人，建设一批拥有先进实验手段的现代化研究中心与试验基地，在一些有特色的基础科学和新技术领域缩小同国外先进水平的差距，研究解决本省国民经济建设中提出的一些重大科技问题，使科学研究真正走在生产建设的前面。1978—1985年的主攻方向是：农业、能源、轻纺、材料、电子与自动化技术和国内有优势的某些基础科学研究。

截至1983年年底，浙江省有自然科学研究机构409个，专业研究人员1.16万人，厂矿研究机构1000多个，乡镇农科站2959个，农业科技户9万多户。自然科学协会（学会）2319个，会员10万多人。新中国成立以来全省取得的科研成果计有4815项，其中1978年以后的五年期间就占到2734项。标志性的成果包括获1983年国家发明一等奖的利用原子能辐射引变育成水稻新品种"原丰早"。[1]

二、1985—1992年:吹响体制改革的号角

科技体制改革全面展开

1985年3月7日,邓小平在全国科技工作会议上发表了《改革科技体制是为了解放生产力》的讲话,提出:"经济体制,科技体制,这两方面的改革都是为了解放生产力。新的经济体制,应该是有利于技术进步的体制。新的科技体制,应该是有利于经济发展的体制。双管齐下,长期存在的科技与经济脱节的问题,有可能得到比较好的解决。"[2]这为我国科技体制的改革指出了明确的方向。3月13日,中共中央作出《关于科学技术体制改革的决定》,标志着我国科技体制改革正式启动。《决定》指出,现代科学技术是新的社会生产力中最活跃和决定性的因素,必须充分发挥科学技术的巨大作用,并提出全国主要科技力量要面向国民经济主战场,为经济建设服务。1985—1992年这一阶段,科技发展的指导思想是要落实"经济建设要依靠科学技术,科学技术要面向经济建设"的方针,主要政策走向是"放活科研机构、放活科技人员"。政策供给集中在拨款制度、技术市场、组织结构及人事制度等方面,鼓励研究、教育、设计机构与生产单位的联合,提出了技术开发型科研机构进入企业的五种发展方向。同时,政府支持和鼓励民营科技企业发展,建立高新技术产业开发试验区,加快科技成果的产业化。《决定》的基本点是强调科学技术发展要适应市场经济的要求,承认技术的商品属性,开拓技术市场。《决定》作为我国经济体制改革的一个重要部分,极大地促进了我国经济和科技的结合。

事实上,在中央决定下达之前的九个月,1984年6月20日,浙江省人民政府就发文,提出了《浙江省技术开发和应用推广科研单位由事业开支改为实行有偿合同制的改革试点意见》。[3]改革科技事业拨款制度,是整个科技体制改革中具体且牵动全局的核心内容之一,其目标是鼓励从事技术开发的机构和科技工作者,通过市场化的路径争取技术开发经费,走上科技与经济密切结合的道路。浙江省以科研单位经费开支的改革为突破口,拉开了科技体制改革的序幕。改革开放一直走在全国前列的浙江省,在科技

---

〔1〕 浙江政报,1984(12):36.

〔2〕 邓小平文选(第三卷).北京:人民出版社,1993:109.

〔3〕 浙江政报,1984(8):23—24.

体制改革方面也走在了全国的前列。

1985 年 9 月，浙江省委、省政府颁发贯彻《中共中央关于科学技术体制改革的决定》的若干意见，提出要继续推进全省于 1984 年开始的对独立研究与开发机构进行运行机制、组织结构、人事制度的改革，并从改革科技拨款制度，大力拓展技术市场，强化企业的技术吸收和开发能力，合理部署科学研究的纵深配置，改革科技人员管理制度，加强对科技体制改革的领导等方面进行了全面部署。[1] 根据当时国家科委的评价，浙江省研究开发机构的绩效在全国处于先进行列。

1986 年，中共浙江省委决定建立浙江省技术市场协调指导委员会。省长薛驹、副省长吴敏达兼任正、副组长。办公室设在省科委。同年，省政府转发省科委《关于加强专利工作的意见》，出台了《浙江省处理专利纠纷暂行办法》。1988 年 12 月，浙江省人民代表大会常务委员会通过了《浙江省技术市场管理条例》、《浙江省农业技术推广暂行条例》，使全省技术市场运作更加规范。1989 年 3 月，省政府又颁发了《关于推进工业企业技术进步的若干规定》，提出：建立企业技术进步考核制度；建立企业技术开发基金；建立和加强厂办科研机构；充分调动企业科技人员的积极性。同时设立了省级技术进步优秀企业奖，该奖每年评选 100 个企业，三年有效，不搞终身制。[2]

科技人才队伍不断壮大

1985 年，浙江省开放人才市场，奖励有突出贡献的科技人员。1986 年 1 月，浙江省首次召开表彰有突出贡献的中青年科技人员大会，16 人受到国家科委表彰，17 人受到浙江省人民政府表彰。1988 年 1 月，浙江省人民政府发出《关于科研机构和科技人员的若干政策规定》，引入竞争机制，运用经济、行政等手段，调节人才供求关系，使科技队伍不断壮大。1989 年 12 月，浙江省历史上首批 8.7 万农民获得技术职称，其中农技师 9233 人、农民助理技师 28286 人、农民技术员 41131 人、农民助理技术员 9100 人。1990 年，全省全民所有制单位科技人员由 1978 年的 10.18 万人增加到 31.07 万人，平均每万人口中拥有科技人员数由 1978 年的 27.1 人增加到 1990 年的 73.4 人；县级以上政府部门所属的科研机构达 163 个，高校和厂矿企业所属的科研机构达 514 个，共有专业科研人员 30224 人。[3] 1992 年 1 月，毛

---

〔1〕　浙江政报，1985(11)：15—20.

〔2〕　浙江政报，1989(8)：16—19.

〔3〕　浙江省科学技术发展十年规划设想和"八五"计划纲要，浙政发〔1992〕343 号.

江森、陈子元、苏纪兰、路甬祥、阙端麟等五位教授、研究员当选为中国科学院学部委员。[1]

建立杭州高新技术开发区和"七五"计划

1990年,省政府批准建立杭州高新技术产业开发区,开发区于1991年3月6日获国务院批准。该区占地25.46平方千米,由主区块、之江科技工业园和下沙科技工业园三部分组成。这是浙江省第一个高新技术开发区。到年底,开发区的高新技术企业达32家。国务委员宋健赞誉杭州高新技术开发区为"天堂硅谷"。开发区内科技力量密集,人才荟萃,重点发展电子信息、光机电一体化、新材料、医药及生物技术、新能源、节能与环保等科技领域,成为全省发展高新技术的重要基地。

"七五"计划期间,遵循着"依靠"、"面向"的方针,在专家技术、经济论证的基础上,针对经济建设和社会发展中的重大技术关键问题,全省安排了科技攻关和重点科研项目35项344个课题,组织了近千项重点技术开发项目。据统计,经过五年的组织实施,取得了4933项具有先进水平的科技成果,其中115项获得国家级科技奖励、1470项获得省级科技奖励。[2]这些科技成果在应用于工农业生产后取得了可观的经济效益和良好的社会效益,全省的科学技术综合实力逐步得到增强。

三、1992—2000年:实施科教兴省的战略

提出和实施科教兴省战略

以1992年邓小平发表南方讲话为标志,中国经济体制开始迈入社会主义市场经济新阶段。在这一阶段,科技体制改革的方向调整为"面向、依靠、攀高峰",主要政策走向是按照"稳住一头、放开一片"的要求,分流科技人才,调整科研结构,推进科技经济一体化的发展。

1992年6月,浙江省委、省政府召开全省科技工作会议,作出了《关于大力推进科技进步,加速经济发展的决定》,正式提出实施"科教兴省"的战略,是全国最早提出这一战略的省份之一,比中央在全国范围提出实施"科教兴国"战略要整整提前三年。《决定》提出的科教兴省战略主要奋斗目标是:加快科技成果向现实生产力的转化。科技进步因素在经济增长中的比重,1995年提高到40%、2000年提高到50%,其中农业要高于50%。高新

---

〔1〕 商景才.浙江事典.杭州:浙江教育出版社,1998.

〔2〕 浙江省科学技术发展十年规划设想和"八五"计划纲要,浙政发〔1992〕343号.

技术产业产值在全省工业总产值和出口总额中的比重,2000 年分别达到 10%以上。到 20 世纪 90 年代中后期,全省综合科技能力有大幅度提高,力争达到全国先进水平。加快人才培养,提高劳动者素质。到 20 世纪末,普及九年义务教育,扫除青壮年文盲,每万人中拥有科技人员数达到 115 人,形成一支与浙江省经济社会发展相适应的科技队伍和劳动大军。

根据总体目标,科教兴省的主要环节是:大力推进企业技术进步,加速传统产业的改造;进一步实施科教兴农,用先进实用技术武装、改造传统农业;努力发展高新技术及其产业,重点发展电子信息、新材料、新能源、现代生物技术等,尽快实现商品化、产业化;加快杭州高新技术产业开发区建设;全方位开展国际、省际科技经济合作与交流;加快教育事业发展;加强基础性研究,增强科技发展后劲;发挥企业科技进步的主体作用;大力加强中试环节,努力提高科研成果转化的能力;培育和发展技术市场,努力开拓多层次、多形式的科技成果转化渠道。[1]

为了贯彻实施科教兴省的战略,1992 年 11 月浙江省人民政府下发了《浙江省科学技术发展十年规划设想和"八五"计划纲要》。[2]《纲要》在分析全省经济、科技面临的新形势基础上,阐明了浙江省在 20 世纪最后十年中科技工作的奋斗目标、发展方向、重点任务和政策措施。《纲要》确定了主要农作物良种选育及高产优质高效配套技术研究等八个方面为农业科技研究重点,能源和节能新技术开发研究等六个方面为工业科技研究重点,电子信息、新材料、新能源、生物工程、核技术等五个方面为高新技术及其产业化的研究重点,并在深化科技体制改革、加强科技队伍建设等方面提出了具体要求和主要措施。

1995 年 5 月,中共中央、国务院召开全国科学技术大会,颁布了《关于加速科学技术进步的决定》,江泽民总书记在会上发表了《实施科教兴国战略》的讲话,更是为浙江省进一步实施科教兴省战略注入了新的强大动力。1996 年 5 月,浙江省委、省政府颁发了《关于深入实施科教兴省战略、加速科技进步的若干意见》,《意见》包括指导思想、总体目标、主要任务、深化改革、加大投入、队伍建设、加强领导七个方面共 20 条[3],把全省实施科教兴省的战略推向了新的阶段。

制订《浙江省科学技术"九五"发展规划》

"九五"是浙江省经济快速发展的重要时期,也是技术创新取得重大成

---

〔1〕　浙江省委、省政府"关于大力推进科技进步、加速经济发展的决定",省委〔1992〕20 号.

〔2〕　浙江省科学技术发展十年规划设想和"八五"计划纲要,浙政发〔1992〕343 号.

〔3〕　浙江政报,1996(20):19—23.

就的重要时期。全省深入贯彻"科教兴省"战略,积极实施国家经贸委的《技术创新工程》,加大技术创新力度,有力促进工业结构调整和经济发展。这一时期,省委、省政府相继颁布并实施了多项重大措施。在省委、省政府的领导下,全省科技工作取得了重大进展,科技事业迅速发展,科技对经济社会发展的推动作用明显增强。

1995年12月1日,中共浙江省委下发了关于制订浙江省国民经济和社会发展"九五"计划和2010年远景目标的建议。1996年2月4日,省八届人大第四次会议通过了《浙江省国民经济和社会发展"九五"计划和2010年远景目标纲要的报告》。4月,省委、省政府召开全省科技工作会议,5月颁发了《关于深入实施科教兴省战略加速科技进步的若干意见》,为落实"九五"发展规划提供了保障。

1996年8月,浙江省人民政府颁发了《浙江省科学技术"九五"发展规划》。《规划》以"始终坚持经济建设必须依靠科学技术,科学技术工作必须面向经济建设,努力攀登科学技术高峰"方针为指导,提出了浙江省"九五"科技工作的总目标:"初步建立起适应社会主义市场经济体制和科技自身发展规律的新型科技体制,初步形成科技与经济紧密结合的运行机制和多元化的科技投入体系;在农业、工业、高新技术产业和社会发展等方面的科学研究、开发和应用取得重大进展,在某些优势领域达到国际先进水平,科技综合实力进入全国先进行列;科技进步因素在经济增长中的贡献份额达到45%~50%,其中农业达到50%以上,高新技术产业增加值在工业增加值中的比重达到20%左右;各级各类教育事业有较大发展,全民科学文化素质有较大提高,全社会文明程度走在全国前列。"[1]《规划》明确了现代农业技术、电子信息技术、自动控制技术、精细化工技术、新材料技术、生物技术及工程、先进制造技术、能源与环保技术等八个方面的发展重点,部署了基础研究的重点领域和软科学研究的重点问题,并确定了推进科技产业化的"新世纪工程"、"科技兴海工程"和"星火燎原工程"三大重点工程。这一规划体现了追赶世界科学技术迅猛发展形势、把深入实施科教兴省战略、重点发展高新技术及其产业化作为实现浙江省跨世纪发展目标的特点。根据规划,全省组织实施了128项重大科技项目,一大批先进适用技术、信息技术、生物技术、环保和节能等技术在传统产业中得到了广泛应用,全省科技综合实力显著增强,为进入21世纪打下了良好的基础。

---

〔1〕 浙江省科学技术"九五"发展规划,浙政发〔1996〕14号.

切实加强对科技工作的领导

1996 年，浙江省成立了以省长为组长的省科技领导小组，1999 年改为省科教领导小组，市、县（市、区）各级也相继成立了科教领导小组。1996 年 11 月 5 日，省政府出台了《浙江省科学技术委员会职能配置、内设机构和人员编制方案》，从省级科技主管部门层面调整了管理职能，以进一步适应科技事业发展的需求。

1996 年，浙江省在全国率先实行市县党政领导科技进步目标责任制和开展创建科技进步先进县活动。这一年，省委、省政府发出了《关于实行市、县党政领导科技进步目标责任制的通知》，要求每年对党政班子、两个一把手和分管副职进行考核，把责任制的完成情况作为领导干部奖惩、任用的重要依据。规定：到 2000 年市（含县级市）、县（区）财政科技投入占本级财政总的比重分别达到 3‰ 和 2‰，其中科技三项经费不低于 50%；市、县（区）年人均科普活动经费分别达到 0.2 元和 0.3 元。考评结果报省委、省政府，并作为对党政领导干部实行奖惩和调整使用的重要依据之一。这一制度的实施，对党政第一把手抓科技工作提出了明确的要求和考核标准，有效地形成了各级党政第一把手抓第一生产力的浓厚气氛。当年，全省财政科技投入达到了 4.24 亿元，比 1992 增加 122%。有 48 个县（市、区）的科技三项经费占财政支出的比例达到 1‰ 以上。半数以上的县（市、区）建立了科技发展专项资金，总量达到 1.5 亿元。全省科技贷款达到 7.09 亿元。[1]

1997 年 8 月，浙江省公布了 1996 年开始的对市、县党政领导实行科技目标责任制的年度考核结果，确定萧山市、杭州西湖区、宁波江东区、余姚市、平阳县、乐清市、嘉善县、桐乡市、温岭市、玉环县、绍兴县、上虞市、龙游县、永康市、庆元县等 15 个县（市、区）为 1996 年度考核优秀单位。[2] 实行党政领导科技进步目标责任制，得到中组部和科技部的充分肯定，并在浙江召开了现场会向全国推广。

加强科技人才队伍建设

1993 年是浙江省人才市场建设的重要一年，相继出台了一系列人才管理和流动的规定。2 月，为了完善要素市场之一的人才市场建设和规范管理，省人事厅印发关于《浙江省人才市场管理暂行办法》。3 月，浙江省人才市场在杭州建立。这是集人才交流、招聘、测评、培训、信息发布、人事代理、就业指导为一体的多功能人才市场，在全省人才市场中发挥着省级人才市

---

〔1〕 根据《浙江政报》（1996—2000 年，省政府机关办公厅）整理。

〔2〕 浙江政报，1997(25)：23.

场的示范带动和信息交换作用。5月,为了促进人才流动并进行规范管理,省人事厅印发了《浙江省专业技术人员和管理人员辞职暂行办法》。

1996年,《浙江省跨世纪学术和技术带头人培养规划(1996—2010年)》(简称"151人才工程")出台,这是落实党中央、国务院关于培养和造就一支具有国际前沿水平的跨世纪科技队伍的总体部署,衔接国家"百千万人才工程",使浙江跨世纪科技人才的培养在全国能够占有一席之地的重要举措。它的总体目标为:到2010年,建立起一支由3200名左右跨世纪的学术和技术带头人及其后备人才组成的,能跟踪世界科技前沿水平,在国家和省高新技术研究及其产业发展中起骨干作用的中青年学术和技术带头人队伍。具体分两个实施阶段:1996—2000年为第一阶段,力争培养出100名左右,年龄为50岁左右,在国内学术和技术领域具有一定知名度,能进入国家"百千万人才工程"序列的高级专家,其中有10名高级专家能在国内学术技术领域处于领先水平;培养出500名左右,年龄为40岁左右,能代表浙江省学科优势和学术、技术水平的高级专家;培养出1000名左右,年龄为30岁左右,在各自学科领域有较高学术造诣,成绩显著,起骨干或核心作用的年轻优秀人才,作为学术和技术带头人的后备人选。2001—2010年为第二阶段,在第一阶段基础上,争取使浙江省学术和技术带头人及其后备人选再翻一番。

进一步深化科技机构体制改革

1997年,省政府召开了全省科研院所体制改革工作会议,颁发了《关于"九五"期间深化科研院所体制改革的决定》,率先在全国全面实行改制与转制相结合的科研院所改革。随着《决定》的颁布和实施,浙江省的科技体制改革尤其在人才建设以及科研经费和技术转让方面进一步深化改革,取得了明显的成效。

浙江省原有省属科研院所48家,市县属科研院所168家。1997年,省政府选择省化工院、冶金院、广电所、农科院、水科院等五家院所分别作为技术开发类和公益类院所的改革试点。技术开发类院所改为个人持股、社会参股、技术入股,产权多元化的科技型企业,或进入企业(集团)。公益类院所实行分类改革,能够面向市场自我发展的,改为科技型企业或科技中介机构;不能面向市场的,按非营利性机构管理,或进入高校;也可整体采取"一院(所)两制"的过渡模式。同时,要求科研院所建立起科研开发支持科技产业、科技产业反哺科研开发的运行机制,促进科研院所改革出成果、出人才、出效益。由于采取了一系列扶持政策,院所改革进展平稳。改革后,院所活力明显增强,焕发勃勃生机,发展步伐明显加快。试点取得成功后,省政府在2000年1月颁发了《浙江省全面推进科研院所体制改革实施意见》,要求

"按照制度创新、结构调整、分类指导、平稳过渡的原则，在 2000 年年底以前，基本完成科研院所的体制改革。"[1]在 2000 年 9 月召开的全国科技体制改革座谈会上，浙江的科研院所改革工作受到了科技部的表扬。

到 2000 年，全省初步建立起适应社会主义市场经济体制和科技自身发展规律的新型科技体制，逐步形成了科研机构、高等院校与企业相结合、研究与生产相结合、培养人才与经济社会发展需要相结合的局面；逐步形成了省、市、县各级政府上下联动、科技系统整体集成、科技管理和研发人员集体推进科技进步的新体制；逐步建立了由国家、省、地方、企业四级财政兴办的科研开发系列机构。到 2000 年，全省已建立起 81 个国家和省级重点实验室、试验基地、工程技术研究开发中心，43 个高新技术研究开发中心和 117 个企业技术中心。科学技术人才队伍不断扩大，到 2000 年，全省从事科研和开发活动人数超过 33 万。[2]

强化科技法规建设和知识产权保护

1993 年开始，浙江省先后颁发了《浙江省技术市场管理条例（修正案）》、《浙江省专利保护条例》、《浙江省科学技术进步条例》等地方法规。

1993 年出台的《浙江省技术市场管理条例（修正案）》主要是为了促进技术交易，加速技术成果转化，维护技术市场秩序，保障技术交易当事人的合法权益。该《条例》规范了包括技术开发、技术转让、技术咨询、技术服务等技术交易活动以及技术交易场所服务、经纪服务、咨询服务、技术评估服务、技术信息服务等技术交易服务，为建设公平竞争、规范有序的技术市场提供了良好的法律环境，加强了对技术市场的培育和扶持，引导了技术市场健康发展。

1994 年，为贯彻落实《国务院关于进一步加强知识产权保护工作的决定》，浙江省成立了知识产权保护工作领导小组，有关部门制定了加强知识产权保护的规定，查处了一批专利纠纷和冒充专利案件。为进一步加强专利保护，维护专利权人及公众的合法权益，鼓励发明创造，形成自主知识产权，促进专利实施，1998 年浙江省颁布了《浙江省专利保护条例》。该《条例》明确规定省人民政府、市人民政府，科技、工商、公安、海关、经济贸易等有关行政管理部门，依照各自职责共同做好专利管理与保护工作。规定了县级以上人民政府必须设立专利专项资金，用以扶持专利工作。同时明确规定了发明创造的发明人、设计人获得的专利，可以作为其相关专业技术资

---

[1] 浙江政报，2000(6)：13—16.

[2] 浙江省人民政府.浙江省"十五"科学技术发展规划纲要，2001.

格评定的成果业绩项目。该《条例》在法律、组织、资金上确保了全省专利工作的开展和完善。

浙江是技术市场起步较早的省份之一，也是技术贸易较为活跃的省份之一。1995年1月9日，省级常设技术市场——浙江省技术交易市场正式开业。技术交易市场采取一场多点的形式，主场设在浙江省科技情报研究所，另外还设杭州高新技术产业开发区分场、杭州市分场和浙江大学分场。

浙江省还大胆创新，在全国率先实行技术要素参与股权和收益分配。1998年10月，省政府颁发了《浙江省鼓励技术参与收益分配若干规定》，鼓励技术要素以多种形式参与收益分配，积极推行技术入股，在工资、奖励等收益分配上进一步向科技人员倾斜。规定允许以职务成果作价入股的，其股权可按不低于20%的比例划给该成果的完成者和成果转化的主要实施者。这一实施方案先在省医学科学院所属的普康公司进行试点，毛江森院士在改制后的普康股份公司中，拥有股份2033万元，其股权占总股本的29%，其中技术股达1623万元，在全国产生很大影响。技术入股的政策在其他科研院所和企业普遍推开，极大地激发了科技人员创新创业的积极性。[1]

1997年，省人大常委会通过了《浙江省科学技术进步条例》。除了规定对于科技进步进行奖励外，《条例》在全国第一次正式以地方法规形式确定实行市县党政领导科技进步目标责任制。这一责任制对于推进浙江省科技进步起到了重要保证作用。

推进自主创新战略

1998年6月，国家科技教育领导小组成立，表明中国将从更高的层次上加强对科技工作的宏观指导和整体协调。同时，中国科学院提出的《迎接知识经济时代，建设国家创新体系》建议报告得到了党中央、国务院的支持，自主创新、建设国家创新体系的目标被提上议事日程。1999年8月，全国技术创新大会召开，中共中央、国务院颁发了《关于加强技术创新、发展高科技、实现产业化的决定》，提出了要努力在科技进步与创新上取得突破性进展，要加强国家创新体系建设，加速科技成果产业化，重点提高企业创新能力。构建以企业为核心、产学研互动的技术创新体系，成为新时期国家科技政策的主要走向。

1999年1月，省委、省政府发布《关于大力推进高新技术产业化的决

---

〔1〕 浙江省人民政府.浙江省医学科学院普康生物技术公司改制实施方案,2000.

定》,[1]内容包括"把高新技术产业化摆到国民经济发展的优先位置"、"深化改革,建立和完善有利于推进高新技术产业化的运行机制"、"强化对高新技术发展的扶持政策"三个部分共20条。《决定》提出,1999年到2002年省财政安排3.2亿元资金,专项用于支持高新技术研究开发和产业化项目。

2000年5月,省委、省政府在杭州召开全省科技创新大会,第一次提出了"抓住历史机遇,创建天堂硅谷"的要求,进一步明确了推进经济发展从量的扩张向质的提高转变的实现方式。同年6月,省委、省政府颁发《关于加强技术创新发展高科技实现产业化的若干意见》,提出的总体目标为:到2005年初步形成具有浙江特色的高新技术产业优势;高新技术产业增加值占工业增加值的比重达到25%以上,高新技术产品出口额占外贸出口总额的比重力争达到18%,科技进步因素在经济增长中的贡献份额达到50%以上。[2]

到2000年年末,浙江省科技进步对经济增长的贡献率达到40%左右;科技综合实力在全国各省区市中的位次上升到第七位。全省有科技进步先进县(市、区)47个,科技投入持续增长,2000年约为110亿元,占国内生产总值的1.8%,其中财政科技投入达到13.13亿元,比1995年增加2.7倍。组织实施的重大科技项目取得实效,农业种子种苗、农产品精深加工以及其他先进适用技术的推广应用得到加强,数字化消费类电子产品、洁净煤燃烧技术、非晶材料、氟化工、新农药、新药物等方面的科技成果产业化步伐不断加快。2000年高新技术产业增加值达到253亿元,占全省工业增加值的17.5%。杭州国家高新技术产业开发区加速发展,10个省级高新技术产业园区发展势头良好,培育了648家省级高新技术企业。信息技术、生物技术、环保和节能技术在传统产业中广泛运用,进行了计算机辅助设计(CAD)、计算机集成制造系统(CIMS)的试点示范和推广应用工作,设计、管理、营销等软件技术应用推广初见成效;信息网络、电子商务发展迅速,有力地促进了经济结构的调整和优化。科技体制改革逐步深化。技术开发类院所在2000年年底前基本实现向企业化的转制,农业和社会公益类院所完善内部运行机制,逐步推行企业化管理。制定并落实了鼓励技术要素参与收益分配政策,留学回国人员和科技人员投身创业人数大为增加。技术市场得到培育和发展,2000年技术市场成交合同登记额达27.1亿元。应用基础研究力度加大,省自然科学基金资助发表的论文数连续几年居地方自

---

〔1〕 浙江政报,1999(6):19—21.

〔2〕 浙江政报,2000(23):16—19.

然科学基金的前列,有 100 多项基础性研究成果获得国家和省部级科技进步奖。全省建立了 81 个国家和省级重点实验室、试验基地、工程技术研究开发中心,43 个高新技术研究开发中心和 117 个企业技术中心。[1]

科教兴省战略和自主创新战略在 20 世纪 90 年代的提出和实施,取得了一系列的显著成绩。对比浙江省 1992 年和 2001 年的几组数据,可以进一步了解这几年的巨大变化:[2]

1992 年,浙江省研发经费为 3.5 亿元,占 GDP 的比重仅为 0.3%,研发经费中企业支出占 26%;到 2001 年,全省研发经费达 44.7 亿元,企业支出超过 50%,占 GDP 的比重达到 1%。

1992 年,浙江技术市场交易合同数为 12670 项,交易合同金额为 3083 万元;到 2001 年,交易合同数达到 33728 项,交易合同金额为 33765 万元。合同数增加 1.66 倍,合同金额增加近 10 倍。

1992 年,浙江的专利申请总数为 3194 件,2001 年达到 12828 件,增加了 3 倍;专利授权数则从 1992 年的 1577 件增加到 2001 年的 8312 项,增加了 4.27 倍。

在 20 世纪的最后五年,浙江省更是加快了高技术产业的发展步伐,科技创新的水平得到显著提高。[3]1995 年,浙江省高技术产业科技活动经费为 20808 万元,新产品开发支出 7300 万元,到 2001 年高技术产业科技经费达到 71952 万元,新产品开发支出 37113 万元,分别增加了 2.46 倍和 4.08 倍。尤其值得指出的是,在全省高技术产业科技活动经费中,企业投入占到 80% 以上,说明企业已经成为技术创新的主体。

新中国成立初到 20 世纪末的 50 年,浙江科学技术发展虽然有过挫折,但在后半段发展迅猛,尤其是通过科技体制改革,极大地促进了科技与经济日益密切的合作,科学技术进一步走到了社会的中心,越来越成为引领全省经济、社会和文化持续发展的强大动力。

〔1〕 浙江省统计局.新浙江五十年统计资料汇编.北京:中国统计出版社,2000.
〔2〕 陈劲.走向自主:浙江产业与科技创新.杭州:浙江大学出版社,2008:62—63.
〔3〕 陈劲.走向自主:浙江产业与科技创新.杭州:浙江大学出版社,2008:64.

第二章
考古研究的成就

新中国成立以来，浙江文物考古事业获得了蓬勃发展，大量的考古发掘揭开了浙江历史的本来面目。这其中，新石器时代考古一向是浙江考古的"重头戏"，浙江新石器时代的考古对研究浙江乃至长江下游环太湖地区历史发展都有着重要意义。浙江新石器时代考古也屡次入选年度全国十大考古新发现。本章在内容上主要依据浙江新石器时代考古的一些具有重大代表性的成就，同时参照刘军在《浙江考古的世纪回顾与展望》[1]一文中关于浙江考古在一些领域上的突破，分别加以介绍。

第一节 新石器时代考古

新石器时代考古一向是浙江考古的"重头戏"，迄今为止的考古材料表明，浙江最早的新石器时代遗址为距今 1 万年的上山文化遗址。2006年 11 月 7 日，位于浙江省金华市浦江县黄宅镇渠南、渠北和三友村之间的上山遗址被正式宣布为长江下游地区及东南沿海地区迄今发现的年代最早的新石器时代遗址，并被命名为"上山文化"。[2]上山文化的命名一方面将浙江文明前移了整整 2000 年，打破了浙江历史"7000 年"的习惯表述；另一方面也向我们展示了一幅生动而真实的万年前浙江人生息繁衍的原始生活画卷：那时候的上山人已经吃上了"白米饭"；鹿角等动物骨头标本的发掘，说明当时的上山人除了吃稻米，还知道通过采集、狩猎等

---

〔1〕 刘军.浙江考古的世纪回顾与展望.考古,2001(10).
〔2〕 上山文化改写长江下游史前文明.浙江在线,2006-11-14.

原始手段来"补充营养";上山遗址发现的三排柱洞遗迹,推断为干栏式建筑,这可是当时的最高"居住水平"。这些不仅让我们清晰地看见了人类文明的发展历程,也从一个侧面反映出 1 万年前长江下游文化就已经确立了优势地位。[1] 浙江新石器时代的遗址大多分布在杭嘉湖平原和宁绍平原。考古学上一般把这些文化遗址的地名,作为该所属文化的称呼,上山文化、河姆渡文化、马家浜文化、良渚文化等都是典型代表。

一、新石器时代重大考古遗址

跨湖桥遗址

跨湖桥遗址位于杭州市萧山区西南约 4 千米,属城厢镇湘湖村。遗址西南约 7 千米为浙江第一大河钱塘江与浦阳江交汇处,在此形成曲折之形,往北再折向东流入东海。遗址南北均为低矮的山丘,往北越过山岭可见钱塘江,南面为东西向连绵不断的会稽山余脉,遗址之上及周围地区原为旧湘湖,现已大部分淤积。[2]

1990 年 10—12 月以及 2001 年 5—7 月,浙江省文物考古研究所、萧山区博物馆对因砖瓦厂取土而遭到严重破坏的萧山跨湖桥遗址进行了两次发掘,发掘的结果表明,跨湖桥遗址在很多方面体现出文化的特殊性,如彩陶,交叉绳纹等。出土了一大批陶、石、骨、木器,其中陶器复原器近 150 余件,器物形态及其组合迥异于河姆渡、罗家角等附近地区发现的早期文化遗址。湘湖地区的考古发掘中,以釜、钵、圈足盘、罐为代表的陶器群,区别于江南其他新石器遗址的特殊性器物如线轮等,说明了跨湖桥文化类型的独特性。其中出土的陶器,甚至比晚了 1000 年的河姆渡遗址更为先进。由此,萧山跨湖桥遗址可明确为一个新的、独立的考古学文化类型。据对出土的木质标本的 C_{14} 年代测定,测定数据表明遗址的年代距今 8000—7000 年间。

跨湖桥遗址的发现打破了浙江新石器时代以河姆渡文化、马家浜文化为纲领的传统格局,开拓了中国东南沿海地区史前考古的认识视野。该遗址被列为 2001 年全国十大考古新发现之一。跨湖桥遗址所在的萧山湘湖地区,与河姆渡文化只有百里之遥,但两处文化偏偏没有传承关系,这超出

〔1〕 "上山文化"10000 年前的传奇,新华网浙江频道,2007-01-12.

〔2〕 浙江省文物考古研究所.萧山跨湖桥新石器时代文化遗址.浙江省文物考古研究所学刊(第 3 辑),北京:长征出版社,1997.

了原有对东南沿海地区新石器时代文明的理性期待。因此,有学者在 1994
年河姆渡文化国际学术讨论会上,质疑河姆渡文化与宁绍平原的地域对应
关系,认为应该将萧绍平原分离出来。其中的缘由,不能不说与跨湖桥遗址
的发现有密切关系。[1]

河姆渡遗址

河姆渡文化和马家浜文化的
早期阶段距今 7000 年左右,属新
石器时代中期晚段。河姆渡文化
主要分布在宁绍平原的东部地区。
这一带均为全新世的海相沉积土。
河姆渡遗址曾先后两次进行过较
大规模的发掘。在 1973 年 11 月
至 1974 年 1 月对遗址南部的首次
发掘中,发现了四个叠压的地层,
揭露了干栏式建筑河水井等遗迹,
出土了很具有地域特色的夹碳黑
陶器皿、骨耜等一批重要遗物,大
量的动植物遗存,特别是栽培稻谷
的大批量发现为同时期其他遗址
所不见。所有这些重大发现,当年
曾轰动国内外,受到学术界的普遍
关注。1976 年 4 月在杭州召开的
"河姆渡遗址第一期考古发掘座谈
会"上,与会专家一致同意将河姆
渡遗址第三、四层命名为"河姆渡
文化",并得到全国考古界的认同。

图 2-1　河姆渡复原场景

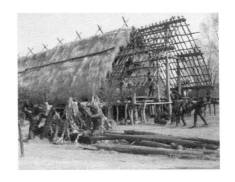

图 2-2　河姆渡复原场景

　　1977 年 10 月至 1978 年 1 月,为了进一步了解河姆渡遗址的内涵及干
栏式建筑的布局、结构、规模等方面内容,在距第一次发掘探方 20 米的遗址
北部进行了第二次发掘。此次发掘验证了第一次发掘划分的地层是正确
的,发现了 28 个灰坑、干栏式建筑基址等遗迹以及 27 座墓葬、2 座瓮棺葬,
出土了丰富的陶器、石、骨、角、牙器和木器等遗物,为进一步认识河姆渡遗
址各期文化面貌及其内在联系提供了又一批新鲜资料。

---

〔1〕　跨湖桥遗址的余响和再生,新华网浙江频道,2005-09-23.

河姆渡遗址叠压着的四个文化层中,通过对第四层出土的遗物的 C_{14} 测定,确定其年代距今 7000—6000 年。

河姆渡遗址的发掘成果,为浙江新石器时代考古建立了一个高起点的坐标,同时也证明了早在六七千年前,长江下游已经有了比较进步的原始文化,是中华民族文化的发祥地之一。

马家浜遗址

马家浜遗址位于嘉兴西南 7.5 千米,面积约 15000 平方米。1959 年 3 月,浙江省文物管理委员会与省博物馆等单位对马家浜遗址进行了发掘,发掘区在遗址的中部,共布探方五个,计 213 平方米,出土人骨架 30 具以及穿孔石斧、陶豆、罐、盆、纺轮、玉珠等器物。还发现了长方形的房屋遗迹。马家浜遗址的发掘,引起了国内外考古界的重视。1959 年 5 月,新华社发了消息,并记入《中华人民共和国要闻录》。此后,文物考古界对马家浜文化的归属展开了学术讨论。1977 年 11 月,在南京召开的长江下游新石器时代学术讨论会上,夏鼐等考古学家认为长江流域和黄河流域同是中华民族文化起源的摇篮,并确认以嘉兴马家浜遗址为代表的马家浜文化是长江下游、太湖流域新石器时代早期文化的代表,从此,马家浜文化正式命名。马家浜文化除马家浜、邱城外,还有浙江桐乡罗家角,江苏吴县草鞋山、常州圩墩等。

随着 20 世纪七八十年代桐乡罗家角遗址、余杭吴家埠遗址、常州圩墩遗址等先后的考古发掘,长江流域及其以南已发现了 2000 多处新石器时代遗址,年限最早的则是距今已有 7000 年的桐乡罗家角遗址,其中出土的稻作要素是世界上迄今为止发现的栽培水稻最早的年限。马家浜文化也成了环太湖流域史前社会文化演变进程研究中的一个重要环节。1981 年 12 月,在杭州召开的全国第三届考古学会年会上,到会专家、学者听取了罗家角遗址发掘报告后,加深了对马家浜文化的认识。1984 年 11 月,在嘉兴召开的太湖流域古文化讨论会上,考古学家苏秉琦对马家浜文化的发生和发展,给予了很高的评价。马家浜文化已载入《大不列颠百科全书》和《中国大百科全书·考古卷》,确定了它在史前文化考古中的地位。

良渚遗址

1936 年,良渚遗址首次在浙江良渚一带被发现,"良渚文化"也因此得名。良渚文化是浙江新石器时代考古的重要代表之一。在中国考古史上,良渚遗址的发掘,开了江南考古之先河。良渚文化不仅是长江下游环太湖地区早期文明的突出代表,也是国内各地区同时代的考古学文化中发展较为领先的一支。从新中国成立至今,经历半个多世纪的考古实践,有关良渚文化的研究至今持续不衰,影响深远。20 世纪 80 年代中期,良渚文化反山贵族墓地,瑶山与汇观山祭坛、贵族墓地,以及莫角山大型礼仪性建筑基址等文化遗存出土了一批精美绝伦的玉器,将良渚文化的研究推向了新高潮。这几处遗址的考古发现也入选了 1987 年、1991 年和 1993 年的全国十大考古新发现以及"七五"、"八五"期间全国十大考古新发现。

良渚文化距今 5200—4000 年,主要分布于浙北、苏南及上海一带,但它的影响范围很广,北达苏北和鲁南,南抵赣北和粤北,西至安徽和江淮地区。新中国成立后良渚遗址群的考古工作可分为三个阶段。[1]

一是探索期,1955 年至 1985 年。这一时期对良渚遗址考古发掘不多,较大规模的考古发掘仅吴家埠遗址一处。总体上这一阶段对良渚文化的认识还很粗浅,良渚遗址群的特殊性和重要性也未被认识。

二是兴旺期,1986 年至 1995 年。连续多项考古发掘入选全国每年的十大考古新发现,良渚遗址群声名鹊起,遗址群的特殊文化地位和文化价值迅速显现并得到学术界认可。尤其是 1986 年春反山遗址考古的发掘,发掘中出土的 11 座大墓构成了迄今为止发现等级最高的良渚文化显贵墓地,出土各类精美文物 1200 余件(组),玉器纹饰美轮美奂,完整的神人兽面符为解读良渚先民的精神世界提供了一把难得的钥匙。1987 年至 1993 年,浙江省文物考古研究所还进行了莫角山(1987)、卢村(1988、1990)、庙前(1988—1993)、钵衣山(1989)、上口山(1991)、梅园里(1992)、茅庵里(1992)等遗址的发掘。其中庙前遗址在这一时期经过四次发掘,初步揭示了一处面积广大、遗迹丰富的原始村落。

三是调整期,自 1996 年开始。对良渚遗址考古的工作重心转移到基础性工作上来,对遗址群开始作宏观把握,并对一些片面认识进行反思。这一时期遗址群列入全国重点文物保护单位,对遗址群进行全面、系统的调查开始实施,所做的一些考古发掘也大多为普通遗址,但类型更丰富,年代跨度更大。此间发掘主要有塘山(1996—2002)、石前圩(1999)、庙前(1999、2000)、严家桥(2000)、文家山(2000、2001)、仲家山(2001)、天打网(2001)、官庄(2001)、姚家墩(2002)、卞家山(2003—2005)、横圩里(2004)等遗址,同时对瑶山、汇观山祭坛遗址作了全面发掘。

良渚文化及其发现之所以受到高度评价和广泛关注,是由它在中国古代文明发展史和中华传统文化形成过程中占有的重要地位所决定的。

---

〔1〕　浙江省文物考古研究所.良渚遗址群(良渚遗址群考古报告之二).北京:文物出版社,2005.

二、新石器时代考古所反映的浙江文明

新中国成立以来,浙江新石器考古的一系列重大成就,不仅奠定了浙江考古在中国考古学界的地位,而且还揭开了浙江历史的本来面目。大量的考古文物揭示了浙江先民们的勤劳和智慧。

干栏式建筑

河姆渡遗址中发现的干栏式建筑,呈扇形整齐地分布在小山坡上,由木柱和板桩构成,其中大的长 23 米多、深约 7 米,前廊深 1.3 米,许多木构件上还有榫头和卯口,说明采用了榫卯结点的技术,这是中国现已发现的古代木构建筑中最早的榫卯。

水稻

河姆渡遗址和马家浜文化的罗家角、草鞋山遗址和崧泽遗址下层都发现了稻谷。其中河姆渡遗址出土稻谷数量之多,保存之完好,分布之广泛,在已发现的新石器时代遗址中是十分罕见的,填补了中国新石器时代考古学上"有粳无籼"的空白。河姆渡遗址大量稻谷的发现还有一个十分重要的意

图 2-3　河姆渡遗址出土的稻谷[1]

义,即以往人们认为印度是亚洲水稻的原产地,河姆渡遗址的发现证明,这里的水稻比印度发现的最早的水稻还早了 3000 余年。

农业生产工具

农业生产是新石器时代浙江先民定居生活的基础。河姆渡遗址中与水稻一起出土的还有骨耜、木箱、骨镰和木材等,都是农业生产或谷物加工的工具。这些发现证明,早在六七千年前,当地的农业已经成为主要的生产部门。在马家浜文化的圩墩遗址发现一件残木铲,仅存铲身,两面削成扁平状,刃部较薄,推断应是掘土工具。而在良渚文化时期农业生产已经体现出了较高的水平。良渚文化大型三角形石犁、长条形石镰、石耘田器、穿孔石斧、各式石刀等农业生产工具的普遍运用,标志着长江下游环太湖地区的人

〔1〕 来源:7000 年前稻米部落揭示——河姆渡的稻作文化,http://news.cnnb.com.cn/system/2011/05/26/006946476.shtml.

们早在 5000 年以前就已从传统的耜耕阶段进入了较为先进的犁耕阶段,成为中国古代犁耕农业发展的开拓者。如出土的三片组合石犁长 40～50 厘米、宽 20 多厘米,分别由一片三角形石片和两片长方形石片组成,每片石片上都有两个孔,使用起来比单片犁更加灵活方便。考古专家称,组合石犁的出现尚属首次,有着很高的研究价值。这说明良渚晚期的生产力已发展到较高程度,当时本地的稻耕农业也已相当发达。农业生产力水平的提高,也为良渚人在其他方面生产技术的进步与发展如凿井、编织、纺织、髹漆、镶嵌、治玉等提供了坚实的物质基础,从而使得社会生活水平发展到了一个较高的层次,同时也在客观上促进了良渚社会结构的变化。

制陶及纺织技术

河姆渡文化的原始艺术丰富多彩,在陶器上有雕刻和堆塑的动植物图案,有陶塑的猪、羊、人头等,有骨雕和象牙雕作品,还有至今仍能吹出乐曲的骨哨。马家浜文化遗址出土的主要器形有釜、鼎、豆、罐、瓮、盆、钵、盉等。还出土有陶质炉、箅、三足壶形器等为其他文化所未见的器物。此外,在马家浜文化的草鞋山遗址中发现了公元前 4000 多年的五块残布片,经鉴定,原料可能是野生葛。系纬线起花的罗纹织物,密度是每平方厘米经线约 10 根,纬线罗纹部 26～28 根,地部 13～14 根。花纹有山形斜纹和菱形斜纹,组织结构属绞纱罗纹,嵌入绕环斜纹,还有罗纹边组织,这是中国目前最早的纺织品实物。

图 2-4　良渚文化刻纹大玉琮[1]

玉器制作

玉器制作技术方面,良渚文化玉器的大量制作和普遍使用,是长江下游环太湖地区早期文明的一个突出特征。在我国南

图 2-5　良渚文化兽面纹玉琮[2]

---

〔1〕　来源:良渚文化,http://www.chinabaike.com/article/316/327/2007/2007022157619_2.html.

〔2〕　来源:良渚文化,http://www.chinabaike.com/article/316/327/2007/2007022157619_2.html.

方长江下游及太湖地区的马家浜、菘泽、良渚等地，近几十年来，考古工作者不断发现并出土了大量玉器，其中尤以良渚文化最有代表性。良渚文化出土的玉器数量之多、品种之丰富、雕琢之精美，都达到了中国古代玉器发展史上的一个高峰。其中，玉琮是良渚文化中最具特征的玉器，不仅是形体最大的器件，也是出土较多的玉器品种。研究发现，玉琮不仅有祭地礼器的功能，同时又具有殓葬的用途。玉琮与崇拜信仰有关，是社会需要和精神信仰的产物，同时也是权力和地位的象征，只有贵族和有地位的人才能拥有玉琮。良渚文化早期玉琮多阴线刻，晚期玉琮多有浮雕纹饰，有镂空透雕、半圆雕等多种技法，其细如毫发的微雕工艺反映了良渚人精湛高超的琢玉水平。

　　社会分层现象[1]

　　良渚文化时期生产力的高度发展在客观上促进了社会结构的分化。良渚遗址群中反山贵族墓地、瑶山祭坛及贵族墓地、汇观山祭坛及贵族墓地、莫角山大型建筑基址等重要的考古发现也为研究良渚文化社会分层现象提供了重要依据。这其中，身份等级的分化与聚落等级的分化，是良渚社会分层的两个重要标志。身份等级的分化是指当时的社会成员分化为贵族和平民两大阶层。良渚文化出土的大量墓葬材料显示，贵族阶层大多埋在人工营建的高台墓地之上，墓穴较为宽大，常见棺椁一类葬具，即所谓的"高台墓地"，随葬品中有大量玉器，即"玉敛葬"。平民阶层一般没有专门的人工营建的墓地。大多埋葬在居址附近或稍远的高地之上，墓穴浅而窄小，少数死者有木棺，随葬品中玉器仅有一些小饰件而无礼器，陶器较多，石器少一些，有的墓中甚至一无所有。良渚文化不同等级类型的墓葬反映了社会阶层的分化。不仅如此，在贵族阶层内部，墓地与墓地之间以及墓地内部还存在着明显的等级差异。

　　良渚文化聚落等级的分化也同样非常明显，良渚文化的聚落也可以划分为若干等级。良渚文化的聚落形态及其规模，折射出当时的社会已经确立了一个等级分明的"金字塔"形的社会分层系统。良渚文化聚落形态及其规模的多层次、级差式分化现象，表明当时的社会已经确立了一个多等级的社会分层系统。这些正是礼和礼制在良渚文化时代存在的现实基础，同时也显现出良渚文化已处于文明的前夕。

　　此外，新石器时代的考古成就中，浙江先民们在居址分布、渔猎经济等方面也都体现了各自的特色，反映了浙江先民与自然界斗争的结果及文明的进步。正是这些具有代表性的"上山文化"、"河姆渡文化"、"马家浜文

---

〔1〕　杨楠.良渚文化兴衰原因初探.民族史研究（第1辑），北京：民族出版社，1999.

化"、"良渚文化"等繁花似锦的文化之间的传承和交融,造就了今天灿烂的浙江文化。

第二节 越文化考古

越国是有文字记载以来最早在浙江建立的国家。越文化所处的年代相当于中原的商周时期。越文化以几何印纹陶与青铜文化为其特色。在浙江考古中,从 20 世纪 70 年代以来,对越文化的研究主要集中在土墩遗存的发掘与研究上,同时也开展了对居住址、越国贵族墓及帝王陵墓的发掘与研究,取得了令人瞩目的成绩。

一、越文化考古成就

土墩遗存

对越文化的考古以往主要集中在土墩遗存的发掘与研究上。浙江地区存在较多的土墩石室遗存。在浙江境内,主要的考古发掘成果有江山肩头弄土墩墓,长兴便山土墩墓,海宁夹山土墩墓与土墩石室墓等。[1] 在对土墩遗存的发掘上,考古学家们在考古的手段、研究的方法上也逐步更新。20 世纪 70 年代,在江山县峡口肩头弄等地发掘了一批土墩墓[2],发掘者采用按器物组合、分类研究等方法,首次对土墩墓的分期及其特征作了探讨。从 20 世纪 80 年代初开始,对浙北平原低山丘陵的山脊和山坡上分布的土墩遗存进行了大量的科学发掘。经考古发掘的土墩遗存有 140 座左右(包括 200 个左右遗迹单位),发现土墩遗存中存在着有无石室两种情况,即土墩墓及石室土墩遗存。[3] 在土墩墓中出土的随葬品主要以印纹硬陶和原始瓷为主。

上述考古发掘拉开了新中国成立以后越文化研究的序幕。

绍兴印山越国王陵

越国建立后,越文化作为一种邦国文化,逐渐取得了其自身的定位,且随着越与中原地区文化交流的进展而日益兴盛。而将越文化研究推向高潮

---

〔1〕 刘军.浙江考古的世纪回顾与展望.考古,2001(10).

〔2〕 浙江省文物考古所、江山县文管会.江山县南区古遗址墓葬调查试掘.浙江省文物考古所学刊(第 1 辑),北京:文物出版社,1981,转引自刘军.浙江考古的世纪回顾与展望.考古,2001(10).

〔3〕 刘军.浙江考古的世纪回顾与展望.考古,2001(10).

的则是对越国贵族王陵与帝王陵墓的考古与发掘。

1982年3月,在绍兴坡塘狮子山西北坡发掘了一座阶梯式墓道带壁龛的春秋晚期(或战国初期)竖穴木椁墓——绍兴306号墓,属越国贵族墓。出土了17件精美的青铜器,其中伎乐铜房、铜汤鼎、铜提梁盉、铜镇墓兽、嵌玉耳金舟等精品令人叹为观止,撩开了昌盛一时的东南霸主越国的神秘面纱,为探索越文化开创了新局面。[1]

1996—1998年发掘的绍兴印山越国王陵[2],是迄今发现的第一座越国王陵。其规模、墓室、防腐填筑及外围设置的防御保护设施隍壕均是越文化考古的重大突破。绍兴印山越国王陵占地面积10万平方米,四周设有隍壕围护,规模宏大。墓葬是带宽大长墓道的长方形竖穴岩坑木椁(室)墓,墓上有巨大封土堆。墓坑从山顶岩层中挖凿而成,平面呈东西向长方形,现存坑口长46米,最宽处19米,坑深14米,墓道设在东壁正中。墓室呈长条两面斜坡状,横断面呈三角形,规模巨大,内设前、中、后三室,均用巨大枋木构筑,枋木三面髹漆,加工极其规整平直,构筑整齐合缝。墓室前设2.5米长甬道以连接墓道。大型独木棺置于中室,棺长6.04米、宽1.12米、内高0.4米,内外髹漆。此外,墓葬的填筑采取了防水、防腐的方法。据测算,营建墓葬挖去岩石近10000立方米,填筑青膏泥5700立方米,填筑木炭约1400立方米,构建墓室所用木材近500立方米,外围隍壕挖掘土方40000多立方米,如此巨大的土木工程显示了当时越国生产力发展水平非同一般,国力也相当雄厚。印山周围规整的隍壕更清楚地表明,该墓属于王陵一级。虽然因墓室被盗,墓中残存的随葬品不多,但数量众多的压席用玉镇以及玉剑、玉镞等礼仪用玉兵器,都说明墓主不是一般的人物。此外,大墓特殊的墓室结构与古越传统的石室土墩墓颇为近似,墓中巨大的独木棺更具有明显的越文化特色。绍兴印山越国王陵的发掘轰动了国内史学界及考古界,被评为1998年全国十大考古新发现之一,它也成为研究越文化的重要新资料,推动了越文化研究向纵深发展。

二、越文化考古所反映的浙江文明

从文化遗存的特征来看,河姆渡文化、马家浜文化、崧泽文化以及良渚

---

〔1〕 浙江省文管会等.绍兴306号战国墓发掘简报.文物,1999(11).

〔2〕 浙江省文物考古研究所、绍兴县文物保护管理所.浙江绍兴印山大墓发掘简报.文物,1999(11).

文化作为古越史前文化的源头,与越文化之间无论在经济形态、生活习俗等各方面都存在明显的共同性及进程上的连续性。自公元前 490 年,越王勾践在绍虞平原筑城立廓,并悉心经营 18 年,社会经济全面发展,由此也形成了越地先民独特的社会经济生活方式。

从农业生产方式来看,生产专业化是农业经营的一大成就。《越绝书》中范蠡有"春种八谷"之说,计倪具体提到过九种作物,讲究选种;范蠡曾提出"春种、夏长、秋收、冬藏"的农事方针,注重按四时规律从事农作;《吴越春秋》卷九中载有计倪认为必须"留意省察、谨除苗秽,秽除苗盛",反映了农业生产管理上的精细程度。此外,农业生产工具上,出土了一大批越国时期的青铜工具,如犁、镬、铲、锄、镰等。青铜犁是一种翻耕起垄农具,青铜镬是破土、松土兼除草农具,青铜铲是铲土、耕苗、除草农具,青铜锄是松土、除草农具,青铜镰是收割用的农具。文献资料和出土工具表明,越王勾践时期对于农作物的关系及其规律已得到及时总结、推广和应用,越国的农业生产规范有序,农耕技术专业化。[1] 在农业生产专业化的同时,这一时期,蚕桑业、葛麻业、果蔬业、养鱼业也已较发达。如浙江吴兴钱山漾遗址出土有绢片、丝带和丝线[2]。经鉴定,原料是家蚕丝,绢片的经纬密度为每平方厘米 48 根,是先缫后织的。

手工业是越国的经济支柱之一,最具代表性的为自成体系的越国的青铜冶炼业。首先,越地素来出产铜、锡且质量上乘。其次,各种作坊井然有序。冶铸加工是青铜手工业体系的健全与深化。《水经注·浙江水》等对越中的各种作坊除注明地点外,还注明其性质,如是冶炼的还是铸造的,以及是铸造什么产品的。第三,国工民匠,各有所长。亦即生产者有国工和民匠之分。少数技艺高超者应该是国工,生产侧重于兵器,旨在服务军工;农具生产为民匠所为,服务于农业生产。透视越国青铜冶炼业可证越国手工业生产、管理之完备与工艺技术之先进。[3]

交通方面,由于宁绍、杭嘉湖平原河流纵横,湖泊遍布,为水网地带。因此,越人平日习知水性,善于舟楫的使用,而且也善于泅涉。由于越人生活在水网地带,因此,船是最主要的交通工具。早在河姆渡文化时期,就已有木桨的使用。进入青铜时代,造船技术也日臻进步。越国在对吴

---

〔1〕 钟越宝.越国对绍兴的历史贡献.东方博物(第十四辑),杭州:浙江大学出版社,2005.

〔2〕 浙江文管会.吴兴钱山漾遗址第一、二次发掘报告(附录1).吴山钱山漾遗址出土植物种子鉴定书.考古学报,1960(2).

〔3〕 钟越宝.越国对绍兴的历史贡献.东方博物(第十四辑),杭州:浙江大学出版社,2005.

和中原各国的作战中,大都用舟船来作为运载兵粮的工具。《越绝书》中记载:"勾践伐吴,霸关东,从琅琊起观台……以望东海,死士七八千人,戈船三百艘"。以如此之大规模的船队航行于汹涌的浪涛中,其技术之高是可以想见的。[1]

第三节　瓷窑址考古

浙江是我国青瓷的重要发源地,早在约相当于中原商周时期就已经开始烧造原始瓷。如在越文化考古中,石室土墩出土的随葬品主要以印纹硬陶和原始瓷为主。宋代以前,浙江一直是中国瓷业的重要产地和中心。浙江的"越窑青瓷"被誉为"千峰翠色"、"似冰"、"如玉",其产品远销国内许多地区及亚非欧诸国,名闻天下。而龙泉青瓷始于五代、盛于南宋,龙泉青瓷以其清丽的釉色、优美的造型而久负盛名,自宋代起就远销亚、非、欧三大洲的许多国家和地区,为世界文明作出了重要贡献,龙泉也因此闻名中外。浙江的瓷窑址考古成绩显著,古瓷窑址遍及全省各地,已发现的即达1676处[2],这为瓷窑址考古提供了施展才华的良好场所。

一、越窑青瓷

越窑是我国古代最著名的青瓷窑系,《茶经》以"类玉"、"类冰"作比喻,赞美越窑品质的高雅,并把越窑列为全国名窑之首。诗人陆龟蒙用"九秋风露越窑开,夺得千峰翠色来"的诗句形容越窑色泽优美;皮日休则以"圆似月魂坠,轻如云魄起"的诗句,道出了越窑造型之规正、轻盈。从对越窑的考古发掘来看,越窑青瓷历经原始瓷→原始瓷成熟瓷器合烧窑→成熟瓷器窑(即烧瓷器窑)的烧制过程。越窑青瓷的烧制历史历经夏商至南宋。

越窑青瓷漫长的烧制历史使其在浙江瓷窑址考古中占有十分重要的地位。商代中期古越先民在烧造印纹陶器的基础上创烧了一种以瓷土(高岭土)作胎,表施单色青釉的原始而又古朴的小型青瓷器皿,拉开了浙江青瓷生产的序幕。西周时期,原始瓷在东南地区人们的生活中开始扮演重要角

---

〔1〕 方如金,熊锡洪.于越文化形成原因探析——驳越文化乃"外来文化"说.浙江学刊,2001(5):164.

〔2〕 马文宽.中国古瓷窑址考古十年论述.考古,1999(9).

色。但由于自然和社会各种因素的制约，各地的原始瓷发展很不平衡，并且大多数没有直接演变为成熟青瓷。

1957年，浙江省文物管理委员会、北京故宫博物院经过多次调查，发现慈溪市鸣鹤镇西栲栳山麓上林湖一带（原属余姚县），为越窑青瓷主要产区之一。慈溪上林湖、古上岙湖、白羊湖、杜湖（里杜湖）及古银锭湖（今彭东）四周有古窑址120余处。其中，上林湖最集中，沿湖木杓湾、鳌裙山、茭白湾、黄鳝山、燕子坤、荷花心、狗头颈山、大埠头、陈子山、吴家溪、周家岙等，窑场密布。1972—1974年，浙江省上虞县发现了七处东汉瓷窑址，其中，在小仙坛窑址发掘到的瓷片经中国科学院上海硅酸盐研究所测定，烧成温度达$1310\pm2℃$，胎体吸水率仅有0.28％，0.8毫米的薄片已可微透光。上虞小仙坛窑址的发现，表明东汉时期，越窑已突破了瓷器原始阶段，烧制成功了成熟的青瓷器。慈溪上林湖等地发现的东汉青瓷窑址，证明早在东汉时期，宁绍地区就已经形成了早期越窑体系，从而也表明了我国是世界上第一个发明瓷器的国家。

越窑青瓷自东汉创烧以后，到三国、两晋，南北朝时期得到了迅速发展。浙江境内的很多县市都发现了瓷窑遗址。六朝时期的越窑是我国最早形成窑场众多、分布地区很广、产品风格一致的瓷窑体系，而中心窑场仍然集中于上虞。

唐宋时期是越窑青瓷烧制的鼎盛时期，对慈溪上林湖越窑窑址的连续发掘也证实了这一点。1993—1995年，浙江省文物考古研究所和慈溪市文物管理委员会对全国重点文物保护单位——上林湖越窑遗址进行了连续发掘，出土了大量精美的瓷器标本。窑床均为龙窑，保存长度40余米。出土的瓷器种类有碗、盏、盘、盏托、灯盏、水

图 2-6　越窑八棱瓶（唐）[1]

盂、盒、碟、唾盂、海棠杯等。从Y37T4地层和出土标本的情况分析，其时代在9世纪初之间，而Y36T2可晚至北宋晚期。另外，各式匣钵的出现，为秘色瓷的烧造创造了条件。

1998年9—12月，浙江省考古研究所、北京大学考古系、慈溪市文物管理委员会对慈溪上林湖寺龙口越窑窑址进行了发掘，此次发掘清理了龙窑窑炉一座、作坊遗迹一处；窑炉北侧堆积地层叠压关系清晰，获得自唐末五

〔1〕　来源：http://bbs.sssc.cn/viewthread.php? tid=1121755.

代至南宋初期的各类瓷器 3 万余件(片)
和大量窑具标本。其中,南宋龙窑窑炉、
作坊遗迹系越窑遗址中首次发现。窑炉
由窑床、窑墙、火膛、火膛前工作面等部
分组成;作坊遗迹发现于窑炉北侧堆积
中,平面呈方形,有东西、南北各一道匣
钵墙,残高近 1 米。这两处重要遗迹的揭
露,有力地展示了越窑制瓷工艺的整个
生产流程。发掘首次确定了南宋地层,

图 2-7 越窑莲花青瓷托碗(五代)[1]

出土的月白、天青釉瓷器,釉面温润而含
蓄,呈半失透状。器类有觚、炉、玉壶春瓶、花盆等,其风格与北方汝官窑颇
为接近,应该是作为供器或宫廷用器。此外,南宋层还出土一外底阴刻"官"
字的匣钵,从而证实了此地为南宋初期宫廷用瓷的产地。五代地层中,出土
了大量秘色瓷和众多带铭文的匣钵或瓷片,铭文一般刻在匣钵外壁或碗内
外底心,计有姓氏类、方位类、纪年类、用途类等,是研究五代瓷手工业的重
要资料。本次发掘是新中国成立以来对越窑中心窑场的第二次大规模考
古,也是新中国成立后最重要的一次越窑窑址发掘,再现了越窑从唐末五代
到两宋时期发展演变的历史轨迹,为解决贡窑、秘色瓷等学术问题提供了可
靠的实物资料,并进一步提出了越窑与汝官窑、南宋修内司窑的关系等一系
列学术问题。[2]本次考古发掘工作被列入 1998 年全国十大考古新发现。

二、龙泉青瓷

龙泉青瓷窑址是中国古代南方的著名青瓷窑址,主要分布于浙江省丽
水地区及其周围的武义、永嘉、文成、泰顺等县,其中以龙泉县境内的窑址最
为密集,已发现有 300 余处。[3]

浙江境内对龙泉窑进行的首次发掘可以追溯到 20 世纪 30 年代,陈万
里先生进行了八次龙泉考古调查。1959—1964 年,浙江等地的考古部门,
对龙泉地区的古窑址进行了有计划的发掘、考证、总结和研究,经过不断摸

〔1〕 来源:http://www.yueyaomuseum.com/bbs/viewthread.php? tid=105239.

〔2〕 国之瑰宝大放异彩——新中国 50 年文物事业的发展之 1998 年全国十大考古新发现,
http://culture-China.com/zh-cn/zhuanti./50years/cultural/02.html.

〔3〕 南宋五大名窑之龙泉青瓷.浙江在线新闻网,http://www.zjol.com.cn/05gotrip/sys-
tem/2006/08/24/007830073.shtml.

索和反复实践,终于重新掌握了
失传已久的龙泉青瓷烧造技术,
使沉睡几百年的龙泉古窑重放异
彩。20 世纪 80 年代初,为配合紧
水滩水电站工程的建设,考古工
作者们对龙泉窑址进行了又一次
大规模的考古发掘,获得了大量
堆积层位清楚的标志,从而使龙
泉窑址的地层编年及考古分期研

图 2-8　龙泉窑古陶瓷·罐[1]

究有了更多的科学依据。目前的研究成果把龙泉窑址自北宋至清代划分为
六期,并提出了"厚胎薄釉刻划花"和"薄胎厚釉形制类官"两大发展序列,建
立了厚胎薄釉、薄胎厚釉、厚胎厚釉三种产品类型的框架结构。[2]

　　其中,南宋可谓龙泉窑的黄金时期,青瓷出现了崭新的面貌。南宋晚
期,由于北方制瓷技术的传入,龙泉窑结合南艺北技,达到了我国青瓷史上
的顶峰。粉青和梅子青的烧制成功,巧夺天工,在我国瓷器史上留下了光辉
的一页。

三、南宋官窑

杭州乌龟山郊坛下窑址

　　宋代(北宋 960—1126 年,南宋 1127—1280 年)是我国陶瓷业发展史上
的一个辉煌时代。江南一带由于其富庶的地理条件和对外贸易的发展,已
形成商业繁荣、人口密集的城市。临安(今杭州),是南宋政治、文化、经济的
中心,又是最大的消费城市。还有明州(今宁波)、越州(今绍兴)、温州、婺州
(今金华)、处州(今丽水)等地,这些市镇,历史悠久,瓷业甚为发达,既是瓷
器生产中心,又是瓷器消费市场和销售集散地。越瓷、龙泉青瓷已久负盛
名,各树一帜。

　　南宋人叶寘的《坦斋笔衡》一书中记载说:政和间(北宋 1111—1117
年),就师自置窑烧造,名曰官窑,中兴渡江,有邵成章提举后苑,号邵局,袭
故宗遗制置窑于修内司,造青器,名内窑,澄泥为花,极其精制,釉色莹沏,为

---

　　〔1〕　来源:http://www.lqyao.com/type.asp? typeid＝33.

　　〔2〕　任世龙.浙江瓷窑址考古十年论述.浙江省文物考古研究所.浙江省文物考古研究所学
刊(第 2 辑),北京:科学出版社,1993.

世所珍,后郊坛下别立新窑,比旧窑大不侔矣。此段文献资料是迄今发现的关于南宋官窑历史的最早文字记载,后人研究都多以此为考证。文献说明,北宋时期已烧制官窑。南宋官窑继承了北宋官窑的技术和制作方法。文献把南宋官窑划分为"修内司"和"郊坛下",前者"名内窑",后者系"别立新窑",并明确指出新窑"比旧窑大不侔"。杭州乌龟山郊坛下官窑发现于1930年,1956年曾发掘过一次,但未引起人们的注意,1984—1986年春又进行了两次发掘,不仅获得了大量实物标本,而且还发掘出龙窑与作坊等遗址,出土瓷片3万余件,工具、窑具数千件。[1]为研究宋代官窑的高超烧造技艺提供了可靠的资料。

杭州老虎洞瓷窑址

杭州老虎洞瓷窑遗址是1996年9月在杭州市凤凰山与九华山之间一条狭长溪沟西端发现的。杭州市文物考古所随即对窑址进行了封闭保护,当年即进行了考古调研和试掘。1998年5—12月与1999年10月至2001年3月进行了两次大规模的发掘,除了部分地层被有意保留以外,揭露了该窑址的全部文化层,实际发掘面积约为2300平方米。两次发掘都有重大收获。其中,1998年的第一次发掘就获得了当年全国十大考古新发现的提名奖,1999—2001年的第二次发掘又被评为2001年全国十大考古新发现之一。

经过两次大规模的发掘,全面揭露了老虎洞窑址的文化堆积,发现并清理了一批遗迹,共计有龙窑窑炉3座、小型的素烧炉4座、作坊基址7座、釉料缸2个、瓷片坑24个、陶车基座若干个,在遗址边部还发现了多个开采原料的矿坑,发掘出土了分属四个时期的大量瓷器制品、半成品和窑具,有大批完整的和可复原的器物。这些遗物品种丰富,造型优美。文化遗存可分为四个时期,其中北宋早期的遗存数量少,也没有发现遗迹,难以确定是本处烧造的。南宋地层中出土的遗物最为精致。器形不仅有日常用碗、盘、杯、瓶、罐、碟、壶、洗等,还有一些特殊形状的器物,如觚、琮式瓶、各式香炉、熏炉、器座和器形甚大之兽首双环耳尊,胎釉特征以厚胎薄釉、厚胎厚釉为主,薄胎厚釉较少见。釉色有美丽的粉青色/青灰色和米黄色等,胎色则有香灰色、深灰色、紫色、黑色等。[2]

关于老虎洞瓷窑址是否就是叶寘文献中所指的"修内司"官窑,曾在考古界引起了争论,绝大多数学者从窑址的时代、修内司官窑产品特征及对出

---

〔1〕 南宋官窑与哥窑.杭州:浙江大学出版社,2004.

〔2〕 南宋官窑与哥窑.杭州:浙江大学出版社,2004.

土瓷片所做的化学测试等方面分析,认为老虎洞瓷窑址南宋时期的遗存就是文献记载的修内司官窑或称"内窑"。而随着对该窑址发掘工作及研究工作的深入,目前,这一分析已经得到证实,老虎洞发掘出的一件瓷荡箍上的文字记载有"修内司……置庚子……师……匠"几个字。这说明:修内司官窑确实存在,而且就是老虎洞窑址。[1]

---

[1]　8个字解开老虎洞窑址千年之谜,杭州网,2006-11-10.

第三章

基础科学研究的主要成就

20 世纪 50 年代,浙江大学等高校有计划地开展了基础研究工作,浙江省数学、地理、化学、物理等学会也相继成立,开展学术交流,在射影曲面论、微分几何等领域的研究处于国内领先地位[1]。1978 年全国科技大会以后,浙江省的基础研究工作进入新的发展时期。尤其是 1988 年以后,浙江省自然科学基金制的实施进一步推动了基础科学研究的发展,表现在基础研究的内涵不断拓展,不仅有纯理论研究,还包括具有广泛应用背景的应用基础研究,交叉学科不断产生,如控制论、凝聚态物理、列阵光学等。

第一节 数学和计算机科学

浙江大学数学系有悠久而辉煌的历史,特别是 1929 年以后,我国著名数学家陈建功教授和苏步青教授先后来到浙江大学数学系工作,形成了知名的"陈苏学派"。新中国成立后,浙江省在函数论、微分几何、偏微分方程、概率极限理论等方面取得了大量的研究成果,获得多项省部级奖励,部分成果达到世界先进水平。数学是计算机科学的主要基础,微电子技术和程序技术是反映应用数学成果的主要技术形式。浙江省在以应用数学为基础的计算机图形学、CAD 研究及应用和工业控制领域中也取得重大进展,创造了重要的经济和社会效益。

---

〔1〕 浙江省科学技术志编纂委员会.浙江省科学技术志.北京:中华书局,1996:294.

一、苏步青与微分几何学研究

苏步青（1902—2003），浙江平阳人，数学家。早年执教于浙江大学，后长期担任复旦大学领导工作。研究领域涉及仿射曲面理论，射影曲线一般理论，曲面的射影微分几何理论等。在计算几何及其应用方面颇多建树，是我国微分几何研究的开拓者之一。

射影群是比仿射群更大的变换群，它能保持直线的概念，但平行性的概念已不复出现。在18—19世纪，射影几何曾长期吸引数学家们的注意。例如，通过子群，它可以把欧氏几何和另外两类非欧几何学统一在同一理论体系中。由于既无度量，又无平行性，其微分几何的研究更为困难。即使是曲线论，虽经著名几何学家 E. 邦皮亚尼、蟹谷乘养等人的多年研究，在三维情况下，结果也并不理想，更不用说高维情况了。苏步青发现平面曲线在其奇点的一些协变的性质，运用几何结构，以非常清楚的方法，定出了曲线在正常点的相应的射影标架，从而为射影曲线论奠定了完美的基础，得到了国际上的高度重视。

对射影曲面论的研究比曲线论要复杂得多，20世纪三四十年代，苏步青对它作了非常深入的研究。对于一个曲面上一般的点 P，S. 李得到一个协变的二次曲面，被命名为李二次曲面。作为李二次曲面的包络，除原曲面外，还有4张曲面，于是，对于每点 P 就有4个对应点，它们形成了点 P 的德穆林变换。这时，所构成的空间四边形称为德穆林四边形。苏步青从这种四边形出发，构作出一个有重要性质的协变的二次曲面，后来这二次曲面被称为苏二次曲面。苏步青也研究了一种特殊的曲面，称为 S 曲面，它们的特点是，其上每点的苏二次曲面都相同。苏步青还研究了射影极小曲面，他的定义和 G. 汤姆森用变分方法引进的定义是相等价的。苏步青得到了有关射影极小曲面的戈尔多序列的"交扭定理"，显示出很优美的几何性质。苏步青又研究了一类周期为4的拉普拉斯序列，它和另一周期为4的拉普拉斯序列有共同的对角线汇，他把这种序列的决定归结为求解应用上很感兴趣的正弦—戈登方程或双曲正弦—戈登方程，指出了这种序列的许多特性。这种研究在国际上很受重视，例如苏联的菲尼科夫学派就十分赞赏它。后来，拉普拉斯序列被 G. 博尔命名为苏链。

对一般空间微分几何学的研究，在19世纪已经出现了黎曼几何学，它是以定义空间两无限邻近点的距离平方的二次微分形式为基础而建立起来的。20世纪以来，因受到广义相对论的影响，黎曼几何学发展很快，并产生了更一般的以曲线长度积分为基础的芬斯勒空间,以超曲面面积积分为基础的嘉当空间,以二阶微分方程组为基础的道路空间和 K 展空间等,通称一般空间。苏步青从 20 世纪 30 年代后期开始,对于一般空间的微分几何学的发展,作出了许多重要贡献。对于嘉当几何学,他着重研究了极值离差理论,即研究能保持测地线的无穷小变形的方程,这是黎曼几何学中十分重要的雅可比方程的一种推广。K 展空间是由完全可积的偏微分方程组所定义的,由 J. 道格拉斯最早提出。苏步青得到了射影形式的可积条件,他又研究了仿射同构、射影同构及其推广,在讨论 K 展空间的几何结构时,他推广了嘉当有关平面公理的研究。[1]

在仿射曲线论中,苏步青的贡献在于用富有几何意味的构图来建立一般的基本理论。他还深入研究了许多重要类型的曲面和共轭网,得出了非常有意义的几何构图。苏步青匠心独具,用形象具体、引人入胜的几何构图,把研究结果表现出来,开辟了微分几何的新局面,建立了一系列理论,在数学发展史上留下了一座丰碑。

20 世纪 30 年代享有世界盛誉的德国数学大家布拉须盖曾对中国留学生称赞道:“苏步青是东方第一个几何学家!”1956 年,苏步青关于射影曲面论和 K 展空间几何学的研究获得了中国科学院科学奖。1976 年,美国数学代表团访华回国后在总结中指出,浙江大学建立了“以苏步青为首的中国微分几何学派”。著名数学家陈省身最欣赏苏步青所做的工作是:利用几何图形奇点的特性来表现整个图形的不变量。通常人们往往设法避开奇点,苏步青的工作却恰恰是从奇点挖掘隐藏着的整体特征,窥一斑以知全貌,思维方法堪称独特。陈省身为苏步青《微分几何五讲》的英译本写序,用了三个带“美”字的形容词:“一本优美的书,总结了优美的工作成果,而这些工作的大部分是在美丽的城市(杭州)完成的。”[2]

二、陈建功、白正国与杭州大学数学系

陈建功(1893—1971),浙江绍兴人,数学家。他在 1913—1929 年,三次东渡日本求学,于 1929 年获日本东北帝国大学理学博士学位。他是第一个在日本获得博士学位的中国人,同时也是第一个在日本取得这一荣誉的外

〔1〕 谷超豪. 我国微分几何研究的开拓者——著名数学家苏步青, http://www.gmw.cn 2005-11-18.

〔2〕 http://www.hlhl.org.cnnewsfindnews/showsub.asp? id=249.

国科学家。早在大学一年级时,就发表了一篇具有重要意义的论文《无穷乘积的若干定理》,1925 年刊载于日本《东北数学杂志》上。这篇论文的发表,标志着我国现代数学的兴起。陈建功的研究领域涉及正交函数、三角级数、函数逼近、单叶函数与共形映照等。他在 1929 年用日文发表的《三角级数论》是世界上最早的三角级数论专著。他也是中国数学界函数论方面的学科带头人和许多分支研究的开拓者。

白正国(1916—),浙江平阳人。1936 年考入浙江大学数学系,师从苏步青教授。在 20 世纪三四十年代,以苏步青为首的浙江大学射影几何学派是与当时的意大利学派、美国学派三足鼎立的举世公认的学派,白正国便是这个学派的代表人物之一。他的成名之作是在 40 年代初解决了射影微分几何中著名的 Fubini 问题。此外,他在射影微分几何的曲面论方面还有许多独创性的工作。从 50 年代起,白正国转入一般空间的微分几何学的研究。1957 年,他发表了论文《关于空间曲线多边形的全曲率》,推广了著名的 W. Fenchel 定理。

1952 年,全国高校院系调整,浙江大学文理学院并入上海复旦大学,陈建功与苏步青等教授调至上海工作。年近花甲的陈建功的工作量仍然大得惊人,他常常同时指导三个年级的十多位研究生,还给大学生上基础课,而且科研成果和专著不断问世。白正国被安排到新成立的浙江师范学院数学系工作。当时浙江师范学院数学系条件很差,不但师资不足,而且图书设备陈旧,数量又少,根本没有办法做科研,甚至连开设高年级课程的师资和条件都成问题。白正国担任几何教研组组长,主持组织读书报告讨论班,硬性规定每个教师都要参加报告。经过他几年的苦心经营,教师水平都有了较大提高,学风也大为改进,为后来的杭州大学数学系的发展打下了基础。

1958 年杭州大学成立,陈建功教授被任命为杭州大学副校长,白正国任杭州大学数学系系主任。杭州大学是一所综合性大学,行政工作极为繁忙,陈建功依然不知疲倦地从事教学与科学研究工作,还兼任复旦大学教授,同时在两校指导研究生。在他的指导下,杭州大学数学系有了长足的发展,函数逼近论与三角级数论等方面的研究队伍也迅速成长。古稀之年的陈建功还应上海科技出版社之约,将自己数十年在三角级数方面的研究成果结合国际上之最高成就,写成巨著《三角级数论》,1964 年 12 月该书的上册出版。白正国在担任数学系领导期间,对教师的进修和培养非常关心,组织教师举行文献报告会,并在课余为教师讲授"微分方程"等课程。特别是对年轻教师的培养与提拔尤为关注,他的想法和建议经当时的系党总支领导认可后,大部分都能付诸实施。

正是由于陈建功和白正国的努力,杭州大学数学系在"文革"前夕,已从开课都成问题的境地发展成为具有相当规模、教学和科研迈上一个新台阶,可跻身于国内名牌大学数学系之列的水平。1962—1966年期间,《数学学报》在杭州大学设立编辑部,由白正国负责。1965年在制订国家十二年科学规划中,杭州大学数学系的几何学和函数论都成为规划项目的重点执行单位之一。

"文革"结束后,白正国带领杭州大学数学系重整雄风。他不仅继续倡导"老浙大"苏步青、陈建功的优良学风,而且身体力行,积极培养和发展学术梯队。经国务院批准,他招收了硕士和博士研究生。当时的杭州大学是省属重点大学,研究生生源受到较大影响。一般来说,录取的研究生起点水平没有全国重点大学那么高。但由于白正国对研究生要求非常严格,注意打好扎实基础和训练独立科研能力,加上研究生们也能很好配合,多年来微分几何方向的研究生都十分用功,因此毕业的硕士生和博士生都能达到较高的水平,受到了国内同行的赞誉。正如中国科学院院士、复旦大学教授谷超豪与胡和生在庆贺白正国八十华诞的贺信中所写:"1952年院系调整后,浙江省的数学研究和教学遇到一定困难,您继续发扬浙江大学数学系原来的精神和风格,和同事们一起奋斗了40多年,在杭州大学建设了一个高水平的数学系,成为我国数学研究和培养人才的重要基地之一,这是您的重要贡献。"[1]

三、董光昌与非线性二阶偏微分方程

浙江大学数学系的发展沿革很自然地可以分为三个阶段:第一阶段是新中国成立前直到1952年全国高校院系调整,这是以苏步青、陈建功为主的办学阶段。1952—1957年因院系调整,苏步青、陈建功等一批著名数学家调离浙江大学,数学系撤销,仅留下高等数学教研室,浙江省的数学研究基本处于停顿状态。1957年恢复办系直到1998年四校合并是第二阶段,这一阶段办学大致是以董光昌、郭竹瑞、梁友栋为核心。第三阶段是四校合并以后。

董光昌(1928—),江西景德镇人。1950年毕业于浙江大学数学系,历任浙江大学讲师、教授、应用数学研究所所长。长期从事解析数论、偏微分

---

〔1〕 沈一兵.白正国先生简传,http://www.math.zju.edu.cn/swm/LifeBaiZG.pdf 191K 2005-11-23.

方程、计算几何、图像处理等方面的研究。1978 年全国科学大会上"船体数学放样"和"数控绘图"两项成果获得项目奖,并获"全国先进科技工作者"荣誉称号。

董光昌关于非线性二阶偏微分方程的基础理论研究,主要涉及解的存在唯一性、正则性、先验估计等。在亚音速绕流问题上的研究成果迄今保持国际先进水平,真正解决了自然结构条件下完全非线性抛物型方程黏性解的存在性。在非线性抛物型方程理论、先验估计的理论成果与数学方法上都具有显著特色,并取得突破性进展。专著《非线性二阶偏微分方程》在国内出版后,又由美国数学会出版了英文版,该书系统阐述了作者在研究非线性二阶偏微分方程各领域所创造、发展的数学方法,特别是先验估计理论方法。1995 年,该成果荣获国家自然科学四等奖。

四、概率极限理论的发展

概率极限理论是概率统计学科的主要分支之一。强极限定理、相依变极限理论等方向是极限理论研究活跃的领域。

林正炎(1941—),浙江杭州人。长期从事概率论与数理统计学科的教学和研究。在概率极限理论、随机过程轨道理论和统计大样本理论等领域有系统的研究,特别是在强极限理论、相依变量理论和高斯过程等前沿方向有系统的高水平的工作。强极限定理曾由 Csorgo 院士和 Revesz 院士在他们 1981 年的名著中总结了关于 iid 情形的理想成果,林正炎教授在强极限理论研究中给出一套新的直接计算方法,完成了 Csorgo 院士等提出但未实现的对非 iid 情形的系统研究,改正了该专著中的若干错误,发展了如小球概率、无矩条件与自正则化增等新的研究方向,建立了完整的理论体系。在相依变量极限理论方面,林正炎对 Philipp 教授和 Stout 教授于 1975 年发表的专著进行了实质性和全面性的改进,建立了一系列重要的概率不等式,成为相依变强逼近、弱收敛、完全收敛性等常被引用的关键性工具。关于高斯过程的轨道理论,林正炎和 Csorgo 院士一起借助极限理论开创了对样本轨道精确性质的研究,建立了系统的理论。"强极限理论,相依变量极限理论及有关问题"研究于 1997 年获国家自然科学三等奖。研究成果丰富和发展了概率极限理论,受到国内外同行高度重视和广泛引用。Csorgo 院士、Revesz 院士、Philipp 教授等的公开评价是:"他们的工作属于概率论的核心领域,对理论作出了杰出的贡献;他们解决了许多看来非常困难甚至没有希望的问题;研究成果充满了新的结果、新的思想和技术上的创新;关于非 iid

序列增量的研究具有深远的影响；关于无穷维高斯过程轨道的贡献开创了向量值随机过程渐近理论的新篇章……他们已在杭州大学创造了一个概率论学派。"[1]

五、计算机图形学与CAD研究

CAD/CAM的发展

计算机辅助设计(CAD)和计算机辅助制造(CAM)是制造业在产品设计中非常重要的工具，运用计算机对大量的、非常复杂的数学模型进行计算，可以大大减轻手工绘图的工作量，提高设计效率。

计算机图形学是CAD/CAM的理论基础。我国早在20世纪70年代初期就开始对计算机图形学进行研究和初步应用。当时，中国科学院杨学平、浙江大学梁友栋和蔡耀志等几位教授先后研究完成了"计算机正负法绘图"和多种样条曲线拟合方法，在计算机上实现并取得了满意的结果。其理论和算法达到了当时的国际先进水平，而且在航空、造船等行业得到了应用，取得了显著的效益。从80年代初开始，各高等院校也陆续成立了计算机图形学或CAD研究机构，培养了一大批计算机图形学方面的硕士和博士。在图论、三维绘图及隐藏线消除、三维实体造型、真实物体显示、图纸扫描输入矢量化、图像压缩与保真、可视化与虚拟现实、计算机艺术以及CAD系统构造与支持等方面，取得了一系列研究成果。其中，不少达到或接近国际先进水平，并为应用部门提供了许多应用软件和开发工具，推动了CAD技术在我国的发展。

1979—1984年，梁友栋、石教英、彭群生等一批知名教授先后留学回国，带回了世界最先进的技术，为浙江大学在CAD的研究工作中瞄准世界前沿方向，跟踪世界先进水平以及为80年代中后期的大发展奠定了坚实的基础。浙江大学于1979年成立了跨计算机、数学和机械三系，学科交叉的"CAD/CAM中心"，自筹资金150万元建立了一个三系共享的研究实验室，开始承担国家攻关、国家自然科学基金和"863计划"等一系列科研攻关项目，取得了一批重大科研成果，在国内外著名刊物上发表众多论文，多次获国家和部、省级奖励，使浙江大学逐步成为我国从事CAD研

---

〔1〕 强极限理论、相依变量极限理论及有关问题，http://sbb.zju.edu.cn/notice/article.asp?unid=41.

究开发工作的基地。[1]

计算机图形生成和几何造型的研究

浙江大学梁友栋等完成的"计算机图形生成和几何造型的研究",提出了计算机图形学和计算几何中诸多的新概念,新理论和新算法。在真实感图形方面,运用光度学和统计的原理,提出统一的光照明模型,将已有的各具体模型作为其特例,使显示计算更具有严格的理论基础;同时在光线跟踪和辐射度显示方面,提出许多快速高效的算法,使显示的图形真实感更强。在图形裁剪方面,建立了图形裁剪的数学模型,提出了现被广泛称为"梁友栋—Barskey算法"的线段和多边形快速裁剪法,将原有图形裁剪算法的速度提高了 30%以上。在几何造型方面,提出分割误差分析法,将体素造型与曲面造型融成一体。这项研究成果推动了计算机图形学的发展,于 1991年获国家自然科学三等奖。[2]

潘云鹤与装潢图案创作智能 CAD 系统

潘云鹤(1946—),浙江杭州人,计算机专家。1970 年毕业于同济大学,1981 年获浙江大学计算机硕士学位,1995—2006 年任浙江大学校长,1997年当选中国工程院院士,2006 年任中国工程院副院长。

潘云鹤是我国计算机辅助设计以及计算机美术领域的开拓者之一,曾研制出我国第一个"智能模拟彩色图案创作系统"。其中,"装潢图案创作智能 CAD 系统"的研究获 1992 年国家科技进步二等奖。在图案上填满颜色,对于人来说是轻而易举的事,可对计算机来说则是颇费周折的。当时,美国著名教授帕乌列连斯提出了用算法来解决颜色涂色不准的问题,可它的效率太低,对复杂的和四周连续的多边形还会出错。潘云鹤另辟蹊径,创造的算法要比帕乌列迪斯的算法平均快 30 倍,而且不会出错。在研究色彩系统时,他对色彩的协调理论同样具有独到的见解。他认为,美术界多讲究色彩美感,少注意量的关系,而科学界则反之。为了造就一个色彩协调的专家系统,他必须将这两方面的意见结合起来。在半年多的时间里,他出入图书馆、书店,请教各方面的专家,收集和消化中外美术工作者有关色彩协调方面的经验和理论,将它们融为一体,终于建立了以色相、彩度、亮度为基础的色彩协调知识表达形式,创造了崭新的计算机色彩自动协调系统。辛勤耕耘的汗水浇灌出丰硕的果实。1982 年 11 月,一个技艺出众、不知疲倦的电

〔1〕 黄旭晨.跟踪世界先进水平跻身于世界高科技之林,http://www2.ccw.com.cn/1994/46/131753.shtml.

〔2〕 计算机图形生成和几何造型的研究,http://sbb.zju.edu.cn/notice/article.asp? unid=4.

脑"工艺美术家"——计算机智能模拟彩色平面图案创作系统诞生了。国内美术界、科技界的知名专家及有关方面的工程师、图案设计师等30多人,聚集在浙江大学计算机系的机房里,对这位"工艺美术家"的工作情况进行了考核。当操作人员把装有图案信息的硬盘装入计算机,按动键盘时,在彩色显示屏幕上,淡雅的兰花、挺拔的椰树、飞翔的小鸟、奔跑的马群等一幅幅绚丽多姿、构思新颖、色彩柔和的图案,立刻展现在人们的面前,其创作速度之快、产品变化之多,远非人工设计所能比拟。该图案创作系统将CAD技术与人工智能技术结合起来,首次提出了艺术图案设计构思知识表达和系统构成的方法,为计算机模拟形象思维过程作了成功的尝试。自1985年以来,这项代表我国计算机应用水平的研究成果,先后应邀赴日本、法国、加拿大、美国等国交流并取得了成功。美国当代著名科学家、诺贝尔奖与计算机图形奖获得者、人工智能创始人之一的西蒙(H. A. Simon)博士参观这项成果之后写道:"从计算机美术诞生起,我一直注意研究它,这是我见过的最激动人心的美术程序,我衷心祝贺你们的成功。"[1]

提花织物 CAD/CAM 系统

我国的纺织工业在国际市场上具有较大的竞争力,是我国出口创汇的支柱产业之一,也是关系到我国国计民生的主要工业。随着生活水平的提高,人们对高档纺织品的需求也越来越大,对花色品种的要求越来越高。提花织物是我国纺织行业的高档产品,可是过去一直靠传统机械织造,花型设计靠手工操作,生产力十分低下,难以适应国际纺织品市场多品种、小批量、更新快、高质量的要求。我国尽管20世纪80年代初开始提花织物CAD方面的研究,但由于计算机硬软件技术基础薄弱,在机织提花和针织提花等领域的技术仍是空白。当时进口一套提花织物CAD系统需要20多万美元,进口一台电脑提花大圆机需要30多万美元,而且由于进口设备与我国的传统工艺差距较大,这些昂贵的进口设备难以得到很好的利用。

浙江大学电气自动化研究所在颜钢锋等人的努力下,利用先进的计算机图形图像处理技术、计算机控制技术,创造性地实现了对我国传统提花织造行业的现代化工艺技术改造,完成了提花织物CAD/CAM系统产品,具有操作方便、通用性强、兼容性好等特点。[2]

该所20世纪80年代末研究成功的提花织物CAD系统,现覆盖了我国

〔1〕 黄旭晨.云鹤之志寄万里——记浙江大学校长、计算机专家潘云鹤教授,http://www2. ccw. com. cn/1995/29/136828. shtml.

〔2〕 中国纺织报. 1999-12-14.

绝大部分提花织造领域,已有 6000 多套提花织物 CAD 系统在全国范围内应用。90 年代中期完成了 CAD/CAM 一体化电脑提花圆机控制系统和电脑提花袜机柔性纺织系统。1999 年下半年又研制成功了适用于机织提花的电子花板和电子提花龙头,形成了提花织物 CAD/CAM 系统(系列)产品。该系统(系列)利用先进的计算机信息技术、自动化技术、机电一体化技术改造传统的提花织物设计和生产制造工艺,从单一设计发展到控制制造,从计算机辅助设计到机织、经编和纬编产品的辅助制造,进而实现提花织物设计和生产过程的自动化。"提花织物 CAD/CAM 系统"可满足各种不同的提花机械和织造工艺的提花织物的花形设计和生产过程自动化需要,应用领域已扩展到丝织、棉织、针织产品。

空间网格结构 CAD 系统

空间网格结构是一种新颖的建筑结构形式,由于它具有优越的空间受力性能、建筑造型丰富、重量轻、材料省、产品工厂化、施工质量高、工期短等优点,被广泛应用于各种跨度的体育建筑、大型工业厂房、机库、商场等工业和民用建筑以及装饰性建筑。空间结构已日益成为一个国家建筑技术水平的标志之一。空间网格结构 CAD 系统是先进的计算机技术与空间结构专业技术的结合,浙江大学罗尧治等研制开发出的实用性很强的计算机辅助设计系统,1998 年获国家科技进步三等奖。它是 CAD 图形处理、分析计算、优化设计、计算机绘制设计施工图及机械加工图的大型集成系统,从根本上解决了空间网格结构的分析设计任务。空间网格结构 CAD 系统可以帮助设计人员彻底摆脱图板,提高设计效率,使设计质量更上一层楼,同时可有效降低工程造价,降低工程事故发生的可能性。该系统适用于空间网架、网壳、组合网格结构、预应力网格结构、斜拉网格结构、钢筋混凝土空腹网架及高耸塔架等分析计算,已累计完成 3000 多项空间网格结构工程的设计任务。如深圳国际机场、上海大众汽车有限公司、广东省人民体育场、海口制药厂、长春市体育场、江西丰城电厂、深圳南方玻璃有限公司等空间网格结构项目,建筑覆盖面积达 300 万平方米,总产值达 5 亿多元,其中许多工程为国家或省级重点工程,在全国各地的建筑设计单位、高等院校及建筑施工企业中得到广泛应用。

第二节　物理学和工业技术理论

进入 20 世纪以来,物理学带动了化学、材料、能源等学科的发展,为化工、建筑、制造等行业提供了崭新的研究方法和先进的研究手段,成为高新技术产业发展的理论先导。浙江的物理学研究工作主要集中在浙江大学和杭州大学,在光学、力学、凝聚态物理、高能物理研究等方面取得了重大进展。在工业技术理论研究中跟踪国际前沿课题,也取得了大量的研究成果。

一、力学理论及其应用

(一)流体力学理论和应用

路甬祥对流体传动与控制的研究

浙江的流体传动与控制领域的研究在国内处领先地位。浙江大学于1958年设置了水力机械专业,开始了流体传动与控制技术研究。20世纪六七十年代进行一般流体传动及控制技术的研究及应用,80年代进行电液比例技术的研究。已获国家发明二等、三等奖各一项,部省级一等奖三项,并在国内外申请了许多专利成果。特别是路甬祥等人在电液比例新原理和技术方面的研究,使浙江省的流体传动及控制技术的研究水平跻身于国际先进行列。

路甬祥(1942—),浙江慈溪人,流体传动及控制专家。1964年毕业于浙江大学机械系。1979年赴德国亚琛工业大学液压气动研究所学习。回国后任浙江大学教授、校长,中国科协副主席,中国科学院院长等职。在德国学习期间,他选择了一个既是学科前沿、又能在回国后付诸工业应用的课题深入研究,在进行比例电磁铁建模和试验工作的同时,探索电液比例流量插装阀性能的优化。[1]

1980年,路甬祥采用内部流量—位移—力检测反馈原理,对传统流体控制的两项基本参数——流量与压力,进行了根本性的革新。新原理基本消除了液动力对流量控制精度的干扰,并彻底解决了负载扰动时流量的瞬时超调现象,替代了英国人 Fleeming Jeakin 于 19 世纪中期发明并一直沿用的节流加压力补偿流量控制原理,使元器件的控制精度提高了一个数量级,且重量与尺寸也仅为传统的 1/3。路甬祥提出的系统压力直接检测和反馈原理,将美国人 Harry Vickers 提出并广泛沿用的先导压力控制技术推进到一个新的阶段。由于采用了新原理,控制压力几乎不受通过流量的影响,呈压力流量水平理想特性,这是以往从未获得过的。当用于大流量高

---

〔1〕 宁波市科学技术协会.甬籍院士风采,2001:404.

压力控制场合时,新原理的压力控制器件显著改善了稳定性,实现了低振动和低噪声控制,提高现代压力控制水平,并且在结构上采用了插装集成技术。这两个路氏理论被公认为是 20 世纪 80 年代以来国际上电液控制技术最重大的进展之一,是液压界的一个重大里程碑。

路甬祥通过对电液比例的研究,开发出一系列控制阀件,解决了电子控制器和电机械转换器的技术难点,构成了颇具特色的电液比例控制技术。如采用二级滑阀控制和行程减缩机械,研制开发出 63BCY14-1B 电液比例变量柱塞泵,泵的动、静态性能达到 20 世纪 80 年代世界先进水平,填补了国内空白;开发了新一代电液比例二通型流量控制阀,实现了对流量的精确控制,彻底解决了负载扰动和液动力对控制流量的影响,其性能居当时国际领先地位,获 1988 年国家发明二等奖;开发了新原理电液比例压力控制阀,显著地提高了阀的动态稳定性,并采用圆柱滑阀圆孔节流口式先导阀结构,替代了传统的锥式或喷嘴挡板式先导阀,降低噪声,提高了产品的寿命,获 1989 年国家发明三等奖。

离心通风机内流理论

叶轮机械中的离心风机是量大面广的通用机械。1970 年以前国内所用的离心风机大都是 1950 年以前的技术,效率低、能耗大,产品的系列也不能满足工业发展的需要。1982 年,沈天耀从清华大学调入浙江大学后,继续从事离心风机的研究,他根据流体力学有关理论,分析了影响离心风机效率的因素,对离心叶轮的内流理论进行了系统的研究,提出了离心风机的气动设计计算新方法,将"射流—尾流模型"和"反—正—反"计算过程结合起来,形成了新的设计体系,克服了原设计离心风机效率低的缺点,并采用"准则筛选优化法"的高性能离心通风机的设计计算系统,对叶轮机械气体力学和设计计算理论及方法的发展作出了重要贡献,使前向、径向及小比转速前向离心通风机的设计计算理论和方法有了重大突破,否定了"超小比转速离心通风机的效率必定很低"的论断,从而大大拓宽了离心通风机的发展领域。

1983—1990 年,沈天耀等组成的研究小组将新的设计方法应用于不同气动参数和用途的前向离心风机的气动设计,并在宁波风机厂等单位协作下先后开发了小氮肥造气鼓风机、化铁炉高压离心风机和中低压离心风机等 7 种风机 12 个系列,比原有的离心风机效率提高了 10% 以上,气动效率处于国内领先地位,小比转速和超比转速离心风机效率达到国际先进水平。这些新开发的产品在全国投入使用后,截至 1990 年 10 月的初步统计,累计节电 40 亿度、节煤 560 万吨。研究成果分别获省、部级以上奖励七项,其中"离心通风机内流理论及设计计算系统的研究与应用"获 1990 年国家科技进步一等奖，"8-09、9-12 化铁炉高压离心风机"获 1989 年国家发明三等奖。[1]

(二)结构力学理论和工程技术应用

多层大跨建筑组合网架结构应用技术

董石麟(1932—)，浙江杭州人，空间结构专家。1960 年毕业于苏联莫斯科建工学院，获副博士学位。浙江大学结构工程研究所所长、教授。1997 年当选为中国工程院院士。

董石麟长期从事薄壳结构、网架结构、网壳结构、塔桅结构等空间结构及升板结构的科研与教学工作，同时主持设计了大量重要空间结构工程。在大跨度空间结构工程科技领域建立网架结构泥夹层板法计算理论、方法和图表，创建了计算蜂窝形三角锥网架新方法——下弦内力法，对组合网壳结构首次提出三层壳的建设理论和方法，在国内首次建立组合网架结构的工程应用理论、计算公式及多层大跨建筑组合网架"楼套楼"成套设计施工技术。主持新型空间结构的稳定性、承载力和动力特性的研究达到国际先进水平，在实际工程应用上成绩显著。代表性工程有：北京 325 米大气污染监测塔、新乡百货大楼组合网架楼层结构、南海观音大佛多层多跨高耸网架、首都体育馆、广东省人民体育场、深圳国际机场候机大厅、巴基斯坦伊斯兰堡体育馆、马里国家议会大厦等。1990 年，他主持完成的"多层大跨建筑组合网架结构应用技术"获国家科技进步三等奖。

拱坝新型体型优化和全过程分析的研究和应用

拱坝是在平面上呈凸向上游的拱形挡水建筑物，借助拱的作用将水压力的全部或部分传给河谷两岸的基岩。进入 20 世纪 70 年代以后，随着计算机技术的发展以及有限单元法和优化设计技术的逐步采用，使拱坝设计和计算周期大为缩短，设计方案更加经济合理。拱坝新型体型优化和全过程分析是有关水利工程中拱坝新型体模式及其优化设计、线性非线性全过程分析方法的研究和应用，由浙江大学刘国华等完成，1998 年获国家科技进步三等奖。新型体型及其优化设计能更全面地均衡各种复杂的设计要求，不仅可节省工程量，还可提高坝体的安全度，比同类成果具有更好的优化效果。拱坝分析与优化软件 ADCAS 和 ADOPT，性能良好，使用简便，前后处理齐全，运行可靠。这项成果应用于 30 多座大、中、小型拱坝的设计

〔1〕 浙江省科学技术志编纂委员会.浙江省科学技术志.北京:中华书局,1996:203.

和优化,同时用于已建拱坝的安全检查、裂缝危害性评估等,不仅节省了工程投资,还提高了设计质量和设计效率,取得了显著的经济效益和社会效益。

(三)力学发展的其他成就

刘鸿文与《材料力学》

刘鸿文,浙江大学教授。长期从事力学教学工作,先后讲授过理论力学、材料力学、弹性力学、结构力学、板壳理论等课程。对教学法研究有很深的造诣,深受学生欢迎。在西安、昆明、桂林、大连、上海等地多次为全国高校力学教师讲学,受到好评,在全国高校材料力学教师中享有较高的声望。材料力学是现代许多学科和工程技术的基础,是理工科院校一门重要的技术基础课。刘鸿文主编的《材料力学》,吸收美国同类教材叙述简练的优点,力戒烦琐与臃肿,同时力求概念准确,保存苏联教材比较严谨的风格,从而形成自己的特色。适合我国国情,且注重对解决工程实际问题能力的培养,深受广大师生赞誉。该书作为普通高等教育"十五"国家级规划教材至2003年已出版到第四版,发行总量逾200万册,并在我国台湾等地区出版繁体中文版,被东南亚诸国采用。1997年获国家级教学成果一等奖,1998年获国家科技进步二等奖。

朱位秋与随机激励的耗散哈密顿系统理论

朱位秋(1938—),浙江义乌人,力学专家。浙江大学力学系教授,主要从事非线性随机动力学与控制研究。2003年当选为中国科学院院士。

随机动力学始于20世纪初物理学者对布朗运动的研究。自20世纪60年代开始,研究者注意力集中于难度较大的非线性系统、系统稳定性及控制的发展。至20世纪90年代初,非线性随机动力学理论基本上局限于单自由度系统,随机控制局限于线性二次高斯策略,迫切需要发展多自由度(强)非线性系统动力学与控制理论。10年来,在国家自然科学基金资助下,朱位秋率领的课题组系统深入地研究了多自由度(强)非线性随机动力学与控制,并将这一研究从传统的拉格朗日体系转到哈密顿体系,将非线性随机动力学系统表示成随机激励的耗散的哈密顿系统,将哈密顿系统按可积性与共振性分成不可积、可积非共振、可积共振、部分可积非共振、部分可积共振共五种情形,发展了随机激励的耗散的哈密顿系统理论,建立了多自由度(强)非线性随机动力学系统的响应、稳定性、分岔、可靠性及其反馈控制规律对相应的哈密顿系统的可积性与共振性的依赖关系,给出了上述五种情形高斯白噪声激励下耗散的哈密顿系统的精确平稳解的泛函形式、求解方法及解存在条件,突破了当时国际上能量等分解的局限,首次得到了能量非等分解;对不存在精确平稳解的系统,提出与发展了等效非线性系统法;提出与发展了拟哈密顿系统的随机平均法,证明了随机平均方程的维数等于相应哈密顿系统的独立、对合首次积分的个数与共振关系数之和,给出了上述五种情形随机平均方程的形式及求其精确平稳解的方法;在随机平均法的基础上,发展了分析拟哈密顿系统的随机稳定性与随机分岔及估计随机疲劳与可靠性的方法;在随机场局部平均的基础上建立了随机有限元法;在拟哈密顿系统随机平均法与随机动态规划原理的基础上,提出了非线性随机最优控制策略。[1] 由此在国际上首次提出并建立了一个崭新的非线性随机动力学与控制的哈密顿理论体系框架。打破了 60 多年来只有能量等分解的局面,解决了随机结构动力学宗师、美国工程院院士 Y. K. Lin 教授于 1990 年提出的关于"求非线性随机动力学系统能量非等分解"的难题。解决了国际结构控制权威、原美国国家地震工程研究中心负责人 T. T. Soong 教授于 1992 年提出的"发展非线性随机最优控制理论方法"的难题。[2] 该成果获 2002 年国家自然科学二等奖。

低、中、高频振动标准研究

从 1961 年起,浙江大学奚德昌对振动台进行研究,他和赵钦森合著的《振动台及振动试验》由机械工业出版社于 1985 年出版,是国内第一部对振动台作系统全面研究的著作。

振动标准装置反映一个国家在振动计量精度方面的水平。1969—1975 年,浙江大学机制教研组等根据国防科委的要求,为第二机械工业部和第七机械工业部研制中频标准振动台以打破国际上对振动标准技术的垄断。经过六年的探索和研究,浙江大学机制教研组解决了结构、材料、工艺等方面的关键技术,于 1975 年完成研制任务。该振动台的波形失真度不大于 1‰,达到了高精度技术指标。1976 年,经专家鉴定确认已达到国外同类装置水平,填补了国内空白。1978 年,中频振动标准装置和中频标准振动台同获全国科学大会奖。

1977 年,浙江大学受航天部、航空部和核工业部委托,组成由童忠钫等 16 人组成的研制组,开展低频标准振动台的研制。经过七年的努力,攻克

---

〔1〕 国家自然科学基金委员会. 2002 年度报告,http://www. nsfc. gov. cnnsfccenndbg2002ndbgno02001. htm.

〔2〕 浙江大学 2002 国家自然科学奖获奖项目简介,http://www. hznet. com. cn/dailynews/2003/2/2173. htm.

了弹性元件的研制和振动台结构设计、材料选择、加工工艺等问题,于1983年完成整个系统的研制。振动台动圈采用多种材料组合而成,导向采用空气静压导轨,悬挂系统采用长橡胶带,独特的设计和精密的加工,使振动台具有优异性能。该成果获1983年省优秀科技成果一等奖。

1985年,浙江大学、航空部304所的童忠钫等在各自研究的基础上联合完成"低、中、高频振动标准"的研究。该标准按被校准的测振传感器的频率范围分为三部分:低频振动标准0.1~600Hz(铅垂方向),0.1~350Hz(水平方向);中频振动标准10~18000Hz;高频振动标准2~50kHz。低、中频振动标准中,均由电动式标准振动台产生加速度失真度小于1%、横向运动比小于2%的单方向高精度运动;高频振动标准中,高精度振动运动则由压电陶瓷振动台产生。三个标准振动位移的精密测量均采用以氦氖激光为光源的光干涉条纹计算原理。系统的校准精度在基准频率点处的灵敏度校准不确定度仅为±0.5。该标准的建立,对中国国防事业的发展起了积极作用,获1985年国家科技进步二等奖。

1987年起,浙江大学在国家地震局地球物理勘探大队协作下,开展地震计量用低频振动标准装置的研制。他们针对地震仪表检定测试中、低频微振幅的特点,在低频标准振动台中采取激振电源水冷却技术和相对速度反馈技术;铅垂振动台采用单独的恒流磁悬绕组;水平振动台取消磁悬,采用双向弹性支承;并用高阻尼机械滤波附加台面等新的技术措施,使整套装置铅垂台可在0.2~400Hz、水平台可在0.5~200Hz范围内进行振动量值的绝对和相对校准。于1989年基本完成并安装调试成功,整体性能达到了国际先进水平。

二、光学理论及光学仪器的发展

(一)王绍民对光学的贡献

王绍民(1938—2006),浙江海宁人。1961年毕业于复旦大学物理系。1961年以后历任杭州大学、浙江大学物理系教授,中国物理学会理事、中国光学学会理事、浙江省物理学会理事长。主要研究领域为矩阵光学和列阵光学、衍射本性和光子特性、纳米光学和半导体激光。

"列阵光学"研究属于光学基础理论研究。它起源于20世纪80年代初由美国等国家的光学专家发现的"魔镜"现象。在这一现象中,物体发出的光波碰到这种"魔镜"后,即按原路返回。一个人站在"魔镜"前面,只能看见自己的两颗眼珠。这一现象违反了传统的光反射定律,因而用经典光学理论无法解释。王绍民通过研究光学列阵的综合成像、像差、干涉、衍射等性质,提出了一种新的描述失调光学系统的 4×4 矩阵,在国际上被称为王氏分析。它把光线变换矩阵和图论相结合所产生的光线变换流图,认为是处理傍轴光学问题的规范方法之一,从方法论角度为现代光学开辟了一个新的分支,成功地揭示了"魔镜"之谜,并由此预测和证实了许多新的物理现象。1989 年,列阵光学研究获得国家自然科学四等奖,这是浙江省获得的首个国家自然科学奖。"列阵光学"研究的突破在国内外学术界引起了强烈反响。1998 年,《列阵光学》作为中国学者的学术成果,首次载入国际光学界权威 E. Wolf 教授主编的丛书 *Progress in Optics*(《光学进展》)第 25 卷,这是中国学者在这部权威丛书上的首次露面。[1]

列阵光学理论预测了 15 种可能产生准相位共轭现象的不同列阵,其中 5 种已演示成功。制作的无衍射、无干涉光栅,已用于光纤传感器。该理论把原来光学系统只有两类(行列式为 1 和 -1)推广到任意,预测了可制成一种行列式为 O 的器件,它是超广角、无穷景深的,这一点已被实验所证实。这种新器件在一些应用领域如超广角成像、太阳能利用、传感器、光斑均匀化等具有广阔的应用前景。[2] 王绍民教授还将列阵光学理论与实验相结合,研究出高精度、高效率的激光测坝变形技术,并成功地用于丰满电厂和太平哨电厂。这种方法可完全自动测量,且不受大气扰动的影响,和国外方法相比,精度提高 10 倍,效率提高 20 倍以上。

王绍民等在研究衍射光学基础理论的基础上,提出边界衍射波具有 π 位相跃变性质的假说,把位相片插入激光器腔内研制成功高亮度小发散角新型 CO_2 激光器,输出的激光束中央光强比原光束提高 3 倍以上,光束发散角压缩一半左右,光束质量优于基模高斯光束,经中国计量科学院多次测量,认为该光束不满足常规傍轴光束的双曲线传输规律,其光束质量因子 $M_2<1$。金国藩院士和王大珩院士认为这是一项带有突破性的创造发明,阶段性成果于 1997 年获国家技术发明三等奖。新光束激光具有功率密度高、发散角小、光束质量好等优点,在激光准直、制导、加工等领域有其优越性。研制并改造成功的 500 瓦和 1000 瓦的新光束快速轴流 CO_2 激光器,已在激光加工和医疗等方面获得了良好的经济效益。[3]

---

〔1〕 魔镜之谜,http://www.student.gov.cnzxpdmt3301.htm.

〔2〕 我国的列阵光学研究,http://www.nsfc.gov.cnnsfccenhtml1-9/1-91.html.

〔3〕 内腔式高亮度小发散角新型光束 CO_2 激光器,http://sbb.zju.edu.cn/notice/article.asp? unid=97.

(二)光学与光电子薄膜研究

薄膜在现代科学技术中的重要性与日俱增,各种科学技术离不开薄膜,而且也没有任何一种技术可以取代薄膜。没有薄膜的发展,很难设想许多复杂的、高性能的光学和电子学系统能够成功。在设计和计算中,薄膜一直被认为是各向同性的均匀平行平面膜层,但是实际薄膜大大偏离这种理想模型,薄膜的所有特性,包括光、电、机械以及抗激光等高能破坏的性能都远不如同样成分的块状材料,而这一切都与薄膜的微结构密切相关。浙江大学唐晋发通过光学与光电子薄膜理论与微结构的研究,在光学薄膜方面,开拓了新的设计理论,得到了薄膜微结构、制备工艺和薄膜特性之间的内在联系,开拓了电场辅助、离子辅助和低压反应离子镀技术,并在特性和微弱损耗检测方面取得了突破性进展;在光电子薄膜方面,成功地发展了透明导电膜、光电导膜、液晶层、场致变色和电致发光薄膜,并制成各种光电子薄膜器件,其中首次制成的可见光液晶光阀和红外液晶光阀,分别应用于国防科工委和航天部的重大项目中,在国内独树一帜。这项研究在理论上和应用上具有重大价值,在光学工程、信息工程、激光技术和显示技术等方面具有深远的意义,1995 年获国家自然科学四等奖。[1]

(三)光学仪器的发展

高速摄影机

20 世纪 60 年代,浙江大学光仪系教师王兆远指导本科生做的一个可控式高速摄像机的毕业设计,做出了速度达到 340 万幅/秒的原理性样机。这台样机后来被送到北京,参加了教育部举办的全国高教科研成果展览会。就是这台原理性样机,显示了当时我国这一领域的最高水平,被国防科委的有关人员一眼相中。浙江大学光仪系接下了国防科委的任务,成立科研组研制 3 台用于记录核爆炸的 250 万幅/秒等待式高速摄影机。

当时光路计算只能用手摇计算器,又慢又累,十五六个人拿出一个方案要两天;机械设计图纸只能用手一笔一笔画出来;控制系统用的全部是晶体管、电阻、电容这样的分立元件,印刷电路板的线路布线、制板、元件安装焊接全部靠自己动手做。尤其是光学系统需要透镜、棱镜、平面镜、玻璃球罩等各种光学零件近 200 个,要做到各部分相匹配,各光学零件相对位置正确,所需考虑的问题和装配调试的难度可想而知。就在这样落后的条件下,

---

[1]　光学与光电子薄膜的理论与微结构的研究.浙江大学档案馆.

科研组的人员开始了日日夜夜的设计安装和调试工作。因为时间紧迫,科研人员常常要加班加点,凌晨两三点是他们调试的黄金时间。浙江大学机械厂按核试验基地研究所的要求,对被称为高速摄影机心脏的高速转镜马达进行了改造升级,从第一代的气动油膜马达到第二代的气动滚动轴承马达,到第三代的最高转速可达40万转/分的电动马达。由于发明了"电动高速转镜装置的一种新型增速机构",使得高速摄影机使用更加方便、可靠、稳定,更加适应基地的使用条件。通过浙江大学光仪系和机械厂的共同努力,在不到一年的时间里,科研人员克服重重困难,研制出250万幅/秒等待式高速摄影机,清晰完整地记录下了我国首次核爆炸试验过程,这一成果在当时达到了国际先进水平,后来在1978年获得全国科学大会奖。[1]

1968年,浙江大学研制成功条带式宽幅高速摄影经纬仪,适用于拍摄火箭、导弹等飞行体发射初始阶段的运动姿态、运动轨迹及运动速度、加速度等重要参数。该机填补了国内空白,达到国际先进水平,1980年获中国科学院科技成果一等奖。

1976年,浙江大学研制成功 XG-Ⅰ、Ⅱ型狭缝式高速摄影机,采用时标法对军事活动中各种飞行体的运动轨迹、动态、速度、加减速度、旋转角等军事参数进行实体照片和数据采集。该成果获1979年省科技进步一等奖、1986年国家教委科技进步二等奖。

图 3-1 首次氢弹试验时的早期烟云和地面卷起来的尘柱。右上角是浙江大学为试验工作研制的 250 万幅/秒等待式高速摄影机[2]

激光喇曼光谱仪

根据研究光谱方法的不同,物理学中把光谱学区分为发射光谱学、吸收光谱学与散射光谱学。这些不同种类的光谱学,从不同方面提供物质微观结构知识及不同的化学分析方法。在散射光谱学中,喇曼光谱学是最为普遍的光谱学技术。当光通过物质时,除了光的透射和光的吸收外,还可以观测到光的散射。在散射光中除了包括原来的入射光的频率外,还包括一些新的频率。这种产生新频率的散射称为喇曼散射,其光谱称为喇曼光谱。由于喇曼散射强度十分微弱,在激光器出现之前,为了得到一幅完善的光谱,往往要耗费很多时间。自从激光器得到发展以后,利用激光器作为激发光源,喇曼光谱学技术发生

〔1〕 张岚,陈奕洁.俏也不争春只把春来报.浙江大学报,2005-12-03.
〔2〕 来源:浙江大学档案馆.

了很大的变革。激光器输出的激光具有很好的单色性、方向性,且强度很大,因而它们成为获得喇曼光谱的近乎理想的光源。1986 年 6 月,浙江大学光仪系研制成功国内第一台 LRZ-1 型激光喇曼光谱仪,功能和主要指标达到了国外 20 世纪 80 年代初同类仪器水平。

三、物理学其他成就和工业技术理论发展

(一)物理学理论的发展及应用

轨道简并强关联系统的 SU(4)理论

对强关联电子系统的研究,多年来一直是凝聚态物理领域中富有挑战性的课题之一。浙江大学李有泉等从与实验密切相关的理论模型入手,通过抓主要矛盾的方式简化次要因素,用非微扰方法和对称性分析方法,加上必要的数值分析,深入研究了有轨道简并的系统,从而解决了用微扰方法和传统凝聚态物理方法很难处理的问题。通过研究 Castellani 等人导出的哈密顿量的各向同性简化模型,证明该模型具有比 $SU_s(2) \times SU_t(2)$ 更大的对称性——SU(4)对称性,指出与通常自旋 SU(2)单态相比,SU(4)单态更稳定。研究得出在多种二维格点上,基态不具有长程序,从而成为能解释在 $LiNiO_2$ 中观察自旋液体特性的理论。

李有泉等进一步研究了有迁移项的轨道简并电子系统的哈密顿量的对称性,指出该系统的固有 $SU_d(4)$ 对称性,并明确给出相应 $SU_d(4)$ 的生成元,揭示了该系统的隐含 $SU_c(4)$ 荷对称性。得到推广的 Lieb-Mattis 变换,从而得知:当 $\mu = 3u/2$ 时,在任何温度下系统是半满的。通过引入"部分吸引"模型,用简并微扰论证明在 $U \gg t$ 时,如果系统是 1/4 填充的,则其等效哈密顿量为 SU(4)海森堡链;如果是半填充的则其等效哈密顿量为 SO(6)海森堡链。分析了由各向异性互作用(U_{ab})及外场引起的各种可能对称性破缺。

轨道简并强关联系统的 SU(4)理论推动了国际上该领域的研究进程,提出轨道自由度有助于实现共振共价键自旋液体,指出它可在 $LiNiO_2$ 材料中得以实现,并以模型揭示了其物理本性。[1] 该成果 2002 年获国家自然科学二等奖。

---

〔1〕 浙江大学 2002 国家自然科学奖获奖项目简介,http://www.hznet.com.cn/dailynews/2003/2/2173.htm.

阙端麟与硅材料研究

阙端麟(1928—),福建福州人,半导体材料学家。1953年调入浙江大学工作,1981年晋升为教授,1991当选为中国科学院院士。

1954年,阙端麟开始从事温差电材料的研究,跨入了半导体材料这一新兴学科,试制成我国第一台温差发动机。1959年转向硅材料的研究,1964年在国内首先用硅烷法制成纯硅,随后在浙江大学组成了扩大的研究课题组,于1970年完成了高纯硅烷及多晶硅生产的成套技术研究。该技术工艺简单、流程短、易于保证高纯度,多年来一直是我国生产高纯硅烷的主要方法。他首次为国内提供了电子工业急需的纯硅烷气体;负责并领导了极高阻硅单晶的研制,成功地研制出探测器级硅单晶、P型电阻率高达100Ω·cm的硅单晶,这些研究均达到国际水平。在硅单晶电学法测试方面,阙端麟进行了新的测试方法和理论研究,提出了双频动态电导法和间歇加热法测试硅材料导电型号;发展了红外光电导衰减寿命测试技术和理论,创立并首先发表了高频单色光电导法寿命测试的表面修正公式。他主持研制的仪器技术指标大大超过同类进口仪器水平,使硅单晶工业产品寿命测试仪全部国产化,该成果获国家发明三等奖。

20世纪80年代是阙端麟在科研上丰收的时期,除高纯硅和测试技术、测试仪器外,他还发明了氮保护气氛直拉硅单晶的半导体材料制造技术。由于氮气来源丰富,价格低廉,在直拉(切氏法)硅单晶技术中,以氮气作为拉单晶的保护气体,可大幅度降低硅单晶成本。"氮保护气氛直拉硅单晶"的研究成功,打破了国外同行专家"不可能采用氮气作保护气氛拉制硅单晶"的结论。采用这项技术可使有害杂质碳降低到红外线检测灵敏度之下,单晶收率高达65%～70%。应用于生产比用氩作保护气可降低成本10%～15%,功

图3-2 浙江大学硅材料科学国家重点实验室[2]

率晶体管成品率从28.6%提高到51.6%,优品率达78%。[1] 该技术使我国

---

〔1〕 浙江大学档案馆大事记,http://www.acv.zju.edu.cn/by/listevent.asp? eventYear=1988.

〔2〕 来源:浙江大学档案馆.

在制备低碳含量硅单晶技术领域达到了国际先进水平,被《科技日报》评选为我国 1987 年十项重大科技成果之一,1988 年该成果又在布鲁塞尔举行的第 37 届尤里卡世界发明博览会上获金牌奖,1989 年获国家发明二等奖。[1]

吴训威的电路设计突破

吴训威(1940—2003),江苏吴县人。自 1962 年杭州大学物理系毕业后留校任教,1999 年调入宁波大学。2001 年和 2003 年,吴训威连续两次被提名为中国科学院院士候选人。

20 世纪 70 年代末 80 年代初,计算机在国外的应用越来越广泛。而历经"文革"十年浩劫,我国电子科学与技术无论在理论还是在应用上,都大大落后于发达国家。吴训威敏锐地意识到,不占领计算机电路设计研究的高地,中国的电子学理论研究会永远落后于人。于是,他把目光盯在了当时国外的计算机研究热点——多值逻辑研究上,这是新一代电子计算机多值电子电路设计中的一个重大理论问题。在美国做访问学者期间,他在多值电子电路设计理论上取得了重大进展。1988 年,他的研究成果被美国报纸 *Herald Telephone* 誉为"电路设计的突破"。

在以后的几年里,吴训威继续深入研究,并在 20 世纪 90 年代初提出了计算机电路设计的开关级设计理论,简单地说就是把数字集成电路的最小构造单元从门电路转为开关元件,从而使电路设计用最少的元件、最简单的内部电路结构,在同样的硅片面积上集成更多个单元电路,达到高集成度的目的。这一理论当时在国内外都是首创。[2]

吴训威的数字电路设计理论分为三个层次的研究:第一层次,解除函数综合中使用与或非运算的限制,研究采用其他运算来综合函数,获得具有不同特点的电路设计;第二层次,解除变量取二值及数字信号取二值的限制,研究采用信息量较大的多值变量来设计能处理多值信号的多值数字电路;第三层次,打破只用一种变量描写电路中信号的限制,同时引入另一种变量描写电路中元件的开关状态,以此获得的函数表示将包含开关变量,从而能把原有的门级电路设计技术提高到开关级电路设计技术。三个层次上的研究成果先后获得三项省部级科技进步二等奖,1995 年获国家自然科学四等奖。[3]

---

〔1〕　社内英才,http://www.93.gov.cnsnyclyys1/queduanlin.htm.

〔2〕　浙江大学校友总会.当代知识分子的楷模,http://zuaa.zju.edu.cnzuaawenzhang.php? record_id=778.

〔3〕　数字电路设计理论的三层次研究,http://sbb.zju.edu.cn/notice/article.asp? unid=44.

韩祯祥的电力系统建模研究

韩祯祥(1930—),浙江萧山人,电工、电力系统专家。浙江大学电机系教授。曾任浙江大学校长,1999年当选为中国科学院院士。

韩祯祥长期从事电力系统学科的前沿研究。他带领的课题组通过研究和开发电力系统的数学模型和先进计算方法,以及新的控制方法和手段来提高交直流电力系统的运行安全性和经济性。通过研究交流电力系统负荷、移相器等主要元件和直流输电系统的建模,得到了较好的建模方法;研究和开发了优良的电力系统分析算法,包括统一的电力系统复合故障算法,电力系统分块潮流等;研究和开发了交直流电力系统中新的控制方法,包括受端为弱电系统的直流输电控制系统,变结构、自适应、分散鲁棒控制等新方法在电力系统中的应用;在国内首创人工智能技术在电力系统计算和控制中的应用。研究和开发的电力系统元件模型以及编制的软件在国内外很多单位应用并获得好评,对保证舟山直流输电工程的稳定运行作出了贡献。1997年获国家自然科学三等奖。[1]

(二)工业技术理论的发展及应用

高分辨率大屏幕AC等离子体模块显示板

20世纪80年代,等离子体显示板是一种新颖的显示器件,具有显示清晰、定位精确、寿命长、功耗小、控制设备简单、造价低以及平板化等优点。由于采用拼镶式的模块结构,其显示面积可根据用户的需要同时向两维方向任意扩展,使用和维修方便,并能广泛应用于显示信息量多、显示面积大的场合。杭州大学物理系通过几年努力,突破了模块狭边封装技术的难关,于1983年研制成功分辨率为160线/米的直观式矩阵型大屏幕显示板,1986年成功研制出分辨率为256线/米的模块显示板,其最高分辨率达320线/米。据1986年10月国际联机检索表明,这样的显示屏当时在国际上处于领先地位。[2]

低比转速高扬程高速离心泵

朱祖超(1966—),浙江苍南人。浙江大学博士后出站后留校任教,主要从事流体机械、流体传动以及机械电子控制工程的理论及工程应用研究,2003年调入浙江工程学院(现浙江理工大学)。

朱祖超主持的低比转速高扬程高速离心泵的理论设计与工业化应用研

〔1〕 交、直流电力系统建模、分析和控制的理论及方法的研究,http://210.32.88/notice/article.asp? unid=29.

〔2〕 高分辨率大屏幕AC等离子体模块显示板.浙江大学档案馆.

究在国内外首次提出变螺距诱导轮、高速旋涡叶轮及其相结合的结构形式，建立了完善的优化设计理论体系，成功地解决了工作不稳定性、汽蚀性能差和效率低等一些影响高速泵研制和发展的关键难题，突破了比转速低于30就不宜采用离心泵的传统观点，使离心泵的比转速延伸到8以下，大大拓宽了离心泵的应用范围，为替代多级离心泵和往复式泵奠定了理论基础，对离心泵技术的发展和推广具有重大的现实意义。朱祖超开发研制的系列高速离心泵与传统的多级离心泵或往复式泵相比，具有性能优越、结构紧凑、体积小、重量轻、节能省材、可靠性好、使用范围广、维护方便以及使用成本低等优点，成功应用于吉林化学工业公司、镇海炼油化工股份公司、大庆石化总厂等10多家特大型企业。该项目的研制成功，扭转了高速离心泵、多级离心泵和往复式泵依赖进口的局面，产生了很好的经济效益和社会效益。系列产品由浙江大学起草并经全国泵标准化技术委员会审定，成为国家高速泵的行业标准。

岩土工程研究

在我国沿海与内地分布着广阔的软土地区，软土地基处理及软土地基上大型机场跑道工程建造技术是岩土工程的重要理论课题，也是土木工程迫切需要解决的关键技术。浙江大学岩土工程研究所潘秋元等经过10多年深入系统的研究，创造性地提出了软土地基大型机场跑道工程建造技术的系统理论、应用技术和工程实践。该成果总体上达到国际先进水平，部分达到国际领先水平，为国家重点工程——国内第一个软土地基机场宁波栎社机场的成功建设解决了难题，闯出了软土地基机场建设的新路子，并先后在温州机场、舟山机场等国家重点工程建设中成功应用，获得显著的社会效益和巨大的经济效益，为国家节省投资上亿元，对其他软基机场和高速公路等的建设起到了广泛的指导和参考作用。

瑞利波传播特性及其频谱分析测试技术是土动力学和地震工程学的重要理论课题，也是土木工程无损检测的重要技术。浙江大学吴世明、陈云敏等在研究解析法、有限元—半无限元联合法建立和求解瑞利波特征方程的基础上，首次提出了有限元—解析法分析瑞利波在复杂地基中特有的性质；创造性地提出了利用瑞利波的各阶模态构造有限元分析地基动力问题的能量吸收边界，解决了一套桩基动力分析新方法和相应的测试系统；提出并构造了利用实测瑞利波速度弥散曲线分析地基剪切波速度的模型及方法，开发了具有智能化功能的反分析软件；提出了对实测的瑞利波时域信号进行频谱分析获得瑞利波弥散曲线的方法；创造性地研制了表面波频谱分析法测试系统，具有现场测试精度高、无破损、测试速度快及费用低等特点。这项成果以其先进性、系统性、综合性和实用性处于国际先进水平,不仅对土动力学、地震工程和无损检测技术作出了创造性贡献,而且在秦山核电厂、杭州机场及温州机场等数十项重大建设工程项目中,解决了已有方法难以解决的实际工程问题,显示了巨大的社会效益和经济效益,1996 年获国家科技进步二等奖。

控制系统

集散控制系统(简称 DCS)是工业生产过程中安全高效运行所需的先进的自动化装备。随着企业的进步、技术水平的提高,迫切需要先进的自动化装备和电子技术改造传统产业,提高企业的综合效益。浙江大学褚健等完成的 SUPCONJX-100 集散控制系统是以中国国情为设计前提,参照当今国外先进技术而最新推出的计算机控制系统。集散控制系统把自动化技术、计算机技术、通信技术、故障诊断技术和冗余技术融为一体,使其具有成本低、可靠性高、使用方便、安装简单、维修容易等特点,可广泛应用于化工、石化、炼油、电力、冶金、造纸、制药、建材等各行业。SUPCONJX-100 集散控制系统除了完成常规二次仪表所有功能外,还能实现各种优化控制和高级控制方案。在双机热冗余、高速控制、全中文菜单式组态等方面填补了国内空白,使国内集散控制系统的水平上了一个新台阶。截至 1996 年 10 月底,有 45 套系统用于 28 个企业的 37 套装置上。该系统可靠性好、功能完备、适应性强、性能价格比高,其售价仅为进口系统的 1/3,而其主要技术指标已达到国际同类产品的先进水平,创造了显著的经济效益和社会效益。

在集散控制系统基础上,褚健等对以现场总线技术为核心的工业控制系统开展研究,内容包括基于现场总线的智能变送器、控制室仪表、控制系统、各种 PC 接口、实时数据库、系统集成以及工程应用等七个部分,涉及新一代控制系统的各个方面。现场总线技术代表了当前工业控制系统的发展方向,这种将数字通信一直延伸到现场仪表的技术,从根本上改变了控制系统的结构,开创了自动控制的新纪元。通过开发以符合 HART 和 FF 协议为主的现场总线产品,提高国产控制系统的技术含量和竞争力,填补了国内空白,打破了国外产品垄断国内市场的局面,2000 年获国家科技进步二等奖。

第三节　化学和化工理论

20 世纪五六十年代,浙江省化学研究受到较多关注。除浙江大学外,浙江师范大学、杭州大学等高校先后设立化学系。1963 年,杭州大学成立多相催化动力学实验室,是国内催化研究中心之一。70 年代末以后,浙江省化学研究向多学科交叉发展,有机合成化学、优异多相催化剂、化学化工理论研究等领域居国内先进水平,在国际上具有一定影响。

一、化　学

(一)催化剂研究

国内第一只低温型氨合成催化剂

20 世纪 60 年代末,我国独创的小型合成氨厂蓬勃发展。作为合成氨工业技术核心的氨合成催化剂,仍是 20 世纪 50 年代开发的中温型催化剂,而国际上已经开发成功高效的低温型催化剂。因此研制新型高效的低温型催化剂对于发展我国小合成氨工业具有重要的技术和经济意义。1970 年,浙江化工学院(现浙江工业大学)刘化章等开始了低温型催化剂的研究。经过几年努力,于 1975 年首创我国第一套氨裂解制气、常压净化的氨合成催化剂高压实验研究装置,有效地解决了氨催化剂研究必需的高压实验手段。在这套装置上,采用正交设计的实验方法,经过数百次实验,终于找到了助剂熔铁催化剂的最佳配方。1976 年完成了实验室研究,后又经过三年工业放大和应用,1979 年通过化工部鉴定,前后历时九年。A110-2 型氨合成催化剂是我国开发成功的第一个低温型催化剂,开创了我国 A110 系列催化剂的历史。它具有低温、易还原、高活性且稳定性优良的特点,使我国氨合成催化剂在 20 世纪 70 年代末达到国际先进水平。该催化剂自 1978 年起在我国八家催化剂厂生产,在 1000 多家大中小型合成氨厂得到广泛应用,产品市场占有率达 50%～60%,成为我国自 80 年代以来质量最好、产量最高、应用最广泛的一代主干催化剂。20 年间为国家创产值上百亿元,创利税数十亿元,为我国 20 多年来化肥工业的发展和技术进步作出了重要贡献,1983 年获国家技术发明三等奖。[1]

1981 年后,浙江化工学院通过配方优化和熔融连续成球工艺,制得 ZA-1Q 型催化剂。同时,根据 A110-2 型的特点,开发出 φ500 毫米单管折流式和 φ600 毫米三套管式合成塔内件,比一般内件提高氨净值 14%。1984 年,该院又推出内件与 A110-2 型催化剂组合的整体预还原技术,每台次比传统还原法节煤 80 吨、节电 5 万度。该院常家强等九人由此完成的

---

　　[1] A110-2 型氨合成催化剂,http://www.indcat.zjut.edu.cn/items/reward_detail.aspx? id=4.

"氨合成节能技术综合开发"成果,获 1987 年国家科技进步二等奖。截至 1990 年,A110-2 型催化剂在国内的应用覆盖率达 60%～70%,直接创造经济效益约 10 亿元。

其他催化剂

1980 年,杭州大学郑小明等以氯化物和无机酸改性缙云沸石为载体,经交换和浸渍助催化剂组分镍、锰、钒等后,再用交换、浸渍微量铂或钯为活性组分,制得 NZP-1 型有机废气处理催化剂。在 200℃左右能将多数烃类及其含氧衍生物催化焚烧,转变成二氧化碳和水,技术达国际先进水平。该成果获 1985 年国家科技进步三等奖。

1983 年,杭州大学制得适用于 150℃～200℃催化焚烧芳烃类有机化合物的 NZP-3 型催化剂。1984 年,该校又以铁、铜、锰和铅氧化物为主要活性组分,制得 BMZ-1 型和 NZP-4 型催化剂。1986 年,完成这两个催化剂组成的复合床,处理含氮有机物、烃及含氧衍生物混合废气的中间试验,其净化率≥98%,控制二氧化氮率≥90%。这项成果获 1986 年浙江省科技进步二等奖和 1987 年第 38 届布鲁塞尔尤里卡发明博览会铜奖。

浙江工业大学催化加氢试验基地在催化加氢技术和加氢催化剂的研究、开发方面有 20 多年的历史,是"绿色化学合成技术"国家重点实验室培育基地的重要组成部分,其前身为浙江省催化加氢中试基地。该基地严巍等完成的 2,2'-二氨基联苄二磷酸盐低压液相催化加氢和水相成盐新工艺及配套的分析方法属国内外首创。该研究及推广项目 2003 年获科技部第二届刘永龄科技奖。其主要特点在于:一是技术成套,既研究低压液相催化加氢技术,又配套研制催化剂;既进行小试、中试研究,又进行工业化开发。二是技术含量较高,创新性突出,研制的加氢催化剂活性、寿命、选择性与钯、铂贵金属催化剂基本相当,但价格是它们的 1/40～1/60,结合一定的使用方法,适用低压(≤1.6MPa)加氢反应,降低了设备投资和能耗,有利于安全生产。用新技术开发的 10 多个化工产品,全部技术达到国内领先或国际先进水平。三是采用绿色合成技术,整个生产工艺中,资源充分利用,产生"三废"量比铁粉、硫化碱等方法减少 95% 以上。利用化肥厂和氯碱厂放空尾气回收氢气开发化工产品,变废为宝,对企业调整产品结构、摆脱困境起到了积极的作用。

(二)有机和高分子化学

黄宪与有机合成化学

黄宪(1933—2010),江苏扬州人,有机化学家。浙江大学化学系教授,兼任中国科学院金属有机化学国家重点实验室学术委员，中国化学会理事。2003 年当选为中国科学院院士。

　　黄宪教授 30 多年来一直致力于有机合成方法学的研究，在金属有机、硒碲试剂、丙二酸亚异丙酯的反应方面都有许多原始创新的工作。他长期从事有机硒碲化合物在合成多取代烯烃中的应用和聚合物负载的固相合成的研究；发现了有机碲盐在不加碱的情况下与羰基化合物反应形成烯烃，并提出亲卤反应机理；利用 α-高碘取代叶立德与亲核试剂反应，使叶立德的 α-碳极性逆转；发现炔基砜及亚砜进行锆氢化反应时生成反式加成产物，并提出邻基参与反应的机理，在相关研究中提出了合成取代联烯的新方法和联烯及亚烃基环丙烷衍生物高选择性的反应。他在国外著名学术刊物共发表论文 160 余篇，全部被 SCI 摘录，并多次获得国家教委科技进步奖。[1]他著的《有机合成化学》一书取材新颖、内容丰富，在国内享有较高声誉，并撰写了我国第一部有机合成方面的统编教材《有机合成》。

　　沈之荃与稀土催化剂应用研究

　　沈之荃(1931—)，上海人，高分子化学家。1980 年从中国科学院长春有机化学研究调入浙江大学高分子系任教，曾任浙江省科技协会副主席。1995 年当选为中国科学院院士。

　　沈之荃长期从事高分子化学、过渡金属络合催化聚合，特别是稀土络合催化聚合和高分子材料方面的研究，取得了一系列重大科研成果。20 世纪 80 年代以来，沈之荃在稀土络合催化聚合的研究工作中一直保持国际领先地位，她的课题组在室温下用稀土合成了聚乙炔，各方面的性能均优于钛系的聚乙炔薄膜。她将稀土络合催化聚合研究推进发展到炔烃、环氧烷烃、环硫烷烃、交酯内酯、极性单体等聚合及固定 CO_2 制备聚碳酸酯等新领域，取得了一系列创新成果。她在稀土络合催化聚合和聚炔烃光电导材料方面进行了开拓性的研究，在学术上突破和发展了 Ziegler-Natta 催化聚合科学，发现稀土催化剂可以使乙炔、苯乙炔等炔烃在室温下定向聚合制备高顺式结构的聚乙炔和聚苯乙炔，可望用作电极材料和复印感光材料；稀土催化剂是环氧烷烃和环硫烷烃开环聚合制备高分子量聚合物的优异催化剂；稀土催化剂可以固定二氧化碳制备高分子量聚碳酸酯和使乙烯、α-烯烃和极性单体有效地齐聚合、均聚合和共聚合。她的研究为我国在世界稀土元素化学、催化聚合、高分子光电导材料和高分子科学领域走向学科前沿作出了贡献。[2]

---

　〔1〕　http://www.chem.zju.edu.cn/researchprofhuangx.html.

　〔2〕　稀土催化剂在高分子合成中的应用研究，http://210.32.88/notice/article.asp? unid＝28.

梳状二亲结构高性能降凝剂

随着温度的下降,原油及成品油中所含蜡会逐渐结晶析出,最终形成三维网络结构,失去流动性。这对石油的开采贮运和应用带来很大困难。我国原油年产超亿吨,绝大多数是高蜡原油,流动性差,有的甚至在常温下呈固态状,所以需要采用加热管输的方法。据统计,单加热这一项就要消耗原油输量的 5%,全国每年消耗的能源相当于一个玉门油田的产量。因此在油中添加化学降凝剂降低油的凝固点和黏度,实现常温输送和应用,具有极大的经济效益和社会效益,并日益为世界各国所关注。

浙江大学高分子系戚国荣等在研究降凝剂与原油中各组分的相互作用规律与机理研究的基础上,深入考察了降凝剂的结构与性能关系,不同组成的原油对降凝剂的响应,加剂后原油的流变特性,采用分子设计原理根据降凝剂要求的功能与物性设计高分子的结构,采用合适的聚合反应和催化剂、溶剂体系等聚合工艺研制了一种国内首创、结构新型的高效多功能降凝剂,它不仅能改变石油中所含蜡晶的形状和大小,还能减弱蜡晶间、蜡晶相与油相间的黏附作用,形成一种表面能低、结构松散的蜡晶聚集体,降低形成三维网络结构的温度和强度,起到蜡晶抑制剂和蜡晶分散剂的双重作用。该降凝剂还具有高效、耐剪切,处理后原油的动态和静态稳定性好等特点。这项成果获 1997 年国家技术发明三等奖。

氯乙烯类多相(共)聚合反应

浙江大学潘祖仁等完成的氯乙烯类多相(共)聚合反应工程研究及工业应用项目,涉及氯乙烯类多相聚合的机理、建模、控制及工程放大等理论和实践,属高分子化学和化学工程两学科的交叉领域——聚合反应工程。该研究先后建立了氯乙烯(VC)聚合速率模型、聚合度模型、复合引发剂聚合动力学模型,建成我国首套 VC 聚合动力学计算机在线实时检测系统;创建了氯乙烯与二烯类交联共聚的普适模型、有电荷转移络合物参与共聚的共聚速率普适模型、偏氯乙烯(VDC)/氯乙烯共聚速率和分子量模型等;揭示了氯乙烯类多相聚合中微观初级粒子成长和宏观粒径变化的规律;提出了溶胀法微悬浮聚合双层胶束成粒模型和机理,揭示颗粒形态的动态变化机制,成功地开发了溶胀法 PVC 类糊树脂;在国内率先研究聚合釜传热和搅拌规律及工程放大技术,确立了非几何相似放大法和准则。研究成果被 10 余家大型 PVC 企业用于聚合工艺及设备的改进、PVC 新产品和新型聚合釜的开发,取得了显著的经济效益和社会效益,推动了我国 PVC 行业的发展。同时发展了非均相自由基聚合理论、聚合釜工程放大理论和悬浮聚合方法。该成果获 2001 年国家科技进步二等奖。

二、化工理论

马丁—侯状态方程

侯虞钧(1922—2001)，福建福州人，化学工程、化工热力学家，浙江大学化工系教授。1997年当选为中国科学院院士。

侯虞钧长期从事化学工程、化工热力学研究，是我国化工热力学领域的奠基人之一。他在状态方程、相平衡、溶液热力学等研究领域卓有成效，为世界化学工程的发展作出了重要贡献。1953年，侯虞钧与美国密西根大学化工系J. J. Martin教授合作，共同提出了一个著名的气体状态方程，被誉为马丁—侯状态方程。1956年侯虞钧回国后，先后在化工部上海化工研究院、浙江大学化工系工作。从1978年开始，侯虞钧与兰州化工设计院合作，开始研究将马丁—侯状态方程延伸到液相上，用三年时间就攻克了这个难题。1981年，《马丁—侯状态方程向液相发展》一文在《化工学报》上发表，得到国际化工界的高度评价。他使方程从适用于气态发展到同时适用于液相、固相，而且适用于混合物；常压及高压汽液平衡、液液平衡的关联，为含固体物系相平衡研究打下了基础，并从统计力学角度证明了该方程的理论依据。方程适用于非极性物质、极性物质、纯物质和混合物等体系，这是一般状态方程难以达到的。马丁—侯状态方程的特点是通用性强、准确度高，既有一定的预测性能及理论基础，又有实用价值，是迄今为止国内外公认的精确的状态方程之一。几十年来，该方程的应用领域已从化工扩大到制冷工程、物理及军工产品的科研中，1991年获国家自然科学四等奖。[1]

化工旋转机械整机全速动平衡研究

浙江大学化工机械研究所振动实验室经过30多年的研究，在旋转机械的转子现场动平衡技术等方面取得了一大批丰硕的成果。其中，立式蝶片分离机全速动平衡方法获1984年国家技术发明三等奖。化工旋转机械整机全速动平衡原理和方法的研究获1992年国家科技进步三等奖。该成果对各种不同尺寸、重量和转速的碟片分离机、三足式离心机、刮刀卸料离心机、活塞推料离心机以及离心式风机在整机和实际工作转速下进行了平衡原理和方法的研究。主要特点在于不用将转子放在动平衡机上平衡，而是直接从转子测得振动信号，通过分析处理，实现整机全速平

〔1〕　侯虞钧.侯虞钧院士文集.杭州：浙江大学出版社，2005：2.

衡。此项技术在化工、制药、橡胶、食品、轻工、机械等领域 100 多个企业应用,每年经济效益超过千万元,其中碟片分离机和洗涤机还走向了国际市场。

第四节　生物学和资源科学

新中国成立后,浙江省在生物学和资源科学研究方面获得重要进展,多次获得国家级和省部级奖励。尤其在海洋科学研究、物种资源考察和自然保护区工作中成果卓著,居于国内领先地位。

一、南大洋考察

国家海洋局第二海洋研究所(简称海洋二所)自成立以来,先后多次派遣科技人员进行极地国际合作研究,于 1984 年负责组织了中国首次南大洋考察和南极洲考察共同组成的南极考察。海洋二所金庆明任考察队队长,率领考察队对南极半岛西北海域,南纬 60°～66°55′,西经 55°～69°30′,包括南设得兰群岛周围,阿得雷德岛北部总面积约 10 万平方千米的海域进行了

图 3-3　中国南极考察队首次踏上南极

以磷虾生物资源及其环境为重点的海洋综合考察,获取了测区范围的生物、水文、化学、地质、地球物理和气象六个专业的综合观测资料和样品。在测区内布设了大面积综合观测站 34 个,周日连续观测站 1 个,测流点 2 个。同时,在测区和德雷克海峡进行重力、地磁和水深测量,测线总长约 3115 千米。在往返横渡太平洋途中,又进行了以重、磁、深测量和表层水文、化学等要素测量为主的走航综合调查。这次考察历时 142 天,总航程约 48955 千米。取得了大量的第一手观测资料,并且对所获资料、样品进行分析、测试与鉴定以及初步综合研究,于 1987 年 3 月提出了约 40 万字的调查报告和一套图集。磷虾生物学及水文状况的研究基本达到了国际南极海洋生物系统及其资源考察的水平,并发现了一些生物的新属、新种和新记录。在地质调查中取得了近 4 万千米的重、磁观测资源,运用板块、地体理论较好地解

释了东南太平洋和南极半岛海域的地质构造。水、气、沉积物及生物样品中多种无机及有机物的综合分析研究,对南大洋海洋化学规律的揭示达到了新的高度。海洋二所"首次南大洋考察"获国家科技进步二等奖。[1]

继首次南大洋考察后,海洋二所不间断地参加了我国所有南极考察队的考察工作,从事海洋物理、海洋地质、海洋化学、海洋生物、海冰等领域的研究,取得了大批研究成果。1999 年又参加了我国首次北极考察,进行了物理海洋、海洋地质和海洋化学的考察研究。

二、苏纪兰对河口的专题调查研究

苏纪兰(1935—),湖南攸县人,物理海洋学专家。1967 年获美国加州大学博士学位,在国外工作多年。1979 年回国后到国家海洋局第二海洋研究所工作,长期致力于物理海洋学环流动力学研究,主要研究方向是河口动力学和陆架动力海洋学。1991 年当选为中国科学院院士。

河口及港湾区是人口密集地带,也是人类生产活动集中的地方,在这里各种资源的开发之间存在着相互制约的矛盾,其关键问题可概括为泥沙输运、污染物迁移、水体更新三个方面。而对三者起主导作用的是环境,因此河口动力海洋学是认识并解决这些矛盾的基本科研。河口最大混浊带的研究,是治理拦门沙的基础。以往我国河口方面的工作,偏重于与工程有关的应用研究及地貌的解说,对于动力机制的探讨较少。苏纪兰通过中美长江口合作项目的研究和对水文及泥沙历史资料的分析,发现了潮流的不对称性对长江口最大混浊带形成的重要作用。长江入海的大量径流对杭州湾水文有重要影响,但其机制不清楚。苏纪兰通过研究,首先提出长江冲淡水次级锋面概念及其对杭州湾悬浮质输运的重要影响,加深了污染物、浮游生物的附集作用对杭州湾内泥沙输运规律的认识。他还率先提出了潮致底质冲淤的有效模拟方法,并系统揭示了浙闽沿岸上升流与沿岸锋的关系。他的独到见解为河口整治、综合开发、环境保护等提供了科学依据,对由上海排污口入海的污染物质对杭州湾到舟山渔场及其生物资源的影响以及应采取的措施与对策等,均有重要的指导价值。[2]

---

〔1〕　中国首次南极科学考察,http://www.digipolar.com/times/111.html? id=43.

〔2〕　陈荣发. 苏纪兰教授——奉献在祖国的海洋,http://www.gmw.cn/content/2004-10/30/content_111721.htm.

三、《浙江省海岸带海涂资源综合调查报告》

从 20 世纪 60 年代开始,杭州大学地理系曾进行温州、台州海岸带资源调查。1981—1985 年,该系对全省拥有海岸线或河口岸线的 33 个县、市、区的自然环境和社会环境进行全面调查后,完成了《浙江省海岸带社会经济调查报告》,并参加完成《浙江省海岸带海涂资源综合调查报告》,在海岸开发利用设想中,提出 4 个区、4 个带和 21 个岸区的区划体系。全国技术鉴定小组认为该设想有创新意义,该成果获 1986 年浙江省科技进步一等奖。[1]

四、《浙江植物志》和《浙江动物志》

浙江蕴藏丰富的植物资源,素有东南植物宝库之称。杭州大学等单位在资源调查的基础上,于 1982 年开始进行《浙江植物志》的编撰工作,历时10 年,采集植物标本 20 余万份,查阅国内各标本馆(室)的浙江植物标本 50多万份,还查阅了近百年的文献资料,于 1993 年完成志书编撰。全志共分8 卷、503 万字,记述了 3897 种、30 亚种、529 变种和 126 变型种,隶属 231科 1372 属,已确定的植物新分类群 174 个,其中新属 1 个、新种 120 个、新变种 26 个、新变型 27 个,中国分布新记录 14 种,浙江分布新记录 3 科 72属 515 种,订正误定种 99 种,新组合 72 种。[2]

1984 年,根据浙江省科委计划,杭州大学等 14 家单位承担《浙江动物志》的编撰,历时 5 年,对全省 60 个县、市进行实地考察,搜集了大量的原始资料,查阅了 100 多年的历史文献,于 1989 年完成。全志共 8 个分册、460万字,记述 2201 种和亚种,分隶 74 目、395 科。其中有 96 个新种和新亚种;国内新记录 1 个科、2 个属、34 个种,浙江新记录 498 种亚种。《浙江动物志》是国内第一套门类齐全的地方动物志,获 1991 年浙江省科技进步一等奖。[3]

---

〔1〕 浙江省科学技术志编纂委员会.浙江省科学技术志.北京:中华书局,1996:255.
〔2〕 浙江省科学技术志编纂委员会.浙江省科学技术志.北京:中华书局,1996:227.
〔3〕 浙江省科学技术志编纂委员会.浙江省科学技术志.北京:中华书局,1996:230.

五、自然保护区工作

自 1956 年天目山被划为森林禁伐区以来，浙江省已建立森林和野生动物类型自然保护区 20 个，总面积约 10 万公顷，其中国家级 7 个；已建立各种类型自然保护小区 353 个，面积约 6.8 万公顷。

1986 年，位于浙江省临安县(今临安市)境内的天目山自然保护区经国务院批准，列为国家级自然保护区，1996 年加入联合国教科文组织"人与生物圈"保护区网。自 20 世纪 20 年代起，国内外专家相继到天目山考察和采集植物标本，发现了许多新种，有 89 份植物标本被定为模式标本，占浙江省模式标本总数的 34%，被称为国内著名的"模式标本产地"。天目山还是一个世界级的昆虫模式标本产地，现已定名的昆虫模式标本达 657 种。20 世纪 50 年代开始，天目山成为浙江大学、浙江林学院、浙江师范大学、中国科学院上海昆虫研究所等 70 余所大专院校和科研单位的教学科研基地。根据 80 多年的调查资料积累，天目山现知有大型真菌 28 科 115 种，地衣 3 科 48 种，苔藓植物 60 科 142 属 291 种，蕨类植物 35 科 68 属 151 种，种子植物 151 科 764 属 1718 种(包括部分引种栽培植物)。[1]

南麂列岛自然保护区位于浙江省平阳县东南海域，1990 年被国务院批准为国家级自然保护区，主要保护对象为海洋贝藻类，堪称我国近海贝藻类的一个重要基因库，[2]可以作为我国海洋贝藻类"南种北移"、"北种南移"的重要引种驯化基地和合理利用贝藻类资源的示范工程研究基地及科研基地。

位于庆元县的百山祖国家级自然保护区拥有已知种子植物 2005 种，蕨类植物 236 种，苔藓 327 种，大型森林真菌 256 种，其中受国家保护的珍稀濒危植物 40 余种。在大片原始状态的森林植被中，有 1987 年由国际物种保护委员会(SSC)公布列为世界最濒危的 12 种植物之一的百山祖冷杉，它是第四纪冰川气候的残遗物种。同时保存下来的还有南方铁杉、江南油杉、长叶榧等针叶树，以及木兰科、八角科、金缕梅科等植物组成的古老植物群。保护区的野生动物中仅脊椎动物就有 250 余种，昆虫 2192 种。美国国家植

---

〔1〕　天目山国家级自然保护区概况，http://jpkc.zju.edu.cnkjk509/ziyuan/dd/123.doc 71K 2005-7-14.

〔2〕　南麂列岛国家级自然保护区，http://www.biodiv.org.cn/nies_multimedia/asp/detail.asp? id=279.

物园研究教授 Theodore R. Dudley 到此考察后说,这是一处被人遗忘的"角落",是国内外学者十分向往探索的地方。

第五节 浙江省自然科学基金会和基础研究

1988 年,浙江省在全国较早设立了浙江省自然科学基金,成立了浙江省自然科学基金委员会,其宗旨是根据本省发展科学技术的方针、政策法规和规划,围绕"建设科技强省,打造全国一流的区域创新体系"科技工作总目标,有效地运用科学基金资助手段,加强全省的基础研究,以促进全省可持续发展目标的实现。通过积极扶持基础研究工作者争取国家项目,进一步促进了地方基础研究水平的提高和创新能力的增强,使得全省在国家层面上争取基础研究经费的能力大大提高。

一、基金会成立前全省基础研究概况

研究机构

新中国成立后,浙江省委、省政府开始部署建立和发展科研机构。1956年,浙江省根据中央发出的"向科学进军"号召和全国《十二年科学规划精神》,制订了 1957 年科学研究计划,将基础理论研究列入其中。至 1958 年,全省有省级科研机构 14 个,省级自然科学学会 36 个。1958—1960 年"大跃进"中,全省科研机构数量迅速增加,但却出现力量分散、低水平重复建设等问题。这种情况从 1961 年贯彻中央《关于自然科学研究机构当前工作的十四条意见》后开始好转,1965 年全省科研机构调整为 65 个。[1]

在"文革"中,一批科学家遭到错误批判,高校科研工作无法正常开展,基础研究工作基本处于停滞状态。但是科研工作者出于高度的责任感和使命感,在动荡时期继续坚持科学研究,尤其是 1972 年批判"极'左'思潮"后,在恢复原有科研机构外,又新建了一些研发机构。

20 世纪 70 年代末,经过拨乱反正,全国科技事业迅速恢复和发展,浙江省的基础性研究事业也进入新的发展期。基础研究力量较集中的高校相继建立基础理论方面的研究机构,一批学科专业被国家授予硕士点、博士点。省动物、植物、遗传、微生物、海洋、力学等学会相继成立。1984 年以

---

〔1〕 浙江省科学技术志编纂委员会.浙江省科学技术志.北京:中华书局,1996:6—7.

后,国家及有关部委开始在浙江省建立重点(专业)实验室。

从整体情况看,基金会成立前全省的基础研究工作是以浙江省农业科学院、浙江农业大学为代表的农业科学和以浙江大学、杭州大学为代表的数理化学科研究为主要内容,经费主要来自科研单位的事业经费和少量科技三项经费。因此,这个时期的基础研究工作主要是自发的,多为只有少量科研经费或者没有科研经费资助的小项目,没有形成科研团队合作的系统研究。浙江省当时的基础研究在全国处于比较薄弱的状态。[1]

科研成果

在新中国成立初期,浙江省基础研究工作依托于浙江大学、杭州大学等高校和科研院所展开,着重于理论性研究,通过现代科学理论与实验结合,在数学、物理、化学、地理、生物等学科领域有了长足发展。特别是 20 世纪 50 年代后期至 60 年代中期,在射影曲面论、复变函数、原子核理论、金属内能、稀有金属、化学研究、悬挂结构计算、种子植物分类等方面取得了重要成果。

20 世纪 70 年代,和基础研究密切相关的激光高频测振装置、狭缝高速摄影机等一批成果获 1978 年全国科学大会奖或 1979 年浙江省科学大会奖。

进入 80 年代后,基础研究手段得到提升,电子计算机、大型高精度精密仪器等高新技术手段和各种定量分析、系统分析方法的应用,独立分工与联合协作结合,国际交流与合作的加强,有效地提高了实验和理论研究水平,使浙江的基础性研究向两个方向发展:一是拓宽研究领域,在围绕生产实践探索新原理、开拓新领域、扩大应用目标的定向性研究的同时,加强基本科学数据系统考察、采集、鉴定、综合分析,探索基本规律和揭示自然界客观规律、积累科学知识。二是促进各学科向边缘、交叉学科发展,开始形成一批新的分支学科。[2] 例如物理学中的列阵光学、凝聚态物理,化学中的有机合成等,均取得重要进展。这一时期,有 20 多项基础性研究成果获得了国家自然科学奖、国家科技进步奖和国家发明奖;近 150 项基础性研究成果获得了省部级三等奖以上的科技进步奖。

〔1〕蒋泰维.浙江基础研究二十年.杭州:浙江大学出版社,2009:5.

〔2〕浙江省科学技术志编纂委员会.浙江省科学技术志.北京:中华书局,1996:151.

二、基金会成立后全省基础研究概况

浙江省自然科学基金

1986 年初,国家自然科学基金委员会成立,负责组织、实施、管理国家自然科学基金项目,并根据国家发展科学技术的方针、政策、规划以及科学技术发展方向,面向全国资助基础研究和应用基础研究,基金主要来自国家财政拨款。

1988 年,经浙江省人民政府同意,由浙江省科委下文成立了第一届"浙江省自然科学基金委员会",当年省政府专项拨款 200 万元,建立了省自然科学基金。浙江也成为国内较早设立地方自然科学基金的省份。省自然科学基金制的实施,改变了以往计划经济体制下科研经费依靠行政拨款的传统管理模式,全面引入和实施了先进的科研经费资助模式和管理理念,发挥了自然科学基金对浙江省基础研究的"导向、稳定、激励"功能,改变了单纯依托国家自然科学基金开展基础研究的被动局面,增强了省政府对基础研究进行规范化、长期化支持的独立性和主动权。[1]

省自然科学基金的设立,为浙江的基础科学研究工作提供了制度支持和经费保障,是当代浙江基础科学研究工作发展的一座里程碑。作为地方性的基础研究,基金自设立以来,一直强调资助应用基础研究。在省自然科学基金资助的项目中,属于应用基础研究的项目一般占 80% 左右。

浙江省青年科技人才培养专项资金

在浙江省自然科学基金设立之初,资助项目获得者一般职称都较高,因而年龄也偏大。为了促进青年科技人才的成长,浙江省自然科学基金从 1995 年开始加大对青年人才的培养资助力度,特别关注 35 周岁以下具有博士学位的年轻人、未得到省自然科学基金资助过的新人以及留学回国的科技人员,实行了向青年科学工作者倾斜的政策,希望基金的资助能有利于培养和留住"领军人物",发挥在人才培养方面的"苗圃"作用。[2]

1996 起,省自然科学基金设立了"浙江省青年科技人才培养专项资金",用以资助年龄在 40 周岁以下、具有副教授以上专业技术职务或已获得博士学位、在基础研究中已取得突出创新性成果的青年学者。1988 年,省自然科学基金项目负责人 35 岁以下比例仅为 12%,1998 年该比例上升到

---

〔1〕 蒋泰维.浙江基础研究二十年.杭州:浙江大学出版社,2009:105.
〔2〕 蒋泰维.浙江基础研究二十年.杭州:浙江大学出版社,2009:50—51.

33％。截至 2002 年年底,共有 70 名资助青年科技人才受到资助,绝大部分受资助的青年科技人员发展为相应研究领域的"领头羊",其中有不少人随后也获得了国家杰出青年科技基金的支持。[1] 据后期不完全统计,浙江省获得国家自然科学基金各类项目中,年龄在 45 周岁以下的项目负责人占了八成左右,高学历、高职称的青年科技工作者成为当前浙江基础研究的主力军。

经费资助

为了进一步明确"做科研是要解决问题"的理念,浙江省自然科学基金改革了成立之初简单按学科分配经费的模式,将其转变为按重要学科领域,再按重要学科问题为主来分配经费的模式。1989 年以来,省自然科学基金资助项目的学科分类中,生命科学的项目一直占据很大比例,占 41％左右;材料与工程科学、信息科学、化学科学和数理科学的项目一般在 10％以上;而地球科学和管理科学的项目相对较少。[2]

为解决经济发展中的重大理论问题,1999 年起省自然科学基金中增设了重点和重大项目,对有较大应用前景和科学意义的项目予以重点支持,资助强度达到每项 30 万元左右。基金的年度资助经费总额从 1998 年的 800 余万元增长到 2003 年的 2000 余万元,平均资助强度提高了 20％以上。[3]

在推进基础研究的同时,全省科技投入持续增加,浙江省研究和开发年经费 20 世纪 90 年代初仅为 2 亿元,1998 年增加到近 20 亿元,2003 年跃增到 77.76 亿元。

科研成果

20 世纪 90 年代后,受基金资助产生的论文呈现稳步增长,其中 SCI、EI 的数量从 1991 年的 6 篇增加到 1997 年的 31 篇。据原国家科委公布的《中国科技论文统计与分析》,在 1991—1995 年的连续五年中,标注地方科学基金资助的论文中,其中标有"浙江省自然科学基金资助"的论文占首位。[4] 发明专利授权量从 1991 年的 43 项增加到 1997 年的 64 项。"八五"期间,全省各类自然科学基金项目研究成果中,有 110 多项获省部级以上基础性研究成果奖,其中国家奖和省部二等奖以上有 42 项。尤其在 1995 年,全省受国家或省自然科学基金资助的基础性研究成果有 5 项获国家自然科学

〔1〕 蒋泰维.浙江基础研究二十年.杭州:浙江大学出版社,2009:90.
〔2〕 蒋泰维.浙江基础研究二十年.杭州:浙江大学出版社,2009:44—45.
〔3〕 来源:2003 年度省科学基金办工作总结.
〔4〕 蒋泰维.浙江基础研究二十年.杭州:浙江大学出版社,2009:19.

奖,获奖数在全国各省(市)中最多。[1] 同年,还获国家科技进步奖 19 项,国家技术发明奖 5 项,这些奖项中也有部分项目受到省自然科学基金的资助。

1998 年,浙江大学、杭州大学、浙江农业大学、浙江医科大学四校合并后,新浙江大学引进院士的步伐开始加快,在一定程度上提升了省内拥有国家级人才的数量,也使得浙江大学在各类国家级基础研究项目申请中独占鳌头。1999—2002 年,浙江省共承担国家自然科学基金面上项目 818 项,国家杰出青年科学基金项目 21 项,国家自然科学基金重点项目 13 项,"973"项目 11 项。从这些项目负责人的情况看,他们通常主持研究过省自然科学基金项目,而且往往是同一研究领域的拓展与深入。[2] 1990—2002年,浙江省共获得国家自然科学奖 13 项,国家技术发明奖 34 项,国家科技进步奖 165 项。这一时期浙江省发表的国际论文(SCI、EI、ISTP)总量呈现出快速增长的态势,2000 年为 1596 篇,2003 年达到 4053 篇。发明专利授权量 1998 年为 47 项,2003 年猛增到 398 项。1998—2003 年,浙江省获得国家自然科学奖三项,国家科技进步奖 60 项,国家技术发明奖三项。

第六节　研究"两弹一星"的浙籍科学家

20 世纪中上叶的中国,在内患和外患双重摧残下,国力衰败,浙江的大批青年英才负笈海外,学成归来后为我国的现代科技事业奉献了杰出的成就,如钱学森、钱三强、赵九章……这些"两弹一星"功勋与"863"元老是我国科技界的耀眼泰斗,也是浙江的骄傲。

一、"中国航天之父"钱学森

钱学森(1911—2009),浙江杭州人,应用力学、工程控制论、系统工程学家,中国科学院院士,中国工程院院士。1934 年毕业于上海交通大学,1935年赴美国麻省理工学院留学,翌年获硕士学位,后入加州理工学院,1939 年获航空、数学博士学位后留校任教并从事应用力学和火箭导弹研究。1955年回国后,历任中国科学院力学所所长,国防部第五研究院副院长、院长,七

〔1〕 蒋泰维.浙江基础研究二十年.杭州:浙江大学出版社,2009:61.
〔2〕 蒋泰维.浙江基础研究二十年.杭州:浙江大学出版社,2009:56.

机部副部长,国防科委副主任,国防科工委科技委副主任,第三届中国科协主席,第六至八届全国政协副主席,中共第九至十二届中央候补委员,中国人民解放军总装备部科技委高级顾问,中国科学技术协会名誉主席。

钱学森是世界气体力学大师冯·卡门最好的学生,我国火箭喷气技术即导弹技术的建立,是钱学森先生首先提出来的。1956年钱学森提出《建立我国国防航空工业意见书》,最先为中国火箭导弹技术的发展提出了极为重要的实施方案。同年受命组建我国第一个火箭、导弹研究所——国防部第五研究院并担任首任院长。1965年,钱学森正式向国家提出报告和规划,建议把人造卫星的研究计划列入国家任务,并在实施人造卫星研制计划许多关键技术问题的解决上贡献了智慧。

钱学森主持完成了"喷气和火箭技术的建立"规划,参与了近程导弹、中近程导弹和我国第一颗人造地球卫星的研制,直接领导了用中近程导弹运载原子弹"两弹结合"试验,参与制订了我国第一个星际航空的发展规划,发展建立了工程控制论和系统科学等,以他在动力、制导、气动力、结构、材料、计算机、质量控制和科技管理等领域的丰富知识,为中国火箭导弹和航天事业的创建与发展作出了杰出的贡献。1957年获中国科学院自然科学一等奖,1979年获美国加州理工学院杰出校友奖,1985年获国家科技进步特等奖。1989年获小罗克维尔奖章和世界级科学与工程名人称号,1991年被国务院、中央军委授予"国家杰出贡献科学家"荣誉称号和一级英模奖章,1997年被评为感动中国人物。

二、"中国原子弹之父"钱三强

钱三强(1913—1992),浙江湖州人,核物理学家,中国科学院院士。1936年毕业于清华大学物理系,后赴法国巴黎大学居里实验室和法兰西学院原子核化学实验室从事原子核物理研究工作,获博士学位,1946年获法国科学院亨利·德巴微物理学奖金。1948年回国,历任清华大学物理系教授,北平研究院原子能研究所所长,中国科学院近代物理所(后改名为原子能研究所)所长,二机部副部长,中国科学院副院长,中国物理学会理事长,中国核学会名誉理事长,中国科学院特邀顾问。

钱三强是第二代居里夫妇的学生,与妻子一同被西方称为"中国的居里夫妇",是中国发展核武器的组织协调者和总设计师,中国原子能事业的开拓者和奠基人之一。从新中国成立起,钱三强便全身心地投入了原子能事业的开创。他在中国科学院担任了近代物理研究所(后改名原子能研究所)

的副所长、所长。1955 年,中央决定发展本国核力量后,他又成为规划的制订人。1958 年,钱三强参加了苏联援助的原子能反应堆的建设,并汇聚了一大批核科学家(包括他的夫人),他还将邓稼先等优秀人才推荐到研制核武器的队伍中。20 世纪 50 年代领导建成中国第一个重水型原子反应堆和第一台回旋加速器以及一批重要仪器设备,使我国的堆物理、堆工程技术、钚化学放射生物学、放射性同位素制备、高能加速器技术、受控热核聚变等科研工作都先后开展起来。在苏联政府停止对中国的技术援助后,1960 年,中央决定完全靠自力更生发展原子弹,已兼任二机部副部长的钱三强担任了技术上的总负责人、总设计师。他像当年居里夫妇培养自己那样,倾注全部心血培养新一代学科带头人,在"两弹一星"的攻坚战中,涌现出了一大批杰出的核专家,并在这一领域创造了世界上最快的发展速度,使许多关键技术得到及时解决,为第一颗原子弹和氢弹的研制成功作出了重要贡献,促成了中国在第一颗原子弹爆炸后仅两年零八个月,就研制成了氢弹。人们后来不仅称颂钱三强对极为复杂的各个科技领域和人才使用协调有方,也认为他领导的原子能研究所是"满门忠烈"的科技大本营。[1]

三、"中国人造卫星之父"赵九章

赵九章(1907—1968),浙江湖州人,气象学、地球物理学和空间物质学家,中国科学院院士(学部委员)。1933 毕业于清华大学物理系。1935 年赴德国攻读气象学专业,1938 年获博士学位,同年回国。历任西南联合大学教授,中央研究院气象研究所所长。中华人民共和国成立后,任中国科学院地球物理所所长,卫星设计院院长,中国气象学会理事长和中国地球物理学会理事长。

赵九章是中国人造卫星事业的倡导者和奠基人之一。1957 年 10 月 4 日,苏联成功发射了世界上第一颗人造地球卫星后,他和竺可桢、钱学森等科学家积极倡议发展中国自己的人造卫星。1958 年 8 月,中国科学院成立人造地球卫星研制组,他是主要负责人。同年 10 月,提出"中国发展人造卫星要走自力更生的道路,要由小到大,由低级到高级"的重要建议。翌年又指出今后工作要"以探空火箭练兵、高空物理打基础、不断探索卫星发展方向、筹建空间环境模拟实验室、研究地面跟踪接收设备"。在他的领导下,开

---

〔1〕 徐焰.钱三强:中国的原子之父,http://www.people.com.cn/GB/shizheng/252/5253/20010630/500756.html.

创了利用气象火箭和探空火箭进行高空探测的研究,探索了卫星发展方向,组建了空间科学技术队伍。1964 年,根据国内运载工具的发展,赵九章提出了开展人造地球卫星研制工作的建议,对中国卫星系列发展规划和具体探测方案的制订,对中国第一颗人造地球卫星、返回式卫星等总体方案的确定和关键技术的研制,起了重要作用。在他的领导下还完成了核爆炸试验的地震观测和冲击波传播规律,以及有关弹头再入大气层时的物理现象等研究课题。1985 年获国家科技进步特等奖。2007 年 10 月 29 日,一颗由我国科学家发现的小行星,被国际小行星中心和国际小行星命名委员会命名为"赵九章星"。

四、"中国导弹之父"屠守锷

屠守锷(1917—2012),浙江湖州人,火箭技术总体设计专家,中国科学院院士,国际宇航科学院院士。1940 年毕业于西南联合大学,1941 年赴美国麻省理工学院航空工程系留学,获硕士学位。1945 年回国后,先后在西南联合大学和清华大学任副教授、教授,1957 年后,历任国防部五院研究室主任、总体设计部主任,七机部第一研究院副院长、总工程师、科技委副主任,航天部科技委副主任,航空航天工业部一院技术总顾问和航空航天部高级技术顾问。

1957 年 9 月,屠守锷作为中国政府代表团的顾问,参加了与苏联的谈判,促成了我国第一次也是唯一一次导弹技术的引进,而后,他便和战友们开始了中国第一枚导弹的仿制工作。在从仿制到独立研制的艰难历程中,在研制第一枚地空导弹和地地导弹的过程中,他成了导弹设计研制的行家里手。1961 年,在苏联撤走专家的困境下,屠守锷走马上任国防部第五研究院一分院副院长,全面主持技术工作。他带领同事们制订了"地地导弹发展规划"即"八年四弹"规划,还参与制订技术发展方向,主持选定了我国中程、中远程及远程导弹等重大技术方案和技术途径。这个规划经周恩来总理主持召开的中央专委会议批准实施后,对我国导弹与火箭技术的发展起了非常重要的作用。屠守锷率队研制的近中程导弹为我国 1966 年 10 月进行的导弹、原子弹"两弹结合"试验的圆满成功作出了贡献。1965 年,屠守锷受周总理之命担任我国首枚远程导弹的总设计师,于 1971 年成功完成了远程导弹的试飞工作。1980 年 5 月 18 日,我国在公海进行发射运载火箭试验。由运载火箭携带的导弹准确命中万里以外的目标,保证了我国向太平洋预定海域发射洲际导弹任务的圆满完成。他作为研制"长征二号"E 大型捆绑式运载火箭的技术总顾问,参与领导研制试验工作,保证发射成功,为中国航天事业的发展作出了重要贡献。1984 年荣立航天部一等功,1985年获国家科技进步特等奖。

五、航天测控学家陈芳允

陈芳允(1916—2000),浙江黄岩人,无线电电子学与空间系统专家,中国科学院院士,国际宇航科学院院士。1938 年毕业于清华大学物理系。1945 年在英国 COSSOR 无线电厂研究室工作,新中国成立前夕回国。先后在中国科学院上海分院、中国科学院物理所工作。1956 年,参加了国家12 年长期科学规划制订工作,负责新电子学研究所的筹组工作。1964 年起从事空间技术工作,1976 年调入国防科委,在技术上负责卫星测量控制系统的总体设计、设备研制、布局建设以及星地协调工作。1984 年调任国防科工委科技委常任委员、顾问。

陈芳允是中国卫星测量、控制技术的奠基人之一。1957 年,苏联发射第一颗人造卫星时,他即对卫星进行了无线电多普勒频率测量,并和天文台的同志一起,计算出了卫星的轨道参数,该方法成为以后我国发射人造卫星所采用的跟踪测轨的主要技术之一。1963 年研制出国际领先的纳秒脉冲采样示波器。1965 年担任卫星测量、控制的总体技术负责人,为我国第一颗人造卫星的准确测量、预报作出了重要贡献。他还参加了我国回收型遥感卫星测控系统方案的设计和制订工作,为我国十几颗遥感卫星成功回收作出了重大贡献。他相继提出了微波统一测控系统、"双星定位系统"、遥感小卫星群对地观测系统和小卫星移动卫星通信系统等方案。他直接参与指导研制成功的微波统一测控系统,在我国同步通信卫星发射和运行中发挥了很高的效用。1986 年 3 月,他与王大珩、杨嘉墀、王淦昌一起提出了对我国高技术发展有重要意义的建议,在邓小平的亲自批示和积极支持下,国务院在听取专家意见的基础上,制订了我国高技术发展的"863 计划",为我国高技术发展开创了新局面。1985 年获国家科技进步特等奖。

六、物理冶金学家吴自良

吴自良(1917—2008),浙江浦江人,物理冶金学家,中国科学院院士。1937 年毕业于天津北洋大学工学院航空工程系,1943 年赴美国匹兹堡卡内基理工学院冶金系学习获理学博士学位。1949 年任美国锡腊丘斯大学材料系主任研究工程师。1950 年底回国,1951 年任北方交通大学冶金系教授,中国科学院上海冶金陶瓷所(后为上海冶金所)副所长、学术委员会主任。

1954 年,吴自良领导完成了中央军委下达的抗美援朝前方需要的特种电阻丝研制任务。20 世纪 50 年代,用国内富产元素锰、铝等代替短缺的铬,研制苏联 40X 低合金钢的代用钢取得成功,对建立中国合金钢系统起了开创作用。20 世纪 60 年代初,开始研究钢中过渡族元素 Mn、Cr、Mo、V、Ti 和氮的 s-i 交互内耗峰,澄清了过去文献中许多争论和谬误,证明只有钛才有足够的固氮能力,净化位错,消除钢的应变时效。中苏关系破裂后的困难时期,吴自良带领冶金所承担了毛泽东主席亲自布置的任务——气体扩散法分离铀同位素用的"甲分离膜的制造技术",与原子能研究所、复旦大学等单位的科研人员联合攻关,经过艰苦探索和反复试验,于 1964 年试制成功并投入使用,为打破超级大国的核垄断作出了贡献。1984 年获国家发明一等奖。

第四章
农业科学技术的发展

新中国成立后,浙江农业进入崭新的发展期,精耕细作水平在国内领先。到 1966 年全省粮食平均亩产 437 千克,成为第一个超《全国农业发展纲要》的省份。[1] 1978 年全国科学大会以后,浙江从人多地少、农业后备资源缺乏的实际出发,逐步确立了科教兴农的战略,全省农业科研事业形成专业门类比较齐全、具有特色的研究开发体系,农业科研选题更注重理论与实际相联系以及为国家建设服务。据不完全统计,1977—1993 年,浙江省农业科学研究获得省部级科研成果奖 1080 项,其中国家级和省部级二等奖以上 341 项。[2] 在水稻、桑蚕、畜牧、水产等领域选育或引进了一批优良品种,加上现代栽培和饲养技术,产量大幅度提高。特别是进入 20 世纪 90 年代以后,传统农业向更注重质量和效益以及与生态协调发展的现代化农业转变。

第一节 植物育种、栽培

改革开放以前,浙江省的农业科技在植物育种栽培方面是大力发展以水稻为重点的粮食生产。20 世纪 60 年代,全省粮食生产在推广三熟制的同时,引进和培育矮秆良种,实现水稻品种更换的第一次突破;60 年代后期选育成功适应三熟制需要的早、中、迟熟配套的早稻矮秆良种,全面更换了高秆品种,晚粳育种也取得重大进展,实现了水稻品种的第二次突破;

---

[1] 浙江省科学技术志编纂委员会.浙江省科学技术志.北京:中华书局,1996:294.
[2] 浙江省农业志编纂委员会.浙江省农业志(下).北京:中华书局,2004:1307.

1977 年开始大面积推广籼型杂交晚稻,改变连作晚稻产量低的局面,实现了水稻品种的第三次突破。进入 20 世纪 80 年代,经济效益高的桑、茶、果等小宗土特产,如蔬菜、瓜果、食用菌等得到大面积推广。

一、水稻技术的发展

水稻是世界上最重要的农作物,全球年种植面积 22.5 亿亩,约占谷物种植面积的 23%;年产稻米约 5860 亿千克,约占谷物产量的 29%。目前,稻米是全球近一半人口赖以生存的基本食粮。随着人口的增长,全球依赖的稻米总量将继续增加,水稻生产对于保障粮食安全具有重要的战略意义。

我国 65% 的水稻种植面积分布在长江流域,河姆渡出土的炭化稻种证实,浙江省自古以来就是粮食主产区,稻作栽培至少已有 7000 年的历史。新中国成立以后,浙江水稻育种技术经历了几次变革,逐步取得进步:20 世纪 50 年代进行良种匹配、系统选育;60—70 年代,发展杂交间育种、辐射育种;80 年代进行杂交三系法育种。随着科学技术的突飞猛进和农业生产科技含量的不断提高,水稻已经成为"绿色革命"的先锋作物。[1] 在水稻栽培研究方面经历了三个阶段[2]:第一阶段为 20 世纪 50—60 年代,主要是总结农民经验;第二阶段为 60—70 年代,研究因种栽培技术,加速新品种推广;第三阶段为 70 年代末至 80 年代后期,探究多品种共同的原理和规律,对大范围的生产进行有效指导。

籼稻

籼稻是我国水稻的主要品种之一,多分布在南方稻区和低海拔温热地区,是浙江省最重要的粮食作物。为完成国家粮食收购任务,长期以来改良籼稻种质、提高籼稻产量成为农业科技部门追求的首要目标。

1962—1964 年,浙江农业科学院(简称农科院)经过艰苦研究,从籼稻"矮脚南特"中单穗选育出新品种"矮南早一号"获得成功。该水稻属早熟品种,从移栽到齐穗约 50 天,本田生育期 70～80 天,一般比"莲塘早"迟 1～2 天,比"矮脚南特"提早成熟 10 天以上。在平常年份,"矮南早一号"大约在夏至前后抽穗,7 月中旬成熟。株高 60～70 厘米,每穗 55～60 粒,千粒重 25～26 克,分蘖势、成穗率、有效穗数和结实率明显高于"矮脚南特",一般

---

〔1〕 为提高水稻生产科技含量助力,http://www. chinariceinfo. comnewsdongtai/20020522/761. asp.

〔2〕 浙江省农业科学院.浙江省农业科学院志.杭州:浙江科学技术出版社,2001:51.

每亩约可增加 5 万穗。苗期耐寒性显著优于"莲塘早",发芽势强,出苗快,出苗本高,根系发达,长势旺盛,苗叶宽厚,叶色浓绿,抗病性与"矮脚南特"相仿。1965 年,浙江省农科院在本省各地 300 多个单位试种示范,同时在省内外 35 个单位进行良种区域试验,一般亩产 350 千克左右,高的可达 400 千克以上。[1]

1962—1966 年,浙江农业大学育成具有生育期适宜、苗期抗寒力强、产量高的早籼良种"先锋 1 号",1967 年开始大面积推广,1966—1975 年累计推广 400 余万公顷,增产稻谷 15 亿千克,1978 年获全国科学大会奖。[2]

辐射遗传育种是农业核技术应用中成就最为突出的一个领域,主要是利用电离辐射和粒子辐射等物理因素(如 γ 射线、X 射线、中子、离子束等)对植物的诱变作用,塑造新的种质资源,培育植物新品种。

20 世纪 70 年代,浙江省农科院等单位选用高产、综合性状优良,但生育期长的"科字 6 号"作为辐射诱变的原始材料,利用钴 60γ 射线辐射诱变,经选育获得水稻新品种"原丰早"。该品种比原亲本早熟 45 天,为解决长江中下游广大稻区发展三熟制的季节矛盾,提供了优良的早稻配套品种。"原丰早"兼有早熟、高产、优质、秧龄弹性大、适应性广等特点,全生育期 106～111 天,是双季稻的优良前作,亦可晚季种植。一般亩产 400～425 千克,在高产栽培条件下可以大面积超千斤,最高达 685 千克。稻米食味好,米中赖氨酸含量比其他品种高 8%～13.8%,适应性广,成为全国水稻三大品种之一,获国家技术发明一等奖。[3]

1978 年,浙江农业大学夏英武等和余杭县农科所用钴 60γ 射线 300 戈瑞辐照中熟品种四梅 2 号干种子,于 1980 年选育定型,育成中熟早籼品种浙辐 802。该品种具有早熟、穗大粒多、高产、抗病适应性广等特性。1983 年开始试种 30 万亩。据农业部种子总站统计,1986 年推广面积达 1506 万亩,居当年全国水稻 201 个常规品种面积之首位;1987 年上升到 1913 万亩,成为国内外历史上种植面积最大的水稻突变品种;1988 年种植面积突破 2000 万亩。截至 1994 年,种植面积已达近亿亩,连续九年种植面积居全国水稻常规品种之首位,成为浙江、湖南、江西、安徽、湖北等省早稻主要当家品种之一。一般亩产 420～450 千克,最高亩产 630 千克,每亩增产幅度

〔1〕 矮南早一号,http://wjdaj. wj. gov. cn/ReadNews. asp? NewsID=348.

〔2〕 邹先定. 浙江大学农业与生物技术学院院史. 杭州:浙江大学出版社,2007:59.

〔3〕 利用原子能辐射诱变育成水稻新品种原丰早,http://www. caas. net. cncaasachieve-ment/AgriAchievementText. asp? id=1250.

为 35～45 千克,获国家科技进步三等奖。[1]

为了提高单产,增强抗性,改善米质,浙江省农科院和浙江省种子公司合作,在对国内外大量水稻种质资源进行研究、鉴定和筛选的基础上,首次选用不同生态类型(早籼"禾珍早"与晚籼"赤块矮选"),且地理上远距(本国早籼"凤选 4 号"与外国中籼"IR29"和"IR30")的优良材料,育成"浙 733",集抗病虫性、优良品质和广适应性等诸多优良性状于一体,兼抗稻瘟病和白叶枯病,抗白背飞虱和褐稻虱,适合长江中下游双季稻区种植。1991 年分别通过浙江省和湖南省审定,1993 年通过全国农作物品种审定,随后迅速在南方稻区浙江、江西、湖南、安徽、湖北、福建和广东等七个省推广应用。1993 年成为浙江省种植面积最大的早籼当家品种,占全省 40 多个迟熟品种种植面积的 55％ 左右。1995 年起跃居全国早籼品种之首,1993—1998 年,每年推广面积稳定在 500 万亩以上,1991—1998 年,累计在全国推广种植 3546 万亩,成为长江流域双季早籼主栽品种,获国家科技进步三等奖。[2]

"中优早 3 号"由中国水稻研究所和湖南省水稻研究所共同育成,属优质高产抗病早籼新品种,也是目前优质早籼推广速度最快、面积最大的品种。米质分析表明,该品种主要指标达到部颁一级米标准,整精米率达 65％,这在长粒型优质早籼中属罕见。除米质优良外,其丰产性也较好,1992—1993 年,江西省早稻区试品种中产量第一位,丰产田块亩产在 500 千克以上。大面积试种均表现高产稳产。经全国水稻育种攻关特性鉴定协作组鉴定,该品种抗白叶枯病,耐寒、耐高温,田间具有较强的抗稻瘟病能力。在全国"八五"育种攻关总结与验收会上,专家一致认为该品种的选育成功标志着长期困扰我国长江流域早籼"优质不高产,优质不抗病"的技术难关开始突破。该研究获 1997 年国家技术发明四等奖。[3]

粳稻

相对于籼稻而言,粳稻较适于高纬度或低纬度高海拔地区种植,谷粒不易脱落,较耐寒、耐弱光,但不耐高温,所以长江中下游双季稻区的后季以及黄河以北一般采用粳稻品种。

---

〔1〕 早稻品种浙辐 802,http://www. caas. net. cncaasachievement/AgriAchievementText. asp? id＝1545.

〔2〕 高产、多抗、中优质早籼新品种浙 733,http://www. caas. net. cncaasachievement/AgriAchievementText. asp? id＝2095.

〔3〕 育成优质高产多抗早籼新品种中优早 3 号,http://www. cast. net. cnjnxxAgriAchievementText. asp? id＝398＆IsEdit＝no.

1972年,浙江农业大学王兆骞等针对晚粳稻品种进行连作晚稻栽培后秧龄长、秧苗素质差、移栽后易败苗等现象,进行"两段育秧"的研究试验并获得成功,获1978年全国科学大会奖。1975—1990年,在全国累计推广两段育秧面积达138万公顷,增产效果明显。

"秀水48"是浙江省晚粳育种协作组于1975年秋用晚粳"辐农709"和"京引154"杂交,1979年育成的晚粳新品种。经1981—1982年两年嘉兴地区区域试验和一年生产试验,分别比"更新农虎"增产12.3%、11.1%和3.1%,1982年全省种植面积50万亩,1983年达到280万亩,成为当时全省推广面积最大的晚粳当家品种,两年共增粮食952万千克。1984年获农牧渔业部技术改进一等奖。

优质高产晚粳新品种"秀水27"于1979—1982年间育成,1985年通过浙江省品种审定。"秀水27"的选育,在晚粳稻形态类型方面作了新的探索,是20世纪80年代中期省内外推广面积最大的半矮生型晚粳品种,在耐肥抗倒、根系活力、后期转色等方面更具特色。到1987年累计推广287万亩,增产稻谷5740万千克,增加产值2870万元,加上节省农药费用,社会经济效益超过3000万元。获1987年浙江省科技进步二等奖。

高产中熟晚粳新品种"秀水04",1979年秋至1985年间育成并推广,通过采用丰产、抗菌的晚粳与籼粳杂交后进行连续回交、杂交,把籼稻的矮秆、抗倒特性与晚粳的丰产性、感光性、耐寒性组合在一起,因而具备了耐寒抗倒、适应性广、抗稻瘟病、米质优等优良性状。据统计,到1988年,累计推广面积1498.5万亩,增产稻谷4.7亿千克,净增产值2.13亿元,节省成本3746.2万元,社会经济效益达2.5亿元以上。于1989年获农牧渔业部科技进步二等奖。[1]

杂交稻

我国水稻技术走在世界前列,杂交稻种的研究和推广,更是居领先地位,是世界上第一个在生产上使用杂交稻的国家。杂交稻指两个遗传性不同的水稻品种间通过异花授粉杂交产生的种子基因型杂合的水稻,在生长过程中具有强的杂种优势,产量较基因型纯合的常规稻要高,但后代不能留种。我国目前的杂交稻主要为杂交籼稻,占95%左右。1973年,我国实现杂交稻种子培育的"三系"(不育系、保持系和恢复系)配套。80年代,由恢复系和育性可转换的不育系异花授粉杂交产生了两系杂交稻。

---

〔1〕 科研成果,http://www.sz.hledu.net/szjyj06/image/honghaiguang/xueshengwangzhan/kexuechengguo.htm.

杭州市农业局等单位于 1975 年引进"汕优 2 号"、"汕优 6 号"、"汕优古 154 号"、"南优 2 号"、"矮优 2 号"等 10 多个品种,同时繁育珍汕 A 不育系。1976 年,杭州市农业科学研究所示范的"汕优 6 号"等杂交稻组合 7.5 亩,平均亩产 459 千克;晚季示范 42.3 亩,其中单晚 28.9 亩,亩产 455 千克,比对照品种"农虎 6 号"增产 15.6%,连晚 13.3 亩,亩产 403 千克,比对照品种"农虎 6 号"增产 24.4%;引进品种中"汕优 6 号"亩产 523.5 千克,居 10 余个组合之首。至 1979 年,杭州市推广杂交水稻 86.36 万亩,占晚稻总面积 40% 以上,平均每亩比常规品种增产 75 千克以上。[1]

"汕优 64 组合"是根据浙江省杂交晚稻组合单一、生育期偏长、抗性下降、产量不稳的情况,由浙江省种子公司组织武义县农业局和杭州种子公司经过广泛测配,于 1986 年冬在海南选配而成,属早熟中籼,适应性广、耐瘠性强,适宜于山区和中低产田种植。经 1984—1985 年两年省区试验和生产试验,具有早熟、产量高、抗稻瘟病、秧龄弹性大、分蘖力强、省肥、好种的特点。一般亩产 400 千克以上。除浙江省外,在湖南、广东、福建、湖北、江西、安徽等 10 个省份均有较大面积种植。截至 1991 年,全国累计推广面积 11175 万亩,其中浙江省 900 万亩,共增产稻谷 5523.94 千吨,农民增收 40 亿元。再加上省工、省成本、制种产量高,经济效益更为显著,获国家科技进步三等奖。[2]

"汕优 10 号"是以籼稻不育系珍汕 97A 为母本,以含有粳稻亲缘的密阳 46 为父本,经单株成对测交和反复提纯选育而成的杂交晚稻组合。其成熟期适中,抗逆性强、丰产性好。全生育期 125～130 天,比汕优桂 33 早熟 3～4 天。株型较紧凑,茎秆坚实粗韧,上部叶片较挺直,后期不易早衰。分蘖力强,亩有效穗 20 万～22 万;穗型较大,

图 4-1　"汕优 10 号"的穗和籽粒

每穗总粒数为 120～130 粒,结实率 86%～90%,千粒重 27～28.5 克;稻米

〔1〕　杭州市志,http://www.hangzhou.gov.cnmainzjhzhzszcitymark/402/T83216.shtml?catalogid=5427.

〔2〕　汕优 64 的选配和加速推广,http://www.caas.net.cncaasachievement/AgriAchievementText.asp?id=1769.

品质较好,直链淀粉含量 22.7%;高抗稻瘟病、中抗稻飞虱;耐肥力强,抗倒性好,适应性广,增产潜力大。1986—1988 年在浙江省双季杂交晚稻区试中,三年产量均居首位,平均亩产 483.13 千克,较对照组增产 10%。在大面积生产中,一般双晚稻亩产 450~500 千克,中稻为 500~600 千克,最高达 650 千克以上。1993 年获国家科技进步一等奖。[1]

转基因稻

转基因技术就是将外源基因通过生物、物理或化学手段导入其他生物基因组,以获得外源基因稳定遗传和表达的遗传改良体。自 1983 年世界上首例转基因植物——一种含有抗生素药类抗体的烟草在美国成功培植以来,全球范围转基因作物的种植面积和销售收入均大幅增长。2004 年,已被批准可使用的转基因作物产品有 1000 多种。水稻作为世界上最重要的粮食作物之一,自 1988 年首次获得可育的转基因水稻以来,基因工程技术在水稻品种改良上得到了广泛的应用,已选育了一系列转基因水稻品系。

抗除草剂基因是植物基因工程最早涉及的研究领域之一,也是比较成功的植物基因工程。Bar 基因是抗除草剂基因之一,它从潮湿链霉菌中分离克隆,能解除除草剂 Basta 对生物体内谷氨酰胺合成酶的抑制,而不会导致氨积累引起的植物死亡。1996 年,中国水稻研究所以黄大年为首的课题组,首次用基因枪法将抗除草剂 bar 和 cp4 基因分别导入水稻,成功配制出抗两大除草剂草丁膦和草甘膦的转基因直播稻品系(组合)"嘉禾 98"及杂交稻组合"辽优 1046"等。转抗除草剂基因的成功不仅解决了直播稻的化学除草问题,而且也解决了杂交稻制种纯度的关键技术问题。[2]

鳞翅目昆虫二化螟、三化螟、大螟和稻纵卷叶螟等是世界水稻生产中的主要害虫。我国每年受螟虫、纵卷叶螟危害的稻田面积约 2 亿亩。目前一季水稻需防治螟虫 2~3 次,成本 10 元/亩左右。浙江农业大学从 1994 年起开展了转基因抗螟虫水稻研究,运用转基因技术将苏云金杆菌的杀虫蛋白基因——Bt 基因导入晚粳"秀水 11"等品种,经过三年五代室内和田间试验,获得了遗传稳定,研制成功对二化螟、三化螟、大螟、纵卷叶螟等七种鳞翅目害虫有 100%毒杀作用的抗虫品系克螟稻。并以此为种质,初步育成了具推广前景的一大批早籼稻、杂交稻新品系、新组合,已开始较大面积示

---

〔1〕 育成高产、优质、多抗杂交水稻新组合汕优 10 号,http://www. cast. net. cnjnxxAgri-AchievementText. asp? id=719&IsEdit=no.

〔2〕 水稻转基因技术与转基因水稻,http://www. shac. gov. cnnkrxkjdtlwzjt20051114_140915. htm.

范推广。用抗螟虫的水稻品种替代目前的推广品种,全国每年可减少稻谷损失 30 亿～40 亿千克,节约生产成本 50 亿～60 亿元,同时免受 2000 万千克农药的污染。克螟稻 Bt 蛋白质含量平均高达 1% 左右,高于前人同类试验水平的 10～100 倍。1999 年已达第八代的克螟稻,其农艺性状、Bt 表达量、抗虫性十分稳定。该项研究处于国际同类研究领先水平,对我国乃至世界水稻生产的发展和环境保护有重大促进作用。[1]

稻种资源研究

浙江省农科院参与云南稻种资源考察工作,1978—1980 年共考察了 13 个地(州)55 个县(区)88 个公社,在实地考察中对生态环境和品种性状作了详细调查,收集到稻种资源 2051 份;编印“云南省稻种资源目录”两册;发掘出一批特殊类型的稻种资源;查明水稻分布海拔上限,以宁蒗县永宁 2650 米为最高,是我国目前水稻种植最高海拔;对考察地区籼粳稻的垂直分布、中间类型、陆稻(光壳稻)的分布规律以及稻种类型划分等问题,作了进一步的调查和研究。这次考察进一步论证了云南是世界水稻起源地之一,1981 年获农业部技术改进一等奖。[2]

1986 年,中国水稻研究所在前人研究的基础上对浙江水稻的地方品种、选育品种和适合浙江生产、科研需要的优良外引品种进行搜集、保存、整理,并多年进行多方面的研究,如农艺形态研究、浙江地方品种的分类、选育品种亲缘关系研究、国外引种研究、种子保存生理研究等等,历时八年,发现了一批优异种质和特异种质,并获得了 56 万份详细的植物学特征和生物学特性的研究资料。通过全面系统的整理分析,保存 2182 份种质,并参加全国统一编目,种子复份保存在国家种质库和中国水稻研究所种质库,为稻作生产和科研提供了活种质和翔实的科学依据。1983 年以来,提供利用的种质约 6 万份次,其中浙江约 1 万份次,主要用作育种亲本、生产上直接利用以及基础理论研究,推动了稻作生产和科研的发展。撰写的《浙江稻种资源图志》收录了 2182 份各类稻种资源、1224 幅活体彩图,是稻种资源利用和保存极为宝贵的永久性文献。1994 年获浙江省科技进步二等奖。[3]

模式栽培与吨粮工程

农作物模式栽培是国家“七五”期间重点科技推广项目之一;吨粮工程

---

〔1〕　陆兴华.杀虫基因导入稻种“克螟稻”在杭通过鉴定.华东新闻,1998-09-15(2).

〔2〕　云南省稻种资源考察,http://www.icscaas.com.cn/chengguo/chengguoku/066.htm.

〔3〕　浙江稻种资源研究及《浙江稻种资源图志》撰写,http://www.caas.net.cncaasachievement/AgriAchievementText.asp?id=651.

建设是模式栽培的发展和深化。两者都以实现粮地全年亩产吨粮为目标，是以水稻为主的粮食作物栽培技术发展到一定水平上的创新，即将现有技术加以综合利用，并进一步与环境建设相配套和协调。前者以推广综合配套技术为主，着眼于一季和全年高产；而后者则把高产综合配套的农艺措施与工程措施及基础设施建设结合起来，重在打基础、增后劲，发挥持久的增产效应。[1]

浙江省从 20 世纪 50 年代中期开始研究粮食作物多熟制高产栽培技术，在国内率先提出和推广了"四良"配套的技术体系，随后又研究和推广模式栽培，加上生产条件的改善，粮食生产稳步发展。1966 年亩产达到 437千克，是第一个超国家《农业发展纲要》规定的粮食指标的省；1972 年亩产达到 541 千克，是全国第一个粮食亩产超千斤的省；1978 年亩产超过 600千克；1982—1990 年连续九年亩产超过 700 千克，是全国粮食高产地区。[2] 1988 年，"浙江推广高产模式栽培百万亩粮田灾年夺丰收"获全国农牧渔业丰收奖一等奖。

浙江省农业厅和浙江农业大学在调查总结与多次试验研究的基础上，运用综合配套技术，在浙江省建立百万亩吨粮高产模式"片"。通过研究和实施，明确了不同地区亩产超吨的配套技术，在坚持提高复种指数，建设高产良田的基础上，实行技术"六改"，即改进品种搭配，改进育秧技术，改进施肥技术，改翻耕麦为免耕麦，改迟搁一次性重搁为早搁、轻搁、多次搁的搁田方式，改救灾为防灾避灾。该技术三年推广实施面积 2207 万亩，模栽"片"比非模栽田增产 8％～15％，增产粮食 77 万吨，增值 3.74 亿元，达到了 100万亩超吨粮田。该成果获 1992 年国家星火奖三等奖。[3]

浙江位于中、低纬度的沿海过渡地带，加之地形起伏较大，同时受西风带和东风带天气系统的双重影响，各种气象灾害频繁发生，是我国受台风、暴雨、干旱、寒潮等灾害影响最严重的地区之一。吨粮工程建设确保了灾害之年浙江省亦能获得粮食丰产。浙江省 1990 年亩产达到或超过吨粮的面积有 235.43 万亩，占开展吨粮工程建设面积的 54.1％。1990—1992 年累计增产粮食 336.1 万吨。

〔1〕 浙江省农业志编纂委员会.浙江省农业志(上).北京：中华书局,2004：658.

〔2〕 浙江省科学技术志编纂委员会.浙江省科学技术志.北京：中华书局,1996：316.

〔3〕 100 万亩吨粮田模式栽培的开发与研究,http://ncs. most. gov. cn/view_a. asp？Id＝33182.

二、大小麦育种技术

20 世纪 50 年代后,浙江省在大麦的品种资源整理、试种、杂家育种研究方面取得了明显成效。在小麦育种方面,以早熟、稳产、耐病、优质为目标,选育出一批适用于三熟耕作制的浙麦系列良种,并提出配套的栽培技术,为全省种植制度改革和粮食增产提供了良种、良法。[1]

1966 年,浙江省农科院利用轻工业部发酵工业科学研究所提供的日本大麦品种 10 多个,经观察鉴定从中选拨出"早熟 3 号",经区试,评定为大麦优良品种,并加速繁殖推广,在青海省以及浙江省绍兴县、宁波市建立良繁基地,提纯复壮。该品种属春性、成熟早、耐迟播,全生育期 165～180 天,比"矮白洋"早熟 5 天左右,适于水田三熟制种植;稳产、高产,一般亩产 200～250 千克;株型紧凑,耐湿性强,适应性强;每穗结实 20～24 粒,千粒重 36～40 克,籽粒粗蛋白含量 9.26％～10.5％,淀粉含量 63.9％,是较好的啤酒原料和饲料,有助于发展啤酒工业和畜牧业生产。1972—1983 年,全省累计种植 2685 万亩,累计增产籽粒 5.36 亿千克,计产值 1.22 亿元。同时因早稻早插夺高产,累计增产粮食 2.68 亿千克,计产值 0.63 亿元。该成果获国家科技进步三等奖。[2]

20 世纪 80 年代,浙江农业大学与金华市种子公司协作开展小麦育种研究,运用小麦品系"1910"与"浙麦 1 号"的 F4 代杂交种未成熟胚,进行离体培养,在愈伤组织阶段经 1 千伦琴钴 60 丙种射线照射处理,从中选育出体细胞无性系变异品系,定名为"核组 8 号"。该品系于 1988 年进入大田试验,并在金华市组织区域试验和生产试验,获得显著增产效果。在浙江省义乌、浦江、东阳、永康、武义、常山、诸暨、安吉等地以及江西、安徽等省示范推广种植,增产效果显著。该品种属半冬性早熟类型,生产适应性广,适宜水田及低丘地区种植。1992 年,省、市农作物品种审定机构成员以及中国科学院、中国农业科学院和省、市有关专家对金华市试种该品种的情况进行了实地考察,给予很高的评价。"核组 8 号"为世界上第一个通过体细胞无性变异技术育成的小麦新品种,该育种技术处于国际领先地位,在小麦育种技

〔1〕 浙江省农业科学院.浙江省农业科学院志.杭州:浙江科学技术出版社,2001:69.

〔2〕 大麦早熟 3 号引种鉴定试种推广,http://www. caas. net. cncaasachievement/Agri-AchievementText. asp? id＝1471.

术的创新发展和应用上具有重要影响。1993 年获浙江省科技进步一
等奖。[1]

1992 年,中国水稻研究所创建原子质体悬浮细胞培育技术体系,通过对
大麦悬浮细胞分离得到的原生质体,进行一系列培养,成功地获得一批再生
完整绿色植株,这在国内外属首次报道。大麦原生质体再生植株的成功,为
开展大麦原生质体无性系变异、理化诱变、体细胞杂交以及遗传转换的研究
奠定了良好的基础,也为进一步建立禾本科作物原生质体快速、高效成株技
术体系打下了基础。这是世界上继水稻、小麦、玉米等禾本作物获原生质体
绿色植株之后,在大麦上首次获得的成功,为大麦的遗传操作提供了手段。[2]

三、经济作物育种及栽培技术

浙江省棉花、麻类、油菜等经济作物的栽培历史悠久,20 世纪 60 年代
全省先后实现棉花由亚洲棉改为陆地棉,黄麻由圆果种改为长果种(后发展
为红麻),油菜由白菜型改为甘蓝型等的转变。1978 年后,经济作物研究向
纵深发展,育种工作以高产、优质、抗病为目标,育成了许多优良品种。棉花
高产、抗病低酚棉品种,红麻高产、抗病、皮骨兼用品种,油菜双低优质系列
品种的育成,标志着经济作物研究达到了新的水平。[3]

茶叶

浙江省是全国产茶的重点省份,也是茶叶科研、教育、文化的中心。在
杭州设有全国性茶叶科学研究机构——中国农业科学院茶叶研究所、商业
部杭州茶叶研究所和中国茶叶博物馆。

浙江省有适宜制作各种茶类的优良茶树品种,全省重点推广的有八个
优良茶树品种。其中,"龙井 43"是中国农业科学院茶叶研究所在 1960—
1978 年从龙井种群体中采用单株选择培育而成,为无性繁育品种,灌木型
中叶类、枝叶茂密,在 3 月中旬发芽采摘,育芽力特强,发芽整齐、密度大、茸
毛小,适宜制作龙井茶,一般亩产干茶 200~250 千克,种植适应性广,已在
浙江、安徽、江苏、山西、湖北等省推广,获 1978 年全国科学大会奖。"迎霜"
是 1956—1979 年杭州市茶叶科学研究所从"福鼎白毫"与"云南大叶种"的

〔1〕 世界上第一个体细胞无性系变异小麦品种,http://www.jhnews.com.cn/gb/content/
2006-02/15/content_574762.htm.

〔2〕 杭州档案,http://www.da.hz.gov.cn/pub/hzdajshsblxsdjt/t20041223_3611.htm.

〔3〕 浙江省农业科学院.浙江省农业科学院志.杭州:浙江科学技术出版社,2001:83.

自然杂交后代中采用单株选育而成的无性繁殖品种,春季发芽适宜制作名优绿茶,夏秋季适宜制作红茶,获 1979 年浙江省科技成果二等奖。"浙农12"是 1963—1980 年浙江农业大学茶叶系从"福鼎白毫"与"云南大叶种"的自然杂交后代中单株选育而成的无性繁殖系新品种,属红茶和绿茶兼用,也适合制作毛峰等名优茶。该成果获 1980 年浙江省科技成果二等奖。

棉花

浙江省的棉花育种工作,始于 20 世纪 50 年代初。浙江省农科所通过系统选育和杂交育种的办法,自 60 年代开始陆续选育出新品种,1960—1962 年用系统选育的方法,在"岱字棉 15"中选出"浙棉 1 号"和"浙棉 3号"。1966—1968 年浙江省农科院与萧山棉麻研究所协作,从"浙棉 1 号"中系统选育,育成"协作 2 号",该品种获 1978 年浙江省科学大会奖。

在棉花杂种优势利用和种间杂交方面,1963—1964 年,浙江农业大学通过海陆杂交种优势利用研究,选育出纤维优异、产量高的杂交种"保米"和"洞米"。1974—1979 年,用隐形突变体、无腺体 62-1 为"亲本"与"中棉 7号"杂交,子一代皮棉产量比生产品种增产 26.8%。利用 62-1 的无腺体性状作杂交制种的指示性状,属全国首创。

麻类

我国栽培的麻类作物主要有三种,即红黄麻、苎麻和大麻。其中,红黄麻的种植面积最大且产量最高。为了探讨红黄麻的高产规律,1977 年,中国农科院麻类研究所与浙江省农业厅协作,对红黄麻亩产超过 500 千克的高产规律进行研究,明确了黄麻亩产超 500 千克的群体结构和主攻方向,运用相应的肥水促控措施,达到壮苗早发、旺长期旺发、纤维积累期稳长、工艺成熟期黄丝亮壳的高产麻株长相指标。1981 年,该项高产栽培技术通过部级鉴定,1985 年获国家科技进步三等奖。

桑蚕

新中国成立后,大范围开展了桑树品种的调查研究和科研育种工作。浙江省农业科学院蚕桑研究所和中国农业科学院蚕业研究所,针对蚕业生产上需要高产、优质、抗逆的桑树良种和浙、苏等地桑树品种资源丰富的特点,从20 世纪 50 年代末开始,通过对农家品种资源的调查、搜集、整理、评比和鉴定,先后选出了适应浙、苏等长江中下游及黄河流域部分蚕区栽培应用的"湖桑"配套优良品种,并在 1975 年通过评议,它们是高产、优质、抗逆性强的晚熟品种"荷叶白"、"团头荷叶白",中熟品种"桐乡青",中晚熟品种"湖桑 197 号"。这些良种成为浙、苏两省的当家品种,同时先后推广到湘、鲁、皖、赣、陕、鄂、豫、川等省。1985年,浙江省农作物品种审定委员会认定了这四个品种。这些品种的推广,使浙、苏等省的良种普及率大大提高,截至1987年栽培面积为385.1万亩,占我国桑园总面积的50%左右,其中大部分省的良种化程度在58%～94%。这些品种与浙、苏等省原主栽的"红皮大种"、"白条桑"、"睦州青"、"嵊县青"等老品种相比,年亩桑产叶量可增加15.67%,叶质优可使产茧量提高10.69%,丝量增加15.11%左右,克蚁制种量提高29.73%,并对浙、苏两省流行的桑萎缩病和桑疫病也起到显著的控制作用。以浙江省为例,1975—1985年10年间亩桑产叶量提高418.5千克,每亩产茧量增加27.9千克,其中推广应用这四个桑树良种所增的产量分别为104.3千克和4.74千克,平均每亩净增值33.20～76.84元。该成果获国家科技进步二等奖。[1]

浙江是全国蚕桑重点产区,蚕种需求量大,新中国成立初期,蚕种生产能力不足,要从云南草坝调入,而云南蚕种在浙江往往孵化不齐,蚕农不愿购买,严重影响了浙江的蚕业生产。浙江农业大学蚕桑系陆星垣经反复研究,终于找到了孵化不齐的原因,是当时交通不便,云南到浙江,必须经香港—上海,再转运到杭州,运输路程长,接触高温时间过久,蚕种解除滞育慢所致。他抓住了问题的本质,及时向生产部门提出了延长蚕种冷藏日期的建议,保证了蚕种的正常孵化,提高了孵化率,解决了当时生产上的难题。为了从根本上解决缺种问题,1950年他提出利用农村的桑园和养蚕设备办原蚕饲育区来生产蚕种的设想,选定德清县新市区的水北乡作为原蚕饲育区试点,并建立了我国第一个由蚕农饲育原蚕、国家收购种茧繁育蚕种的原蚕饲育区。浙江夏秋期桑叶生长旺盛,但在20世纪70年代早期,因为没有一个理想的抗高温多湿的夏秋蚕品种,桑叶的生长旺势未能充分利用。陆星垣经过三年11代的精心选育,终于育成了强壮好养、高产优质的夏秋蚕新品种"浙农1号",再经比较试验,获得与"苏12"配对的最佳组合。育成"浙农1号×苏12"新一代杂产品种。该杂交品种具有孵化齐、眠起齐、上蔟齐、好养、高产、优质等特点,很快成为浙江省20世纪70年代后半期和80年代夏秋蚕期的当家品种。每年发种量达100多万盒,占全省夏秋蚕期总发种量的90%以上。推广"浙农1号×苏12"后,在同等饲养条件下,每盒蚕种约可增收20元,100多万盒蚕种可增收2000余万元。推广以来,累

---

〔1〕 我国主栽桑树配套系列品种荷叶白、团头荷叶白、桐乡青和湖桑197号的选育与推广. http://www.caas.net.cncaasachievement/AgriAchievementText.asp? id=1655.

计为国家创收两亿多元。[1]

四、园艺作物育种及栽培技术

(一)蔬菜新品种

为解决淡季蔬菜供应短缺的问题,20世纪60年代开始,浙江省农业科学院等单位陆续引进耐热、抗寒的高产良种,如70年代引进莴笋,80年代引进生菜、西芹等。浙江省农科院还对中介茭进行高产栽培研究,使之成为浙江省双季茭白中分布面积最大的品种。[2]

1981年,浙江省农科院育成番茄新品种"浙红20号",属中熟偏晚、鲜食与加工兼用品种,具有长势旺、抗病较强、果实大而圆整、果肉红度好等优点,亩产可达5000~7000千克,比"扬州红"、"浙红一号"增产10%,且加工性良好,果实加工合格率与一级果率分别为90.3%与82.1%。

豇豆为8—9月夏秋淡季的主要蔬菜之一,长期以来,因品种退化变劣,病害严重,致使产量及品质下降,被认为是低产作物,个别地区甚至无法种植。1980年以来,浙江省农科院园艺所用红嘴燕和杭州青皮豇豆杂交选育成"之豇28-2"新品种,具有早熟、高产、品质佳,高抗蚜虫、花叶病毒病,适应性广等特点;并依品种特性研究提出配套的栽培技术,经全国26个省(自治区、直辖市)推广,平均亩产1969.5千克,增产33.6%,经济效益和社会效益显著。仅用三四年时间就在全国范围内形成了一次品种更新,取代原优良品种红嘴燕,成为主栽品种,1984年通过全国农作物品种审定委员会认定,1987年荣获国家发明二等奖,使我国豇豆栽培进入了一个新的阶段。

1988年,浙江省农科院首次采用生态习性差异较大、地理远缘的南方早熟春大豆"德清黑豆"与黄淮夏大豆"兖黄1号",在人工调控花期的情况下杂交,经长期多代稳定、多次筛选育成春大豆新品种"浙春2号"。该品种成功地将耐瘠耐酸、抗旱优质、高产抗病、适应性广等诸多性状结合于一体,迅速在南方红黄壤区推广,从1988—1997年累计推广种植面积达1610.8万亩,成为浙江、江西、福建、四川等省春大豆的主栽品种,是目前南方红黄壤区春大豆推广面积最大的品种,获国家科技进步二等奖。[3]

---

〔1〕　陆星垣——为我国蚕丝事业的发展作出重要贡献,http://www.cansang.com/Get/news03/155146601_4.htm.

〔2〕　浙江省科学技术志编纂委员会.浙江省科学技术志.北京:中华书局,1996:355.

〔3〕　耐瘠耐酸、高产优质春大豆新品种浙春2号的选育与应用,http://www.caas.net.cncaasSciManagement/list_kycg.asp? id＝2019.

1995年,浙江省农科院研制出极早熟杂交一代大白菜"早熟5号",生长期50～55天,亩产3000～4000千克,耐热、耐湿,特抗炭疽病,适于高温、多雨时期作小白菜栽培,也可早秋作结球白菜栽培,秋冬季节上市,叶无毛,净菜率高,风味佳,深受消费者欢迎。

(二)食用菌

猴头菇

猴头,学名猴头菌,又名刺猬菌、猴头菇,是一种珍贵的食用菌,素有"山珍猴头,海味燕窝"之说。明、清时被列为贡品,专供皇族、达官、贵人享用。著名翻译家曹靖华曾赠鲁迅野猴头四枚,鲁迅复信道:"猴头闻所未闻,诚为珍品,拟俟有客时食之。但我想,经植物学家及农学家研究,也许有法培养。"1979年,常山县微生物厂从上海市食用菌研究所引进野生驯化而成的猴头菌种,通过紫外线诱变出99号菌株,培养出具备规模生产价值的高产猴头,定名"常山猴头"。1984年10月,在北京人民大会堂举行的猴头品尝会上,全国人大常委会副委员长严济慈赞扬说:"常山猴头,又为浙江添一宝。"

双孢蘑菇

双孢蘑菇营养丰富、味道鲜美、色泽白嫩,被誉为"健康食品"而风靡世界,消费量逐年递增。尽管我国早在1925年前后就从国外引进菌种进行栽培,但是由于缺乏双孢蘑菇种质资源以及栽培技术落后等因素导致菌种杂乱,蘑菇单产较低。1978—1983年,浙江农业大学和福建省轻工业研究所等单位共同承担国家蘑菇科技攻关项目"蘑菇罐藏优良菌株选育和提高单产研究",对引进的各类蘑菇菌株进行多点比较筛选,对二次发酵技术因地制宜进行示范推广,极大地促进了全国蘑菇栽培的发展,项目获国家科技进步三等奖。福建、浙江、广东、江苏、上海等省市成为蘑菇主产区。[1]

五、水果栽培技术

柑橘栽培

种植柑橘要有适宜的土壤。为贯彻"种果不与粮棉争地"的方针,20世纪50年代初黄岩柑橘场开展山地栽培柑橘试验,60年代中期浙江省农科

---

[1] 王泽生.中国双孢蘑菇栽培与品种改良,http://www.zhln.com/callinginfo/news_info.asp? n_id=39.

院园艺所利用低丘红壤种橘试验均获成功。经多年探索,针对荒山、低丘红壤瘦、酸、旱、冻和保水力差的主要问题,提出以山地修筑梯田、改土为中心的治山、治水、治园相结合的配套措施进行改造。70 年代以来,浙江省农业厅等单位共同攻关,逐步解决适用砧木和品种、矫治海涂地橘树黄化以及深沟高畦脱盐排碱和设立防护林、防止东南沿海台风危害等配套措施。全省东南沿海利用围垦的海涂地,相继建立大片柑橘商品生产基地。"海涂种植柑橘"获 1982 年国家农牧渔业部科技成果一等奖。

黄桃栽培

1974 年浙江省成立罐桃品种选育协作组,开展品种选育,推广优良品种,先后从国内外引入黄桃品种 80 余个,经 10 多年来适应性比较及加工试验、栽培技术研究,选定"来黄"、"连黄"、"罐 5"为本省制罐黄桃主栽品种,并引入新品种进行杂交,初选出加工单系,使浙江省罐桃品种从原兼用白桃转向专用加工黄桃,填补了省内加工黄桃品种和生产的空白。至 1980 年,全省罐桃面积已达 1.8 万余亩,比协作组成立前增长 20 余倍,1975—1980年制作罐头达 2700 余吨,比 1973 年增长 40 倍,总产值 619 万余元,纯收入137 万余元。"黄桃品种的引入推广及其经济效益"获 1982 年国家农牧渔业部科技成果一等奖。

六、林业发展

浙江省在林木良种选育与繁殖、竹林丰产培育及综合开发利用、森林病虫害防治、活性炭制造技术等领域的研究,居全国领先水平。[1]

安吉竹种园

安吉竹种园筹建于 1974 年。当时中国林业科学院前来检查指导竹子生产,看到安吉县丰富的竹林资源后,提议为了保护繁殖竹种资源,在安吉建造一座全国一流的竹种园。这一建议马上得到了亚热带林业研究所、灵峰寺林场和安吉县林业局的响应,当年就在百泳溪河畔开发筹建竹种园。第一年,经过建园人员的辛勤努力,引种了全县 40 多个乡土竹种。第二年引种工作逐渐从省内转向江苏、安徽、福建、江西等周边省份。在建园初期的 10 年中,共引种竹种 150 多种,基本形成了一座以散生竹种为主的竹类植物园。1996 年以后,通过多次组织外出引种和筹建面积 950 平方米的大型温室,引种了部分丛生型的热带竹种,使竹种园的引种数量增加到 300 余

---

〔1〕　浙江省林业志编纂委员会.浙江省林业志.北京:中华书局,2001:1023.

种,保存率也大为提高。国际林业科学组织联盟主席里斯教授来安吉竹种园考察时如此感慨:"我到过 81 个产竹国,还没有看到过有这么多稀有的竹子集中在一块土地上,到安吉竹种园参观谁都不会感到失望。"

中国竹子主要害虫研究

中国林业科学院亚热带林业研究所自 20 世纪 60 年代开始对竹子的主要害虫进行系统研究,编写成《中国竹子害虫修订目录》,收集了隶属 75 科 363 属的 683 种害虫,并对浙江省竹林危害较大的 28 种害虫进行了生物学及防治技术研究。

周天相和"无性系"研究

浙江省开化县林场高级工程师周天相,1987 年主持的"杉木无性系育种和良种繁殖技术"获浙江省科技进步一等奖。1989 年,"杉木三优及矮秆采穗圃"获国家发明三等奖,这项成果使一株杉木优株经三年繁殖 1 万株、四年繁殖 20 万株,开辟了杉木良种化新途径。截至 1993 年,全国已推广优良家系无性苗(含部分无性系)造林 60 万亩以上,增产林木蓄积量 180 万立方米,价值人民币 3.6 亿元。继杉木后,周天相又攻克了湿地松、火炬松、马尾松扦插繁殖配套技术中松树砍后不萌芽、扦插难生根两大技术难关,通过营建矮秆密植型采穗圃,使 1 株两年生的采穗母株在根际萌发穗条 36 条,每公顷产穗条 430 万条,采萌芽条经催根处理后扦插,成活率达 90% 以上,一年生苗高 23 厘米,即可出圃造林。周天相通过杂交育种,选出的无性系,不仅生长快,而且抗虫性强,在虫害严重的山地造林,使主梢被杉梢小卷叶蛾危害率比对照降低 60 个百分点。国际无性系林业发起人之一、新西兰林木育种专家托尼博士实地考察后评价说,周天相的杉木无性系选育是世界级的,是最好的无性系项目之一。[1]

第二节　动物育种、养殖

浙江省河网密布,湖泊众多,海岸线长而曲折,岛屿和港湾多,海域丰富,是一个农林牧渔综合发展的农区,在水产养殖等方面处于国内领先水平。特别是实施"一优两高"农业以来,畜牧业畜禽出栏数全面增加,肉类产品结构趋向优化。

---

〔1〕 一生只为"无性系"的周天相,http://www.zjly.gov.cn/magazine/details.jsp? id=3147.

一、水产品育种及养殖技术的发展

对虾养殖

中国对虾原为黄海、渤海区的特产。浙江省海洋水产研究所从 1970 年开始南移试养，1972 年获得成功。在此基础上，又进行了室内和自然海区亲虾越冬试验，全人工培育虾苗，次年，培育出首批虾苗。完成了"养殖—越冬—育苗—养殖"全过程，为发展浙江省对虾养殖业奠定了基础。1979 年进行中试研究。1980 年单位水体出苗量超过每立方米 1 万尾中试指标。1983 年育苗 2.2 亿尾，最高单位水体出苗量提高到每立方米 20.29 万尾，每尾越冬亲虾能育仔虾 2 万尾左右，平均育苗成本 17.92 元/万尾。在研究过程中，亲虾室内越冬和多次产卵发现及以豆浆为育苗代用活饵料的试验等，取得重大进展。

1980 年，国家水产局下达 8012 号"对虾工厂化育苗技术的研究"任务，浙江省海洋水产研究所作为承担单位之一，与其他科研单位协作攻关，成功地突破了对虾育苗技术中几项关键措施，达到了对虾工厂化育苗成批量生产苗种的目的，每立方水体出苗量平均高达 3.78 万尾，推广应用的生产效果良好。为指导育苗生产，推广研究成果，承担单位编写了《对虾工厂化育苗操作规程》，以办训练班、现场指导等方式，传授给育苗生产单位，全国对虾人工育苗数量迅速增加。1979 年仅为 3800 万尾，1981 年增至 15 亿尾。此后出苗量逐年提高，1980—1983 年育对虾苗 80 亿尾，生产对虾约 2 万吨，产值高达 1.5 亿元，出口可换得外汇 4200 万美元，经济效益显著。[1]

海洋牧场是针对选定的开发海域和经济生物，以丰富资源为目的，采用渔场环境工程手段，资源生物生产控制手段及有关生产保障技术而建立起来的水产资源生物生产管理综合技术体系。20 世纪后期，鉴于某些海洋渔业资源的过度开发，不断有人提出要把传统的、以采捕天然资源为特征的采捕型渔业改变为以人工增殖资源为特征的增殖型渔业，海洋牧场即是为实现这一设想而开发的新技术。1982 年，象山港进行中国对虾放流增殖试验，探究了放流环境与移植虾群间的可容性与适应性。对底质、水文条件、理化因子、生物环境等增殖生态学基础调查结果表明，象山港适合中国对虾移植放流。经过试放流和 10 年的生产性放流，对以低值贝类为主的期间带

---

〔1〕 对虾工厂化全人工育苗技术，http://www.caas.net.cncaasachievement/AgriAchievementText.asp? id＝1434.

生物资源量影响不大,并发现了放流对虾自然繁殖的卵子和幼虾,在放流调查海区有明显的两个体长组存在,证实了移植放流的中国对虾能在浙江近海自然繁殖,并已形成一定规模的自然群体。象山港 1983—1990 年共放流虾苗 10 亿尾,回捕率为 6%～9%。[1]

海水河蟹人工繁殖技术

河蟹是我国产量最大的淡水蟹类,为风味独特、营养丰富的水产珍品之一。它的资源蕴藏量大,既可天然捕苗,又可人工育苗;既可大水面增殖,又可开展各种形式的养殖。随着社会的进步和"菜篮子"工程的需要,其生产意义和经济效益得到充分肯定。河蟹增殖始于 20 世纪 60 年代后期,当时依赖于天然蟹苗,对湖泊、外荡等大水面进行人工放流。到 80 年代中期,尤其在发展"一优两高"农业、调整农业产业结构中,从大水面的增殖,进一步发展为小水面的各种形式的精养,并收到较好的社会效益和经济效益。浙江上虞市沥海地区,连片的万亩以上海涂鱼塘,采用鱼、蟹混养或专养的方式,每年放养一定数量的蟹苗或幼蟹之后,均获得蟹、鱼双丰收,成为河蟹养殖成功的典型。

河蟹人工育苗始于 20 世纪 70 年代初期,1971 年,浙江省淡水水产研究所在浙江奉化市海带育苗厂,首次育出大眼幼体蟹苗,取得河蟹人工繁殖的成功,揭开了河蟹人工育苗的序幕。那时局限于海水土池育苗和人工配制半咸水育苗,技术在摸索中前进,从小试的成功,扩大到中试,然后在生产中推广应用。80 年代育苗技术又上一个台阶,从土池育苗发展到工厂化育苗等多种形式,单产也逐年提高。90 年代转入大规模生产,群众性的人工育苗及养殖如雨后春笋般普遍开展,育苗单产提高很快。河蟹人工育苗及养殖的成功,无疑是水产史上的一大发明。[2]

家鱼养殖

青鱼、草鱼、鲢鱼、鳙鱼肉嫩味美,营养丰富,一向受到人们的欢迎,但在养殖方面却不同于鲫鱼、鲤鱼、鳊鱼等淡水鱼,长期来很难在池塘里自行产卵繁殖。为了饲养这四种鱼,每年四五月间,渔民往往赶到它们的天然产卵场地长江、珠江等处,去捕捞鱼苗,然后运送到各地。由于大江里鱼苗繁殖受到自然条件的限制,而捕捞起来又较困难,加之长途运输,鱼苗死亡率相当高,即使用飞机运苗,也无法避免这种损失。因此,采用人工方法繁殖家

〔1〕 曾一本.我国对虾移植、增殖放流技术研究进展.中国水产科学,1998(3):74.

〔2〕 中华绒螯蟹的人工繁殖研究,http://www.caas.net.cncaasachievement/AgriAchievementText.asp? id=1154.

鱼,以达到增加鱼产的目的,历来是我国淡水养殖事业中的一个重大课题。1958年秋和1959年春,中国科学院上海实验生物研究所、杭州大学生物系、浙江省淡水水产研究所、杭州市第一渔业社等单位,在杭州贴沙河旁利用绒毛膜促性腺激素(HCG)注射鲢鳙亲鱼和流水刺激的方法,获得人工繁殖鲢鳙鱼苗成功。以后数年,在室内繁殖鲂鱼、草鱼、青鱼等人工鱼苗也相继获得突破。1966年,淳安县新安江经济开发建设公司采用孵化缸组合体的大型鱼苗孵化、运输两用船,鱼苗孵化率达60%~80%。1973年,杭州市水产试验场试用尼龙袋充氧密封运输苗种,较过去使用竹篓油布袋装运节省劳力75%以上,节约运输费用60%。1986年,余杭县塘栖联合水产养殖场引进建造双滤面环道孵化池,鱼苗平均孵化率达90%以上。1990年年底,杭州市确定富阳县、建德市鱼种场、余杭县塘栖联合水产养殖场、萧山市湘湖渔场等一批水产良种场点,其中富阳县鱼种场定为杭州市特级良种场点。[1]

二、畜类养殖技术

养猪技术

金华猪是我国地方良种猪,以其优质产品——金华火腿而著称中外。据1978年统计,母猪饲养量约5万头,平均每窝产仔12~13头,肥猪6月龄头重60千克以上,产区年产火腿17.75万只。为保存和利用浙江省地方优良猪种资源,使地方猪更好地为畜牧业现代化服务,1979—1985年,浙江农业大学和浙江省农科院选择金华猪为对象,开展金华猪种质性状的基础研究。金华猪种质研究明确了金华猪作为地方猪的主要特性是繁殖力高、肉脂品质好、抗逆性强,初步探明了中国猪种的生长发育、生理生化和遗传规律,填补了国内畜禽种质特性研究的空白,处于国内领先地位。该成果是品种资源调查工作的延伸,为建立我国基因库,开展生物工程研究提供了重要资料。

浙江中白猪是由浙江省农科院畜牧所利用金华猪、中经克夏猪、长白猪杂交合成培育的瘦肉型猪,主要分布在浙江的湖州、杭州、宁波以及湖南、广东等地。该猪种体质健壮,被毛全白,头颈较短,耳中等大小、前倾,背腰较长,腿臀丰满,繁殖力强。公猪2月龄、6月龄和8月龄分别为26.68千克、

〔1〕 杭州市志,http://www.hangzhou.gov.cnmainzjhzhzszcitymark/402/T83210.shtml?catalogid=5427.

77.1千克和104.5千克,育肥期日增重513～545克,胴体瘦肉率达到58%,肉质优良,色香味和口感优于国外的猪种。浙江中白猪是瘦肉型母本品种,在商品瘦肉猪生产中多作杂交母本使用,用杜洛克公猪与它进行二元杂交,繁殖的后代平均165天体重可达90千克,胴体瘦肉率可达63%。

温岭高峰牛

温岭高峰牛是全国十大地方良种黄牛之一,是我国长江以南唯一的黄牛(肉役兼用型)品种。主要产于温岭的城南、太平、温西、大溪、松门等区。早在1955年,温岭市就制订了温岭高峰牛的选育方案,开始进行品种选育工作,1987年又建立了生产、科研和教学三结合的育种委员会,以加强育种、养殖的科研工作。通过30多年的选育,黄牛优良品种具有体形较大、役力较强、遗传性稳定、适应性强等特性,1981年获浙江省人民政府科技成果一等奖。2000年,被农业部列入国家重点保护的78个地方畜禽品种之一。

三、意蜂的育种及养殖

由浙江农业大学等单位协作选育的"浙农大1号"意蜂,是世界上第一个王浆、蜂蜜双高产的意蜂新品种,也是我国第一个人工培育的蜜蜂新品种。该蜂种的培育主要是根据蜜蜂单倍体卵和纯合的双倍体卵发育成雄蜂,而雄蜂在蜂群中又不参与采蜜、泌浆等活动的特点。研究发现,防止近亲繁殖是提高蜂群生活力和生产力、减少雄蜂发生的关键,在这基础上提出了蜜蜂集团闭锁繁殖育种新理论。该蜂种与本地意蜂相比,在初生体重等七项外部形态指标上有显著差异。分泌王浆的咽下腺小囊数量,比本地意蜂高出14.73%。咽下腺细胞超微结构、染色体组型、染色体克带等均有显著差异。此外,还具有繁殖速度快、采集能力强、性情温驯、抗病力强等优点。更重要的是,该品种具有王浆、蜂蜜、花粉高产的优异性能。王浆产量比美国意蜂高31.9%,比澳大利亚意蜂F1代高42.5%,比中国普通本地意蜂高146.8%,最高产量达7.7千克/群/年,王浆质量优良,10-HDA的平均含量达2.27%;蜂蜜产量比美国意蜂高43.5%,是目前世界上最理想的王浆、蜂蜜双高产和王浆质量优良的意蜂品种。该蜂种已先后推广到我国29个省区市,并多次出口西欧和东南亚,经济效益和社会效益十分明显。该成果获1994年浙江省及农业部科技进步一等奖,1995年国家发明二等奖,第二届中国农业博览会金奖。

四、饲料的研发与产业化

针对限制我国饲料工业和养殖业可持续发展的蛋白饲料原料短缺、饲料转化效率低、畜禽肉质普遍下降等一系列重大难题，浙江农业大学等单位历时 13 年，从研究国产高效添加剂着手，进行了畜禽全价饲料的研制，在降低生产成本的同时，实现了养分的高效转化。这项研究突破了"菜籽饼脱毒饲用"的传统思路，通过在动物体内解毒的方法，消除菜籽饼中主要毒害物质对畜禽的不良影响，大幅度提高菜籽饼的饲用价值，攻克了菜籽不能大量直接用作畜禽蛋白质饲料的国际性难题。并针对我国畜禽品种、饲养管理特点，采用了经济的养分平衡配方，研制了促进消化和养分转化从而提高饲料利用效率的复合型添加剂，使饲料转化效率达到或接近国际先进水平，开创了通过饲料和饲料添加剂显著提高畜禽肉质的新途径，2000 年获国家科技进步二等奖。为使科研成果尽快转化为生产力，该项目采用成熟一个、立即推广一个的措施，以大型饲料生产企业为示范，建立了浙农饲料科研生产联合体，覆盖了浙江、江苏、河南、广东、云南、宁夏、西藏、海南等 24 个省、自治区、直辖市和香港地区。10 多年来，共生产销售浙农系列全价饲料 500 多万吨，实现产值 85 亿元，税利 11.4 亿元，经济效益和社会效益十分显著。

浙江省农业科学院徐子伟等针对畜禽牧业发展的两大限制因子——蛋白质资源严重缺乏和大量的动物屠宰加工下脚料既造成环境污染又浪费宝贵的蛋白质资源，经过五年的研究，创新性地建立了系统开发非常规动物蛋白饲料资源的优化工艺，在国内首次提出"非常规动物蛋白饲料开发工艺＋促消化调控＋促平衡调节＋促长促沉积调控"的开发利用优化总模式。1995—1997 年开发蛋白饲料 4.48 万吨，创产值 2 亿多元。1996 年，该成果获浙江省科技进步一等奖。

第三节 病虫害防治和农药技术

浙江省在稻瘟病等病虫害研究方面成绩斐然，并把计算机技术与农业病虫害防治相结合，变治病为防病，减少用药和环境污染。在农药技术方面，确定了全国农药安全使用标准，积极开发高效、低毒、低残留农药，对维护生态环境作出了积极贡献。

一、农业病虫害防治

稻瘟病生理小种及抗稻瘟病抗原筛选

稻瘟病的发生发展主要受品种抗性、肥水管理和气候因素等方面的影响。不同类型的水稻抗病性不同,一般籼稻比粳稻、糯稻抗病强。选用抗病良种是防治稻瘟病的一项经济有效的措施。浙江省农业科学院受农业部的委托,负责全国稻瘟病菌生理小种联合试验工作,1976—1977 年应用于我国 21 个省区市的 476 个稻瘟病的菌株,对由我国南北稻区征集的 212 个水稻品种进行了大量的接种筛选测定工作,从中初选出 7 个鉴别品种。1978 年再将这 7 个初选鉴别品种分发至全国 12 个省区市有关协作单位,计用 1263 个菌株作了验证测定。1979 年又应用这套品种鉴定了来自我国主要稻瘟病病区的 721 个菌株。通过上述鉴别品种的筛选、验证测定和小种鉴定等一系列试验,并经全国稻瘟病菌生理小种协作组讨论通过,最后正式确定"特特勃"、"珍龙 13"、"四丰 43"、"东北 363"、"关东 S1"、"合江 18"、"丽江新团"、"黑谷"等水稻品种作为我国稻瘟病菌生理小种的鉴别品种。此项成果,填补了我国稻瘟病生理小种研究上的空白,并在国内推广实施。[1]

水稻三化螟预测预报与防治

三化螟是鳞翅目螟蛾科害虫,俗称钻心虫,是水稻重大害虫之一。第三代成虫于 8 月下旬至 9 月上旬大量孵化,易导致水稻白穗。20 世纪 70 年代以来,我国南方稻区三化螟回升,严重威胁水稻生产。1987—1994 年,浙江省农作物病虫测报站、浙江农业大学等单位对水稻三化螟预测预报与防治对策进行研究,深入研究了三化螟种群存活动态、为害动态、卵块密度与为害损失、单个卵块为害团的损失、水稻为害的补偿能力等,国内外首次制定并颁布了省级标准——《水稻三化螟防治标准》,测定了三化螟集团空间分布,在国内首次建立序列抽样模型和抽样表,组建了包括数据库管理、逐步回归预测、种群动态模拟及作图的计算机系统,国内外首次制定省标和国标《水稻三化螟测报调查规范》,筛选出杀虫双颗粒剂、杀虫丹、Bt 乳剂和 Bt 悬乳剂等一批对口高效、安全经济的化学和生物农药,解决了我国粮、桑混栽区螟害治理与安全养蚕的一大难点。同时提出"兼治一代压基数,汲治二

---

〔1〕 我国稻瘟病生理小种及抗稻瘟病抗原筛选,http://www.caas.net.cncaasachievement/ AgriAchievementText.asp? id=1480.

代拆桥梁，挑泊三代保丰收"的科学治螟策略，为防治取得了主动权。该成果自 1989 年起在浙江省大面积应用于生产，已扩大到南方稻区九个省，累计推广面积 1.7 亿亩。根据四川省农业科学院农业经济评价方法计算，挽回稻谷损失 8.62 亿千克，节约农药 1.26 万吨，增收节支总额 11.11 亿元。由于决策正确、用药科学，养蚕安全性明显增加，稻谷残毒下降，天敌数量上升，取得显著的经济、生态和社会效益。[1]

稻飞虱鸣声信息行为及其机制

稻飞虱是危害水稻颈基部和穗部的一种水稻虫害。水稻受害初期茎秆上呈现棕褐色斑点，当危害严重时，稻基部呈黑褐色，渐渐全株萎蔫。在水稻孕穗期造成水稻不出穗，水稻抽穗后受害，从而造成千粒重减轻，瘪谷率增加，严重减产，是我国水稻的主要害虫。中国水稻研究所与中国船舶工业总公司第 715 研究所合作，以褐飞虱、白背飞虱、灰飞虱为对象，研究由固体介质（稻株）传递的、人耳听不见的微弱的鸣声（振动）信号及其行为机理。通过研究，发现了稻飞虱摩擦发声器，建立了以摩擦发声器为中心的卷积同态系统模型；发现和描述了稻飞虱具有特殊力学结构的自触觉觉毛，初步明确稻飞虱声信号接收器官和其作用机理；建立昆虫固定信号监听、记录、重放等的技术和仪器，发现稻飞虱求偶鸣声具有联络、识别与刺激同种异体性兴奋功能；确定了不同稻飞虱鸣声信号具有不同特征参数，为它们种与种以下分类单元的鉴别提供了科学依据；研制出求偶鸣声电子模拟系统，为害虫测报提供物质基础。此项研究的广度和深度达到国际先进水平，1993 年获农业部科技进步一等奖，1995 年获国家自然科学四等奖。[2]

稻水象甲发生规律和防治技术研究

稻水象甲是我国重点治理的水稻检疫性害虫。浙江农业大学程家安等从解决生产实际问题入手，就稻水象甲的分布范围、扩散迁飞、监测处理、生物学物性、种群动态、夏季滞育、空间分布、为害损失、防治技术和扑灭试点等 10 个方面内容进行协作研究。在查清稻水象甲种群发生规律的基础上，首次探明了双季稻区稻水象甲种群的时间、空间和数量动态规律，明确了两代区稻水象甲成虫迁飞行为和扩散途径，提出了适应于双季稻区、与其他水稻害虫防治相协调的总体防治策略和实施方法，扑灭试点取得成功。这项

〔1〕　水稻三化螟预测预报与防治对策研究，http://www.caas.net.cncaasachievement/Agri-AchievementText.asp? id=1929.

〔2〕　稻飞虱鸣声信息行为及其机制，http://www.nsfc.gov.cnhtmljw4/401/12/12-3.html.

研究填补了双季稻区稻水象甲发生规律研究的空白,对广大南方稻区及国际上同类地区均有指导意义。1997 年获浙江省科技进步一等奖。

大麦黄花叶病研究

大麦黄花叶病由土壤中禾谷多黏菌传播,是冬大麦上一种防治难度较大的土传病毒病,在中国、日本、韩国和西北欧造成严重的危害。一般病害减产 30%~60%,严重的可致绝收,因此被人们称为"大麦最可怕的敌人"。国内外研究表明杀菌剂和轮作无防病作用,生产上唯一可用的方法是使用抗病品种。

浙江省农业科学院陈剑平一直从事植物病毒和病毒病防治研究,1989年,年仅 27 岁的陈剑平赴英国洛桑试验站进行为期一年的进修。进修期间,他向导师提出要做真菌介体内病毒定位的研究,希望能找到植物病毒粒子。当时,寻找真菌传播植物病毒的直接证据是一个困扰国际植物病毒领域 30 年的难题,陈剑平初生牛犊不怕虎,敢闯禁区,通过大量科学实验和上万个禾谷多黏菌超薄切片电子显微镜观察,终于在菌体内观察到病毒粒子,从而揭示了真菌介体与病毒的内在关系,发现菌体内病毒增殖,修正了以往多黏菌仅传毒而不增毒的学说,解决了国际上 30 多年悬而未决的学术难题。这项重大突破为真菌传播病毒的机理和病害发生规律研究,以及建立病害防治技术提供了科学依据,受到美国、英国、加拿大等八个国家 12 位权威专家和国内植病界的一致公认,被誉为是真菌传播植物病毒发现史上的一个里程碑,在基础理论和生产应用上具有广泛而深刻的影响。大麦黄花叶病研究在我国首次发现了大麦和性花叶病毒的存在,明确了大麦黄花叶病以大麦黄花叶病毒为主,局部地区是两种病毒复合侵染大麦所致;首次鉴定了大麦黄花叶病毒六个株系,测定大麦黄花叶病毒基因组序列 29 条;首次从国外引进的品种中筛选出五个对我国、日本和欧洲大麦黄花叶病毒和大麦和性花叶病毒株系均表现为免疫的大麦新抗原,并以这些广谱新抗原为亲本,培育出一个、筛选出两个能在生产上直接利用的优质、高产、抗病大麦品种,三个品种累计推广面积 669.2 万亩,创造社会效益 2 亿多元,有效地控制了大麦黄花叶病在我国的蔓延和危害。该项成果是当时世界上完成的有关大麦黄花叶病基础和应用研究最深入的一个例子,极大地丰富了真菌传植物病毒学的内容,对真菌传植物病毒的研究和实践产生重大的影响,处于同类研究国际领先水平。[1]

---

〔1〕 李幼飞.陈剑平:科技人生从"I"到"T".宁波经促会会刊,2006(1).

计算机进行稻瘟病、赤霉病预测预报研究

20 世纪 80 年代,浙江省农业科学院植物保护研究所、浙江省计算技术研究所等单位把计算机技术应用于水稻稻瘟病和麦类赤霉病的防治工作。稻瘟病又称稻热病,是水稻种植过程中危害最重的病害之一。稻瘟病防治是在系统分析和整理历年资料的基础上,经反复筛选和组合,从 14 个参数、近 2000 个因子中选出 20 多个具有较好预测能力的预报主要因子,对这些因子用 BCY 算法语言在 TQ-16 型机及微机上进行运算,组建预报方程,通过实践检验比较,认为稻瘟病预报以逐步回归分析为佳,它能可靠地在较大范围内进行长(45 天)、中(15 天)期预测。在建立数学模型时,由于采用了多种复合因子,对提高预报模型的准确率和稳定性起了重要的作用。赤霉病防治是通过大量的历史数据和实测数据,利用 TQ-16 型机和微机,筛选重要因子,导出了长期预算式,并在杭州、余杭和嘉兴进行反复试验验证。1983—1985 年间,经病圃、示范田和大田三者的调查结果,预报准确率为:大麦长期 66%～75%,中期 83%～85%;小麦长期 75%～78.4%,中期 83%～87%。预报值与实际值基本相符。经浙江省主要产区 11 个县(市) 440 万亩水稻和 180 万亩大、小麦连续三年预报验证,准确率长期预报为 70%,中期预报达 80%。应用该法预测预报可减少用药和环境污染,节省工本,对保持生态平衡起到了良好作用。[1]

淡水养殖鱼类嗜水气单胞菌败血症病原

淡水养殖鱼类嗜水气单胞菌败血症是一种暴发性鱼病,1989 年以来在我国主要淡水鱼产区大面积流行。浙江省淡水水产研究所等单位通过其病原、致病机理、免疫预防和诊断技术等的系统深入研究,首次发现了引起我国养殖鱼类嗜水气单胞菌败血症的两个主要血清型,为鱼类嗜水气单胞菌的疫苗研制、诊断技术、流行规律等提供了理论依据,"嗜水气单胞菌败血症灭活疫苗"免疫期一年以上,1993—1995 年在浙江、江苏等地的 3 万余亩面积的试验表明,平均成活率达 80% 以上,获国家一类新兽药证书。该水产病害防治技术及疫苗的推广应用,挽回经济损失 4000 余万元,取得了显著的经济、社会和环境效益。[2]

---

〔1〕 应用电子计算机进行水稻稻瘟病、麦类赤霉病预测预报研究,http://www. caas. net. cncaasachievement/AgriAchievementText. asp? id=1573.

〔2〕 淡水养殖鱼类嗜水气单胞菌败血症病原、发病机制的研究,http://www. caas. net. cncaasachievement/AgriAchievementText. asp? id=2012.

二、农药技术和作物生长调节剂

(一)陈子元和核农学研究

陈子元(1924—),浙江鄞县人,核农学家,1991年当选为中国科学院院士。陈子元1944年毕业于上海大夏大学化学系,先后在大厦大学、华东师范大学任教,1953年全国高校院系调整,陈子元调入浙江农学院任副教授兼化学教研室主任。1960年起任农业物理系副主任,1978年晋升教授。1979—1989年间任浙江农业大学副校长、校长。

陈子元自1958年起长期从事核农学的教学和科学研究工作,是我国核农学开拓者之一。20世纪50年代中期,陈子元受命组建全国高等农业院校第一所放射性同位素实验室,通过两三年的努力获得了一些研究成果,但是这些成果在农业生产上的实用意义不大。对此,陈子元作出了"走出实验室,到生产实践中去找课题"的重要决定,与同事们一起通过大量的调查研究,了解到我国农业生产中广泛使用化学农药后,虽然减轻了病虫害造成的损失,对农业的增产起到一定的作用,但是大量使用农药导致残留农药对农作物及其产品的污染,直接影响人畜的安全。要解决这个问题,首先必须搞清农药在作物体及其周围环境中动态的数量和质量变化,这样才能制定出合理使用农药的标准和有效方法。陈子元和同事们采用下乡调查与参阅查找国内外资料相结合的方式,克服种种困难开展工作,积极开拓核技术农业应用的研究领域。通过应用同位素示踪技术对各类常用农药在农作物,如水稻、棉花、桑、茶、中药材等上的吸附、残留、转移、消失和分解等的规律进行了系统的研究。经过无数次试验,从而明确了农作物农药残留量的大小与施药的数量、次数、时期、方式等有关。他先后利用碳-14、磷-32、硫-35和砷-76等放射性元素,研制了15种包括有机磷、有机氮、有机氨、有机砷的标记农药。这不仅为安全使用农药,开展农药残留及环境保护研究提供了必要的技术手段和物质条件,而且在我国开辟了应用同位素示踪技术研究农药以及其他农用化学物质对环境污染及其防治研究的新领域,受到国家的重视和农民的欢迎。该研究获得1978年全国科学大会优秀科技成果奖。

1974年起,浙江农业大学承担了农业部下达的"农药安全使用标准"研究任务,由陈子元主持国内43个单位200多名科技人员共同参加这一协作项目。经过六年的不懈努力,编制出29种农药在19种农作物上的69项农药安全使用标准,为国家制定和颁布的"GB428584"《农药安全使用标准》提供了科学依据,为安全合理使用农药,促进农业生产和国际贸易,减少环境污染作出了贡献。[1] 该项研究获国家科技进步三等奖。陈子元所著《核技术及其在农业科学中的应用》一书,被认为是目前该领域中唯一的内容最为丰富的专著。

20世纪80年代,陈子元致力于农业生态环境保护研究,承担了农业部"农药对农业生态环境影响的研究"重点项目,摸清了几种取代"六六六"的新农药在农业生态环境系统中的运动变化规律,为开发高效低毒、低残留的新农药、新剂型和保护农业生态环境安全性评价提供了科学依据和有效措施。陈子元在国内首先采用示踪动力学数学模型研究农用化学物质在生态环境中的去向规律,更加完善地为农药生产与安全使用提供理论依据。

(二)杀螨杀虫剂研制

杀螨脒残留研究

1987—1988年,浙江省农业科学院参加省科委攻关项目"杀螨脒研制和应用研究"之子项"杀螨脒在柑橘上残留研究"。试验证明在橘果中不存在残留量问题,为建厂和推广使用提供了依据。1988—1990年,化工部下达"七五"攻关课题"杀螨脒毒性和残留研究",省农业科学院参加杀螨脒在茶叶和土壤中残留分析方法和残留量研究。经过三年研究,首先确定用衍生法和气相色谱法测定杀螨脒在茶叶和土壤中残留量分析法,提出最高使用限量、最多使用次数及安全间隔,并提出在柑橘和茶叶上最高残留限量和半衰期。

新杀螨杀虫剂

浙江工学院徐振元等长期从事专门农药科研,20世纪80年代起从事杀螨杀虫剂研究。单甲脒水剂是一种高效低毒的杀螨杀虫剂,主要用于防治柑橘、茶叶、苹果、棉花、食用菌、中草药等多种害螨,也能防治棉蚜、棉铃虫和介壳虫等。它对人畜、鸟类、蜜蜂、家蚕和害螨天敌较安全,是综合防治的较理想药剂。徐振元等经过四年研究,发明了复合稳定剂,进而突破了合成、分析和调配等技术关键,创制了单甲脒水剂。由国家和省级有关研究所等六个单位进行了系统的药效和毒性试验,又经过六年应用技术研究,成果处于国际领先地位,并在国内外首先投入工业化生产和商品化。该成果1989年获国家发明三等奖。

双甲脒和杀螨脒能有效地防治柑橘、茶叶、苹果、棉花等多种害螨和

〔1〕 陈子元院士的创业足迹,http://www.zdxb.zju.edu.cn/article/show_article_one.php?article_id=4202.

家畜体外寄生虫及蜂螨等,对螨的各个虫期和抗性螨均有较好的防治效果,也能防治 $1\sim2$ 龄的红蜡蚧和矢尖蚧,兼治棉蚜和棉铃虫等。其中间体 N-甲基甲酰胺和 N,N-二甲基甲酰胺除用于农药生产外,也是医药的中间体,可应用于电解、化纤纺丝和人造革生产。徐振元等经过 15 年研制,解决了合成工艺、"三废"治理、分析方法、加工剂型等技术,进行了系统的药效、毒性和残留试验研究,制定企标、部标和国标,投入到工业化生产中,实现了商品化。25% 杀螨脒水剂及杀螨脒的复配制剂属国内外首创,技术处于国际先进水平。双甲脒、N-甲基甲酰胺填补了国内空白,技术上比国外有创新。这些农药在 10 个省区市大面积推广使用,经济效益、社会效益均相当显著,并为国家节省大量外汇,1991 年获国家科技进步二等奖。

熏蒸剂硫酰氟

硫酰氟具有杀虫谱广、渗透力强、用药量少、毒性较低、解吸很快、不燃不爆、不破坏臭氧层、对熏蒸物安全、尤其适合低温使用等特点,是溴甲烷的首选替代品。1977 年,我国组织植物检疫所、中国医学科学院、浙江省化工研究院等单位进行联合攻关,1982 年在临海市利民化工厂模拟生产,1983 年试产成功。1987 年获国家科技进步三等奖。

(三)作物生长调节剂

棉花调节啶

调节啶是棉花生长调节剂,有效成分是 1,1-二甲基哌啶翁氯化物,它使棉花节间紧凑,叶片变小,防止徒长,塑造合理株型和群体结构,改善棉铃生育条件,成铃数增加,铃重增加,产量提高。20 世纪 80 年代,浙江省农业科学院参与完成了调节啶的研制及其在棉花上的应用项目,在国内外首次阐明了棉花应用调节啶的技术原理,并结合我国棉花生长特点制定了调节啶的适用条件,以及与各类棉田,包括一季春棉、育苗移栽棉、地膜棉、夏播棉配套应用的技术要点。1983 年,调节啶正式投产,为我国增添了一个比较理想、安全的植物生长调节剂品种,在 15 个省、市棉区示范面积达 300 万亩。正确使用可使内围的早铃比例增加 15% 左右,单铃重增加 $0.2\sim0.9$ 克,霜前优质棉比重提高 10%~20%,平均增收皮棉 12.5%,显著提高了棉花种植的经济效益。[1]

---

〔1〕 新型植物生长调节剂"调节啶"的研制及其在棉花上的应用,http://www.caas.net.cncaasachievement/AgriAchievementText.asp? id=1493.

蘑菇健壮剂

蘑菇健壮剂是浙江农业大学园艺系在 1977 年配制成功的一种化学药剂。主要成分是植物生长调节剂、维生素、微量元素和速效磷钾。1 号健壮剂能促进菌丝生长旺盛,色泽洁白,增强抗寒和耐热能力,并有复壮菌丝的作用;2 号健壮剂有促进子实体形成和加速蘑菇粗壮肥大、出菇多的效果。使用健壮剂可以使蘑菇平均增产 10％～20％,最大增产可达 36％。

第四节　农业机械化技术和农业现代化技术

在农业科技领域,浙江省素有多学科协作、发挥学科综合优势的传统。在农业机械化发展、农田水利建设等方面取得了突出成就,为农业现代化提供了基本保障。在农业资源环境建设方面也取得了重大进展,水、土、肥条件进一步改善,拓宽了农业发展的空间,为实现农业可持续发展奠定了基础。

一、农业机械化技术

新中国成立后尤其是改革开放以来,党和政府投入大量人力、物力和财力,制定一系列扶持政策措施发展农业机械化,浙江的农业机械化事业从无到有、由小到大,经历了起伏发展,成就令人瞩目。拖拉机、联合收割机、植保机械、水泵、茶叶加工机械和农机配件等六大优势产品领域引领全国同行业发展。

(一)双轮双铧犁

双轮双铧犁是 20 世纪 50 年代传入我国的一种新型农具,这种犁有两个犁铧、两个轮子,其特点是犁耕过后,可以犁出互相平行的两条、比一般犁深得多的沟垄,且质量好,犁得深,犁得平,能逐年深耕。对比原来使用的单铧犁、木犁和七寸步犁来说,双轮双铧犁可以大大提高耕地效率。缺点是比较笨重,一部双轮双铧犁重达 90 千克,是普通木犁的六倍,体积庞大,犁地时需要六头牛才能拖动,行走使用不方便。因此,双轮双铧犁适用于地块平整、土壤层比较深、作物集中统一的大平原地区,而不适用于山区或者丘陵地带。

浙江省农业科学研究所着手研究改进双轮双铧犁,把犁铧和犁壁相应割小,把后犁柱移到左梁内侧,地轮轴略有缩短,将铁轮改成了木轮,把轮子的宽度增加 10 多厘米,还改用两头牛拉犁,改进后的犁获得了良好试验效果。1957 年 12 月 17 日,周恩来总理到浙江省农业科学研究所视察时,曾对此作了详细了解和考察。1958 年 1 月 5 日,毛泽东主席来到浙江省农业科学研究所,参观了改进后的双轮双铧犁,并提出到试验场看看犁地的情况。到了田里,主席问一个叫张有根的工人:"这犁怎么个耕法啊?"张有根一边回答,一边演示给主席看。这时候主席就一直紧跟在犁的后面,仔细地看犁过的土。之后他又问:"用双轮双铧犁比用旧式木犁省力吧?"张有根笑着说:"省力,两个轮子自己会走的。"在得到肯定的答复之后,主席决定亲自试试,他扶着犁的把手,张有根在前面牵牛,主席在后面操控,动作非常从容。双轮双铧犁的改进是浙江省在农机具改造方面一次有影响的尝试。

(二)手扶拖拉机

1965 年,永康拖拉机厂设计试制出 8.82 千瓦的工农-12 型手扶拖拉机,1968 年投入生产。1966 年,杭州新丰农业机械厂与南京农业机械化研究所等单位合作,设计试制出东风-12 型手扶拖拉机,1969 年投入生产。从此,全省大量使用这两种机型的手扶拖拉机。手扶拖拉机配备的作业机具有双铧犁和旋耕机,旋耕机能一次完成耕耙作业。

20 世纪 80 年代,永康拖拉机厂生产的工农-3 型手扶拖拉机以及浦江县生产的浦江-3 型手扶拖拉机相继问世。这类小型拖拉机具有轻巧灵活、经济实用等优点,更适合小块梯田使用,因此,在山区、半山区得到广泛推广。截至 2001 年底,全省有农用小型拖拉机 24.10 万台。[1]

(三)联合收割机

1977 年,由浙江省机械科学研究所等单位研制的湖州 100-2 型联合收割机在省内率先正式投产,继而由省农业机械研究所等单位研制成功的浙江 120-12 型稻麦两用联合收割机,可靠性系数达 90%,各项性能指标均优于同类机型。

浙江省自 1994 年开始至 1999 年,每年都下拨一笔农机专项补助资金,

---

〔1〕 郑文钟,应霞芳,何勇.浙江省农业机械化发展的系统分析.浙江大学学报(农业与生命科学版),2003(2):147—151.

大部分用于补助联合收割机。至 2000 年年底,全省联合收割机保有量 14303 台,其中半喂入式 793 台(绝大多数是进口产品)。[1]

(四)喷雾器(机)

20 世纪 60 年代,金华农业机械厂生产出"金蜂"背负式人力喷雾器,喷洒农药平均每人每小时 2 亩。1972 年,中国自行设计、生产的工农-36 型等 2.21 千瓦的担架式喷雾器开始在浙江推广,担架式喷雾器喷洒农药平均每人每小时 3.6 亩,1979 年全省拥有 3 万台。

从 1979 年起,全省逐步推广国产的、功率为 1.18 千瓦的东方红-18 型背负式喷雾机。1984 年,全省动力植保机械拥有量为每万亩 14.4 台,居国内较高水平。农村实行家庭联产承包责任制后,半机械化喷雾器适合农户自购自用,发展较快。[2]

(五)水泵

浙江省在 20 世纪 50 年代使用的水泵大都是仿制美国和苏联的产品,存在配套动力偏大、效率低等问题。

60 年代初,浙江省机械工业厅设计研究院、浙江大学和浙江水泵厂等联合设计了浙农系列水泵共九个型号,1963 年鉴定投产,获国家科委、计委、经委颁发的新产品二等奖。[3] 这些新产品适用于平原、丘陵、山区,水泵的效率普遍超过 70%,最高超过 80%。

1975 年,省农业机械研究所等单位研制成功自吸式离心泵和喷灌机,通过离心泵吸水增压,经管道至喷灌机喷洒降水,喷头能自动旋转,喷洒面呈圆形或扇形,射程 15～20 米,用于蔬菜地、果园和茶园。[4]

1980 年后生产的 180～750 瓦的电泵系列,可方便移动灌溉,还能用于生活提水,受到农民欢迎。

(六)珠茶成形炒干机

珠茶成形炒干机是浙江农业大学茶学系在 20 世纪 80 年代设计制造的一种珠茶加工机械。其工作原理是利用安装在曲轴上的弧形炒板在球形炒

〔1〕 何国勇,金定.浙江省联合收割机发展中存在的问题和对策,农机化研究,2002(8):11—12.

〔2〕 浙江省农业志编撰委员会.浙江省农业志(下).北京:中华书局,2004:1239.

〔3〕 浙江省科学技术志编纂委员会.浙江省科学技术志.北京:中华书局,1996:390.

〔4〕 浙江省科学技术志编纂委员会.浙江省科学技术志.北京:中华书局,1996:390.

茶锅中做来回摆动,使初步成形的茶条在炒板的来回摆动中形成纺锤形螺旋轨迹的抛炒运动,受锅面曲压力作用,在抛炒中,逐步制成颗粒珠状的珠茶。珠茶成形炒干机的发明是茶叶机械史上的一次重大突破,结束了千百年来手工制珠茶的历史,实现了珠茶初制加工的全程机械化,提高了炒制工效 10 倍以上,提高茶叶品质两个等级以上,大大降低了劳动强度,为茶区农民直接增加了经济收入。[1]

(七)其他农业机械化技术发展

新型蜂王浆高产全塑台基条

台基由工蜂分泌蜂蜡筑造而成,工蜂会迫使蜂王向王台内产卵,之后便向王台里面吐以充足的蜂王浆供幼虫食用。但这样出现的台基数量极少,因此,想要大量生产蜂王浆,就要模拟仿造台基,导入幼虫卵,诱导工蜂向假王台分泌蜂王浆。为了提高生产力,浙江农业大学于 1982 年开始对台基的台形、大小、排列、色泽和接受率、产浆量关系进行全面研究。在基本摸清规律的基础上,1985 年研究成功新型高产全塑台基条。这种台基条的台形和台基盖属国内外首创,具有接受率高、产量高、使用方便、省工省时、安全耐用,符合食品卫生材料要求,便于机械化生产等特点。该台基条全长 42.3 厘米,上面均匀分布着 25 个直筒形台基,一次性解决了制台、粘台等烦琐工序,是蜂王浆生产工艺上的一项重大改进。1986 年进行测试结果表明,新型台基条的蜂王浆产量比对照组平均提高 32.4%,1987 年中国农业科学院养蜂研究所进行了重复测试,蜂王浆产量提高 33.16%,差异均极显著。1988 年新型高产全塑台基条通过全国鉴定,并获得国家专利。截至 1989年,向全国 28 个省(自治区、直辖市)的 716 个县(市)推广了 130 多万条,增产蜂王浆约 183 吨,增加养蜂产值 5000 多万元,经济效益和社会效益十分显著。[2]

茶皂素石蜡乳化剂和 TO-891 制茶专用油脂

茶皂素是由茶树种子中提炼出来的一种糖甙式化合物,其基本结构是配基和糖体两部分,具有乳化、分散、湿润等方面的效果,是一种性能良好的天然表面活性剂。茶皂素自 1931 年由日本东京大学首次从茶籽中分离出来以后,由于没有找到合适的利用途径,以及缺乏对茶皂素性质方

---

〔1〕 珠茶成形炒干机,http://sbb.zju.edu.cn/notice/article.asp? unid=96.

〔2〕 新型蜂王浆高产全塑台基条的研制,http://www.caas.net.cncaasachievement/Agri-AchievementText.asp? id=1717.

面的研究，一直没有投入工业生产。中国农业科学院茶叶研究所首次以工业方法成功地从脱脂茶脂饼粕中提取了茶皂素，并于 1980 年研制成茶皂素石蜡乳化剂——TS-80 乳化剂。它是根据茶皂素具有表面活性的原理，以茶皂素为主体研制而成的一种水包油型乳化剂。用于纤维板工业生产中乳化石蜡，制造隔水剂，能使纤维板吸水率降低到 20% 以下，防水性强，提高了纤维板质量。它的突出优点是：对石蜡的乳化力强，分散性好，乳液稳定，破乳快，适应性广，使用过程中无腐蚀、无异味，制胶工艺简单，改善了劳动条件。根据 60 余家纤维板厂使用该乳化剂的情况来看，经济效益显著。

茶叶制造过程中的杀青和炒干工序必须加入油脂，使炒茶锅面或机械受热面保持光滑，有利于做青和成形。尤其是在龙井茶、旗枪茶、大方茶、珠茶以及高档名茶和炒青绿茶加工中，它是一种必不可少的生产资料。中国农业科学院茶叶研究所于 1989 年研制成功的 TO-891 制茶专用油脂，是一种新型的、适合制茶工艺要求的专用油脂，它的问世解决了制茶工业用油问题，为制茶用油科学化和标准化创造了条件。在茶叶制造过程中，该油脂能防止茶叶或茶汁粘锅导致色泽变深及产生烟焦味，并可降低碎茶率。TO-891 制茶专用油脂无杂质，无异味，清洁卫生，用量省，耐贮藏，使用方便，明显优于传统制茶用油脂。

二、农业现代化技术

（一）土壤和肥料学研究

土壤学家朱祖祥

朱祖祥（1916—1996），浙江宁波人。土壤学家、农业教育家。1980 年当选为中国科学院院士。

朱祖祥 1934 年以第一名的成绩考入浙江大学农学院。1944 年冬，经浙江大学农学院推荐，参加了中华农学会的选拔和教育部组织的考试，并以优异成绩被选送至美国密执安州立大学研究生院攻读博士学位。朱祖祥发现在密执安沿湖区桃树生长的优劣同土壤中交换性钾的含量水平之间有比较复杂的关系。后来，他以此为主题潜心探索土壤吸附性离子与土壤养分有效度的关系及其影响因素，系统地证实了土壤胶体上的离子饱和度，以及胶体上与植物营养离子共存的其他吸附离子的状况同土壤养分有效度密切相关。这就是土壤中离子"饱和度效应"和"陪补离子效应"。这个概念为美国的土壤学教科书和专业期刊的论文所引用。后来，朱祖祥和他的学生们又进一步研究了土壤酸度混合指示剂,其配方在我国土壤学界很快得到广泛应用。美国农业部将这种指示剂的配方列入美国《土壤调查手册》中。

20世纪60年代以来,朱祖祥指导他的研究生从事土壤磷化学、土壤有效养分及土壤水分能量概念的研究,都取得了新成果。朱祖祥关于土壤磷的吸持、解吸、固定的化学过程和物理化学过程的论述,关于养分位的表述,关于绿肥耕埋后激起土壤微生物强烈活动而耗失土壤有机质的"起爆效应"的论点以及绿肥肥效机制的探讨等,对研究农田土壤肥力的动态监测,对研制测定养分有效度的方法等具有指导意义,在我国土壤学的研究中占有重要地位。

朱祖祥对于土壤化学速测方法一直具有强烈的兴趣,认为土壤化学的快速测定无论是在指导农业生产,还是在土壤学研究上都有实际的意义。20世纪70年代中期,他主持"全国土壤普查·土壤诊断研究协作组"的工作,在湖南长沙与全国10多所高等农业院校及科研机构的土壤工作者一起,对土壤和作物营养诊断的化学速测,如氮、磷、钾速测方法及土壤有机质速测法等,进行了系统的、大量的试验,对所使用的每种方法进行反复讨论,选出最佳方案。在此基础上,他领衔编写了《土壤和植物营养诊断速测方法》一书,行销全国,推动了全国各省土壤诊断、作物施肥研究的蓬勃发展。这个时期,浙江农业大学土壤教研组在朱祖祥的建议和具体指导下,对浙江省土壤和植物营养障碍化学诊断技术做了10项改进,获得浙江省科技成果二等奖。所研制的"土壤、作物营养速测诊断箱"在全省农村推广应用;他所研制的土壤营养诊断比色卡,被20多个省区市大量采用。

朱祖祥重视《土壤学》教材的编写工作,他撰写了新中国成立以来第一部《土壤学》新教材,于1956年由高等教育出版社出版发行,很快被全国农林院校采纳为普通土壤学教科书或主要参考书。同时,以他为主翻译的贝尔著的《土壤化学》和《土壤农业化学研究法》相继出版,提高了当时参考教材的质量。1965年由他编写的《土壤学基本原理》一书(即《土壤学Ⅰ》)成稿,因"文革"未能及时出版,"文革"后重新修改定稿并在全国发行。该书于1983年再次修改后由北京农业出版社分上、下两册出版,1988年获全国优秀教材奖。

朱祖祥在创建和发展中国水稻研究所方面也有杰出贡献。为组织、协调和发展我国的稻作科学研究,借鉴国际水稻研究所等研究机构的成功经验,农业部决定建立中国水稻研究所。朱祖祥以他在国内外学术界的威望和关系,在争取新所选址浙江杭州,争取世界银行专项长期无息巨额贷款,以及率团访问国际水稻研究所,签订与该所的长期科技合作协议等方面,都发挥了关键性的信息联系与传递、参与谈判和决策协调等作用。他还担任了中国水稻研究所的第一任所长。[1]

土壤肥料学家程学达

程学达(1913—1987),安徽怀宁人。浙江省土壤肥料研究所的创建人之一,是两次全国土壤普查工作中浙江省土壤普查的技术负责人。1958—1960年的第一次全国土壤普查中,他组织编写和出版了《浙江土壤志》。他还担任《浙江省简明农业区划》编写小组副组长和"浙江省海岸带和海涂资源调查"领导小组成员。这两项工作分别获得国家农业区划委员会颁发的二等奖和浙江省科技进步一等奖。

程学达非常重视科学研究和农业生产的结合。浙江省地处中亚热带季风气候区,红黄壤是浙江的主要土壤类型和土壤资源,其中以位于浙江中西部的金衢盆地分布最为集中且典型。由于长期滥垦滥伐,森林植被被破坏殆尽,水土冲刷严重,红色土层裸露,被称为"红色荒漠",农作物产量极低,人民生活困苦。他多次带领科技人员深入粮食低产地区,开展低产田改良研究工作,并把改良低产田的经验归纳为"水利先行,肥料紧跟,相应改制,良种良法"的16字方针。这一红壤改良和利用经验在金华地区全面推广后,粮食产量迅速提高,使金华地区成为浙江省第二个商品粮基地。此后,程学达又和几位农学家到绍兴东湖农场蹲点,总结他们的高产经验,并在全省农业技术会议上提出"良田、良制、良种、良法"的"四良"高产配套技术,对浙江全省粮食亩产超千斤起了很大的推动作用。

程学达积极创导"以磷增氮"和"南萍北移",在开发紫云英和绿萍等生物有机肥源,以及发展化肥生产等方面,取得重要研究成果,为促进浙江省农业生产作出了积极贡献。他对浙江省农业种植制度的改进也做了大量工作,参与了耕作制度的调查和规划,对确立一年三熟和两年五熟种植制、冬季绿肥在种植制中的地位和意义起了建设性的作用。[2]

细绿萍

细绿萍又名细满江红,原产美国,1977年中国科学院植物所从德国引进,同年11月浙江省温州地区农科所向中科院引进1.2克,经过温室精心

---

[1] http://www.zjjs.org/show.php? ShowId=13086.

[2] 詹长庚.浙江省土壤肥料研究所的创建人——程学达,http://www.zju.edu.cnzdzxwjd/read.php? recid=17120.

培养和移到水湖繁殖,1978 年 4 月获得 3500 千克萍种,分散在温州、乐清的 60 个公社试养,综合各单位的经验,细绿萍与当地萍比较,起繁点低、抗寒力强、春繁速度快、倒萍容易、适应性广,可做高产饲料作物。对克服浙江省大面积发展稻田养萍中存在的春繁田面积大、放萍劳力紧、倒萍困难等三个障碍,减轻全年养萍、一季利用的烦琐劳动,改变几年来稻田养萍发展速度缓慢的局面,具有重要意义。细绿萍的引种成功,标志着浙江省稻田养萍工作上的一项重大突破。

(二)耕作学研究

沈学年(1906—2002),浙江余姚人,著名农学家,农业教育家,中国耕作学创始人之一。新中国成立后,沈学年一直从事稻田耕作制度的研究。他在学习苏联经验的基础上,继承和发扬我国历代劳动人民和农学家创造积累的有关耕作制度方面的宝贵遗产,在自己的教学和科学实践中逐步形成具有中国特色的耕作学课程。

1956 年,沈学年已年过半百,依然兴致勃勃地奔赴新疆参加由苏联专家果列洛夫主讲的耕作学讲习班。学习期间,他组织大家提供各地的耕作栽培情况,编写了适合我国国情的《耕作学》教材。这部教材初步整理了我国历代有关农作的经验,总结了国内不同地区耕作制度的特点,具有很高的实用性,为我国耕作学科的建立奠定了基础。他主持的“麦—稻—稻三熟制双千斤试验”,为我国耕作制度的改良和浙江省粮食生产的发展作出了较大贡献。他主持的“浙江省耕作制度改革调查研究”获 1979 年浙江省科学大会科技成果一等奖。[1]

1982 年,沈学年在浙江农业大学主持召开了第二次耕作学研讨会,确定了《耕作学》教材的体系大纲。在会上明确提出耕作学的性质、任务、研究对象,以及与其他学科的关系,为 20 世纪 80 年代耕作学的编写奠定了坚实的基础。这次会议后,沈学年接受委托再次主编《耕作学》(南方本)。这部教材从“用地养地相结合”的原则出发,以作物种植制度、地力养护制度和各地区耕作制度区划与特点为基本内容加以阐述,并注意体现我国南方多熟种植的特点。沈学年在早先“四良”研究的基础上,又增加了“良物”,即物质投入,成为“五良”配套的理论。他强调,建立科学的耕作制度要充分发挥天、地、人、物的作用,做到天尽其时,地尽其利,人尽其才,物尽其用。

1983 年,农业出版社出版了沈学年与刘巽浩合写的《多熟种植》一书。

---

〔1〕 邹先定.浙江大学农业与生物技术学院院史.杭州:浙江大学出版社,2007:55.

这部专著全面总结了我国的多熟种植经验,对国内外学者研究我国耕作栽培制度具有重要的学术价值。该书在北京国际图书博览会上被评为优秀图书。沈学年说:"精耕细作与多熟种植是具有中国特色的耕作制度的两项基本技术措施。我国人口多,耕地少,自然条件多样,无论过去、现在和将来,都要牢牢地掌握这两项基本技术措施。"[1]

(三)种质资源库建设

国家农作物种质资源数据库系统

1992 年,由中国农业科学院作物品种资源研究所、浙江大学计算机系人工智能研究所、中国农业科学院果树研究所、中国水稻研究所等单位共同合作,完成了国家农作物种质资源数据库系统项目,成功地建立了我国最大的综合性农作物种质资源数据库,数据量在世界上仅次于美国。系统设计严格,采用了软件工程的原理和方法,通过设置高层控制软件层,建成通用、多功能、中英文两用的数据库系统,在国内首次用统一软件管理种作物信息。该系统功能齐全,包括 87 个功能模块、307 个子功能模块,用 DBASE和 C 语言联合编程,除具有数据生成、维护、查询、报表、打印、分类等统计和数据连接变换等功能外,在微机上首次实现了大样本农业数理统计分析、作物系谱追踪和分析、图形分析等功能。作为建立农作物数据库和系统设计的基础,编写出版了我国第一部中英文对照的《农业数据库系统程序设计》和《BASIC 语言农业数据统计计算程序》,受到用户的欢迎和赞誉。该系统存有 141 种作物、27 万份种质,1259 万个数据项,590 兆字节,是国内最大的综合性农作物种质信息系统。可为作物育种、生物技术和遗传工程提供所需的种质信息,为农业生产、科学研究、国家种质库管理和国内外种质交换服务。在建库过程中,研究制定了我国第一部《农作物品种资源信息处理规范》,为制定国家种质资源信息处理标准化奠定了基础。该系统的推广使用,为全国农业生产和农业科研提供了 1000 多万个数据项目的种质信息。[2]

药用植物种质资源库

浙江地处东海之滨,气候宜人,山川俊秀,物产丰饶,其中药用资源十分

〔1〕 王兆骞,朱洪柱. 中国耕作学的创始人之一——沈学年,http://www.gmw.cn/content/2005-10/28/content_315096.htm.

〔2〕 国家农作物种质资源数据库系统,http://www.icscaas.com.cn/chengguo/chengguoku/026.htm.

丰富。我国最早的药学专著《神农本草经》就记载了浙江所产的附子、乌头、芍药、牡丹皮、黄连、升麻等八种毛茛科药用植物。浙江毛茛科药用植物约占全国的 1/4，总种数的 1/4；再如忍冬属药用植物，全世界约有 200 种，我国约 100 种，浙江就有 14 种、1 个亚种、4 个变种；浙江前胡资源总蕴藏量约占全国资源总蕴藏量的 65%。据浙江省中药研究所调查，浙江舟山群岛、天目山等地都是天然的药用植物资源的宝库，其中生长着不少珍稀、濒危药用植物如银杏、三尖杉等。据 1986 年全省中药资源普查的统计，浙江省中药资源品种为 2385 种，资源蕴藏量在 10 亿千克以上，在当时仅次于四川省，居全国第二位。后来重庆从四川省划出，单独设立了直辖市，浙江的中药资源就成为全国之冠。药用植物资源是我国中医药文化宝库的重要组成部分，虽然我国在最近 20 年间已建立起以贮藏和开发利用农林植物资源为重点的种质资源库，但种质资源库的贮存对象不包括药用植物种质。为了充分保护我国的药用植物种质资源，加大中药种质资源的合理开发利用力度，"七五"期间，国家在浙江建造了我国第一座药用植物种质库，以此为依托，浙江省在药用植物种质资源的收集、研究和保存等方面做了大量工作，使得保护和合理开发利用药用植物种质资源工作迈出了重要的一步。[1]药用植物种质资源库已存储了 200 种、50000 份重点药材及珍稀、濒危品种种质资源，分长期、中期、短期三个库体，分别存储种子 30 年、15 年、3～5年，并全部由电脑监控，为浙江中药材的种植提供了重要的保证。[2]

（四）不同类型区域县级农村能源综合建设试点研究

浙江大学能源系参与不同类型区域县级农村能源综合建设试点研究，从国情出发，应用大系统的观点，采用系统工程的方法，制订农村能源综合规划，进行合理的项目选择以及先进实用配套技术的研究、试验、示范和推广，并以不同技术综合优化组合成一批适用于当地的配套技术，形成多能互补体系和各具特色的县级农村能源综合建设模式，初步构建了农村能源的管理、产业和服务体系。五年累计新增能源开发量 55.96 万吨标煤，节能量为 238.27 万吨标煤，形成的年节约能量为 65.17 万吨标煤。人均生活有效能获得量提高 25.7%，生产用能万元产值能耗下降了 25%。直接经济效益2.84 亿元，生态效益显著。该项研究从理论上、方法上、技术上都为我国解

---

〔1〕 王志安. 药用植物种质资源的保护和利用，http://www.tcm-resources.org.cn/Articles.aspx？code=0401020602.

〔2〕 浙江中药资源冠全国，http://www.zjtcm.gov.cn/zyywhysys01.aspx.

决农村能源问题提供了有效、实用的经验，"八五"期间在全国 141 个县推广。联合国粮农组织和世界银行指出："它为发展中国家解决农村能源问题指明了方向和提供了借鉴，经专家鉴定认为该研究成果居国际领先水平。"1994 年获国家科技进步二等奖。[1]

---

[1]　不同类型区域县级农村能源综合建设试点研究，http://www.caas.net.cncaasachievement/AgriAchievementText.asp? id＝1802.

第五章
医药卫生科技的发展

在我国医药卫生科技发展史上,浙江扮演着重要的角色。国内最早的公立医院——安乐坊、世界上最早的官定药局方——《和剂局方》等均出现在浙江。新中国成立后,浙江在全国率先成立了省级医药卫生科研机构——浙江卫生实验院,涌现出一批杰出的科技工作者,其中有中国工程院院士郑树森、李兰娟、桑国卫等。同时,在科技人员的努力下,取得了一批在全国有影响的研究成果。

第一节 基础医学

在 1949 年之前,现在的浙医一院[1]、浙医二院[2]、杭州第一人民医院的前身均已成立,这为浙江医学的发展奠定了一定的基础。20 世纪 50 年代,浙江医学院[3]、温州医学院、浙江中医学院也相继建立。此后,各个综合性医院纷纷设立专业研究机构,研究装备不断改善,研究人员不断增加、层次不断提升,从而推动了浙江省基础医学的发展,取得了多项国家级成果奖以及一大批浙江省科技进步奖项。

---

　　〔1〕 浙医一院创建于 1947 年 11 月 1 日,1952 年更名为浙江医学院附属第一医院,1960 年更名为浙江医科大学附属第一医院,1999 年 9 月改称为浙江大学医学院附属第一医院,又名浙江省第一医院,统一简称浙医一院。

　　〔2〕 浙医二院最早可追溯到 1869 年杭州横大方伯设立的"戒烟所",1952 年更名为浙江医学院附属第二医院,1960 年改称浙江医科大学附属第二医院,1999 年改名为浙江大学医学院附属第二医院,统一简称浙医二院。

　　〔3〕 1960 年更名为浙江医科大学,1998 年并入浙江大学后成为浙江大学医学院、药学院。

一、解剖学与组织胚胎学

解剖学

狭义的解剖学即大体解剖学,介于巨视与微体之间,其中借助放大镜(5倍左右)进行研究的称为巨视—微视解剖学,是显微外科的解剖学基础。从1956年起,浙江医学院采用巨视—微视方法,研究气管、支气管的动脉来源、分布与吻合,充实并完善了肺内两套血管的形态学资料。[1]

电子显微镜的问世,使得观察超微结构成为可能,从而解剖学的研究范围逐渐扩大和加深,远超出肉眼观察所得知识的范围,进入分子生物学水平。

1984年,浙江医科大学采用体视学方法,研究提出镉可引起小鼠睾丸、附睾定性定量组织学的改变,并认为这种病变可用锌来预防。同年,韩永坚用连续半薄切片与半薄切片再包埋的透射电镜检查方法,研究大鼠甲状腺淋巴管。1986年,浙江医科大学"人胎腹膜孔超微结构的研究"(Acta Anatomica 1990)为国内外首次报道。20世纪90年代,浙江医科大学关于"人体腹膜淋巴孔"的研究论文被国外学者多次引用,并编入危重病医学专著 *Intensive Care Medicine*(第三版,纽约:1996)和日本淋巴学著作《淋巴管形态·功能·发育》(第一版,东京:1997),1997年获国际学术奖。[2]

20世纪90年代以后,随着影像诊断设备的不断更新和影像诊断技术的快速进步,断层解剖学根据医学影像学的发展不断深入、细化。1989—1990年,浙江医科大学应用计算机图形学和图像处理技术,重建了下颌下腺连续半薄切片的淋巴管、导管和血管实体的三维图像,在国内居领先地位。[3]

组织胚胎学

异常血红蛋白是一种遗传性分子病。浙江医科大学于1963年发现两个家族中三人有血红蛋白H伴有少量血红蛋白Bart'S,这是在国内首先开展的异常血红蛋白研究,也是首次发现异常血红蛋白。1963—1964年,浙江医科大学在西南地区发现血红蛋白E,70年代,在国内首次发现血红蛋白S。

---

〔1〕 浙江省科学技术志编纂委员会.浙江省科学技术志.北京:中华书局,1996:802.

〔2〕 人体腹膜淋巴孔的发现及其临床意义,国家自然科学基金委员会网站,http://www.nsfc.gov.cnnsfccenhtmljw10/cg3-2/02/2-3.html,2006-12-3.

〔3〕 浙江省科学技术志编纂委员会.浙江省科学技术志.北京:中华书局,1996:802.

1985—1986 年,浙江医科大学发现一例慢速血红蛋白新变种,结构分析证实其 α 链 64 位的门冬氨酸残基被甘氨酸残基所取代,命名为 Hb 杭州 α64(E13)Asp→Gly,于 1985 年得到国际血红蛋白情报中心的承认。

"九五"期间,浙江大学医学院从细胞水平与分子水平对恶组细胞属性进行了综合分析,在国内首次系统观察了分化不良的组织细胞,在国内外首次报道恶组患者血清和单个核细胞培养血清对正常髓系造血有双向调控作用,提出了 NAP 在恶组诊断和鉴别诊断中的价值。

二、免疫学

免疫学是生命科学的前沿学科。20 世纪 70 年代后期,借助于各学科,尤其是分子生物学发展的成就,免疫学发展到了现代免疫学阶段。

1980 年,浙医二院用牛伊氏锥虫代替进口马疫锥虫,用来早期诊断红斑性狼疮,为国内首创。1985 年,浙医二院"抗人 A 型 B 型红细胞单克隆抗体"的研究获 1985 年浙江省科技进步二等奖。[1] 采用杂交瘤技术研制而成的抗人 A 型 B 型红细胞单克隆抗体血型检定试剂,具有特性强、敏感性高、稳定性好、使用方便等特点,适用于 ABO 系统血型鉴定,该项目获 1988 年浙江省科技进步三等奖。

20 世纪 90 年代末,浙江中医院从神经—内分泌—免疫调节网络深入探讨中医药治疗系统性红斑狼疮的作用机理。浙江大学医学院证明胰腺癌中存在的 Ki-67 蛋白与 mRNA 的过度表达,与胰腺癌的分化程度呈负相关。浙江大学医学院在浙江省 IVDU 者中证实已经传入 HIV E、C 亚型,在 HIV 抗体(一)IVDU 者肝组织中首次证实 HIV 感染。

三、病原生物学

松毛虫病的研究

松毛虫病曾在金华地区反复暴发流行,并与气候、虫的密度、劳动方式、灭虫方法有关。浙江省松毛虫病协作组经四年的调查研究及动物实验,证实此病是由松毛虫及其虫蜕和茧壳的毒针毛引起的。实践中初步摸索出一套防治原则和办法。与国外资料相比,在流行规律和临床发病特点等方面,我

---

〔1〕 杭州市科学技术委员会《科技志》编纂委员会.杭州市科技志.杭州:杭州大学出版社,1996:203.

国所掌握的材料比较完整、系统。研究成果获 1978 年全国科学大会奖。

L 型细菌的研究

细菌受青霉素或溶菌酶作用,细胞壁肽聚糖的合成被抑制或遭到破坏成为细胞壁缺陷的细菌,称为 L 型细菌。L 型细菌仍有致病力,所致疾病用抗生素治疗后常易复发,常规细菌学检查多呈阴性。1989 年,浙江省医学科学院采用基因探针等系列分子生物学侦检手段,进行霍乱弧菌的易变性及其致病意义的研究,发现霍乱弧菌在人胆汁作用下,出现较多的抗 Kappa温性噬菌体变异株和 52％频度的 L 型变异株,在化学因素作用下,出现25％频度的氨基酸、碱基和维生素营养缺陷变异株,变异株保持原菌株的致病性,但不易用一般培养法检出,形成流行病学检索上隐蔽性,对临床和防治工作有指导意义。[1]

长期以来,人们发现人体胆囊可携带霍乱弧菌、伤寒杆菌而成为慢性带菌者,但对其形成机理不明。浙江省医学科学院研究发现,此两种菌在体外人胆汁中极易诱生相应的 L 型菌,且可长期存活达 10 年以上。因为 L 型菌具耐碱、耐高渗、耐盐的三大生理特性,适宜在人体胆囊中长期存活,形成与细菌型互变,长期带菌成为流行病学上棘手的慢性带菌者。[2]

四、病理学与病理生理学

1955—1966 年,浙江医学院观察结核病尸检 170 例、活检 300 例以及动物实验材料,发现结核内有血管,郎罕氏巨细胞有的是血管扩张、血流停滞、血检形成、血管内皮细胞增生而成。该研究为全国所引用,英国著名病理学家 Willis 对此作了高度评价。[3]

1978—1988 年,浙江医科大学徐英含、来茂德等研究证明铅对巨噬细胞有细胞毒作用,可抑制 FC 受体活性,其抑制程度和铅离子浓度呈正相关,激活的巨噬细胞能抑制肿瘤细胞的生长,而铅可干扰巨噬细胞的这种功能,阻碍效应细胞与靶细胞的有效接触,抑制巨噬细胞产生和释放细胞毒物质。该成果获 1985 年浙江省科技进步一等奖。他们研究大气污染物对肺巨噬细胞的作用所创立的体内外方法,开拓了环境毒理学和环境病理学的

---

〔1〕　浙江省科学技术志编纂委员会.浙江省科学技术志.北京:中华书局,1996:805—806.

〔2〕　何浙生.细菌 L 型及医院感染之现状.浙江预防医学,2000(4):1—2.

〔3〕　浙江省科学技术志编纂委员会.浙江省科学技术志.北京:中华书局,1996:807.

研究领域。[1]

从 1985 年起,浙江医科大学和海宁市肿瘤研究所对 2815 例直肠肛管息肉患者进行 10 年随访、观察、研究,发现大肠腺瘤、息肉经摘除后仍可复发,且与原腺瘤、息肉的类型、大小及多发或单发有关,证实大肠腺瘤是大肠癌的重要癌前期病变,该研究达国内先进水平。1982—1991 年,他们在大肠癌普查基础上,在国内首次制订出直肠肛管息肉病理分类,发现幼年性息肉腺上皮可发生不典型增生。[2]

1988 年,浙江医科大学余应年等研究证明只有稳定的可遗传的细胞 DNA 低甲基化才对基因表达和表型控制有意义。在 SOS 反应诱导抑制试验中,采用脉冲式诱导及其诱导动力学研究属国内外首创,被授予国家“七五”科技攻关重大成果和卫生部科技成果一等奖。

从 20 世纪 80 年代末期开始,浙江医科大学经过 10 年的努力,对血吸虫病肝纤维化发病机理作出系统阐述,提出并证实细胞因子网络是导致血吸虫肝病纤维化发生与发展最根本的原因,首次报道肌成纤维细胞在肝纤维化形成中起重要作用。

五、生物医学工程

浙江省中医院等单位研发的 N-101、S-107 型液氮冷冻治疗器,对内痔、慢性宫颈炎和皮肤病等治疗有良好效果,对浅表恶性肿瘤也有一定疗效。浙江医科大学等单位研制的自动 X 线静电摄影机,能自动完成充电、显影、转印、烤纸、清洁硒板的全部过程,操作简单,无污染。这两项成果均获 1978 年科学大会奖。

1976 年,杭州钢铁厂职工医院、上海工业大学等四家单位研制成流控式眼玻璃体切割器,用同一气源控制灌、吸、切三个系统,能将病变的玻璃体及其眼内组织切断,切成小的细块,不断吸出并注入玻璃体代用品,保持眼环一定的内压和形态。该成果获 1987 年国家发明三等奖。

浙江大学和杭州华海医疗设备公司联合研发的 ZG-9000 型显微高速摄影系统,获得 1995 年国家技术发明四等奖。ZG-9000 型显微高速摄影系统,属高速摄影与光子学领域,主要用来记录微观动态目标的姿态,测量其速度、加速度和运动方向。其基本原理是浙江大学首先在世界上提出的“捷

〔1〕 浙江省科学技术志编纂委员会.浙江省科学技术志.北京:中华书局,1996:808.
〔2〕 浙江省科学技术志编纂委员会.浙江省科学技术志.北京:中华书局,1996:808.

变彩色高速摄影法"。该系统具有广泛的应用前景,可应用于医学、燃烧、化学反应工程、机械运动、振动测量、多相流测试、土坝寿命预测、人工心脏瓣和人工关节研究、血液微循环、药物学、文娱体育训练、枪弹炮弹速度测量和着靶研究等领域。

第二节　临床医学

1952 年浙江医学院成立以后,其附属医院相继成立临床各专科,并依托临床专科建立起了相应的研究机构。在综合医院设立专科门诊的过程中,一些专科医院也在浙江不断出现。1951 年,浙江省妇幼保健院成立。1963 年 10 月,浙江省第一家肿瘤专科医院成立,成为国内最早的四家肿瘤医院之一。1982 年 5 月,浙江医科大学附属口腔门诊部成立。医疗卫生研究单位的不断建立,大大提高了浙江的临床医疗科研水平。特别是在 90 年代以后,浙江在骨髓移植、器官移植、人工晶体等方面获得了重大突破,部分领域的科技成果达到国际领先水平。

一、内科学

心血管

1988—1989 年,解放军 117 医院创用球囊导管代替 X 线造影,直接探测动脉导管内径,克服了造影无法获得动脉导管可扩张度的缺点,同时用导管尺检测泡沫塞子,以消除塞子弹性不同所产生的误差。

20 世纪 90 年代,浙江医科大学以离体灌流的 SD 大鼠心脏为模型,用 K 特异性抗剂 MP2266 研究 K 阿片受体的阻断与缺血预处理(IP)的关系,用放射免疫分析法研究 IP 及长时间缺血对心肌强啡肽 A1-13(Dyn A1-13)浓度的影响,探索 K 阿片物质在 IP 过程中的作用和地位。并观察了大鼠接受慢性吗啡处理过程中,心脏中 K 受体结合位点的变化及其对 K 激动剂 U50488H 致心律失常作用的反应。[1]

浙江医科大学楼福庆是国际上首先研究用茶预防心血管病的著名专家,对动脉粥样硬化研究有独创性成果。经 30 余年研究,证实茶与其复保物茶色素等有预防 AS 的作用,此项研究成果为国际首创。1964 年,他对

---

〔1〕 浙江省科学技术厅.浙江省"九五"社会发展科技工作进展报告,2002:134.

75 例冠心病、主动脉粥样硬化、高胆固醇血症病人通过口服 131 碘化脂肪，进行临床实验观察，撰写《131 碘化脂肪对冠心病脂质代谢障碍的观察》（英文），引起 27 个国家著名高等院校的高度关注，该研究对现今防治冠心病研究具有重要指导意义，文中"主动脉粥样硬化"的命名被国内外采用。1991年，在美国纽约、日本召开国际会议，楼福庆的专题报告获荣誉奖，并任日本会议主席，为国家医学科学研究在国际上争得荣誉。楼福庆还在国内首次开展"形成兔实验性 AS 模型"，对舟山渔区心血管病进行 30 余年研究，证实食鱼可防治冠心病与高血压。

血液病

1958 年，浙医一院在国内首次报道用普鲁士蓝染色法观察 162 份骨髓液涂片，发现只有在未经治疗的缺铁性贫血患者中，骨髓细胞外铁和铁粒幼红细胞才经常消失或显著减少，这一方法可作为诊断或排除缺铁性贫血和指导铁剂治疗的一个灵敏而可靠的指标。

1989 年，浙医一院在国内首先采用血浆置换术治疗再生障碍性贫血。该院采用综合治疗方法，治疗各类白血病达到国内领先水平，1994 年开展亲缘异基因骨髓移植、造血干细胞移植获成功。1998 年 11 月 27 日，一位来自天台县的工人，因患慢性髓细胞性白血病，在浙医一院接受了非亲缘异基因骨髓移植术。骨髓由我国台湾地区一男青年无偿捐献，国际著名血液免疫专家、台湾慈济骨髓捐赠中心李政道博士护送抵达杭州。1999 年 2 月，骨髓移植者在移植后第 90 天顺利出院，这标志着该例移植获得成功，也标志着浙江省骨髓移植工作达到国际先进、国内领先水平。

消化

1973 年，浙医一院、浙医二院同时应用纤维胃镜，浙医一院和浙江医科大学病理教研室共同进行 α-糜蛋白酶胃洗涤液细胞学检查，以提高胃癌诊断率，1974 年又开展纤维胃镜直视下细胞刷涂片活组织印片检查，对胃癌的早期诊断又推进了一步。

从 20 世纪 90 年代中后期开始，浙江大学邵逸夫医院姒健敏团队在胃肠癌及癌前病变临床和基础研究、胃肠功能性疾病研究等方面取得了不俗成绩，其"胃癌Ⅰ级预防——胃癌前期病变临床诊治策略"、"胃癌基础理论及早期诊治的研究"、"表皮生长因子及其受体在慢性萎缩性胃炎中的表达和致癌变意义探讨"、"肝硬化临床诊治难题研究"等研究项目均获省级科技奖励。

二、外科学

普通外科

20世纪50年代,浙医二院余文光完成了国内第一例胰头十二指肠切除手术,开了中国胰十二指肠手术的先河。

20世纪70年代,省中医院在国内率先开展液氮冷冻外科治疗表浅血管瘤、痔核、慢性宫颈炎等常见病。同时期,省中医院麻醉研究协作组将针刺麻醉成功地应用于颈部、心脏和颅脑的外科手术和甲状腺手术,能避免和减少麻醉意外事故与术后并发症。这两项成果均获1978年全国科学大会奖。

1994年,浙江医科大学郑树森主持施行浙江省首例胰、十二指肠及肾联合移植获得成功。该成果应用胰十二指肠及肾一期联合移植予以治疗,手术患者完全停用胰岛素,饮食不受控制,尿毒症完全纠正,生活质量比术前有显著改善,术后三个月,全身情况良好,胰腺内外分泌功能和肾功能正常,未出现急性排斥反应。接受手术的患者存活时间之长保持亚洲最高纪录。该项目获国家科技进步二等奖及省科技进步一等奖。1999年2月,郑树森又率先在国内开展高难度的肝肾联合移植手术,使一危患者重获新生,同时在术中开创性使用肾功能替代技术,获省科技进步一等奖。中国是肝炎的高发区,肝炎后肝硬化伴肾衰竭的发病率较高,严重地威胁着国民的身体健康,肝肾联合移植可以从根本上治疗肝肾衰竭。移植过程中使用血细胞回收仪和超滤以减少输异体血液和维持内环境稳定,使用Lamivudine预防移植肝乙肝再发属国内首创,是国内存活时间最长,生活质量最佳,肝肾功能最好的病例。

1996年,浙医二院彭淑牖的刮吸法断肝术获得浙江省科技进步一等奖。刮吸法断肝术,即刮碎吸除显露脉管式肝切手术,此法采用多功能手术解剖器,把肝组织刮碎,同时予以吸除,便能把肝内的大小管道显露出来,然后根据管道的大小分别予以处理,绝大多数的管道都可以电凝止血,只有少数几根较大的管道才需结扎,这样既减少了手术时间,又减少了术中出血量。

骨外科

20世纪50年代中期,浙医二院在国内首创治疗慢性骨髓炎时,使用保存血凝块以充填术后空腔的方法,治愈率达96.8%。60年代中期,温州医学院开始应用大块骨关节移植,重建肢体功能,获得良好效果,60年代后期,温州医学院在省内首次断肢再植成功。之后,温州医学院采用大块异体骨重建骨缺损,用复合手术方法控制排斥反应,使异体骨逐渐爬行成为永久植入,经过15年研究观察,该项成果被鉴定为国际先进水平[1]。

1971年3月,浙医二院骨科收治了1例双下肢被压断的37岁男性患者,病人整个左下肢从大腿中部至踝部以上严重碾碎,已无法保留;但离断下来的左足比较完整,而右小腿自踝部以下严重轧伤,右足压碎,故将较完整的左足移植于右腿,这是我国断肢移位再植成功的首例,获1978年全国科学大会奖。

1975年,杭州市第三医院在浙医二院筛选出75-44葡萄球菌菌株冻干粉的基础上,研制出骨折生长刺激素,并制成针剂,能促进骨折愈合,于1987年获日内瓦第16届国际发明展览会铜牌奖。20世纪70年代后期,浙医二院率先在国内用深低温冷冻治疗骨肿瘤并创浸泡法冷冻,开始用脱钙骨基质移植以填充骨肿瘤切除后的骨缺陷,推广应用于全省各地,其后又研制成功骨基质明胶及骨形成蛋白。

1990年,浙医二院率先在国内开展高温隔离灌注治疗骨肉瘤,为骨瘤保肢手术创造条件。90年代中期,浙医一院开展了对带血管蒂趾短伸肌瓣的临床应用研究,对足踝部软组织缺损的修复有良好的效果,属国内首创。

心胸外科

1949年,浙医二院前身杭州广济医院建立胸腔外科,在国内首次进行胸膜外肺松懈术及胸膜外气胸术,并在国内最早开展肺区段切除。1963年,浙医一院研制成功心脏镜扩张器,无须低温麻醉或体外循环,可在直视下行二尖瓣扩张,当时在国际上尚未有同类研究的相关报道。

20世纪60年代,浙医二院实施省内首例低温麻醉下房间隔缺损直视修补心内手术并进行人工心脏球瓣研究,茶色素防治动脉粥样硬化、冠心病治疗的研究居国内领先地位。

浙江省人民医院完成的"同种原位心脏移植实验与临床研究",获1999年省政府科技进步一等奖。该课题在采取严密预防措施的情况下,以乙型肝炎病毒携带(肝功能正常)者为供体,病员无乙肝活动表现,从而扩大了心脏移植的供体源,快速减少三联免疫抑制药物剂量,术后短期内下降到国际上的常规剂量,既有效地控制了急性排斥反应,又避免了发生严重感染并发症。采用冠状静脉窦温血持续灌注法,使供心绝对缺血时间明显缩短,保证了术后心功能的良好恢复。手术采用华东制药集团公司生产的赛斯平免疫

---

〔1〕 浙江省科学技术志编纂委员会.浙江省科学技术志.北京:中华书局,1996:822—823.

抑制剂,为心脏移植采用国产主要免疫抑制剂开拓了新的使用领域。[1]

1999 年 4 月,浙医一院成功地开展心脏移植手术,"换心"手术时间全国最短,一年后,又成功开展了心肺联合移植。该项移植的成活时间、生活质量为国内之最。

泌尿外科

20 世纪 60 年代初,浙医一院在国内最早采用膀胱壁瓣作女性尿道重建术。20 世纪 80 年代初,浙医一院自制器材,使输尿管异位开口的病人能得到早期诊断和治疗,该院对膀胱肿瘤治疗的五年存活率达 7.7%。他们按尿路结石形态分型,并描述各型的 X 线特征,根据 X 线平片就可判明高密度阴影是否为结石,有无尿路原发性与继发性梗阻,结石的生长规律、排出的可能性如何等。他们还开展冷冻治疗前列腺的增生和癌症,居当时国内先进水平。

浙医一院在国内率先开展肾部分切除、前列腺冷冻术、第十肋间胸膜外联合切口手术,在泌尿系肿瘤的诊治、男性学临床研究、尿路结石的体外碎石等治疗方面有独到的经验。20 世纪 90 年代末期,浙医一院泌尿外科的骨盆骨折后尿道断裂治疗的新技术,夜间阴茎勃起与性激素相关性及阳痿诊断,尿路结石成分、结构、X 线特征研究及临床应用,多孔肾穿刺针隧道式穿刺法治疗肾囊肿等项目取得了浙江省科技进步奖、浙江省教委科技进步奖等多种奖项。

烧伤外科

1981 年,浙医二院、衢州化学工业公司职工医院等首次在国内同时抢救两名特大面积烧伤(总面积皆为 100%,三度烧伤面积 94.56% 和 92%)病人成功。1985 年,浙医二院首先在国内应用肌皮瓣治疗大块组织缺损的深度烧伤病例,后又开展猪皮与微粒自体皮移植的研究,证明此法同样适用于三度烧伤的治疗。1985—1989 年,该院研究了重度烧伤病人体内铜、锌代谢变化和 N-乙酰半氨酸用于实验动物三度烧伤的扩创作用,填补了国内空白。

脑外科

1963 年,浙医二院在国内首次提出了格林巴利综合征小脑延髓池和腰池中脑脊液中蛋白含量不同,对该病的诊断和神经根水肿机理的探讨提供了有价值的依据。20 世纪 70 年代,浙医二院开展手术治疗脑动静脉畸形、

---

〔1〕　浙江省科学技术厅.浙江省"九五"社会发展科技工作进展报告,2002:137.

交通性动静脉瘤和颅内、外动脉吻合术。他们还和杭州制氧机研究所等单位研制成功液氮冷冻治疗机,应用于脑外科临床,减少脑瘤切除术中失血量,术中术后病情稳定,并发症少,无手术死亡,填补了国内空白。

20世纪80年代初,浙医二院在脑瘤的雌激素受体(ER)研究中,发现胶质瘤和脑膜瘤的细胞呈雌激素受体阳性,方法简便,容易推广,对脑胶质瘤细胞的分类分型有独特优点,标志着肿瘤研究进入分子水平。

20世纪90年代以后,浙医二院开展了椎管内肿瘤的显微切除手术及髓内肿瘤切除术,其水平达到国内先进。在脑转移瘤及恶性胶质瘤的分子标记及基因研究、神经干细胞移植治疗重型颅脑损伤、神经干细胞联合基因治疗颅脑肿瘤及神经干细胞移植的免疫应答与免疫排斥等研究方面,均处于国内领先水平。

三、儿科学

1971年,温州乐清等地流行小儿急性下呼吸道感染,温州医学院调查认为是一种病毒感染,并在国内首次提出流行性喘憋性肺炎的命名,同时拟订防治方案,较快地控制了病情,后在全国推广。1977年,卫生部肯定了该病的命名及防治方案。[1]

1983—1984年,杭州市第一人民医院在健康人群中发现遗传性胎儿血红蛋白持续症(HPFH)一个家系,为国内首次报道,属常染色体显性遗传,应用高压液相(HPLC)分析,确诊为 $GrAr(\delta\beta)+—HPFH$,与世界各国发现的 HPFH 类型不同,该研究为 β 地中海贫血的基因调控提供了依据。[2]

风湿热是威胁人类健康的常见疾病,病变以心脏和关节受累为主,大多数患者为儿童及青少年,反复发作可使 2/3 的病儿遗留慢性心脏瓣膜病。该病在发展中国家为害尤甚。此前,我国全国性初发风湿热流行病学调查和风心病预防研究尚属空白。浙江医院参与广东省心血管病研究所主持的国家"八五"风湿热攻关课题协作组,按照统一方案,在我国东、西、南、北、中的浙江、四川、重庆、广东、吉林和湖北六省市,对 5～18 岁儿童及青少年共22万余人,同步进行风湿热、风心病发(患)病率、甲组乙型溶血性链球菌(甲链)流行病学和群体风湿热一级预防等系列研究。结果显示,进入20世纪90年代后,我国初发风湿热年发病率仍高达 20.15/10 万人,甲链咽炎发

〔1〕 浙江省科学技术志编纂委员会.浙江省科学技术志.北京:中华书局,1996:826—827.

〔2〕 浙江省科学技术志编纂委员会.浙江省科学技术志.北京:中华书局,1996:828.

病率高是造成风湿热发病居高不下的主要原因。[1] 该研究成果获得 2000年国家科技进步二等奖。

四、妇产科学

20 世纪 70 年代中期,省中医院开展慢性子宫颈炎的冷冻治疗,接着浙江医科大学妇女保健院也应用冷冻技术,治疗外阴白色病变等,并与省医疗器械研究所合作设计成子宫腔冷冻探头,在国内首先应用于临床治疗功能性子宫出血、月经过多等。

20 世纪 70 年代,浙江医科大学妇女保健院首先开展新生儿颅内出血尸检工作,并进行新生儿窒息复苏技术研究。80 年代中期又对新生儿血压、血糖、甲状腺功能、血黏度、新生儿产伤等进行研究,并以变异系数计算统计,证实国内外报道新生儿血压的可信度甚低。80 年代后期,新生儿窒息复苏技术已基本为省内妇产医疗单位掌握。

辅助生殖技术是国内外新兴发展起来的临床与实验室相结合的高新技术。浙江医科大学附属妇产科医院于 1994 年 10 月在浙江首次开展。1996年 7 月,浙江省第一例体外受精胚胎移植婴儿(简称试管婴儿)在浙江医科大学附属妇产科医院诞生。

1999 年 12 月,浙江大学附属妇产科医院[2]通过冻融胚胎移植手术,使一位多年不育的妇女顺利产下一对双胞胎,这是浙江省首例冻融试管婴儿。冻融胚胎移植是近年发展起来的一项新型的辅助生育技术。相比试管婴儿术,它是辅助生育技术上的又一进步。

五、眼科学

20 世纪 60 年代初,杭州市第一医院在国内首先阐明正常人及青光眼患者的房水引流系统,证明青光眼房水流出阻力既存在于滤帘上,也存在于Schlemm 管引流系统内。

1965 年,温州医学院缪天荣发明对数视力表与五分记录法,克服了传统的小数式及分数式视力表的弊端,获 1978 年全国科学大会奖。

---

〔1〕 王雪飞.我国风湿热发病居高不下.健康报,1999-08-19.
〔2〕 1998 年,浙江医科大学并入浙江大学,浙江医科大学附属妇产科医院相应更名为浙江大学附属妇产科医院。

1979—1980 年,浙医一院否定了沿用近百年的圆柱透镜斜轴屈折力计算公式,应用解析几何求圆柱透镜的合成效应,给 Thompson 公式创造了新的理论基础。

20 世纪 80 年代初,省中医药研究所在视网膜微循环研究中,采用无损伤性的方法、定量研究手段的数据处理法,观察实验动物的视网膜血管三维空间分布、分枝、微细结构及形态,测定实验动物股动脉压颈、总动脉血流量及全身循环和微循环,并将这些定量指标应用于莨菪类药物研究,同时利用闭路电视视频信号,经计算机处理,测定血管管径、微血管密度和循环时间,观察微动脉分枝狭窄部及对荧光素的渗漏现象。

在白内障手术方面,1964 年浙医一院采用中西医结合,首先开展针拨白内障。20 世纪 70 年代初,浙医一院使用冷冻法摘除白内障,缩短手术时间,提高了成功率。之后,又研制成功 I 型白内障乳化吸出器,适用于各型白内障,手术创口小,术后并发症少,可早期活动,短期内即可佩戴矫正眼镜,并有利于放置人工晶体等。70 年代末,浙医二院在省内首先开展玻璃体切割术,切除外伤性白内障。1987 年,浙医一院应用显微手术摘除白内障并植入人工晶体,之后逐步推广到县级医院。

浙医二院姚克几十年来在眼科学领域不断进行探索和技术创新,并取得了重大进展。1989 年,《中华眼科杂志》发表了姚克非球面人工晶体植入结果的报道。在当时,我国白内障囊外摘除术后植入后房型人工晶体已有了明显进展,但植入的均为球面人工晶体。各种不同的球面人工晶体,虽然具有相同的正视化折射力,但用其代替原先非球面的人眼晶体势必在视网膜上影响成像质量。[1] 为此,姚克等人从 1985 年开始设计和研制非球面等视象后房型人工晶体。人工晶状体光学面的非球面设计使人工晶状体具有负球面像差,抵消角膜正球面像差,减小眼的总体球面像差。该成果获 1990 年国家科技进步二等奖。

20 世纪 90 年代初,姚克创立了"手法切核小切口白内障手术"技术,将白内障手术 12 毫米大切口成功缩小至 6 毫米,这项技术获得了国家专利;他也是率先在国内开展白内障超声乳化手术的眼科专家,他领导开展的"小切口白内障摘除及人工晶状体植入术的系列研究"成果,推广到全国后,成为我国白内障手术的主流方法。

---

〔1〕 姚克等.非球面等视象后房型人工晶体的临床应用.《中华眼科杂志》1989,25(5):262—264.

六、肿瘤学

中国大肠癌发病率、死亡率逐步上升，已成为主要恶性肿瘤之一，在国内外均缺乏流行病学干预试验证实的大肠癌防治方案及小家系遗传性大肠癌诊断标准的情况下，浙江医科大学从"七五"开始从事这方面的研究。

郑树等研究建立的结肠癌人群筛选方案是为结肠癌早期诊断需要服务的，它以模糊数学和信息论的原理，根据大肠癌高危因素建立数学模型判别罹患大肠癌的隶属函数，并建立高敏特异的粪便潜血检查方法，进而设计建立了结肠癌人群序贯筛检方案。它采取模式识别的高敏感度低特异度与高特异度低敏感度之间相补的方式，克服了以往大多应用高敏感度低特异度筛检方法的不足，这是该技术的创新，经国际联机检索证明，国际上也属首创。获 1991 年浙江省科技进步一等奖、1993 年国家科技进步三等奖。

在创造性建立有效的无症状大肠癌诊断方案基础上，浙江医科大学建立了肿瘤相关基因 cDNA 库，从中发现了三个新的大肠癌候选抑癌基因，其中两个被国际命名委员会命名为 ST13 与 ST14，并开展以自然产物为化学预防研究。1998 年构建了含病毒 cDNA 片段的白血病细胞 cDNA 文库，筛检到 10 个与白血病相关的新基因表达序列标签（EST），完成测序工作，其中 6 个（AF135383，AF135384，AF135385，AF144057，AF144058，AF144059）于 1999 年 4 月被国际 GenBank 收录。

七、检验诊断

20 世纪 80 年代，解放军 117 医院用七种常用抗生素对三株质控菌（ATCC，25922，25923，27853）以世界卫生组织 Nccls 参考法为依据，分别对扩散法药敏试验动力学方程中的主要项目作单因素多水平的实验评价，以直线回归和曲线配合，同时作方差拟合适度检验确定各因素与抑菌环的定量关系，形成扩散法药敏试验的动力学模式，指导全面质量控制，使药敏试验的符合率由 57.5% 上升至 90% 以上。

从 1984 年起，绍兴市妇幼保健院先后查出 18 三体综合征、13 三体综合征、猫叫综合征和 46XO 等染色体；1989 年，查出两例异常核型，经湖南遗传医学中心鉴定为国内首例报道核型。1990 年，湖州妇幼保健院发现异常核形染色体 46，xx，t(3：6)(827：q14)；温州市第二医院对 40 例原发闭经患者进行研究发现,核染色体异常者占 35%。这两项发现被湖南医科大学确定为世界首次报道。

1993 年,浙江医科大学余应年等完成的"化学致癌物和抗致癌物检测技术的基础和应用研究"获国家科技进步三等奖。该课题通过系列实验研究,制成伤寒,副伤寒 LPS-PHR、R-LPS-ELISA 和伤寒 Vi-PHA 三种诊断试剂以及间接血凝和快速脂多糖酶标法。经临床、流行现场及既往伤寒病人 1553 份血清标本的考核,证明上述试剂和方法对伤寒、副伤寒病人作早期快速诊断具有重要突破,并具有敏感性、特异性和快速性等特点,比肥达氏试验提前 20 小时报告结果,比常规培养提前 70 小时报结果,诊断准确率达 98.09%,处于国内领先、国际先进水平。该成果对伤寒、副伤寒的早期而快速诊断及慢性带菌者的检出率有突破性进展,在我国及第三世界国家中均有重要推广价值。

八、高压氧

高压氧医学是一门古老的学科,是人类在疾病过程中不断认识、反复实践而发展起来的一门临床学科。对各种缺血、缺氧性疾病的治疗有显著的疗效,对康复病人和亚健康人群利用高压氧治疗也有良好的效果。浙医二院于 1968 年在全国第一个成立了高压氧科。

1971 年,浙医二院在国内首次应用高压氧治疗脑血管阻塞性疾病,发现对急性脑梗死治疗的有效率为 78%。1972 年,该院又在国内首次进行高压氧治疗大面积烧伤,有利于改善全身缺氧,减少创面渗出,减轻组织肿胀,渡过休克关。1973 年,该院通过高压氧对实验急性心肌梗死的影响和病理学形态观察,首次为高压氧治疗冠心病、心肌梗死从理论与实践上提出有力的佐证。[1]

第三节　预防医学与公共卫生

我国古代医学素有"上工医未病"的论述,认为高明的医生能够在疾病出现之前就对之治疗。20 世纪 50 年代初,我国政府把"预防为主"列为卫生工作四大方针之一。浙江省在 1953 年成立卫生防疫站,此后,各市、县相

---

〔1〕 浙江省科学技术志编纂委员会.浙江省科学技术志.北京:中华书局,1996:840—841.

继建立卫生防疫机构,为全省开展爱国卫生、防病治病,卫生监督、健康教育等提供了组织保证。

一、急性传染病研究

病毒性肝炎

浙江省存在甲、乙、丙、丁、戊五型病毒性肝炎,以甲、乙肝炎危害较大。甲型肝炎一直是主导病毒性肝炎流行高峰的主要病种,浙江省历史上发生的流行高峰均因甲型肝炎暴发流行所致。

1979年,省卫生实验院与望江山疗养院等在国内首次成功地从病人粪便中提取甲型肝炎抗原(HAAg),摸清甲肝病人排毒规律和抗体反应模式。

1978年,由毛江森领导的浙江省医学科学院和中国医学科学院医学微生物学研究所合作,开始对甲型肝炎减毒活疫苗进行研究,历经10年获得成功并通过鉴定,获1988年省科技进步一等奖。1983年,浙江省医学研究院研制成甲肝Igm抗体诊断药盒,具有较高特异性和敏感性。1985—1987年又研制成甲肝总抗体检测试剂盒,其敏感性、特异性达到国际先进水平,并出口美国等地。1992年,甲型肝炎减毒活疫苗在全国大规模使用,是迄今为止副反应最少的病毒性活疫苗,抗体阳转率达到93.5%,对于控制全国严重的甲肝流行局面起了关键作用,黄疸肝炎发病率逐年下降。

我国是肝炎高发国家,其中重型病毒性肝炎病情凶险,病死率高达80%以上,是国内外尚未解决的难题。我国已连续组织了"六五"、"七五"、"八五"的攻关,但在治疗上尚无重大进展,为了降低重型肝炎的病死率,探索治疗重型肝炎的新方法,浙一医院李兰娟带领的人工肝研究组于1986—1996年开展了人工肝支持系统治疗重型肝炎的研究。通过研究,创立了一套完整人工肝支持系统治疗重型病毒性肝炎的技术规范和治疗方法,摸索了治疗适应证和禁忌证,提出了合理使用肝毒、鱼精蛋白量及控制出入量平衡,调节压力、速度、温度等治疗方案。解决了重型肝炎ALSS治疗中易出血、低血压等难题,在治疗重型肝炎方面取得重大突破,明显降低了重型肝炎病死率。该成果获国家科技进步二等奖及浙江省科技进步一等奖。

1992年1月至1996年12月,浙江医科大学通过流行病学调查,对胎儿肝脏组织中HCV标志定位观察以及对母—婴间传播的HCV基因同源性分析等,对HCV的母—婴传播途径进行研究,证实了中国浙江地区存在HCV母—婴间的传播,且可发生于产前妊娠期,该研究成果对于HCV的防、治均具有重要意义。

1999年,浙医一院的"戊型肝炎的病原消长规律和血清抗体应答"获得浙江省科技进步一等奖。该成果确立了戊型肝炎的基本诊断方法,完善了戊型肝炎的实验室诊断,证实了患者急性期存在的病毒血症,率先报道了病毒血症的持续时间,并发现病毒血症的出现与肝脏损害程度及抗体应答水平无关;在国内外第一次采用粪便HEVRNA的动态检测研究了排病毒规律;在国内外第一次采用同一批病人的全病程系列血清对HEV不同结构蛋白进行免疫筛选,证实了HEV的两个免疫表位,以此建立了戊型肝炎的抗体诊断方法。[1]

流行性出血热

流行性出血热(EHF)国际上统称肾综合征出血热(HFRS)。浙江省自20世纪60年代初期发现后,发病地区不断扩大,发病人数也有增多趋势,是严重危害浙江人民健康的一种病毒性疾病。

1982年,省卫生防疫站在黑线姬鼠肺中分离到四株能在非疫区的同种鼠连续传代的相关抗原,经病原学检查证实为流行性出血热病毒。除肺、肾、肝、胃、腮腺、膀胱等组织检出外,还在国内外认为不能检出的脾脏检测到阳性。

1985年,省卫生防疫站运用直接荧光抗体技术检查出血热病原,相比原来常规使用的间接荧光技术,具有特异性强、操作简单、省时、容易观察结果等优点,达到国内领先水平。开展的出血热反向间接血凝抑制试验诊断试剂盒的研究,与出血热灭活疫苗毒种浙10株成果合并获得1990年省科技进步一等奖。

1994年,省卫生防疫站建立了疫苗基质细胞,筛选出病毒滴度高、免疫原性好的Ⅰ/Ⅱ型出血热疫苗毒株,完成出血热疫苗灭活剂的选择,使疫苗研究取得突破,建立了疫苗生产工艺。出血热单价苗经过人体中试,于1993年获得卫生部试生产文号,1994年完成疫苗由实验室研究向规模化生产的工艺转变。此项成果1996年获卫生部科技进步一等奖和1997年国家科技进步一等奖。自1997年以后又完成出血热Ⅱ型单价苗和双价苗的研究,2000年获国家新药证书和正式生产文号,双价苗的研制项目获1998年浙江省科技进步一等奖和1999年国家科技进步三等奖。[2]

钩端螺旋体病

钩端螺旋体病(leptospirosis),简称钩体病,是由致病性钩端螺旋体引

---

〔1〕 浙江省科学技术厅.浙江省"九五"社会发展科技工作进展报告,2002:137—138.

〔2〕 浙江省预防医学会.浙江卫生防疫五十年回顾与展望,2003:11—12.

起的自然疫源性急性传染病。其临床特点为高热、全身酸痛、乏力、球结合膜充血、淋巴结肿大和明显的腓肠肌疼痛。重者可并发肺出血、黄疸、脑膜脑炎和肾衰竭等。1952年,浙江省境内首次发现并证实钩端螺旋体病。

1962年,浙江医科大学等单位在国内从患者的血、尿、脑脊液以及尸体的肾脏内找到了典型的钩端螺旋体,证实了钩端螺旋体病在浙江省流行,为消灭该病提供了科学根据。该成果获1978年全国科学大会奖。

麻疹

使用麻疹疫苗以前,麻疹发病率几乎与出生率相当。1956—1965年,浙江省的发病率平均为1260/10万人。1959年是流行最严重的一年,发病77万余人,发病率达3036/10万人,病死15416人[1]。为探索麻疹活疫苗免疫持久性,诸暨市卫生防疫站、省卫生防疫站参加了由中国药品生物制品检定所主持的"麻疹疫苗免疫持久性及流行病学研究",研究成果获1993年国家科技进步三等奖。该成果采用人工免疫屏障方法建立了一个相对封闭的地区,通过对近3000名儿童32个组的15年系统观察,证明麻疹疫苗初次免疫15年后仍有较牢固的免疫力,而麻疹疫苗的加强免疫后抗体应答差,并不持久。疫苗免疫后在HLI抗体的反应上明显低于自然感染。该成果不仅有系统血清学资料,而且还经受了麻疹野病毒流行的考验,对制定我国麻疹疫苗免疫方案和控制策略具有重要参考价值。

二、结核病

结核病是经呼吸道传播的慢性传染病,主要发生在肺部。结核病在全球的广泛流行,已成为重大的公共卫生问题和社会问题,结核病也是浙江危害最严重的疾病之一。

1980—1983年,杭州市结核病防治研究所徐道安等参加由中国药品生物制品检定所主持的"人型结核菌素纯蛋白衍化物PPD-C(80-1批)国家参考标准的研制及其标准化"研究,研制的标准品纯度和活性与国际标准PPD-S基本一致,达到世界卫生组织结核菌素规程要求的水平。该成果获1985年国家科技成果三等奖。[2]

---

〔1〕 浙江省科学技术志编纂委员会.浙江省科学技术志.北京:中华书局,1996:844.
〔2〕 浙江省科学技术志编纂委员会.浙江省科学技术志.北京:中华书局,1996:848.

三、寄生虫防治

血吸虫

新中国成立初,浙江省血吸虫病的流行县数居全国第二位,累计病人居全国第三位,钉螺分布面积居全国第六位。1950年,浙江省成立了以研究和防治血吸虫病为重点的省卫生实验院,首次系统地对钉螺生殖和发育进行研究,阐明钉螺生殖器官的构造和交配现象,否定了过去盛行的钉螺入水产卵的论点。该成果获1978年全国科学大会奖。截至1953年底,全省共建立嘉兴、衢州和绍兴三个地区级血防所和17个县级防疫站。当时主要采取土埋法灭钉螺,但耗时长,劳动力需求也大。1959年后,浙江省采取药物喷洒和土埋法相结合的防治方法,五氯酚钠、血防-67糊剂、石灰氮等大量用在血防工作中,疫情得到了控制。[1]

20世纪70年代,平湖县卫生防疫站与上海有关单位协作,在淋水条件下,使所检粪便先通过40～80目铜筛,去除粪渣,然后使血吸虫卵集于260目的尼龙袋中,再进行孵化和镜检。这种方法虫卵失散少、检出率高,有利于缩短操作时间、减轻劳动强度。该成果获1978年全国科学大会奖。

疟疾

疟疾,也称"寒热病"、"卖柴病",是浙江省四大寄生虫病之一。1955—1957年,省疟疾防治所对有发病或疑似患者,在疟疾传播休止期给予环氯胍抗复发治疗,经两年复查考核,发现仅有两例疟疾。该研究获1958年卫生部金质奖章。[2]

1991年4月—1995年12月,浙江省卫生防疫站参与了由卫生部资助的"中华按蚊为媒介地区疟疾防治后期流行病学新特点和监测方案研究"。研究组选择具有系统疫情资料,分布于11个省、市的23个县、市近1500万人口地区为试验区,用寄生虫学、血清学、媒介生物学及卫生经济学等多学科方法进行流行病学调查,发现中国以中华按蚊为媒介地区疟疾防治后期的疟疾传播低,疫情呈稳定下降趋势,以输入病例为主,但很少引起传播等特点。该项研究获1998年国家科技进步三等奖。

丝虫病

20世纪80年代,省卫生实验院与省卫生防疫站等经过四年研究,证实

---

〔1〕 鞠建林,王刚.浙江60年档案解密.杭州:浙江人民出版社,2009:77.

〔2〕 浙江省科学技术志编纂委员会.浙江省科学技术志.北京:中华书局,1996:851.

治疗微丝蚴密度高者是阻断马来丝虫病传播的关键,当人群微丝蚴阳性率在1‰以下,微丝蚴血症密度低于5条/60立方毫米时,不经治疗,其残存微丝蚴也能逐渐消失,这是国内首次报告。[1]

浙江省寄生虫病研究所参加的"中国阻断淋巴丝虫病传播的策略和技术措施的研究",获1999年卫生部科技进步一等奖、2001年国家科技进步一等奖。淋巴丝虫病是丝虫在人体内造成淋巴系统回流障碍所导致的疾病,中国原是淋巴丝虫病流行严重的国家之一,该项目揭示了淋巴丝虫病的发病机理、传播机制,确立了阻断淋巴丝虫病传染源为主导的防治策略,阐明了该病防治后期的传播规律,明确提出我国阻断淋巴丝虫病传播的阈值。通过几十年大规模防治实践,我国已于1994年实现基本消除淋巴丝虫病的发生,到2000年年底有七个流行省(自治区、直辖市)保持六年以上达到消灭淋巴丝虫病标准,这是我国疾病控制的一项重大成就,并为全球消灭淋巴丝虫病的可行性提供了科学范例。

四、艾滋病

1985年,浙江医科大学与中国预防医学科学院病毒研究所协作,收集了浙江18例曾于1983年3月至1984年6月注射过美国产血液制品的血友病患者血清,应用ELISA法、免疫荧光法及Westen印迹法检测艾滋病病毒抗体,发现注射过美国Armour制药公司生产浓缩Ⅷ因子制剂的血友病患者四例阳性,并从其中一名血友病患者的外周血中分离到艾滋病病毒(HIV),在国内属首例。其中一例于1987年2月死亡,经尸体解剖,死者肺部有混合性机会菌(白色念珠菌、曲霉菌等)感染和淋巴结免疫缺陷病变等,这是国内对艾滋病人的首例病理解剖。1987年对存活三例感染者进行检测,发现明显存在着免疫功能缺陷。同年,对三例进行中西医结合治疗,选用扶正祛邪和气阴双补方药"艾滋1号方",症状和体征有明显改善。

1989年,浙江省制订了艾滋病监测中期规划,得到了世界卫生组织的肯定。1991年,浙江省艾滋病病毒感染者监测与防治的综合研究获省科技进步二等奖。

---

〔1〕 浙江省科学技术志编纂委员会.浙江省科学技术志.北京:中华书局,1996:851.

五、劳动卫生与公共卫生

尘肺研究

尘肺是严重危害浙江省工矿工人健康的职业病。1962—1982年,浙江医科大学、东风萤石公司等对东风萤石矿的尘肺病进行流行病学、职业危害控制及经济效益分析,并采用湿式作业和通风为主的综合防尘措施,使粉尘浓度分别下降了98.2%和99.0%,基本控制了尘肺病的发生。1967年以后未发现新的尘肺病人。该研究在国内首次将病因学—控制效果—投资效益进行综合分析,形成一个评价体系。同期,研究制定了车间空气中萤石混合性粉尘的卫生标准,1988年被定为国家标准 GB10439-89。[1]

1988年,省卫生厅根据卫生部"关于开展尘肺流行病学调查工作的通知"精神,对全省尘肺进行调查。此项调查工作荣获卫生部科技进步一等奖。

职业卫生

20世纪60年代,浙江医科大学在国内首先开展高频电磁场的劳动卫生研究,1972年与新安江无线电元件厂协作,研制成功高频电磁场卫生学测定仪,主要用于测定高频近区场强。它能分别测定高频率为200kHz～300MHz高频波段的电场强度和磁场强度及其频率,可用于了解高频作业工人受到的作用场强,探索场源,开展防护以及鉴定屏蔽防护效果。该仪器的研制成功为我国劳动卫生的调查研究工作以及劳动卫生防护工作创造了条件,填补了国内空白。此后,浙江医科大学又主持全国高频微波对人体健康影响及其防护的研究,在完成微波的急性、亚急性、慢性动物实验的基础上,对1300名微波作业人员进行健康检查和作业现场的微波测定,为确定我国微波辐射卫生标准提供了科学依据。该成果获1978年全国科学大会奖。

放射防护

1972—1976年,省卫生实验院在北京、上海等11个省市卫生防疫站的协作下,对264例人骨锶-90的资料,进行不同年龄、不同部位的分析,认为人骨锶-90水平变化是核污染对人体健康影响的重要指标。1972年,该院在铯-137分析方法研究中,设计了 AMP-碘铋酸铯的分析流程,1974年被选为全国食品调查的统一方法,1978年被列为全国食品标准的检验方法。

---

〔1〕 浙江省科学技术志编纂委员会.浙江省科学技术志.北京:中华书局,1996:856.

食品卫生

20 世纪 70 年代,省卫生防疫站和省卫生实验院等先后参加全国九大类 54 种食品 113 项指标和五大类 66 种有害物质的卫生标准制定工作,对大米、鱼类、蔬菜等食品中有机氯残留量及其毒性,对粮食、肉、鱼类食品中总汞以及鱼中甲基汞进行检测和研究,为全国制定食品卫生标准提供依据。

1986 年,省卫生防疫站和省医科院对浙江省常见的 203 种食物进行 25 项营养成分测定,取得 12264 个科学数据,为中国 1991 年出版的《食物成分表》提供了数据。[1]

浙江省卫生防疫站、浙江省医科院等单位参与的"我国食品营养成分的研究",获 1992 年卫生部医药卫生科技进步一等奖。

环境卫生

1983—1985 年,省卫生防疫站组织全省市、县卫生防疫站参加全国饮用水水质和水性疾病调查。普查 3906.8 万城乡居民的供水状况,采集 12432 份水样,表明省内饮用集中式供水的人数约占 22.9％,其中供水未完全处理和未处理的占 52.9％。在分散式给水中,饮用三级水水质的人数占 94％以上。全省有 50 万～60 万人饮用高氟水,水性氟斑牙流行村占 1％左右。近 10 年间水性传染病暴发流行 70 起。该项全国调查成果获 1989 年国家科技进步一等奖。[2]

第四节　药物学

中华人民共和国成立后,浙江省药学科学研究机构逐步建立。1957 年,省卫生厅药品检验所(简称省药检所)成立。1959 年,浙江医学科学院成立药物研究所。1978 年,省卫生实验院成立计划生育研究所,从事计划生育药物研究。截至 1995 年年底,全省共有专业研究所 4 家,厂办研究所 38 家,共研制中西药新产品 2027 种(次)。自 1985 年至 1995 年,共获新药证书 98 个,其中化学药品 82 个,中成药 15 个,药用辅料 1 个;获奖成果 188 项,其中国家级科技成果 14 项,有 28 个医药产品被列为国家级重点新产品,22 个中药产品获国家二级中药保护品种。[3] 1998 年浙江大学成立药

〔1〕浙江省科学技术志编纂委员会.浙江省科学技术志.北京:中华书局,1996:859.

〔2〕浙江省科学技术志编纂委员会.浙江省科学技术志.北京:中华书局,1996:862.

〔3〕浙江省医药志编纂委员会.浙江省医药志.北京:方志出版社,2003:5.

学院。2000 年浙江大学药物分析学、药理学被国务院学位委员会批准为博士学位授予点。

一、化学药物

1950 年初,浙江省医药公司第一制造厂化学合成红汞,成为中国第一种出口原料药。1960 年,浙江制药厂[1]将中间体氰乙酸乙酯生产的共沸法改为乙醇苯酯化法,把国外从缩合到环合的五步反应缩短到两步反应,质量显著提高。1981 年该产品获国家质量奖金奖。[2]

1971 年,杭州第一制药厂采用乙醇胺 β-羟乙脲工艺取代碳酸二酯工艺生产痢特灵,1972 年又首创以金属铁粉代替锌粉还原,收得率由 45％升到 60％。嗣后又对中间体 5-硝基糖醛二乙酯的工艺进行改革,对双乙酯最后水解过程进行改进,产品质量达国内领先水平。[3]

抗日本血吸虫病新药锑-273,为我国研制的抗日本血吸虫病的口服锑剂,由南京药物研究所、浙江省血吸虫病防治研究所等单位合成。锑-273 的创制,打破了锑剂不能口服的框框,是国内外合成的第一个切实合用的口服锑剂。该成果获 1978 年全国科学大会奖。

1985—1987 年,浙江医学研究院等单位对蜂花粉进行化学、药理和产品开发研究,并与兰溪市云山制药厂协作,研制成治疗前列腺增生的新药——前列康,该药具有良好的改善前列腺炎作用,疗效显著,未见毒副作用,为非手术治疗前列腺增生和前列腺炎提供了一种安全有效的新颖药物。浙江医院用前列康治疗前列腺增生 100 例的观察结果,减轻症状有效率 93.0％,用药后 51 例经 B 超测定前列腺体积有明显缩小,总有效率达 95.0％。[4]经国内著名泌尿外科、药理专家鉴定,该药物属国内首创,获 1987 年国家科技进步三等奖。

抗感染药物在国内的用量始终属于前列,喹诺酮类是药物作用优良的抗感染药,国际国内的生产份额均逐步上升。新昌制药厂在 20 世纪 90 年

〔1〕 1926 年,周师洛创建杭州民生制药厂,取名"民生"是为了推崇孙中山的"三民主义"。民生药业是中国最早的"四大西药厂"之一,新中国成立后先后改名为地方国营浙江制药厂、杭州第一制药厂。1985 年重新更名为杭州民生药厂。2000 年整体改制为有限责任公司,称为杭州民生药业集团有限公司.

〔2〕 浙江省科学技术志编纂委员会.浙江省科学技术志.北京:中华书局,1996:865.

〔3〕 浙江省科学技术志编纂委员会.浙江省科学技术志.北京:中华书局,1996:865.

〔4〕 郭芳彬.蜂花粉与前列腺增生.蜜蜂杂志.2000(10):27—28.

代初研制出"氧氟沙星"。该产品具有广谱抗菌作用,除对革兰氏阴性和阳性菌有优越的抗菌活性外,对厌氧菌和肺炎支原体也有优良的抗菌作用,具有血药浓度高、组织分布广等优点。产品与居国际先进水平的日本、法国同类产品齐平。其主要创新是氢化反应工艺,总体水平居国内领先。由于其适应证广、疗效显著、毒副作用小,价格仅为进口价的 2/5,因此深受医师和患者的好评。在此基础上,新昌制药厂在"八五"期间研制出乳酸左氧氟沙星,该产品为国内首创,填补了国内空白。[1] 乳酸左氧氟沙星为新一代喹诺酮类广谱、高效抗菌药,适用于对其敏感的革兰氏阳性和阴性细菌引起和各种感染,该品作为喹诺酮类药的最佳品种之一,不仅具有抗菌谱广、抗菌活性强及优秀的药代动力学性质,更显著的特点在于它是氧氟沙星的左旋光学异构体,其抗菌活性约为普通氧氟沙星的两倍,副作用非常少,水溶性好。

天然 d-a-维生素 E 具有维持生殖器官正常机能,促进人体新陈代谢,增强机体活力,延缓衰老,预防动脉硬化等功能,主要用于防病、治疗、保健品、化妆品等行业或领域。新昌制药厂于 1997 年 10 月立项进行天然维生素 E 的研究开发,投入上亿元资金,于 1999 年 3 月首次实现了天然 d-a-维生素 E 的规模化生产,填补了国内该项研究的空白。该成果获 2000 年国家科技进步二等奖。

二、生化药物

浙江生化药物的生产和研究始于 20 世纪 50 年代末。1968 年,杭州制药厂研究成功土霉素高产株,1976 年在国内首次应用快中子辐照土霉菌,选育得到 1626♯ 新菌株,比当时对照生产株提高产量 6.5% 以上,并能适应替代食用油的发酵消沫生产工艺,为发酵生产节约了大量的食用油。

1973 年起,省卫生防疫站、浙江医科大学、上海生物制品研究所等在钩端螺旋体外膜菌苗的研制中,证明膜苗接种量小(1 毫升),接种次数少(1 次),反应小,且能产生高滴度抗体及对人群高度保护作用,对推动国内原先所使用的钩体菌苗的改良有重要意义,具有国内领先水平。该成果获 1984 年浙江省科技进步一等奖。[2]

1975—1976 年,杭州第一生化制药厂、绍兴地区医院等用猪全眼球研

〔1〕 浙江省科学技术厅.浙江省"九五"社会发展科技工作进展报告,2001:174.
〔2〕 浙江省科学技术志编纂委员会.浙江省科学技术志.北京:中华书局,1996.

制成功眼宁注射液,对治疗黄斑退行性变、视网膜色素变性、视神经萎缩等具有良好的疗效。该成果获 1978 年全国科学大会奖。

阿维菌素起源于 20 世纪 70 年代。1981 年默克公司实现了阿维菌素的产业化,并逐渐应用在农牧业和卫生上。20 世纪 80 年代末,浙江海正集团与上海农药研究所联合开发阿维菌素,取得了成功。海正集团是国内阿维菌素最早的生产厂家,也是我国阿维菌素产品国家标准的起草单位之一。

浙江省微生物研究所、浙江省医学科学院完成的"阿霉素生产菌株选育"项目,是省科委下达的"八五"生物工程重点项目,在天兰淡红链霉菌的选育中,课题组在国内外率先建立该菌的铜蒸汽激光及其累积处理的育种新技术、新方法。

国家四类新药赛斯平(环孢素口服液和环孢素软胶囊),是应用现代化生物工程技术,由发酵培养并经提纯后的环孢素制成的新型高效免疫抑制剂。主要用于预防和治疗同种异体器官移植及骨髓移植后的排斥以及用其他免疫抑制剂药物后仍产生移植排斥的患者,也可与治疗某些激素和其他免疫抑制剂联合应用。杭州华东制药有限公司是国内第一家、世界上第二家生产该产品的企业。该药疗效确切,质量稳定,血药浓度上升快而持久,尤其是软胶囊经过工艺改进,采用微乳化的先进工艺后,具有质量稳定、易于吸收、个体差异小、服用方便、携带容易等优点,与进口产品相比,生物利用度和临床疗效完全一致。赛斯平的工业化研制开发成功及其上市,填补了国内空白。

第五节　中医药

浙江省中医药源远流长,历代名医辈出,在祖国医学发展史上具有重要的地位。《中国医学史》收集了从晋朝至清代有较大影响的医学家 58 人,医籍 496 种,其中浙江医学家就有 20 人,医籍 94 种。出现了被誉为"金元四大家"的朱丹溪、一代医宗的张介宾以及楼英、王士雄等载誉史册、德泽后世的全国著名医家。近代又涌现了金子久、张山雷、范文虎、叶熙春等德馨术精的名中医。中华人民共和国成立后,浙江省中医药事业得到了稳步发展,中医药科学研究取得了令人瞩目的成绩,一些重大研究项目达到了国内和国际先进水平,并产生了较好的社会效益和经济效益。

一、中医基础理论

1949 年以来,浙江中医界主要存在丹溪学派、温补学派、钱塘学派与绍派伤寒学派等四大学术流派。[1] 这些学派最早出现的是丹溪学派,始于元朝。新中国成立后,这些学派得到了继承和发展。例如,浙江中医学院徐荣斋所著《重订通俗伤寒论》及其他有关研究绍派伤寒的学术论文,为扩大绍派伤寒在全国的影响作出了重要贡献。

在中医经典著作的整理上,以何任对《金匮要略》整理研究最为著名。何任,1921 年出生于浙江杭州市一个世医家庭。新中国成立后,何任负责杭州市中医协会工作,1955 年负责筹建浙江中医进修学校并任副校长。1959 年该校发展成为浙江中医学院,他担任副院长,1979 年被任命为院长。《金匮要略》为中医四大经典著作之一,是最早的内科杂病方书,具有很高的临床实用价值。但因年代久远,文辞晦涩,错讹颇多,亟待整理研究。有感于此,40 余年来,何任从理论到临床,孜孜不倦地对该著作进行研究,取得了丰硕成果,成为国内外研究《金匮要略》的知名专家。1983 年,卫生部委托他主持卫生部科研项目——“《金匮要略》整理研究”,并承担全国《金匮要略》函授教材的编写。历时四年,编成《金匮要略校注》一书,专家们称之为当今《金匮要略》的最佳版本。日本东京医药专门学校校长、医学博士桑木崇秀先生称何任为研究《金匮要略》的“第一人者”[2]。

二、中药科技

中药化学

20 世纪 70 年代末,浙江卫生实验院从蕨类植物千层塔中分离到石杉碱甲和石杉碱乙,后与中科院上海药物研究所合作研究,证明石杉碱甲是一种可逆和选择性的真性胆碱酯酶抑制药,其毒性比毒扁豆碱、新斯的明低,对重症肌无力和老年性记忆功能减退有疗效。该成果获 1987 年国家发明二等奖。临床研究结果表明,石杉碱甲对重症肌无力总有效率为 99％,有效维持时间明显长于新斯的明。该产品生产工艺成熟,质量标准基本可行,为治疗重症肌无力患者增加了一种新型有效药物。

〔1〕　陈春圃.浙江中医主要学术流派.中华医史杂志,1999(10):235—238.
〔2〕　何若苹.中医教育家和临床家何任.中国科学技术协会网,2005-11-02.

光动力学疗法是一项诊断恶性肿瘤的技术,研制新型光敏剂是提高该疗法诊治水平的关键之一。浙江省中医药研究院等单位承担的"中药光敏剂——叶绿素衍生物诊治恶性肿瘤的研究",利用浙江省丰富的中药蚕砂资源所研制成的新型光敏剂 CPD_4,理化性质稳定、光动力学效应强、光毒反应轻。与国外同类产品比较,有工艺简单、成本低廉、口服给药安全方便、避光时间短等优点。

由浙江省医学科学院主持的研究小组,自 1997 年初开始进行"白首乌中的 C21 甾体甙的化学和抗肿瘤作用研究",从白首乌中分离得到 C21 甾体甙成分,为我国研究开发结构新颖的抗肿瘤药物提供了科学依据,并显示出良好的科学价值和应用前景。

中药制剂

在中药制剂工艺的改进方面,杭州胡庆余堂制药厂将全鹿丸、滋补大力丸等传统丸剂改为浸膏片剂,成为浙江中成药剂型改革之始。浓缩生产跌打丸,为全省研制浓缩丸开创了先例。1980 年胡庆余堂制药厂与有关单位协作进行了甘草蜜炙工艺改革,即用烘法代替炒制法。蜜炙甘草为甘草炮制品,传统生产采用炒制法,多为手工操作,生产水平低,质量难以控制,能耗大。烘制法采用温度可调烘箱,操作方便、质量易控制、劳动强度减轻、生产效率高,药理试验证实炒制法与烘制法蜜炙甘草在相同剂量的情况下具有相同的促皮质激素样作用。

中药研制方面,浙江省中医院在长期临床治疗青少年近视眼的中药验方基础上,研制成益视冲剂,临床效果良好,服用方便,未见有毒副作用。兰溪制药厂研制的四味感冒退热冲剂具有清热解毒、宣肺利咽、理气宽中作用,主治风热或风热挟湿感冒引起的高热头痛、咽喉痛、肢体酸痛、鼻塞、胃纳减等症,是治疗风热或风热挟湿型感冒的新药,采用水煎醇沉法制成块状冲剂,便于服用。

以浙江中医学院李大鹏为首的课题组历时 20 年,研制成功"康莱特"注射液。该药在直接抑杀癌细胞的同时整体性增强机体免疫功能,改变了中药治癌只是辅助用药的传统观点,改写了抗癌中药只能口服的历史,标志着中药创新迈上新台阶。1993 年通过国家中医药局主持的专家鉴定,被认为"为发掘提高我国中医药宝库作出了重大贡献,达到国际领先水平"。1997年 8 月,卫生部正式批准康莱特生产上市,成为卫生部实施新药审评制度以来第一个批准生产的输液型的恶性肿瘤治疗药。康莱特的研制成功显示了传统中药在肿瘤领域的治疗地位和水平,为此,先后获得国家技术发明三等奖和国家科技进步二等奖,被列为国家中医药局"重大科研成果推广项目"

和国家科委的"九五全国重点科技成果推广项目"。作为知识产权保护成果,康莱特已获中国、美国、俄罗斯、菲律宾等国的专利证书。[1]

中药药理

灵猫香在我国古代本草文献中有记载,是一种与麝香作用相似的中药。但未加以充分应用。为了保障医疗保健事业用药的需要,缓和麝香供应紧缺,根据商业部下达的科研任务,浙江省于1972年组织科研协作组进行了灵猫香药用研究。该协作组科研人员用现代科学方法对灵猫香进行了系统研究,证实了灵猫香与麝香的抗炎止痛、行瘀消肿功效基本一致,应用于临床取得了满意的疗效,从而开发了新药源,为推广灵猫香药用提供了科学依据,具有较高的社会效益和经济效益,填补了国内空白。

抗矽片是一种多味复方中药片剂,是在运用民间验方和查阅文献的基础上研制而成的。1980—1987年,胡庆余堂制药厂等单位的研究结果表明,抗矽片具有抗炎、保护红细胞膜、促进肺巨噬细胞的存活以及提高细胞内 ATP 含量的作用,故能改善矽肺病人的症状,改善肺通气功能和稳定病情发展。它与几个治疗矽肺的西药相比,疗效相近,临床无明显毒副反应,该研究为应用中医理论治疗矽肺开创了先例。

第六节　计划生育

计划生育30多年来,浙江省计划生育工作经历了几次重大调整。从20世纪80年代后期开始,浙江采取"宣传教育为主、避孕为主、经常性工作为主"的方针,到20世纪90年代以后,积极探索建立以人为本的计划生育机制,推动计划生育科技创新。

一、避孕与节育

(一)工具避孕

继1972年8月研制成功含铜 T 形、Y 形及菱形三种活性宫内节育器后,浙江医科大学对放置含铜宫内节育器后的宫腔生化改变进行了研究。1972—1980年,通过对放置含铜宫内节育器妇女89个月的长期监测,根据宫内节育器铜的溶蚀量、血铜水平和使用者的肝功能的监测结果,证明此种

〔1〕于长洪.我国中药抗癌研究获重大突破.光明日报,1998-05-10.

宫内节育器是安全的,确认含铜宫内节育器可使用 15 年。1983 年,浙江医科大学负责对浙江省宫内节育器并发症发生情况进行调查研究,表明宫内节育器是一种安全、有效、简便、经济的避孕工具。"八五"期间,浙江医科大学还承担了国家宫内节育器主要副作用发生机制和防治方法的研究以及新型宫内节育器的研究。[1]

(二)药物避孕

口服避孕

1964 年,浙江省卫生实验院从不同角度阐明女用甾体激素避孕药的作用机理,研究结果表明口服避孕药的主要作用是通过负反馈作用抑制排卵,孕激素起主导作用,纠正了当时国内有人认为口服避孕药的主要作用是雌激素的论点。

1986 年,浙江省医学研究院全面比较了左旋和消旋 18-甲基炔诺酮药代动力学的基本特点,系统完成了口服不同剂量及配伍的 18-甲基炔雌醚长效片和 18-甲基炔雌醇事后片的临床药代动力学研究,表明可明显降低血药峰值水平及肝脏代谢的负荷,多次口服后体内无明显积蓄,为长期使用长效复方口服避孕片的安全性提供了科学依据。该成果获 1987 年国家科技进步二等奖。[2]

避孕针

1969—1970 年,浙江医科大学、仙居制药厂和省卫生实验院协作研制成功庚炔诺酮,1970 年由省卫生实验院牵头组成协作组,试制成单方及两种复方的庚炔诺酮注射剂。

浙江省卫生实验院计划生育研究所从 1977—1984 年对庚炔诺酮进行了系统的药代动力学研究。1979—1980 年,桑国卫首次在国际上报道了单次肌注 200 毫克庚酸酯炔诺酮后的血药峰值时间及半衰期等。这一研究结果被世界卫生组织多次引用。1983 年,在墨西哥召开的生育调节新进展国际讨论会上,桑国卫首次报告中国和英国妇女对于庚酸酯炔诺酮的代谢及体内过程具有明显种族差异的研究结果。

1986 年,桑国卫首次发表复方庚酸酯炔诺酮肌注后的临床药代动力学参数。1987 年报道该药最佳剂量探索。1989 年证明,每月肌注一次、多次

〔1〕 黄亦冰.浙江省计划生育志,http://www.zjjsw.gov.cn/jsw/node10/node27/node77/userobject1ai5103.html,2007-02-15.

〔2〕 浙江省科学技术志编纂委员会.浙江省科学技术志.北京:中华书局,1996:898.

注射后该药在体内无明显积蓄,为复方庚炔诺酮的长期安全性提供了重要理论依据。1991 年,复方庚酸酯炔诺酮避孕针获卫生部新药证书,正式投入生产,并于 1993 年由卫生部选定为我国基本避孕药物。1994 年 4 月,世界卫生组织(WHO)专家委员会发表备忘录与专题咨询会议录,推荐复方庚酸酯炔诺酮为当前最佳注射避孕药之一,并在前言中正式确认中国与 WHO 在同时期各自独立研制成该长效避孕针。[1]

皮下埋植剂

皮下埋植剂避孕效果好,妊娠率低,经过一次埋植,避孕有效期长达五年。埋植后不会因为"使用不当"或"脱落"而失败。故此避孕法特别适用于使用宫内节育器失败者(带器妊娠或脱落者)、不能规则地使用口服避孕药或避孕针者、未采用避孕措施反复进行人工流产者、有剖宫产史或生殖道畸形者。由浙江省医学科学院计划生育研究所等单位完成的国家"七五"重大攻关研究题"国产 18-甲基炔诺酮皮下埋植剂的研究",研制成类似国外 Norplant-Ⅱ型之长效避孕皮下埋植剂,由上海达华制药厂生产。该研究成果获国家科技进步三等奖。通过临床观察,国产 18-甲基炔诺酮(Ⅱ型)与国外 Norplant 在避孕效果、持续使用率与副反应方面都相似,无统计学差异。从 LNG 血清水平测定来看,国产Ⅱ型的 LNG 血清水平下降较 Norplant 快,但由于其对宫颈黏液及子宫内膜的影响,预计到第五年仍有避孕效果。国产制剂原料国产、价格低廉,放、取较六根型简便。[2]

仙居制药厂主持的"醋酸烯诺孕酮及其一根型皮下埋植剂的临床前研究"、"哺乳期避孕药醋酸烯诺孕酮一根型皮下埋植剂"研究项目,是"九五"期间全国计划生育与生殖健康领域的重大科研成果。醋酸烯诺孕酮是一种人工合成的强效孕激素,口服后在肝脏迅速被代谢失活,国外发现其硅胶埋植剂皮下给药显示明显的避孕效果。含醋酸烯诺孕酮单根硅橡胶皮下埋植剂有效避孕期可达两年,它不仅抑止排卵,避孕效果确切,并在埋植期间对脂蛋白水平、糖代谢、内分泌与肝功能等均无不良影响,长期使用也很少发生骨疏松、痤疮或体重增加等不良反应,故其被推荐为哺乳期妇女的理想避孕药。醋酸烯诺孕酮也可用于育龄妇女避孕,为广大育龄妇女提供了一种安全长期的避孕药物。

---

〔1〕 黄亦冰.浙江省计划生育志,http://www.zjjsw.gov.cn/jsw/node10/node27/node77/useroject1ai5103.html,2007-02-15.

〔2〕 杜明昆等.国产 18 甲基炔诺酮皮下埋植剂和 Norplant 的临床比较性研究——666 例 4 年报告.生殖与避孕,1998(5):290—294.

(三)人流

20世纪90年代,浙江省医学科学院承担的"米非司酮配伍前列腺素终止早孕的药代动力学及系统临床研究",获得了全国人口和计划生育科技成果一等奖以及国家科技进步二等奖。

该课题在国内外首次依据大规模多中心临床比较研究确认了米非司酮的最佳剂量与剂量配伍,应用远低于国外推荐剂量,达到了终止早孕的高度有效与安全可靠。所完成的引入性研究是国内外所见最大规模、设计严格、符合GCP要求的现场试验,首次依据大规模临床数据报道了药物流产的可接受性,并通过该规范研究将药物流产这一新技术在短期内科学、有效地推广到基层,为我国城乡育龄妇女提供了安全、有效的药物流产常规技术,是一项具有国际先进水平的系统研究成果。

二、男性生殖研究

棉酚抗生育研究

棉酚是中国首先发现并证实对男性具有抗生育作用的男性避孕药。1971年,省粮食科学研究所和省卫生实验院协作,完成了从棉子饼中提取棉酚的工作,进行棉酚的毒性及抗生育药理研究。省卫生实验院与中国科学院上海药物研究所合作,在国内较早地阐明了男性避孕药棉酚在小鼠、大鼠、犬及猴体内的吸收、分布和排泄过程,为临床合理用药提供了依据。

1972年,浙江男用棉酚协作组参加全国棉酚抗生育研究协作,于1975年完成棉酚对大鼠抗生育作用的药理及对大鼠、犬、猴的毒性试验。男用节育药棉酚浙江协作组获1978年全国科学大会奖。

复方十一酸睾酮抗生育研究

1979年,浙江医科大学进行长效雄激素——睾酮酯类合并甲地孕酮或戊酸雌二醇对雄性大鼠的抗生育研究。1983年,又对复方十一酸睾酮抗生育进行了临床研究。1990年,仙居药厂等单位在国内首创长效雄激素类新药——十一酸睾酮注射剂,获国家新药证书及批准生产。该药与小剂量甲地孕酮合用,每月肌肉注射一次,可用于男性避孕。如果单用,每月肌注一次(250毫克),可用于男性性功能减退。

精子获能研究

产生于不同个体的精子和卵子为什么会结合?浙江省医学科学院完成

的对精卵结合的过程及关系的研究,解答了这个许多人都知道却又难以明了的问题。人类生育起始于精卵结合的受精过程,而精子能否与卵子结合完成受精,前提是精子必须获能并发生顶体反应。"获能"是指精子在离开睾丸和生殖道后,必须在雌性生殖道内经历一个成熟过程,才能和卵子受精;"顶体反应"是指获能的精子接近或进入卵子的卵丘细胞并与透明带结合时被激活,使精子顶体所含的顶体酶类释放出来,支持精子穿过卵透明带,从而导致精卵融合即受精。在正常情况下,只有获能的精子才能发生顶体反应;同样,也只有经过顶体反应的精子才能与卵子受精。因此,干扰或促进精子获能和顶体反应,从而达到阻止或促进受精的目的,是探索男性生育调节的重要途径之一。浙江省医学科学院历时六余年,在男性生育调节因子及其作用方式的研究过程中取得了一系列成果,有七篇论文刊于美国《科学》和《生殖生物学》等国际高水平杂志,被国内外同行引用 130 余次。[1]

---

〔1〕　李水根.精卵结合有"启动因子".科技文萃,1999(10).

第六章

工业技术的主要成就(上)

　　浙江省在新中国成立后的很长一段时期内,由于作为国家的对敌斗争前线,没有布局大型工业,改革开放前以轻工业及其相关的机械基础工业为主。改革开放以后重工业有所布局,在 20 世纪 80 年代后期兴起了高新技术产业,工业技术的发展重心也逐步转移。本章主要介绍浙江当代机械制造、电力能源、冶金工业、车辆船舶、化工建材技术的发展。

第一节　机械制造技术

　　新中国成立以来特别是改革开放以来,浙江省的机械工业及制造技术通过技术引进、技术改造和自主创新,技术装备的设计和制造能力有了明显增强,能为能源、交通、冶金、石化等行业提供多种大型成套设备和关键产品,成为全省工业第一大产业。至 2000 年年末,在全省工业中,机械工业企业数占 32%,依靠先进的设计技术和制造能力,发挥产品优势,调整产品结构,形成了一批竞争力较强的特色优势产品。其中,空分设备、工业汽轮机、电除尘器和气力输灰装置、余热锅炉、真空获得与应用设备、平面磨床等产品处于全国同行前茅,其控制系统均已运用高新技术进行改造,实现了机电一体化。摩托车、船用齿轮箱、工业链条、手动葫芦、电能表、低压电器、中小型轴承、水表、密封件等机械产品,包括汽车和摩托车零部件等,在经济总量上居全国前列。同时,发展了车削中心、数控机床、PC 控制锻压机床、加工中心等一批机电一体化的基础机械。

一、工程及建筑机械

斗轮挖掘机

进行大规模的经济建设,需要大量的土石方施工机械为其服务,而挖掘机是最重要的一类土石方施工机械,因此在浙江存在着一个巨大的挖掘机现实市场和更为巨大的挖掘机潜在市场,要求浙江本身大力发展挖掘机的制造技术。

斗轮挖掘机是在单斗挖掘机和环轮挖掘机(多斗挖掘机)的基础上发展起来的,它利用斗轮旋转和臂架回转的复合运动,使铲斗连续挖掘较硬物料。斗轮挖掘机配以汽车或带式输送机组成的挖掘运输系统,是一种高效率的采掘设备,主要用于露天矿中煤炭、油母页岩等的剥离和采掘,大型水利、建筑等工程的土方开挖。浙江省斗轮挖掘机技术的发展始于改革开放之后。

创建于1958年的半山重型机械厂(后改名为杭州重型机械厂,1999年改制为杭州重型机械有限公司),自建立以来与国内外企业合作试制成功多种类型的挖掘机。在20世纪60年代主要参考苏联的设计图纸研制挖掘机,设计出W2002型单斗挖掘机、T-1型纵向链斗挖沟机;另一方面与其他企业,如抚顺挖掘机厂、天津工程机械研究所、长江挖掘机厂、茂名石油公司、沈阳煤矿设计院等合作,联合设计出LW1-75型横向链斗挖沟机、斗容量为2.5立方米的WY-250型履带式全液压挖掘机、国内第一台WUD400/700型斗轮挖掘机等。除此之外,还依靠自己的力量自行设计产品。1969年自行设计、研制成我国第一台WY-200单斗全液压挖掘机,斗容量为2立方米。[1]

1978年,杭州重型机械厂成立挖掘机研究所。1979年6月,与天津工程机械研究所合作,联合设计中斗轮挖掘机及其配套设备。1980年,开发WDZ200型船用抓斗挖掘机,为水利工程提供疏浚河道的机械设备。1981年后,该厂还对W2002型履带式单斗挖掘机进行W200A和WD200A型两种机型的改装,增加多种作业装置,使之具有正铲、反铲、拉铲、起重、强夯、吸铁吊等六种功能,做到一机多用。产品投放市场后,深受欢迎。

改革开放后,杭州重型机械厂进一步走向国际,和国外许多企业进行紧密合作。1983年12月,从德国引进先进的液压挖掘机生产技术。通过技

---

〔1〕　浙江省科学技术志编纂委员会.浙江省科学技术志.北京:中华书局,1996.

术转让和合作生产,于 1985 年 1 月完成由德国德马格采矿机械公司提供零部件的 H55 型(正铲标准斗容量 3.3 立方米)和 H85 型(正铲标准斗容量 5.5 立方米)液压挖掘机各一台的组装工作[1]。其中,H85 型液压挖掘机是中国引进零部件生产的第一台斗容量最大的液压挖掘机,具有 20 世纪 80 年代国际先进水平。该挖掘机的组装成功,缩短了浙江挖掘机械制造技术与世界先进水平的差距。1985 年 7 月,该厂科技人员在攻克 15 项科技难题和进行了 18 项研究试验工作后,生产出我国第一台 WUD1500/2000 型斗轮挖掘机及成套设备 SD1000/2000 型转载机和 LU1000/3000 型电缆车,其图案被印在 1987 年 500 元面额的国库券上。

之后,机械部和煤炭部决定试制 1500~2000 立方米/时斗轮挖掘机连续开采成套设备,其中 WD520/0.9·15 型斗轮挖掘机、ZSD-2000 型转载机、LU1000/1300 型电缆车由杭州重型机械和天津工程所联合设计,采用国外无格式斗轮体、拱形铲斗、行星传动、高强度材料、悬挂式托辊、钢芯胶带等新结构和技术。WD520/0.9·15 型斗轮挖掘机获浙江省 1988 年科技进步二等奖,1500~2000 立方米/时斗轮挖掘机连续开采成套设备获机电部 1990 年科技进步二等奖。

叉车技术

叉车是物料搬运作业的重要设备,是实现物流机械化作业、减轻工人搬运劳动强度、提高作业效率的主要工具。叉车具有通用性强、机动灵活、活动范围大等特点。在我国国民经济的发展中,各行各业对叉车的需求量逐年增加。叉车技术随着浙江省工业经济的发展而发展,浙江省的叉车行业经过多年的调整与发展,基本形成了骨干、重点企业在行业中占主导地位的局面,生产企业相对比较集中。

浙江省的叉车生产技术是从 1974 年开始发展的。当年,杭州通用机器制造厂(杭州叉车总厂前身)试制成功两台 CZ3 型叉车,并参照上海交通装卸机械厂的图纸,试制成功第一台以柴油机为动力的 3 吨内燃平衡重式叉车。1976 年,该厂参加一机部组织的联合设计,试制完成以 485 柴油机为动力的 CPC3 型 3 吨机械传动叉车,此后进行修改提高,形成了 CPC3C 叉车,并在国内首家采用了双缸宽视野门架,于 1991 年获国内同吨位级唯一一国优产品。同时在传动系统配装 485QC 柴油发动机、液力变矩器和液力变速箱后,形成 CPCD3C 型 3 吨液力传动叉车,操纵方便,效率高。1981 年,参加机械部组织的第二次全国叉车联合设计,形成以 CPCD25E 型为代表

〔1〕 杭州市地方志编纂委员会.杭州市志(第三卷).北京:中华书局,1997.

的 E 系列叉车,产品性能达到国际 80 年代初水平。1982 年,该厂自行设计制造出 CPD1.5 型平衡重式蓄电池叉车和 CQD1 型立式蓄电池叉车,并相继开发出侧移叉、旋转叉、推拉器、倾翻叉、平夹、垃圾箱等 10 多种叉车属具。1984 年,杭州叉车总厂技术人员,吸收国外先进叉车设计的优点,开发了新一代 2～2.5 吨液力叉车。整机主要性能参数、产品三化程度达到了国外 80 年代初的水平,并且重心低、作业效率高、操纵轻便灵活、节省燃料、使用经济性能好,获 1989 年机械电子工业部科技进步二等奖。并在此基础上,设计了专为集装箱内作业的 2.5 吨集装箱叉车 CXCD2.5,其起升组件具有全自由提升和侧移装置,获 1988 年省科技进步二等奖。该系列叉车具有计时、报警、中位启动、油位指示、传感等特点,并贯彻欧共体 EEC 有关安全标准,达到国际 80 年代初期的先进水平。1989 年,杭州叉车总厂对老产品 CPDI.5、CPCD3C、CPC3C、CPCD20-25、CPQD20-25 型叉车通过起重、传动、动力、润滑等系统的重大改进,完成了一系列提高型产品的研制,从 1990 年起,杭州叉车总厂又开发了 2 吨蓄电池叉车、2～2.5 吨机械叉车、3.5～4 吨液力叉车、5～6 吨液力叉车。[1] 1995 年,又在叉车行业中首家获得 ISO9001 质量体系的认证注册,产品技术水平居国内领先地位,多种产品达到国际水平。2001 年荣获中国机械工业核心竞争力三十佳企业,居叉车行业第一位。

　　电动凿岩机

　　凿岩机适用于煤矿、冶金、铁道、交通、建筑、水利和国防工程,主要用于矿山采矿和巷道掘进钻凿爆破炮眼,是采掘工业的重要设备。凿岩机也是浙江省有特色的矿山机械产品,20 世纪 50 年代浙江省坑探工程,主要以手工掘进施工为主,掘进速度慢,劳动强度大,凿岩机的制造大大提高了山地工作的生产率。1958 年 9 月,浙江大学设计制造了国内第一台电动凿岩机。

　　1963 年至 1965 年初,浙江衢州煤矿机械厂在消化吸收国外技术的基础上,设计试制成功 ZY24 型凿岩机,该机比当时国内大量生产使用的 01～30 凿岩机重量减轻 4～5 千克,凿眼速度提高 70％～100％,相对耗气量大大减少,工作性能稳定、操纵集中、使用方便、减轻工人劳动强度,深受工人欢迎。相关的产品还有 ZY24 型气腿式凿岩机、手持式凿岩机和液压凿岩机。

　　1980 年至 1986 年初,衢州煤矿机械厂试验成功 CYY20 型冲击回转式

---

〔1〕　浙江省科学技术志编纂委员会.浙江省科学技术志.北京:中华书局,1996.

液压凿岩机,该机凿孔直径27～45毫米,冲击能量适中,扭矩大,噪声低,且冲击频率随岩层条件可以调节。CYY20型凿岩机,通过实验室技术性能和凿岩性能测试,矿山中间试验和工业性试验,累计凿岩延米达到9501米和9414米,不更换主要零部件,各项技术性能符合设计指标要求,凿岩性接近国外样机。该成果获1987年省科技进步二等奖。[1]

为了满足小型工程凿岩爆破的需要,1986年,衢州煤矿机械厂又开发成功QJ15型凿岩机组,结构简单、使用可靠、适用范围广、搬运方便,与国内同类产品比较,重量减轻15%,凿岩速度提高24%。目前全国最大的凿岩机生产基地就在衢州市,凿岩机也成为当地举足轻重的支柱产业。

二、动力机械

工业汽轮机

汽轮机是将蒸汽的热能转变为机械能的能量转换装置。蒸汽的热能通过汽轮机的喷嘴栅或动叶栅首先转变为动能,然后在动叶栅中再使动能转变为机械能。

工业汽轮机是现代工业不可缺少的动力设备。新中国成立初期,我国化工、石油等行业所用的工业汽轮机,大部分依靠进口。新中国成立后,浙江省工业汽轮机技术经历了从无到有、从小到大、从弱到强的发展历史,为国家工业生产提供了重要的动力装置。浙江省于1958年6月开始筹建杭州汽轮机厂,1959年1月11日第一台70马力(51.45千瓦)的向心式汽轮机在该厂试制成功。

1961年参照上海汽轮机厂的产品图纸和技术资料,杭州汽轮机厂试制出进汽压力为每平方厘米13千克、进汽温度为340℃的750千瓦冷凝式汽轮机。该机的试制成功标志着杭州工业汽轮机制造的正式开始。

1964年8月,该厂首次自行设计制造出次中压多级背压式工业汽轮机,开始了自行设计新产品的历史,也为杭州发展工业汽轮机奠定了重要基础。[2]

1975年,杭州汽轮机厂引进德国西门子公司三系列工业汽轮机设计制造技术,试制成2万千瓦驱动合成气压缩机工业汽动机和首套年产30万吨合成氨国产装置汽轮机组。这是该厂首次制造的高温、高压、高转速汽轮

〔1〕 中国煤炭志编纂委员会.中国煤炭志.北京:煤炭工业出版社,1997.
〔2〕 浙江省科学技术志编纂委员会.浙江省科学技术志.北京:中华书局,1996.

机,其各项技术指标均达到当时国际同类产品水平。这一期间汽轮机的设计也进入到改进设计与自主设计相结合阶段。

在引进国外先进技术的同时,杭州汽轮机厂还以"点菜吃饭"的方式,从德国、法国、瑞士、日本等国分别引进 52 台(套)关键加工、检测设备,从而使该厂工业汽轮机设计制造水平一次性向前推进了 20 年,达到当时的世界先进水平。在此基础上,杭州汽轮机厂自行设计制造了 1.1 万千瓦、2 万千瓦高速工业汽轮机。1.1 万千瓦高速工业汽轮机为年产 30 万吨合成氨装置中驱动空气压缩机和氨压缩机配套的动力机,2 万千瓦高速工业汽轮机是高温、高压、高速、大功率抽气冷凝式工业汽轮机。这两种汽轮机都能充分利用化工生产过程中产生的热量,大大降低了合成氨的电耗。该成果获 1979 年杭州市重大科技成果一等奖。

1973 年,杭州汽轮机厂采用双机头窄间隙气体保护横焊,成功焊接了工业汽轮机转子,达到当时国际先进水平,焊接接头具有高强度、高性能、小变形的特点。1976 年,杭州汽轮机厂对工业汽轮机整体转子上的叶轮和单级叶轮的叶片采用电解加工工艺,并使用一套通用分度夹具将 23 道工序改为 1 道工序,减少了复杂工艺装备。这些技术改革获得了 1978 年机械工业部科学大会奖。

从 1975 年开始,我国从德国西门子公司引进了"积木块"多级汽轮机的全套设计、制造技术,又从其他国家进口具有 70 年代先进水平的技术装备,用来扩建和改造杭州汽轮机厂,总投资额折合人民币达 1.2 亿多元。经过改造、扩建后的杭州汽轮机厂,成为我国最大的工业汽轮机制造厂。一些在这个厂工作过的外国专家认为,拥有这样先进技术装备的汽轮机制造厂,即使在欧美工业发达国家也是不多见的。

杭州汽轮机厂不断地为国内其他企业制造大型的汽轮机,并多次获得各类奖项。20 世纪 80 年代后,杭州汽轮机厂是中国唯一能按用户要求进行非标设计,严格按国际标准进行生产的工业汽轮机制造厂。到 1990 年利用引进技术制造出 NK、ENK、NG、ENG、EHNG、HG 等六个基型 169 台三系列工业汽轮机,最大功率 25000 千瓦。还自行设计了近百台各种型号规格的冲动式汽轮机,主要是 1000～6000 千瓦热电联产机组系列,中、低压进汽参数的单级悬臂背压式、单级双支点背压式、回流背压式、背压式、快装冷凝式、冷凝式等汽轮机,为厂矿企业热能综合利用提供了理想机组。

大型锅炉

浙江省的锅炉自 1955 年杭州锅炉厂生产出第一台"佛来释式"锅炉以后,从小型工业锅炉和电站锅炉,发展到高压电站锅炉、大型锅炉辅机、余热锅炉。1990 年全省有 17 家专业厂,具备设计制造 410 吨/时高压电站锅炉和各种型号工业锅炉的能力,在烟道式余热锅炉研制和生产方面处于国内领先地位。

1958 年,杭州锅炉厂试制成功第一台 6.5 吨/时抛煤机锅炉。60 年代中期,该厂陆续开发燃用热值为 6150 千焦/千克石煤的 2~10 吨/时沸腾炉。1978 年,浙江大学、湖州化肥厂、杭州锅炉厂的陈运铣、岑可法、齐育芳、许晋漩等改造成 10 吨/时双床并联运行沸腾燃烧锅炉,获 1979 年浙江省优秀科技成果一等奖。同时完成石煤炉改造的还有义乌电厂 6.5 吨/时抛煤机锅炉,杭州粮油化工厂 10 吨/时等锅炉。

1974 年,杭州锅炉厂被确定为全国余热锅炉专业生产厂,1977 年杭州余热锅炉研究所成立。1977—1990 年,该厂生产各类余热锅炉 542 台,占全国余热锅炉生产量的一半以上,形成了硫酸余热锅炉、玻璃窑余热锅炉、低热值尾气余热锅炉和加热炉余热锅炉等系列产品。

1975 年,杭州锅炉厂设计的年产 11.5 万吨乙烯裂解装置半螺旋管急冷余热锅炉具有国际 70 年代初水平,1978 年安装于兰州石油化工公司。

1977 年杭州锅炉厂为云南磷肥厂设计制造第一台自然循环硫酸余热锅炉,1978 年又与南京化学工业公司设计院、上海硫酸厂联合开发了 F101-20/39-4450 型强制循环硫酸余热锅炉,配套应用于年产 12 万吨硫酸主工艺,回收硫铁矿粉焙烧的高硫分、高温、高烟尘烟气余热,产生 3.82 兆帕、450℃的高温蒸汽用于发电,解决了制酸工艺烟气的降温和净化问题。随后又完成年产 4 万~12 万吨硫酸余热锅炉系列产品的开发。

1980 年,杭州锅炉厂研制成功 QC12、QC22 型低热值尾气余热锅炉系列,解决了化工炭黑制造行业低热值尾气燃烧回收化学热能,减少 CO、SO_2 有害气体排放等问题。80 年代该产品还扩展到高炉煤气余热回收应用领域。

1983 年,杭州锅炉厂研制的 F0.9-4/13 型密封电石尾气余热锅炉,配套应用于 0.7 兆瓦容量电石炉。该锅炉采用特殊的炉型结构和燃烧器,保证尾气直接燃烧的安全性,每年可回收相当于 2300 吨标准煤的余热,属国内首创,获国家发明专利。

1985 年,杭州锅炉厂引进消化哈尔滨锅炉厂技术后,设计制造 220 吨/时高压电站锅炉,1991 年设计制造了 410 吨/时电站锅炉,具备了生产 100 兆瓦发电机组锅炉配套能力,跻身于全国五大锅炉厂行列。该厂还拥有国内加工能力最大的大型卷板机,能卷制厚度 230 毫米以下的汽包筒节,承担了 300 兆瓦以下电站锅炉国产化汽包筒节的卷制任务。

　　同年，杭州锅炉厂根据上海宝山钢铁厂二期工程 75 吨/时焦炉配套需要，设计了四台 Q125/800-38-46/450 型干熄焦余热锅炉，蒸发量为 38 吨/时，蒸汽压力为 4.51 兆帕，蒸汽温度为 450℃，系强制循环露天布置结构，可用于发电，成功地解决了循环气体中含有 H_2、CO 可燃气体易爆及惰性气体泄漏危害人身安全问题，从炉型结构上保证炼焦生产 24 小时连续作业的特殊要求，填补了国内空白，产品性能达到国际 80 年代水平，为实现干法熄焦设备国产化作出了重大贡献。

　　1987 年，杭州锅炉厂在省内首先采用电渣焊技术进行大厚度工件的焊接，同年又自行研制成功摩擦焊机。1989 年，杭州锅炉厂与一机部自动化研究所、北京医疗器械研究所合作研制成 BJ-4 型电子直线加速器，能量为 4 兆电子伏，射线穿透能力强，可对 50～250 毫米厚的钢板进行探伤，是国内自行研制的第一台用于工业探伤的电子直线加速器。[1]

柴油发动机

　　柴油发动机的工作过程跟汽油发动机一样，每个工作循环要经历进气、压缩、做功、排气四个行程。但是柴油机与汽油机不同的是，它不是靠点火燃烧，而是靠压缩空气后爆炸燃烧，可以提供更高功率和能量转换，因此同样排量的柴油发动机可比汽油发动机省油 25%～30%，相应就减少了排放量，并且能提供更大扭矩和持久动力。[2] 而且柴油不挥发，易保存，燃点高，比汽油安全。

　　杭州汽车制造业，是中华人民共和国成立后从汽车修配业逐步发展起来的新兴工业。1959 年，杭州汽车制造厂（杭州汽车发动机厂前身）开始研制我国第一代高速车用柴油发动机。[3] 1963 年，该厂研制成功国内第一代 6120 型高速车用柴油发动机，并取得三项成果，即采用低合金高强度的球墨铸铁制造发动机曲轴，实现"以铸代锻"、"以铁代钢"；采用酚醛树脂为黏结剂制造汽缸盖的壳心工艺；自行设计试制高压油泵，替代进口，降低了生产成本。其中，提高曲轴疲劳强度研究等三项成果获 1978 年全国科学大会奖。

　　1968 年，杭州汽车发动机厂在生产 6120 型发动机的基础上，试制成功 6130 型高速柴油发动机。该产品经过测检，提高了功率和扭力，而耗油量

---

〔1〕　浙江省科学技术志编纂委员会.浙江省科学技术志.北京：中华书局,1996.

〔2〕　黄少华.柴油、混合动力还是氢动力？——谁主宰未来汽车命脉,太平洋汽车网,2005-12-01.

〔3〕　杭州市地方志编纂委员会.杭州市志（第三卷）.北京：中华书局,1997.

与 6120 型持平。1979 年年底又试制成功 6130QW 卧式柴油发动机。[1]

1980 年开始,杭州汽车发动机厂为适应现代化建设和节能的需要,对产品进行更新换代。该厂所属的汽车柴油机研究所以 6120 型为基型设计试制 X6130 型高速柴油发动机。X6130 型发动机达到动力大、耗油省、吨位高、使用寿命长的要求,获 1984 年汽车行业科技进步二等奖。1984 年,该厂还引进奥地利斯太尔—戴姆勒—普赫公司 WD615 型系列发动机制造技术,在消化吸收的基础上,研制成功卧式发动机和后置客车发动机。[2]

三、机床及加工机械

数控电火花线切割机床

数控电火花线切割机床既是数控机床,又是特种加工机床。电火花线切割加工是利用工具电极(钼丝)和工件两极之间脉冲放电时产生的电腐蚀现象对工件进行加工。

浙江省是国内开展数控电火花线切割加工技术研制最早的省份之一,杭州无线电专用设备一厂是国内生产数控电火花线切割机床的最大专业厂。1970 年,杭州无线电专用设备一厂设计试制出第一台 CKX 型数控电火花线切割机床。之后对 CKX 机床做重大改进,试制成功了 SCX-73 型线切割机,该机由数控装置、机床和高频脉冲电源组成,使整机性能有了很大提高,获 1980 年国家优质产品银质奖。随着微电子技术的发展,该厂又与中国科学院电工所合作研制成功 SCX-2 型微机控制的电火花线切割机床,并具有自动编程功能,使产品水平上了一个新台阶。[3]

1983 年,杭州无线电专用设备一厂开发成功 JO780-1 型单板微机控制线切割机床,属线切割机床的第三代,符合专业系列标准,技术经济指标先进,具有国内先进水平,获国家经委该年度优秀新产品奖。1984 年,该厂试制成功JO708(DK7716)-1型单板机微型计算机控制的电火花线切割机床,配低耗高效的脉冲电源,整机稳定性、可靠性及加工工艺等方面有较大提高,还具有锥度切割、自适应控制等功能。1988 年,该厂研制成功 DK7716-4 型线切割机床,配有 WBKX-3 微机编程控制系统,使用 PC 计算机,实现分时操作、实时显示等功能。同年,又研制成功 DK7725 型数控电火花线切

〔1〕 杭州市地方志编纂委员会.杭州市志(第七卷).北京:中华书局,1997.

〔2〕 肖永清.车用柴油发动机电控系统的发展.汽车制造业,2005(11).

〔3〕 杭州市地方志编纂委员会.杭州市志(第三卷).北京:中华书局,1997.

割机床,使线切割机的工作行程扩展为 250 毫米×320 毫米,结束了浙江省仅生产小型机的局面。1990 年,该厂研制成功 DK7716A-1 型数控电火花线切割机床,实现四轴联动,具有锥度切割功能,扩大了线切割机的加工领域。

平面磨床

平面磨床是浙江省重要的特色优势机械产品。杭州机床厂是全国最大的平面磨床专业制造厂。1958 年 5 月,国家第一机械工业部决定,上海机床厂生产的 M7130 型和 M7230 型两种平面磨床移交杭州机床厂生产。1959 年,杭州机床厂在上海机床厂的帮助下,试制成 M7130 型卧轴矩台平面磨床。

精密卧轴矩台平面磨床是我国国防工业迫切需要的设备,过去完全依赖国外进口。1964 年 12 月,杭州机床厂试制成功中国第一台 MM7132 精密级卧轴矩台平面磨床,在该磨床中配备的低速装置,使磨床能够精修砂轮和小进给磨削,从而首次实现了平面镜面磨削。该试件达到 14C 最高级光洁度,使

图 6-1　杭州机床厂生产的平面磨床

平磨技术跨入世界先进行列[1],也形成了杭州磨床产品独特的技术结构。

1981—1985 年,杭州机床厂开发具有国际 80 年代先进水平的磨床产品,投入 600 万元进行技术改造,建成 2400 平方米恒温的精密加工和装配车间,配置 64 台设备,其中包括进口德国、日本、丹麦等国家的关键设备。并先后派遣技术人员去国外进修、考察。通过对国外技术的消化吸收,提高了该厂平面磨床及其基础件的设计和制造水平,并受到国外客商的高度赞扬。

船用齿轮箱

1961 年 12 月,杭州齿轮箱厂(简称杭齿)试制成功第一台 3HC100 型船用齿轮箱,从根本上解决了长期以来制约我国船舶传动技术的一大难题,是我国工业传动装置领域的一项重大突破,也是杭齿发展史上的一个重要里程碑。两年后,该厂先后仿制成功 ZF80、55 船用齿轮箱,研制成功船用齿轮箱的重要元件——粉末冶金摩擦片。该三项成果均填补国内空白,并

---

〔1〕　杭州市地方志编纂委员会.杭州市志(第三卷).北京:中华书局,1997.

获 1978 年全国科学大会奖。

除了仿制技术之外,杭齿还自行开发研制了多项产品。1971 年,杭齿自行设计制造成功 120 型船用齿轮箱。1974—1980 年,杭齿凭借引进技术的积淀、工艺装备的优势和员工勇于拼搏的精神,自行设计开发成功 40 型和 135 型船用齿轮箱。尤其是后者引进德国洛曼公司 JWC、GUS 系列船用齿轮箱制造技术和奥地利米巴公司喷撒法铜基粉末冶金烧结技术,其主要技术指标达到世界 80 年代先进水平。上述两个产品分别于 1980 年和 1984 年获国家优质产品银质奖。

随着在研究设计环节技术上的重大突破,杭齿开始消化吸收德国洛曼公司技术,于 1983 年试制成 GWC42/45、GUS280B 两个系列产品,达到国际水平,基本件的国产化程度为 100%,配套件也立足国内,经全面的技术考核试验和拆机检查鉴定,获得英国、德国劳氏船级社和中国船舶检验局联合签发的认可证书。

计算机技术的广泛应用也涉足齿轮箱技术领域。1983 年,杭齿研制成计算机辅助设计,缩短新产品设计周期,于 80 年代中期开发大、中、小三个系列 27 种船用齿轮箱。其中,1989 年研制的 120C 和 MB242 船用齿轮箱采用一系列新的设计思想,向轻、小、简、便、美前进了一大步,1991 年被授予实用新型专利。

手拉葫芦

手拉葫芦是一种使用面广的轻小型手动起重工具,广泛使用于工厂、矿山、码头、建筑、交通、农林、水利等部门。它还可与手动单轨小车组成单轨架空运输系统或与手动单梁起重机配套使用。

浙江省主要生产手拉葫芦的两家开山鼻祖企业分别是杭州武林机器厂和浙江省五一机械厂。杭州武林机器厂始建于 1952 年。1956 年,该厂设计、制造成功国内第一批手拉葫芦。这批手拉葫芦的问世成为浙江省重矿工程机械生产的起点。1958 年起生产 3 吨手拉葫芦,畅销全国,远销东南亚,从此我国手拉葫芦不再依赖进口。1961 年后,又开发多品种多规格的电动葫芦产品,完成 SH 型手动葫芦基本参数系列设计图,供全国生产使用。杭州武林机

图 6-2 杭州武林机器厂设计、制造成功的
国内第一批手拉葫芦

器厂生产的飞鸽牌葫芦,原来只能垂直拉动,后来了解到澳大利亚人习惯于斜向拉动,他们立即研究改进设计,使手拉葫芦也能斜向拉动。[1] 飞鸽牌HS-B型0.5~5吨手拉葫芦,1981年评为国家质量银质奖,1985年评为国家优质产品金质奖。[2] 该厂后来成为国家起重葫芦标准起草单位。

浙江省五一机械厂成立于1971年,1973年手拉葫芦投产,成为我国手拉葫芦最大的制造厂之一。同年7月试制成功WA型5吨手拉葫芦,注册商标双鸽牌。1982年双鸽牌手拉葫芦被列入世界《工商行目录》。1978—1989年,双鸽牌手拉葫芦在同行业质量评比中,连续七年名列全国第一。其中,HS-B型0.5~5吨手拉葫芦获国家经委银质奖,10~20吨手拉葫芦被评为部优产品。

四、其他机械制造技术

空分设备

空分设备属于重型装备,关乎国家发展命脉的重工业配套。冶金、石化、煤化工、航空、航天等重要领域都需要使用空分设备。以前,我国大型空分设备全部依赖进口,国内市场非常渴望有国产的大型空分设备来替代外国设备,改变被动局面。

浙江省空分设备制造技术有着悠久的发展历史。1954年1月3日杭州通用机器厂(杭州制氧机厂前身)制成我国第一台30立方米/时制氧机(仿苏),并开始制氧,成为浙江省制造的第一套气体分离设备,填补了我国空分设备生产的空白。[3]

图6-3　中国第一台制氧机在杭州通用机器厂试制成功

1957年,杭州通用机器厂试制成功中压流程的每小时产氧气50立方米仿德空分设备,首次实现了从高压流程向中低压流程的转变。1958年4月,试制成功中国第一套每小时产氧气3350立方米仿苏空分设备,标志着中国空分设备制造已完成从小型向中大型的过渡。同年7月,自主设计试

〔1〕 开化县志编纂委员会. 开化县志. 杭州:浙江人民出版社,1988.

〔2〕 余杭县志编纂委员会. 余杭县志. 杭州:浙江人民出版社,1990.

〔3〕 浙江省科学技术志编纂委员会. 浙江省科学技术志,北京:中华书局,1996.

制成功每小时产氧气 150 立方米空分设备,这是中国空分设备工业从单纯仿制转向自行设计的初步尝试。

1960 年,经第一机械部批准,杭州通用机器厂成立杭州制氧机研究所,标志着中国空分设备工业进入独立研发阶段。20 世纪 60 年代初,杭州制氧机厂开展低压流程大中型空分设备的方案设计,并取得了初步成效。1963 年,根据电光源、化工工业和航天科研的需要,该厂进行稀有气体提取设备和气体液化设备的开发,设计成功每小时产液氢 100 升的大型氢液化设备。

在"文革"极其困难的条件下,杭州制氧机厂坚持新产品的开发,试制出每小时产氧气 1 万立方米空分设备,每小时产液氧 750 千克的列车移动式大型液氧设备,带回热式制冷机,每小时产液氧、液氮各 15 升的制氧制氮车,每小时产液氦 100 升的大型氦液化设备等。

1978 年,杭州制氧机厂分别从德国和日本引进大型制氧机和中压离心式氧化压缩机制造技术,制造出符合技术要求的 10000 立方米/时制氧机,并且开始向西方工业发达国家转让专有技术。工程技术人员刻苦钻研,取得了多项科技奖项。如高参数高性能氧通用透平增速机获 1989 年省科技进步二等奖,国内第五代新产品——增压型吉化 6000 立方米/时空分设备具有国际 80 年代先进水平,分获 1990 年机械电子工业部和浙江省科技进步一等奖。[1] 1991 年,杭州制氧机厂完成的大中型空分设备技术条件及性能试验方法获国家科技进步二等奖。至 20 世纪 90 年代,杭州市空分设备工业已能设计制造空气、天然气、焦炉气、合成氨尾气等多种气体分离设备,制取氧、氮、氩、氖、氦、氖、氙等七种空气组分的"全提取"设备,尤以生产制造每小时产氧气 1000 立方米以上的中大型空分设备和气体液化设备见长。经过几十年的发展,一方面引进国外先进技术,另一方面走自主创新的道路,制氧机每小时可生产出来的氧气容量越来越大,杭州制氧机厂也成为我国空分设备制造业的龙头企业。

离心机

离心机是利用转鼓带动转鼓内的物料作高速旋转所产生的离心力,将液体与固体颗粒的混合物、两种密度不同且互不相溶的液体混合物进行分离的机械。离心机的研制代表着浙江化工机械技术的进步。

1969 年 9 月,杭州化工机械修配厂(杭州化工机械厂前身)研制成适用于分离含中等粒度和细小粒度固相物的悬浮液(粒度为 0.01~5 毫米)的 WG800 卧式刮刀离心机。该机是一种刮刀卸料、自动、间隙操作的过滤式

---

〔1〕 杭州市地方志编纂委员会.杭州市志(第三卷).北京:中华书局,1997.

离心机,可在全速运转下自动循环地进行周期操作,在每一周期中又自动地进行洗网、进料、分离、卸料等工序的操作,每道工序的持续时间可进行调节。该产品列为杭州市"四新"产品,该厂也被化工部确定为该产品的定点生产厂家,1970 年投入批量生产。[1]

电除尘器

浙江省电除尘器研制始于 20 世纪 70 年代末。1980 年,诸暨化工机械厂(诸暨电除尘器厂、浙江电除尘器总厂前身)试制了国内第一台 GPlOOD-3 型,为 50 兆瓦机组燃煤电站配套用的大型电除尘器,采用管型芒刺线、480C 型极板、框架式钢结构,设计除尘效率≥98%,1983 年投入运行。1984 年鉴定时实测效率为 99.5%,气流分布均匀性达到美国 RMS 标准,振打锤寿命、阳极板间距公差等均达到国内先进水平。分别获 1985 年机械部和 1984 年浙江省优秀科技成果二等奖。1980 年,诸暨电除尘器厂建立了诸暨电除尘器研究所,之后又成立了电除尘器标准化委员会。1983 年,为配合山东省石横电厂引进 300 兆瓦机组的需要,诸暨电除尘器厂从瑞典菲达公司(FLAKT AB)引进技术,研制国内第一套引进型 300 兆瓦机组 F189-4 电除尘器。该产品系高镍不锈钢螺旋线,735C 型极板,自撑型钢结构,单位集尘面积设计重量比 GP 型轻 15%左右,且多孔板带三角形导流叶片,气流分布调整、安装、操作和维修均较方便。1990 年鉴定验收合格,各项指标均达到或超过设计值,1991 年获国家重大技术装备成果二等奖。在研制该款电除尘器过程中,为寻求能承受 370℃冲击温度、性能好、寿命长的密封材料,浙江电除尘器总厂与暨阳纤维编织厂研制出一种性能优于国外产品的材料,1988 年获实用性专利。[2]

1987 年,浙江电除尘器总厂和西安重型机械研究所共同为宝钢二期 450 平方米型烧结机机尾配套试制 GP214-3 电除尘器。除融合 GP 型及引进型优点外,还应用不同电场不同极线、辅助电极、395 毫米准宽间距、两级计算机替代继电器控制等多项成果,使产品比一期总集尘面积减少19.8%,压力降低 40%,安装对孔率提高 2～3 个百分点,而除尘效率在入口含尘浓度增加 70%时,出口排放浓度仅为一期的 27%,综合性能超过日本产品。该成果获国务院国家重大技术装备荣誉证书。1988 年,该厂开始设计国内第一套智能化 600 兆瓦机组大型电除尘器 F384-5。采用最先进的计算机闭环控制系统,系国内单台流通面积最大(384 平方米)、单位集尘

〔1〕浙江省科学技术志编纂委员会.浙江省科学技术志.北京:中华书局,1996.
〔2〕诸暨县志编纂委员会.诸暨县志.杭州:浙江人民出版社,1993.

面积钢耗量最少(27 千克每平方米)、本体压力降最低(仅为我国当时标准的 2/3)、设计能耗最省(相当于常规 200 兆瓦机组电除尘器所需功率)的装置。1983—1990 年,浙江电除尘器总厂还研制开发不同规格和用途的电除尘器,形成了 GP 型、引进型、引进改进型、引进国产结合型及常规、微机局部控制和计算机系统控制的系列产品。[1]

第二节 电力及能源技术

能源是国民经济的基础产业,对经济发展和人民生活的改善有着极为重要的作用。新中国成立至今,浙江的电力工业得到迅速发展,建设规模不断扩大,装备水平也不断提高,同时,多种能源技术得到开发和利用。

浙江省最早于 1897 年开始使用电力,经历 50 多年,1949 年的发电量仅为 5900 万千瓦。新中国成立后 1951 年开工建设的黄坛口水电站是浙江省最早的水力发电厂,也是我国最早建设的中型水电站。20 世纪五六十年代建成新安江和富春江大型水电站之后,70 年代分别在镇海、台州和半山设立了大型火力发电站,80 年代在继续扩大规模建设港口火力发电站的同时,还在海盐开始建设我国第一座自行设计的核电站,建设了单机容量达到60 万千瓦的北仑火力发电厂。90 年代初,浙江总发电能力达到 555 万千瓦,为 1949 年的 168 倍。1998 年底,浙江已拥有发电装机总容量 1434 万千瓦,年发电量达到 538 亿千瓦时,发电增长速度跃居华东地区首位。至2004 年,浙江省拥有电力总装机容量 3095 万千瓦,约占全国电力总装机容量的 7%。其中,水电占 20.7%、火电占 69.3%、核电占 9.9%、风电占0.1%。全年总发电量达到 1259 亿千瓦时。[2]

浙江省电力技术的发展,在几个主要领域,都曾经处于全国领先地位。这些技术包括由大学和企业联合研制的双水内冷发电机组,填补了国内空白;我国第一座自行设计建造的新安江水力发电站,第一座大容量的北仑火力发电厂和第一座核电站——秦山核电站都先后在浙江境内建立;还有中国首次自行研制设备、设计、施工和调试的 100kV 直流输电工业性试验工程等。浙江大学的科研队伍为浙江省的电力能源利用技术作出了突出的贡献。

〔1〕 浙江省科学技术志编纂委员会.浙江省科学技术志.北京:中华书局,1996.

〔2〕 2004 年浙江省能源与利用状况,http://www.zjol.com.cn/gb/node2/node802/node803/node360474/node360481/userobject15ai4917508.html.

一、发电技术

双水内冷汽轮发电机

双水内冷发电机因定子绕组和转子绕组都用空心铜线并通水冷却而得名。由于水的比热大,且可直接带走热量,故可提高发电机的效率。与其他冷却方式的电机相比,用相同的材料,可制造功率更大的电机。20 世纪 50 年代国际上的电机只有定子水内冷,转子水内冷是一个世界性的难题。浙江大学电机教研组郑光华等教师确定以"电机的冷却"为科研方向,查阅了美国、英国、匈牙利的大量有关转子水内冷研究资料,针对转子水内冷有很好的冷却效果但很难实现的问题进行深入研究,提出了转子绕组水内冷的试验方案。他们把一台 12.5 千瓦的旧电机改制成 60 千瓦的新型冷却发电机进行模型试验,证明小型转子在高速旋转的情况下,水流可以顺利通过且不会因通水造成转子的振动。为了使这项研究成果迅速得到应用,郑光华等从杭州赶到上海电机厂,商讨合作试制双水内冷的隐极式汽轮发电机。

1958 年 6 月 28 日,浙江省委第一书记江华接见了浙江大学参加双水内冷研究的同志,指定萧山电机厂(杭州发电设备厂前身)把正要投产的一台 750 千瓦凸极汽轮发电机改制为 3000 千瓦的新型冷却电机,并指示杭州市有关部门协助浙江大学和萧山电机厂解决材料供应问题。1958 年 9 月 16 日,国际上第一台并网运行的 3000 千瓦双水内冷凸极式同步发电机(1500 转/分)诞生,创造性地解决了电机转子水内冷技术的难题,功率是原来的空气冷却电机 4 倍多。上海电机厂也加快试制,通过向有水系统的机械制造行业取经学习,累计做了 90 多次试验,设计了 17 种结构,解决了转子水内冷的漏水问题。1958 年 10 月 27 日,世界上第一台 1.2 万千瓦 3000 转/分双水内冷汽轮发电机在上海电机厂诞生。同年 12 月,这一消息在苏联列宁格勒召开的大型汽轮发电机冷却会议上宣布后,引起了到会代表的震惊。苏联电气工程学会会长、苏联科学通讯院士阿列克赛夫向中国代表祝贺,并把中国率先用 6000 千瓦转轴试制成 12000 千瓦 3000 转/分双水内冷汽轮发电机一事收集到会议论文集和会议纪要中。1985 年,3000 转/分双水内冷汽轮发电机获国家科技进步一等奖。

水力发电技术

浙江的水力发电技术,以新安江水电站的建设为标志,它是我国第一座自行设计、自制设备、自行施工的大型水力发电厂。

新安江水电站位于建德县境内铜官峡谷,于 1957 年 4 月 1 日动工兴建。1959年4月9日,周恩来总理亲临工地视察,并作了"为我国第一座自己设计和自制设备的大型水力发电站的胜利建设而欢呼"的题词。1960年4月22日,新安江水电站第一台7.25万千瓦水轮发电机组开始发电,向浙西地区110千伏系统送电。同年9月26日,并入220千伏系统向华东电网送电。至1977年9月30日,九台机组全部建成发电,总装机容量为65.25万千瓦,为华东电网最大的水力发电站。

水电站在建设过程中得到了全国各地的支援。上海水电勘测设计院派了大批的技术人员长期住在工地进行电站设计工作;大连造船厂派了技术力量到工地帮助装配采挖砂石料的船只;哈尔滨电机厂经常派技术力量来电站帮助解决水轮发电机组安装的技术问题;铁道兵某部为电站建设修建了长达60多千米的铁路。

新安江水电站担负着华东电网的调频、调峰和事故备用的重任,对降低电网内火电机组煤耗、提高供电质量、保障电网稳定安全经济运行,具有无可替代的地位和作用。截至1999年年底,已累计发电628亿千瓦时,有力地促进了华东地区国民经济的发展和人民生活的改善。

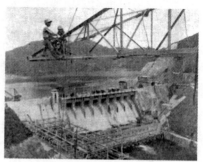

图6-4　新安江水电站正在架设第二条
22万千瓦超高压线路

小水电技术

浙江省的小水电技术以20世纪50年代金华双龙水电站的建成为标志,也是我国最早的小水电技术应用省份之一。

双龙洞是金华著名风景名胜区,已有1600多年历史。双龙水电站位于金华山南部山麓,于1958年5月动工,汇集双龙和九龙两小溪溪水,利用落差196米,用木制压力管引水,创造性地将金华机械厂制造的我国第一台512千瓦水轮机与两台上海华生电器厂制造的256千瓦发电机联机发电,总装机512千瓦,成为我国电力机械制造和农村水电史上的一个重要里程碑。1959年新中国成立10周年前夕投产发电,成为钱塘江水系第一座高水头小水电站。1960年3月14日,毛泽东主席专程到双龙水电站视察,给予了高度评价,并作为全国发展农村小水电的典型加以推广,从而使双龙水电站在全国以至国际上都具有较大的影响。双龙水电站也是毛泽东主席视察过的全国唯一的小水电站。世界上先后有105个国家的专家、学者前往参观,联合国亚太地区小水电会议代表也曾前往考察。

1981年11月,联合国开发计划署与中国外经贸部、水利部签署建立亚太地区小水电研究培训中心的项目文件,水利部担任中国政府的执行部门,开始在杭州组建亚太地区小水电研究培训中心(简称HRC),该培训中心于1987年建成。HRC的主要任务是促进小水电的科研、培训、情报和咨询等领域的区域性(亚太地区)或全球性合作。HRC成立后,在小水电技术培训、输出和引进,中小水电站设计和技术改造,中小型抽水蓄能电站设计、电站无人值班自动控制技术,设备成套和出口、水利水电工程建设监理等方面确立了优势,有力地促进了中国及发展中国家的小水电事业的发展。[1]

1994年12月,联合国开发计划署工业发展组织在杭州召开成立国际小水电中心筹备会议,发表《杭州宣言》。2000年12月5日,联合国工业发展组织国际小水电中心在杭州正式成立,我国小水电专家童建栋教授被推举为中心主任。[2] 小水电的开发促进了贫困山区的脱贫致富和经济发展,促进了江河治理,促进了环境保护和可持续发展。浙江省小水电的利用率在全国处于先进水平,在全部可开发的3227兆瓦的农村小水电资源中,至1996年已开发1226兆瓦,年发电量达2697GWH。[3] 浙江小水电开发在帮助贫困地区脱贫和保护生态环境方面取得的成就和经验,在世界上尤其是发展中国家产生了重要影响。

火力发电技术

浙江的大型火力发电厂是在"文革"结束以后开始建设的,并且很快走在全国前列。

首先是1977年3月破土动工的镇海发电厂建设工程,该工程是国家"六五"和"七五"期间重点建设项目。1978年年底,第一台12.5万千瓦汽轮发电机组投产,1990年6月六台机组全部建成投产发电。六台机组全部是我国自己设计、自己制造、自己安装和管理的超高温高压汽轮发电机组,总装机容量为105万千瓦。镇海发电厂是浙江省第一座百万级的火力发电厂,也是华东电网主力发电厂之一,年发电量相当于新中国成立初期全国总发电量的1.72倍。

其次是北仑发电厂,它是我国第一座装机容量达300万千瓦的巨型火电厂,也是国首家使用世界银行贷款建设的发电企业。年发电量可达165

〔1〕 童建栋.国际小水电的理论与实践.南京:河海大学出版社,1993.

〔2〕 人民日报,2000-12-06(2).

〔3〕 童建栋.历史选择了小水电,International Network on Small Hydro Power,1999.

亿千瓦时。2002 年,被中国电力行业主管部门授予"国际一流"称号,是全国仅有的两家获得这一荣誉称号的发电企业之一。

北仑发电厂于 1986 年开始筹建,1988 年通过总体设计审查,1989 年 8 月建厂。工程分两期建成,一期工程是由中央政府控股、地方政府参股共建,在建设过程中使用了世界银行贷款 3.9 亿元,形成固定资产 56.9 亿元。一期工程机组设备通过国际招标采购,主设备由日本东芝和三菱公司、美国燃烧工程公司、法国阿尔斯通公司、加拿大勃伯考克公司、瑞士 ABB 公司等外国厂商中标、制造供货。工程安装两台日本和法国产的 60 万千瓦亚临界发电机组,于 1994 年建成。

北仑发电厂二期工程的建设模式与一期工程类似。但 2002 年电力体制改革时,浙江省地方政府单独收购了二期的部分权益,从而获得二期工程的控股权。二期工程的设备与一期 1 号机组大致相同,均从日本进口。二期工程安装三台 60 万千瓦亚临界燃煤机组、动态投资预算约为 122.4 亿元,工程于 1996 年 6 月开工,2000 年三台机组相继发电,使整个北仑发电厂成为我国第一座装机容量达 300 万千瓦的巨型火力发电厂。

秦山核电站

核电技术是集反应堆物理、数学、计算技术、热工水力、材料化学、机械、电气、电子自控、土建结构、核辐射屏蔽、放射性防护及概率风险评定等多种学科的综合技术,是当代标志性的高新技术之一。核动力装置系统要求耐高温高压、抗强辐照、耐腐蚀、有高密封性,还有抗地震冲击和振动疲劳等一系列要求。

中国的第一座核电站就选址在浙江海盐的秦山。秦山核电站采用压水型反应堆,装机容量为 30 万千瓦,设计寿命 30 年,每年可向华东电网输电约 17 亿千瓦时,它的建成对浙江省的经济发展有深远影响,对中国发展核电事业具有开创性的意义。秦山核电站于 1983 年 6 月破土动工,1991 年 12 月 15 日并网发

图 6-5　秦山核电站

电。汽轮机、发电机、蒸汽发生器、堆内构件、核燃料元件等重要设备都由我国自己制造,是我国自行设计、建造、运行管理的第一座核电站。

秦山核电站的动力装置主要由压水反应堆和一、二回路系统三个部分

组成。压水反应堆是实现可控核裂变以产生核能并转变为热能的设备,反应堆由堆芯、堆内构件、控制棒、驱动机构和压力壳组成,周围设置有生物屏障层。一回路系统由 1 个主系统和 17 个辅助系统组成,主系统又称反应堆冷却剂系统,有两个环路。每个环路上有蒸汽发生器和主泵各 1 台,以及相应的主管道。其中一个环路上还有 1 台稳压器。二回路系统由 1 个主系统和 8 个辅助系统组成。反应堆冷却剂经过堆芯加热温度升高后,进入蒸汽发生器(一次侧),使蒸汽发生器二次侧的水变为蒸汽,由两条主蒸汽管道将蒸汽引向一台汽轮机做功,带动发电机发电。发出的电能通过三相封闭母线,经变压器、220 千伏升压站,从两个方向送入华东电网。

为了防止发生核泄漏,秦山核电站在安全设计上留有较大的余量。电站设计采用了国外较成熟的压水堆技术,并进行了相当规模的科研和试验工作,设计始终把安全放在首位,设置了多种安全系统和安全设施。为阻止放射性物质外泄,设置了三道安全屏障,以确保核电站在正常运行和事故工况时,向环境排放的放射性低于国际通行标准。

1989 年 4 月,应中国政府的邀请,国际原子能机构对秦山核电站分八个专题进行安全评审,提交给中国政府的正式报告结论是:"对中国在秦山的成就是满意的,没有发现任何安全问题,包括建造过程和启动等安全问题。"[1]

秦山核电厂的建设,是中国和平利用核能的重大突破,也使浙江成为全国第一个水、火、核发电并举的省份。1997 年"秦山三十万千瓦核电厂设计与建造"获国家科技进步特等奖。

二、输变电设备技术

高压电器

高压开关设备是机械工业的重要组成部分,也是电力工业的重要输配电设备,与国民经济和社会发展关系密切。

1958 年,杭州开关厂仿制成功浙江第一台 KCO-20 型 10 千伏高压开关柜,包括 BMΓ-1331 型 10 千伏贫油断路器及 PBX-10/400·PBφ-10/400 上、下隔离开关。为适应大型机电产品的配套需要,1974 年浙江开关厂试制成 GFC-10 型手车式高压开关柜,1976 年又试制成功 BFC-15G 型抽屉式开关柜,为空分设备完成了全部电控配套开关设备。

---

〔1〕　海盐县地方志编纂委员会.海盐县志.杭州:浙江人民出版社,1992.

220 千伏 SF6 全封闭组合电器(简称 220 千伏 GIS)是 20 世纪 80 年代国内外高压电器产品中高技术、高难度产品。1987 年,浙江开关厂为江西万安水电站试制成功第一台国产 220 千伏 GIS,该产品适用于水力发电厂、大型工矿企业以及城市供电等部门的高压开关站。同年,浙江开关厂在西安高压电器所和 4401 厂协作下,研制成功当时国内最大短路开断电流(31.5 千安)的真空断路器,采用纵磁场结构的新型灭弧室和铜铬合金触头新型材料,经全面型式试验达开断短路电流(31.5 千安)50 次的高性能指标,超过西门子 40 次标准,属国内首创,获 1989 年省科技进步二等奖。浙江开关厂为解决大型露天矿大规模采矿的急需,设计研制成功 35 千伏移动式变电站成套设备,技术性能达到 80 年代末国际先进水平,属国内首创,获 1992 年浙江省科技进步一等奖。1988 年,象山高压电器厂也设计试制成功交流高压环网柜,填补了省内空白。[1]

100 千伏直流输电工业性试验工程

1976 年 11 月 29 日,水利电力部批准 100 千伏舟山直流输电工程进行初步设计,浙江省水利电力局成立"直流输电办公室"全面负责工程的设计、科研、协调设备制造、组织施工等工作。工程技术设计于 1979 年 5 月完成。1980 年 12 月,国家投资建设舟山直流输电工程,输送直流电压±100 千伏。

舟山海域水深流急,地质复杂,初步设计中,选定海底电缆路径从穿山半岛下海穿越螺头水道的方案。1979 年 4 月,在初选路径上敷了一根试验电缆。经一年实际考验,发现有多处磨损,最严重的一处磨损铠装钢丝达 1 毫米。为此,在技术设计阶段,又重新组织调查 38 个路径方案。1983 年 11 月,再次委托国家海洋局第二海洋研究所,对九条路径作进一步调查。最后确定从镇海老鼠山下海至金塘岛,再由金塘中奤下海至外钓山的海缆路径。同时在电缆防护结构上采用局部双层钢丝铠装,增加电缆抗磨力,这在中国电缆制造史上尚属首创。[2]

该工程由水利电力部委托浙江省电力工业局负责建设,全部新设备由机械工业部委托西安电力机械制造公司负责研制。[3] 工程施工设计于 1983 年下半年开始,翌年 6 月完成土建施工图。1986 年 5 月,根据舟山直流输电工程的具体条件,参照国内外调试经验和国内科研成果,编制出《舟山直流输电现场调试大纲》。1987 年 11 月 23 日起,投入为期一年的工业

〔1〕 浙江省科学技术志编纂委员会.浙江省科学技术志.北京:中华书局,1996.
〔2〕 舟山市地方志编纂委员会.舟山市志.杭州:浙江人民出版社,1992.
〔3〕 浙江省电力志编纂委员会.浙江省电力志.北京:中国电力出版社,1998.

性试运行。1988 年 6 月 13 日又进行一次大负荷试验，获得成功。1989 年 9 月 1 日，通过国家鉴定的舟山直流输电工程正式投运，从此实现浙江省 11 个地区（市）全部联网。

舟山直流输电试验工程有 16 项设备属新研制的产品，其中以控制调节装置和换流阀最为关键和复杂。在直流输电换流阀的控制调节系统中，采取针对弱系统调节特性的 VDCL（按电压控制电流）控制器等装置，提高了小系统运行稳定性。

1980—1987 年，浙江省电力局与西安电力机械制造公司、浙江大学、浙江省电力试验研究所等七个单位共同研制成 100 千伏舟山直流输电工程成套新设备 23 项，包括晶体管阀、直流输电控制装置和高压直流海缆等。部分项目采用国际上 80 年代的先进技术，攻克了国际上普遍认为是难题的弱受端直流输电系统的稳定运行，这是国内第一次自行设计、研制设备、施工和调试的工程。该项目获 1990 年国家重大技术装备成果一等奖和 1991 年国家科技进步二等奖。

三、能源利用技术

中频感应加热装置

中频电源装置是广泛应用于熔炼、锻造、热处理、热弯管、热拉伸、焊接等领域的先进技术，可以根据用户需要配套生产中频变压器、熔炼炉以及相关的配电和电气控制设备。

中国工程院院士、浙江大学电机系教授汪槱生是我国著名的电力电子技术专家，1969 年开始，他领导来自电子、控制、机械、电器等多个专业七八位教师组成的课题组，跟踪国际上刚刚出现的技术，进行用可控硅中频电源代替中频发电机的研究。[1] 这项研究需要晶闸管，汪槱生通过朋友、学生等多种渠道，想方设法从上海找到八个晶闸管，然后着手开展试验。真正的困难在于大家都不知道这种技术的关键所在，试验常常进行到一半就不能再有进展。在汪槱生的带领下，课题组全体成员起早贪黑，废寝忘食，埋头于实验室全力攻关。最终，他们从电容器在充电后撞接接通刹那间的振荡入手，捕捉到关键信息，经过补充增强，最终产生了中频电流。1970 年，全国第一台 100 千瓦/1000 赫兹中频感应加热电源正式研制成功并投入生产。为了让这一成果走向生产一线，促进生产力的提高，汪槱

---

〔1〕 钱江晚报，2006-03-27。

生亲自和课题组成员一起跑工厂、进企业,积极开办培训班,无偿向社会转让该技术成果。

此后几十年里,汪槱生带领全组马不停蹄地深入研究,先后研制成功改良型中频电源、1500千瓦大容量中频电源、简单并联逆变中频电源、模块控制中频电源等,为我国感应加热电源产业的发展作出了重大贡献。浙江大学也因此成为国内中频电源技术研究、人才培训和中试主要基地。在大功率电力电子产品中,感应加热电源是我国具有完全自主知识产权的技术,也是我国国产化程度最高的产品,为社会带来了超百亿元的经济效益。

由于汪槱生等人的努力,中频感应加热装置技术在生产中得到了广泛的应用。1983年,杭州开关厂开发成功可控硅静止变频感应加热技术,为第一汽车制造厂研制了国产第一台机电炉一体化的先进加热装置。一年后,又生产出国内第一台中频感应加热机。以此为基础,该厂积累了相关技术经验,在引进德国具有80年代中期国际先进水平的中频感应加热机技术后,于1987年制造出国产第一台最大容量的CTH型3000千瓦中频感应加热机,产品达到国际80年代先进水平,获省优秀新产品一等奖。同时还开发出仿BTH型国产化JTJ型和YJ型加热机,成为国内中频感应加热装置主要生产企业。[1]

水煤浆燃烧技术

我国是煤炭大国,但是煤炭利用技术相对落后。我国的另一能源是石油,石油作为燃料能够解决能源与环保的矛盾,但其资源有限。水煤浆作为一种低污染、高效节能的代油燃料就在这种背景下应运而生。水煤浆是由煤、水和化学添加剂混合而成的一种浆体燃料,它具有油一样的流动性,可以泵送、雾化和着火燃烧,其热值相当于油的一半,可替代油(气)在工业锅炉、电站锅炉、工业炉窑上燃用。水煤浆作为燃料,其运行成本低,对环境污染小,是适合我国国情的现实洁净燃料。

浙江省的水煤浆燃烧技术研究在20世纪70年代后期起步,中国工程院院士、浙江大学岑可法教授是这一领域的领头人。他领导的浙江大学工程热物理研究团队,在洗煤泥流化床燃烧发电技术、预热层燃烧技术以及计算机辅助优化数值试验(CAT)和气固多相流理论等方面,取得了国际领先的成果,并在水煤浆燃烧、流化床、煤的清洁高效燃烧及强化传热、煤炭多联产综合利用及污染防治等方面作出了具有国际先进水平的贡献。

---

〔1〕 杭州市地方志编纂委员会.杭州市志(第三卷).北京:中华书局,1997.

20 世纪 80 年代初,45 岁的岑可法随一个科学代表团访问美国。美国人拿出一小袋东西说:"我们已经搞出了'水煤浆',可以 100％ 地代替油。"开价几千万元要中国人购买这个成果。岑可法当时深受刺激,回国后他向国家提出了要攻克水煤浆代油的难关,并于 1982 年在浙江大学试验成功。1983 年,美国人为了打开中国市场,在美国实验室用中国煤做水煤浆燃烧试验。正当美方接近成功的时候,岑可法发现他们在试验中加入了天然气,就胸有成竹地说:"还是按我们的方法试烧吧。"他从容不迫地调试起来。试验结果,光是煤和水,不加天然气,不加一滴油,就 100％ 代替了油。[1]

1983 年煤炭部组织中国矿业学院、浙江大学等 12 个单位联合进行水煤浆制备与燃烧技术攻关,对北京造纸一厂 20 吨/时燃油锅炉进行燃用水煤浆改造及试验。1986 年,浙江大学首次与瑞士苏尔寿公司签订廉价水煤浆流化床燃烧技术的有偿科研项目协议。1988 年,岑可法主持组织北京造纸一厂、兵器工业部 52 所等 6 个单位进行 50 吨/时燃油工业锅炉应用水煤浆代油燃烧技术联合攻关。

1990 年 10 月,浙江大学与杭州锅炉厂等共同开发、设计、制造的世界最大容量级 35 吨/时洗煤泥流化床锅炉在山东兖州矿务局投入试运行,11 月 19 日首次点火烧洗煤泥获得成功,与之配套的 6000kW 汽轮发电机组连续带负荷发电,同年 12 月 30 日通过国家技术鉴定。1997 年 12 月 18 日,浙江大学开发的异比重流化床技术燃用洗煤泥的 75 吨/时洗煤泥流化床锅炉点火成功,并进入满负荷运行。[2] 洗煤泥流化床锅炉的开发成功为我国洗煤泥高效益的回收利用开创了一条切实可行的途径,其经济效益和社会效益十分巨大。"煤水混合物的流化床燃烧"技术投资少,运行成本低,可实现大批量处理利用洗煤泥,并达到低污染排放,真正实现"变废为宝"的经济目的,我国洗煤泥发电锅炉生产厂目前均采用这项发明。该技术 1997 年获国家技术发明二等奖。

岑可法等还与浙江省煤炭集团公司合作,对煤的优化配置、催化洁净燃烧及产业化应用进行研究,开发出实时在线检测技术,优化计算机专家控制系统的生产工艺流程,建成年产 80 万吨洁净优化配煤生产线,并首次提出了预混分层、预混喷粉等空间二段脱硫技术新思路,使层燃炉高温脱硫技术

---

〔1〕 求是新闻网,http://www.zju.edu.cnzdxwjd/read.php? recid=22106.

〔2〕 蒋旭光,吴文伟等.75t/h 洗煤泥流化床锅炉设计与点火运行.浙江大学热能工程研究所.

取得突破性进展。该技术获 2001 年国家科技进步二等奖。

低热值石煤的预热层燃技术和装置

我国南方严重缺煤,但低热值石煤却十分丰富,这种劣质燃料在普通的燃煤工业锅炉上无法燃烧,长期以来都不能利用。因此,有效开发利用这些石煤将有巨大的社会及经济效益。

浙江大学能源系、煤炭科学研究总院杭州研究所和浙江省石煤综合利用公司开展合作,研制出低热值石煤的预热层燃技术和装置。该技术采用炉内燃烧分上层预热、中层燃烧、下层冷渣三个区域,石煤经高温烟气预热,整体下移着火燃烧。在燃烧层和冷渣层上布置一系列搁管式埋管,组成汽水循环系统。运用该技术研制成功的产气量在 1 吨/时以内的新型搁管式石煤层燃锅炉,广泛应用于工矿业、饮食服务和群众生活等方面;用于开发石煤烧制石灰石的石灰窑,既能产石灰,又能产蒸汽,为南方各省缺原煤而产石煤的地区大面积推广利用开辟了新途径,并取得了显著经济效益。[1] 该技术获 1990 年国家发明四等奖。

第三节　冶金工业技术

浙江省的冶金工业,经过几十年的发展,形成了一定的特色优势。钢铁工业形成以杭州钢铁集团(简称杭钢)为龙头,众多中小企业以特色产品为支撑的生产格局。杭州钢铁集团的生产能力占全省钢铁工业总能力的 50% 以上,产业集中度明显提高。一批特色产品在全国同行具有一定地位,轻轨产量居全国第一,不锈钢管、不锈钢带、镀锌钢管等产品的市场占有率均居全国前列。有色金属加工业尤其是铜加工业相对发达。铜材、裸铜线及铜电车线产量居全国第一,铜加工材的产量约占全国的30%,成为全国的铜加工大省;粉末冶金制品产量居全国第一,铝合金产量居全国第二。

一、选矿及金属提炼技术

选矿

浙江省于 1959 年,在昌化自行设计制成钨铍矿的简易重选设备,结束

---

〔1〕 浙江档案馆.项目档号:1996－KY1211－0144.奖状档号:KP1390－51/634.

了选矿采取手工挑拣和淘洗的历史。天目山铜矿利用山谷溪水作动力，建成简易小型半机械化铜铅锌浮选厂。60年代，一些采矿单位进行技术装备的更新和改造，形成工艺较为完善的小型机械化选矿。80年代开展选矿工艺研究和试验，提高了产品质量和回收率。

岱山县铅锌矿由于该地区严重缺乏淡水资源，于1973年由浙江省冶金研究所进行海水无氰选矿可行性试验。1977年投入生产试验，填补了国内海水选矿的空白。同年，平水铜矿和省冶金研究所进行无氰浮选分离试验研究，采用石灰、硫化钠、亚硫酸钠、硫酸锌无氰浮选分离，消除了污染环境的氰化物，获1979年浙江省优秀科技成果二等奖。1981年，长春黄金研究所和遂昌协作，为提高遂昌金矿金银选矿回收率，对原选矿二段开路破碎改为二段闭路碎矿流程，把原一段磨浮改为阶段磨矿、阶段选别流程，增加二段精选，获1985年浙江省科技进步二等奖。1984年，漓渚铁矿和马鞍山矿山研究院合作，为提高入选矿石品位，采用CTDG1210型大块矿石干式永磁磁选机，比不用该机提高品位3％～4％的工业指标，获冶金部1986年科技成果二等奖。1985年，漓渚铁矿为提高选矿过滤系统的真空度，研制出LSZ5-29型水射流真空泵，取得"二焦点水射流真空泵"专利权。1988年，建德铜矿和北京矿冶研究总院共同研究提高铜矿石伴生金银选矿回收率，采用粗磨条件下铜粗—精再磨、铜锌硫优先浮选流程，选用以丁铵为主配适量丁黄药组成的混合扑收剂，并进行优先选铜，采用"快速"浮选缩短粗选前搅拌时间，分段添加扑收剂，结果比阶段磨矿阶段选别回收率分别提高铜2.68％、金5.55％、银8.77％，获1990年国家科技进步二等奖。1988年，天台银锌矿和北京矿冶研究总院合作，进行以提高天台银铅锌矿白银回收率的试验，采用银铅及锌分步混合浮选工艺流程，获1989年中国有色金属工业总公司科技进步二等奖。[1]

铁合金及贵金属提炼

浙江省的铁合金冶炼主要从20世纪60年代开始发展。60年代以前，有杭州炼铜厂用冲天炉熔炼、电解精炼的生产电解铜和氧化锌。1960年4月，在建德县寿昌镇动工兴建横山钢铁厂（后为横山铁合金厂）。1963年，该厂第一台3000千瓦。铁合金精炼电炉炼出省内第一炉微碳铬铁。1965年采用不烘炉直接投产的工艺获得成功，并采用在电炉炉底留一定厚度铁水的措施延长炉龄5～6个月。1965年4月，横山铁合金厂首次采用炉外

〔1〕　浙江省科学技术志编纂委员会.浙江省科学技术志.北京：中华书局，1996.

真空脱气技术处理微碳铬铁,改善微碳铬铁外表和内在质量。[1]

进入 70 年代,浙江省冶炼技术不断发展,新技术不断代替旧技术,各项技术的突破进一步推动了冶炼企业的生产。如 1977 年 8 月首创"硅铬堆底法"的新工艺,替代回渣起弧法老工艺,使每炉铬铁的冶炼时间从原来的 3.5 小时缩短到 2 小时左右,日产量从 11～12 吨提高到 18～35 吨,且含磷量逐步下降。[2] 1978 年,硅铬合金摇包炉外脱碳装置获浙江省科技成果二等奖。1979 年又引进"硅铬摇包脱碳"技术,节约费用 120 万元。1984 年,3 吨氧气顶吹转炉生产中碳铬铁获得成功,改电硅热三步法为两步法生产中碳铬铁。1985 年,浙江省冶金研究所、北京钢铁设计研究院、横山铁合金厂合作研制成功粉状铬矿球团预还原冶炼高碳铬铁,比传统工艺节电 30%,节焦 40%,电炉铬回收率提高 2%。[3]

1964 年,富春江冶炼厂用传统的火法处理阳极泥工艺提炼金银。1979 年,该厂与昆明贵金属研究所合作,用湿法处理阳极泥扩大试验获得成功。1985 年,铜阳极泥湿法提取金银工艺获国家科技进步二等奖。

1988 年,遂昌金矿建设氰化冶炼车间,第二年成功炼出了第一炉黄金、白银,成为江南第一个融采矿、选矿、冶炼于一体的黄金企业。

二、钢铁冶炼技术

20 世纪 50 年代以前,浙江只能用铁匠炉生产少量生铁。1950 年开始用小高炉生产生铁。50 年代中期,为适应浙江农业生产发展需要,中共浙江省委提出"紧紧裤腰带,建个钢铁厂"的目标,并于 1957 年办起浙江钢铁厂绍兴分厂,同年 11 月 26 日下午 4 时 7 分,1 号 27.5 立方米高炉炼出第一炉铁水。各界人士 3000 余人参加出铁仪式,省委第一书记江华为第一炉铁水剪彩。[4]

同年,浙江钢铁厂(今杭州钢铁集团,简称杭钢)在杭州半山破土动工兴建,1958 年建成投产。同年 2 月 26 日,浙江钢铁厂炼铁车间一号高炉炼出第一炉铁水;5 月 17 日,该厂炼钢车间一号转炉炼出了第一炉钢水。1958 年 7 月 4 日浙江省二轻轧钢厂轧制出浙江省第一根钢材。从此,浙江结束

〔1〕 杭州市地方志编纂委员会.杭州市志(第三卷).北京:中华书局,1997.
〔2〕 杭州市地方志编纂委员会.杭州市志(第七卷).北京:中华书局,1997.
〔3〕 浙江省科学技术志编纂委员会.浙江省科学技术志,北京:中华书局,1996.
〔4〕 绍兴市地方志编纂委员会.绍兴市志,杭州:浙江人民出版社,1996.

了手工冶炼钢铁的历史。

此后,各家钢铁冶炼厂都不断研发新工艺、新技术,取得了非常瞩目的成绩,有些还填补了国内空白,技术的发展为浙江省钢铁行业的发展提供了巨大的支持。

1966—1970 年,杭州钢铁厂采用重庆钢铁设计院的"高压水冲渣"工艺和"液压炉顶"技术,获得了巨大成功。1982 年,绍兴矿冶厂对炼铁高炉热风系统进行改造,由背靠式改为三联式热风除尘系统。1985 年,杭州钢铁厂用硼化物浸渍石墨电极,提高电极抗氧化性能 11%～20%、提高抗折强度 36%～63%、提高抗压强度 17%～28%,降低电阻率 3%～6%,该技术填补了国内空白。1986 年,绍兴矿冶厂与江苏工学院合作,高炉铁水直接变质处理获得成功,生产球—蠕墨钢锭模成功,填补国内一项工艺空白,获浙江省优秀新产品奖。

1976 年,浙江省冶金研究所提出采用湿球团矿直接入回转窑冶炼生铁的新工艺,进行工业性试验,效果良好,该工艺方法在国内属首次。1977 年转入中间试验,工艺流程是以高品位磁铁精矿造球,链箅机干燥预热,连续进入由燃料煤供热的回转窑,采用烟煤和无烟煤混合还原剂,在低于炉料软化温度下进行还原,获得炼钢原料直接还原铁。该成果获 1979 年浙江省优秀科技成果一等奖。

1985 年 1 月 7 日,杭钢 15 吨转炉第一期工程竣工投入试生产。1987 年 12 月,杭钢与武汉钢铁学院、北京钢铁研究总院、东北工学院、华东冶金学院、北京钢铁学院、浙江省冶金研究所等六家单位共同承担的冶金工业部"低硅生铁冶炼"科研项目通过部级鉴定。鉴定结论为:杭钢高炉在我国首先成功冶炼含 0.2%～0.3%的低硅生铁,达到了世界先进水平。

"八五"期间,杭钢的粗钢产量从"七五"期间年均 37.5 万吨上升到年均 75.1 万吨。"九五"期间,铁、钢产量首次突破百万吨大关,小连轧、80 吨超高功率电炉的先后建成投产,为杭钢的腾飞打下了坚实的基础。"十五"期间,杭钢的铁钢产量突破 200 万吨,成为浙江省优特钢生产基地。

20 世纪 90 年代以来,在国家没有一分钱投资的前提下,杭钢人以辛勤的汗水和无穷的智慧,立足于自身发展。通过技术改造,建立二次能源综合利用体系,不断加强余热、余压和高炉、转炉、焦炉煤气等二次清洁能源的回收和利用,使煤气回收利用率不断提高,燃料用煤量不断下降。2002 年,杭钢率先在中轧厂使用蓄热式加热炉技术,大大降低了能源消耗和空气污染。随后杭钢在所有的轧钢厂全部推广了该技术。2003 年,杭钢在国内中小型高炉上首先成功采用高炉炉顶余压发电技术(TRT),填补了国内空白。

三、轧钢铸钢及钢丝镀层技术

轧钢处理过程计算机控制技术

轧钢工序是钢铁材料生产能源消耗的主要工序之一。在轧钢加工费用中,能源消耗占 65%～70%。从轧钢生产主要工艺流程看,坯料加热、热轧、冷轧和退火是主要的能耗环节。其中耗能最大且节能潜力最大的是坯料加热工序,其次是热轧工序。坯料加热节能技术主要有铸坯(锭)热送热装、加热炉结构优化、燃烧控制、烟气余热回收利用和加热炉计算机控制等。热轧工序节能技术主要有连轧、快速轧制、无头轧制、一火成材、热轧工艺润滑、轧制工艺优化、提高成材率、减少轧制间隙时间和提高轧机传动效率等。

随着钢铁生产技术特别是连铸与热轧的发展,钢铁生产过程日趋紧凑、高效化地连续生产,使得产品生产周期大幅度缩短,要求对整个生产过程中的各工序间的物流、能流和生产时序进行准确预报,实现快速信息反馈,及时、准确和灵活地调整生产工艺和产品方案,这要求能对整个复杂的钢铁生产过程实现集中统一的生产管理、信息追踪和决策调整,要求钢铁企业自动化系统具备对产品进行质量预报、在线热态无损监测和质量控制的能力。[1]

"钢锭轧前处理过程计算机控制"由浙江大学工业控制技术所吕勇哉等人完成。吕勇哉是中国著名的自动控制专家,其研究成果"钢锭轧前过程的数学模型、计算机控制及生产调度策略开发"具有显著降低均热炉能耗的经济效益,受到国内外学术界和企业界的高度评价。该项技术的发展极大地促进钢铁工业的发展,为国民经济的推动作出了巨大的贡献,1993 年获国家科技进步二等奖。

含稀土桩帽铸钢的研制

1981—1984 年,浙江大学材料系李志章、姚天贵等和杭州重型机器厂叶心德等合作研制桩帽用铸钢,材质要求高强度、高韧性和优异的淬透性。他们采用加入少量稀土和其他合金元素,并在熔炼工艺上作了改进,终于研制成含稀土的桩帽用铸钢。经 900℃盐水淬火后获得完全细纹条状马氏体组织,组织致密、夹杂物极少、晶粒细小、无裂纹。强度超过进口桩帽用钢10%～15%,室温韧性超过 20%～30%,−60℃低温韧性超过 70%,使用寿

---

〔1〕 孙彦广.支撑钢铁工业可持续发展的冶金自动化技术.冶金自动化,2006(2).

命超过 30％～40％，达到国产 ZG25 钢桩帽的 8～12 倍。该成果获 1990 年国家发明三等奖。[1]

钢丝镀层技术

从 1980 年开始，宁波渔业钢丝绳厂等用三年时间研制成功热镀锌先镀后拔工艺，为国内首创，1983 年获农牧渔业部技术改进一等奖。1988 年，杭州塘栖钢丝绳厂与山东工业大学等单位合作研制成功 55％AL-Zn 合金镀层钢绞线，填补了国内空白，其耐蚀性是镀锌层的 8.6 倍。1989 年，宁波渔业钢丝绳厂用熔剂法单镀工艺建成了国内第一条 14 根线的热镀 ZN-AL5-RE 合金连续生产线，在钢丝绳品种上填补了国内空白。

第四节　车辆船舶技术

浙江省的汽车制造技术，是从汽车修理业开始的，经过发展，汽车零部件的生产工业逐渐过渡到汽车整车生产。改革开放后，汽车、摩托车及关键零部件，机电一体化机械成套设备等得到了迅速发展，成为浙江交通运输技术中的突出部分。20 世纪末，浙江的摩托车及配件的生产也具有领先优势，已经形成重要的摩托车及配件生产基地，摩托车用新型汽油机和塑料覆盖件等形成产业化。浙江已形成了一定的船舶工业规模，至 2003 年船舶工业企业 400 余家，年造船量达 30 万载重吨，年总产值 35 亿元。

一、车辆技术

汽车零部件制造

汽车制造技术几乎涵盖了所有工业产品的生产技术，是一个国家现代工业的技术集成。现代汽车产品是新技术与先进管理模式相结合的结晶。汽车零件制造与汽车整机的制造密不可分，新中国成立后，浙江省汽车制造业的发展是从汽车零部件生产开始的。

20 世纪 40 年代后期，浙江省内只有一家手工作坊式的汽车零部件制造厂，而且仅生产少量离合器面片和制动片。到了 50 年代，开始仿造、改装杂牌号的客车、货车和挂车，并批量生产锥齿轮、方向机、轴瓦和石棉铜丝离

---

〔1〕　浙江省科学技术志编纂委员会. 浙江省科学技术志. 北京：中华书局，1996.

合器片等零部件。1958 年,由杭州机器联营第一制造厂改名的杭州拖拉机厂牵头,采用各类车型的部件拼装及制造,于 9 月试制出两辆 3 吨载货汽车,命名为"西湖牌";稍后又试制一辆西湖牌轿车。由此揭开了杭州制造汽车的序幕,并促进了汽车零部件生产的发展。[1]

20 世纪 60 年代中期,省计委组织红卫牌汽车大会战,历时两年,投入小批量生产,并初步形成为整车配套的零部件生产基础。其中,以汽车摩擦材料和汽车万向节制造技术为主要代表。

1947 年,杭州第一家汽车零部件制造厂——建国汽车零件制造厂,生产出中国第一片汽车离合器片。[2] 1978 年 7 月,杭州汽车摩擦材料研究所在杭州红卫化工厂成立。这是中国第一家专门研究汽车摩擦材料的科研机构。1979 年,红卫化工厂改名为杭州制动材料厂。该厂生产的刹车片、刹车带、离合器片和离合器总成四个大类 1000 余个品种规格的传动和制动摩擦材料,广泛运用于国产和进口的各种轿车、客车、载货车、特种车辆,以及农机、石油钻机、工程机械动力设备上。

浙江汽车零部件制造中万向节具有独占鳌头的地位。万向节是实现变角度动力传递的机件,用于需要改变传动轴线方向的位置,它是汽车驱动系统万向传动装置的"关节"部件。万向节的结构和作用类似人体四肢上的关节,它允许被连接零件之间的夹角在一定范围内变化。1974 年,萧山宁围农机厂试制汽车万向节成功,并于次年改名为宁围万向节厂,为钱塘江牌汽车配套。1979 年,开始专业制造万向节,挂出"萧山万向节厂"的牌子。1980 年,在全国 56 家万向节生产企业中,萧山万向节厂被国家列为定点生产车用万向节的主要企业之一。1984 年该厂改名为杭州万向节厂,1990 年起为浙江省计划单列集团。其产品不仅满足国内市场的需要,而且还进入国际市场。1994 年,万向美国公司在美国注册成立,公司最初主要负责将中国生产的产品销售到美国。1997 年 8 月,万向集团生产的万向节正式敲开世界汽车业巨头美国通用汽车公司大门,成为美国通用汽车公司的配套产品。

在万向集团的几十年发展中,正是精益求精、不断创新,使得原来毫无优势可言的杭州万向节厂占据了万向节市场的霸主地位。在行业内,万向集团根据企业的发展战略和自身实际,有选择、有重点地培育有良好市场潜力的高技术产业领域进行自主研发,以抢占技术制高点,拥有自主的知识产

〔1〕 浙江省科学技术志编纂委员会.浙江省科学技术志.北京:中华书局,1996.

〔2〕 杭州市地方志编纂委员会.杭州市志(第三卷).北京:中华书局,1997.

权,提高自身未来的核心竞争力。

万向集团通过引进德国、日本、韩国、瑞士、奥地利的先进设备,不断开发万向节的高端产品,如工程机械用十字轴颈根部形成多台肩 R 光滑连接的翼形结构万向节,无油嘴的一次性免维护万向节,十字轴带球状桓体结构冷挤万向节,带多唇口密封结构万向节,便于装配的万向节,等等。通过实施"接轨国际先进技术"战略,万向集团以专利竞争战略为核心,逐步探索出一条技术国际化的新路子。1998 年设立了专利工作机构,对整个集团专利进行集中管理,并逐步走向规范化、程序化、系统化、专业化。2000 年万向集团在美国成功收购了世界上万向节专利最多的舍勒公司,从而使自己成为世界上拥有最多万向节专利的企业。同年,万向集团又建立专利管理体系,使专利与市场得到有效结合。2001 年,万向集团被浙江省知识产权局和浙江省经贸委联合授予省专利示范企业。[1] 在首次中国自主知识产权100 强企业排行榜中,万向钱潮名列第九位。[2]

二冲程汽油发动机

二冲程发动机的工作原理是曲轴每旋转一周,活塞往复移动一次走过两个冲程,完成进气、压缩、燃烧、排气四个工作过程。

1980 年,浙江大学内燃动力工程教研室与杭州市三轮车制造厂研制成功 2E75Q 型二冲程汽油发动机,在国内首次采用润滑油分离供给装置,片阀进气,结构紧凑,自重较轻,最大功率(15 分钟)达 26 匹马力(19.388 千瓦),最低油耗量为 285 克/马力(0.38 克/瓦),与国内其他二冲程发动机相比,油耗量明显下降,噪声、排气污染均有所改善。该成果于 1982 年获中国科学院重大科技成果一等奖。[3]

无轨电车

浙江省无轨电车的发展主要在杭州。新中国成立后,杭州公交线路陆续恢复通车。1953 年初,成立杭州市公共交通公司,同年 8 月 1 日起,市区公共交通全部由杭州市公交公司经营。1961 年 4 月 26 日,杭州市第一条无轨电车线路建成通车,南起城站,北至拱宸桥,全长 14.5 千米,有车 23辆。车辆型号为上海产 SK561,其中铰接式无轨电车 3 辆;1977 年建成第

〔1〕 http://baike.baidu.comview395541.htm.

〔2〕 小小万向节　牵动世界的节律,http://www.indunet.com.cn/product/index! product-newslook.action? entityId=10110&gotourl=/products/news_info543.jsp.

〔3〕 浙江省科学技术志编纂委员会.浙江省科学技术志.北京:中华书局,1996.

二条电车线路,以后又相继开通第三、第四条电车线路。[1]

1987 年,杭州市公交公司与浙江大学合作,完成无轨电车的节能研究,使无轨电车朝着低耗电、电子化、智能化方向发展。1990 年,杭州市公交总公司研制成配有 TGC-IA 晶闸管线载波调速装置的 HZG-D70C 型无轨电车,成为更新换代产品。1994 年,杭州市公交总公司研制成 HZGWG110型无人售票无轨电车,同年 12 月 24 日在 155 路线上投入营运。1999 年,杭州公交总公司与有关单位合作开发 CJWG11OK 型直流变频空调无轨电车,开通首条空调电车线路,试制双能源电车,有自动升降触网装置,能脱网行驶 30 千米,时速为每小时 30 千米。[2]

二、船舶和船闸

船舶制造

浙江机动船舶的制造在新中国成立前几乎是空白。第一条木质机动船舶是 1951 年由杭州船厂首建的"和平号"西湖游艇,主机功率 29.44 千瓦,排水量 12 吨,客位 10 个。1957 年,杭州船厂自行设计建造功率 44.16 千瓦、排水量为 35 吨的浅拖轮。1958 年 10 月 27 日,杭州造船厂制成全省第一艘 100 吨拖轮,广泛应用于各类水路运输领域。同年,红旗船厂亦试制成功"乘风 1 号"拖轮,之后连续生产 24 艘。1960 年,杭州船厂设计制造木质柴油机客轮一艘,船总长 23 米,吃水 1.2 米,主机功率 99.37 千瓦,客位200 个。[3]

浙江水泥质机动船舶制造始于 1958 年秋,杭州船厂借鉴上海经验,率先设计建造成功浙江省第一艘装载量 20 吨的钢丝网水泥货驳轮,同年又研制成功 88.32 千瓦钢丝网水泥拖轮。但由于水泥质船舶抗沉性、适航性差,至 80 年代初,运输船舶先后停止生产。

钢质机动船舶在 20 世纪五六十年代全国只有少数几家省、市属船厂能承建,且仅限于单船生产。1958 年,杭州船厂试制成功装载量 150 吨的钢质电焊结构货驳轮,1960 年又设计建成载重量 100 吨,主机功率 88.32 千瓦自载货拖轮。1961 年,该厂设计建造成功主机功率 110.40 千瓦,253 客位的内河较大型客轮——"布谷号",这是浙江省制造的第一艘钢质客轮。

---

〔1〕 杭州市地方志编纂委员会.杭州市志(第四卷).北京:中华书局,1997.
〔2〕 杭州市城乡建设志编纂委员会.杭州市城乡建设志(下).北京:中华书局,2002.
〔3〕 杭州市地方志编纂委员会.杭州市志(第五卷).北京:中华书局,1997.

1964 年又试制成装载量 100 吨的丙型铁驳四艘。70 年代以后，杭州船厂、大河船厂和钱江航运公司船厂，建造主机功率 88.32 千瓦浅吃水拖轮和 99.32～132.43 千瓦的内河拖船，更替了水泥拖轮。

气垫船

气垫船是利用船上的大功率风机产生高于大气压的空气，把空气压入船底并与水面或地面之间形成气垫，将船体全部或大部分托离水面而高速航行的船只。

1983 年 7 月 24 日，由中国船舶总公司上海 708 所设计、杭州东风造船厂制造的我国第一条气垫船——7206 型全垫升水文工作船举行下水典礼。1984 年，杭州东风造船厂和中国船舶工业总公司第 708 所继续合作，建成省内第一艘侧壁式气垫客轮，在国内率先使用两台柴油机作动力，船长 21 米，宽 4.94 米，航速每小时 38 千米，设有 70 个软席客位，具有快速、平稳、舒适的特点。1987 年又设计制造 7301 气垫平台，用于沿海石油钻探，长 19.2 米，宽 12.2 米，载重 35 吨，1990 年获国家重大技术装备二等奖。

三堡船闸和大运河钱塘江沟通工程

三堡船闸 1983 年 11 月 12 日动工，是京杭大运河与钱塘江沟通工程的关键项目。船闸位于杭州江干区三堡，与新开河道相连接。船闸轴线与钱塘江江堤轴线的交角为 66°，船闸全长 192 米，其中闸室长 160 米，宽 12 米，门槛水深 2.5 米，上、下闸首各长 16 米，宽 23.4 米，上闸首顶标高为 10.5 米（吴淞零点），底标高 1.7 米，下闸首和闸室顶标高为 8.0 米，底标高 -0.2 米，钢筋混凝土结构。闸门均为钢结构一字门。配套 30 吨液压启闭机。操纵系统的电气设备采用集中控制。通航高水位，钱塘江 7.3 米，运河 4.25 米；通航低水位，钱塘江 4.7 米，运河 2.3 米；通航能力为 300 吨级，设计最大流量每秒 6 立方米。[1]

三堡船闸的建设成功，第一次使杭州内河的水上运输实现河海沟通，为杭州提供了一条便捷的出海通道，大大提高了杭州内河枢纽港的地位，进一步发挥了水运在杭州市综合运输体系中的作用。同时完善了浙江内河水网，为构建浙江的江、河、海水上运输大网络跨出了重要步伐，对促进浙江省的经济发展以及充分发挥水运网的网络效应，带动沿线航运业兴旺起到了积极作用。

京杭大运河钱塘江沟通工程于 1988 年 12 月 31 日竣工，历时四年零一

---

〔1〕　杭州市地方志编纂委员会.杭州市志（第五卷）.北京：中华书局，1997.

个月。1989 年 1 月 30 日首次试航成功,实现了京杭运河和钱塘江两大水系直接通航,大运河全长增为 1801 千米。1992 年,中国建筑业联合会授予该工程"建筑工程鲁班奖"。[1]

第五节　化工建材技术

化工工业是浙江重要的支柱工业。浙江省拥有镇海炼化、巨化两家国家特大型企业;中策橡胶、新安化工、杭州电化等 24 家大型企业。拳头产品包括分散染料、燃料油品、草甘膦、井冈霉素、阿维菌素、VE 主环、异植物醇、氟基础原料、氟制冷剂、含氟无机盐及试剂、氟材料、涂料等,产品市场占有率居国内领先地位。

浙江省的建材工业形成了包括建筑材料及制品、非金属矿及制品、无机非金属材料三大门类,具有相当规模的工业生产部门。其中,人造板二次加工装饰板、塑料管材产量居全国第一位,纤维板、玻璃纤维纱、石棉制品产量居全国第二位,水泥产量占全国 7.1%。

一、化工生产

石油炼化

为满足浙江省对燃料油品和农业发展的需要,成立于 1975 年的浙江炼油厂(后更名为中国石化镇海炼化公司)是浙江第一个以原油为原料生产石油化工产品的大型企业。先后建成炼油一期工程和大化肥工程,至 1987 年该厂炼油设计加工能力达到 250 万吨/年,化肥设计生产尿素能力达到 52 万吨/年。1988—1993 年,建成炼油二期工程,原油加工能力达到 550 万吨/年。1990 年,"东海"牌 93 号车用汽油(无铅)获国家优质产品金质奖章。1991 年,"东海"牌 0 号轻柴油(出口)获国家优质产品银质奖章。"九五"期间,又完成炼油 700 万吨/年改造工程、扩建 800 万吨/年炼油工程,年度原油综合加工能力达到 1200 万吨/年。2000 年 12 月 3 日,镇海炼化突破年度原油加工量 1000 万吨指标,率先跨入了千万吨级炼厂的行列,实现了中国炼油工业历史性跨越。[2]

---

〔1〕 浙江省水利志编纂委员会.浙江省水利志.北京:中华书局,1998.

〔2〕 http://www.zrcc.com.cnnewsNEWS2.ASP? typeid=46.

氟化工

浙江有全国储藏量最丰富的优质单生萤石矿，发展氟化工具有得天独厚的资源条件，自20世纪50年代就开始氟化工的研究与生产，通过近半个世纪的发展，在全国形成了规模与技术优势。1958年5月11日，浙江衢州化工厂（巨化集团前身）第一套生产装置电石炉和石灰氮生产装置开工建设，到1962年11月，电石分厂、电化分厂、合成氨分厂等三个化工厂主体先后建成。1965年浙江省第一套无水氟化氢（AHF）生产装置在衢州化工厂建成投产，标志着浙江省迈开了大规模氟化工生产步伐。1991年7月，巨化氟化工一期工程开工，1993年10月投产，1995年1月通过国家验收，是"八五"期间国家氟化学工业特大引进装置工程、浙江省重点建设工程。1996年4月，巨化氟化工二期——聚四氟乙烯工程开工，1998年7月投产，1999年7月通过国家竣工验收，是国家"八五"重点项目、省"九五"重点工程，也是当时中俄化工合作领域规模最大、档次最高的项目。二期工程投产后，巨化年产氢氟酸1.5万吨，聚四氟乙烯3000吨，成为全国最大的氟化工基地。[1]

为增强企业自主创新能力，巨化集团在对外合作的基础上，通过自主攻关，使各种新技术得到了较好的嫁接和利用。国外引进的生产无水氢氟酸关键设备——预反应器实现了整机的国产化；大量副产氯化氢得以作为反应原料利用，提高了氯化氢的附加值；实现了垂直筛板塔在氯乙烯生产中的应用及高真空技术在烧碱蒸发装置上的应用。与此同时，公司还加强了对已有装置的技术改造，以较少投入自主建成两套甲烷氯化物装置，实现了设备国产化和催化剂的国产化。巨化还通过自主研发，建成了处于国际先进水平的年产1.2万吨F22的生产装置，开发出各种含氟替代品以及适合各种牌号的PVC、PVDC产品，实现了从初级氟化工向深度精细氟化工领域的拓展。

有机胺

浙江省主要的有机胺产业基地在衢州。1985年，江山化工总厂（浙江江山化工股份有限公司前身）开发生产的3600吨/年甲胺生产装置投产，填补了浙江省甲胺产品的空白，该厂也初步实现了从无机化工向有机化工的转变。1994年，又建成投产8000吨/年的DMF（二甲基甲酰胺）生产装置，真正完成了向有机化工的彻底转变。同年，甲胺系统年产8000吨的扩产改造工程也完成并投入试运行。有机胺成为衢州市精细化工的支柱产品之一。在这期间，常山化工有限公司在1990年开发生产了对硝基苯胺和邻硝

---

〔1〕 http://www.juhua.com.cngsgkShowClass.asp? ClassID＝59.

基苯胺。至 20 世纪末,衢州市有机胺产业的装置规模、技术水平、产品质量在国内处于领先地位,是国内主要的有机胺生产基地之一。其中,DMF 生产能力达到 12 万吨、甲胺生产能力达到 10 万吨,规模居世界第一;对硝基胺生产能力达到 5000 吨,邻硝基苯胺达到 2000 吨,规模居省内前茅。

有机硅

浙江省有机硅产业起步于 20 世纪 60 年代,至 2000 年,已形成从有机硅单体到硅树脂、硅橡胶、硅油和硅烷偶联剂等下游产品的比较完整的生产体系,有机硅产业初具规模,2004 年浙江省有机硅产业年销售额近 20 亿元,成为我国有机硅材料的主要生产基地。生产有机硅单体的主要原料是氯甲烷和硅粉。其中,氯甲烷受氯资源的限制以及不方便贮运,供应厂家较少,生产成本较高。位于浙江建德的新安化工是国内最大的草甘膦生产企业,在国家级企业技术中心、博士后科研工作站的强大技术支撑下,通过对草甘膦及配套的亚磷酸二甲酯产品废气的综合治理,在农化、硅基新材料两大产业间研发了氯元素循环利用技术,成功地回收了质量合格的氯甲烷,并大规模地用于有机硅单体的生产,该回收技术的应用大幅度降低了有机硅单体的生产成本,加强了有机硅产品的市场竞争力,形成了独具技术优势的循环经济模式,不仅每年减少数以万吨的废气排放,更引领企业快速进入了一个新的发展领域,实现了两大产业的良性互动和协调发展,创造了良好的经济效益和社会效益。该技术为国际首创,并获得国家科技进步二等奖。[1] 新安化工也成了浙江省有机硅产业的龙头企业,单体年生产规模达 6 万吨,是全国三大有机硅生产厂家之一。

小联碱样板

纯碱作为重要的工业基础原料,广泛应用于建材、化工、有色金属冶炼。纯碱生产工艺分为天然碱法、氨碱法和联碱法,后两种为化学合成方法。20 世纪 50 年代,温州酒厂、萧山化工厂等分别用土法制得纯碱。60 年代,联碱法纯碱技术的开发,使浙江无机和有机基本原料的开发研究,跻身于国内先进行列,联碱法具有产生污染较小、生产场地选择灵活性高等优点。1962 年,杭州龙山化工厂 5000 吨级氨碱法纯碱投产。[2] 1971 年,为了满足市场需求,杭州市决定投资 400 万元,在龙山化工厂筹建年产纯碱 1.2 万吨的联合制碱法工程。1977 年 8 月,龙山化工厂采用联碱法生产纯碱,开发成功原盐直接制碱技术和一次碳化、二次吸氨、一次加盐和冷冻工艺,1978 年

〔1〕 http://www.xinanchem.com/xajj.php.

〔2〕 杭州市地方志编纂委员会.杭州市志(第七卷).北京:中华书局,1997.

11月被化工部命名为"小联碱"样板。1978年,龙山化工厂开发成功碳酸丙烯酯脱除变换气中二氧化碳新工艺,工艺水平国内领先。一年后该厂在改进氨Ⅱ澄清桶结构基础上,采用高效絮凝技术,产品质量率先在国内达标。1979年,纯碱被评为化工部优质产品。"小联碱"生产技术获1982年杭州市科技成果一等奖,省科技成果三等奖。[1]

1982年,龙山化工厂在氯化铵盐析结晶分离工艺中,采用并改进外冷器液氨直冷技术、GSO带式过滤工艺处理氨泥,母液回收率达88%,完善了原盐制碱新工艺。1984年,该厂与杭州市化工研究所合作,应用微机数据优化技术,纯碱转化率达75%,产品合格率提高到98%。至1990年,全省纯碱年产能力为12万吨,其中联碱法占70%。[2]

旋转喷雾干法烟气脱硫技术研究

浙江省烟气脱硫方面的研究开始于"七五"期间,以浙江大学谭天恩教授为首的课题组承担了脱硫领域的国家"七五"攻关课题——旋转喷雾干法烟气脱硫技术研究。旋转喷雾干法烟气脱硫技术是将石灰浆送入吸收塔内,经高速旋转雾化成细小的微粒后,与烟气接触,氢氧化钙与烟气中的 SO_2 迅速发生反应,生成固态 $CaSO_3$,排出后达到脱硫目的。它可利用国内低品位土窑石灰对高硫煤烟气进行脱硫,脱硫率达80%以上,适用于电站或工业锅炉从排除烟气中脱除 SO_2。该项目研制的一套处理烟气量7万标立方米/时的中试装置,以及高速离心雾化机等在内的设备和工艺系统,均实现了国产化,并达到国际先进水平。1990年,该技术获国家科技进步二等奖。

氯化锂除湿纸与转轮除湿机

氯化锂除湿纸是为转轮除湿机专门研制的。1956年,瑞典人卡尔·蒙特斯发明了转轮除湿机,这是一个空气干燥装置,它的核心部件就是蜂窝状转轮,干燥转轮是除湿机中吸附水分的关键部件,转轮是由除湿纸制成的。

1972年,由于战备的需要,中国也开始研制氯化锂转轮除湿机。先由中国建筑科学研究院空调所(简称建院空调所)对国外样机进行剖析。1974年,经轻工业部介绍,建院空调所到杭州扬伦造纸厂要求试制转轮纸芯。当时选择石棉纤维为造纸原料,先抄成除湿原纸,再用由胶料与氯化锂除湿剂组成的涂料施胶涂布后制成除湿纸,至1975年7月,该纸研制成功,并供建院空调所轧制成蜂窝纸芯。在双方的共同努力下,于当年11月研制成功第一台国产氯化锂转轮除湿机,填补了国内空白。该机当时主要用于部队的

---

〔1〕 杭州市地方志编纂委员会.杭州市志(第七卷).北京:中华书局,1997.

〔2〕 杭州市地方志编纂委员会.杭州市志(第三卷).北京:中华书局,1997.

地下仓库等建筑物内除湿。1975年12月29日,在北京通过技术鉴定。[1]

1977年12月杭州扬伦造纸厂开始研制该机机壳,在建院空调所和一机部第六设计院的配合下,于1978年研制成功,并于1978年11月在杭州通过鉴定。至此,氯化锂转轮除湿机全部转入扬伦厂生产。1980年10月,浙江省造纸研究所成立后,除湿机又全部转入该所生产。

在研制成功氯化锂转轮除湿机的基础上,国家建委研究院于1979年5月14日发函至扬伦厂,提出合作研制"空气全热交换器"。全热交换器是转轮式,转轮结构类似于转轮除湿机,杭州扬伦造纸厂负责放热纸和纸芯的研制。该纸仍以石棉纤维为原料,并施以吸放热剂与吸湿剂,制作工艺类似于除湿机。1983年9月,三台800型转轮式全热交换器样机研制成功,填补了国内空白。全热交换器能够有效地回收热量并加以再次利用,其过滤器可有效地工作运转。

为使这些成果尽快在其他行业中得到应用,1989年,省造纸研究所对化纤、纺织、胶片、制药及夹层玻璃等所用的低露点干燥工艺及设备情况进行调研,发现在这些行业中空气除湿机的应用前景广阔,而当时这些行业中的低露点干燥机主要依靠进口,这为除湿机的推广应用提供了契机。1989年,省造纸研究所与浙江省建筑设计院等单位联合开发低露点干燥机,项目1990年列入浙江省计经委新产品试制计划。1990年7月和10月,先后研制成功低露点干燥机组DC1400-10两台,DC1400-20一台,并首先试用于杭州第二化纤厂与张家港涤纶厂。该干燥机组结合使用了冷冻降温除湿和氯化锂转轮吸附除湿,经两级除湿后,空气露点温度达到$-10℃$或$-20℃$以下,可以满足聚酯切片干燥要求。该项目还成功地应用于西昌卫星发射中心,为国家的航空、航天事业作出了贡献。1992年获浙江省科技进步三等奖,1993年获中国纺织总会科技进步三等奖,被国家科委等部委评为1993年国家级新产品。低露点干燥机组还获得中国实用新型专利。

聚丙烯中空纤维微孔膜的制备新方法

聚丙烯中空纤维微孔膜制备新方法由浙江大学高分子科学与材料研究所徐又一等人完成,利用特殊的"应力场结晶"高技术,在特殊的加工条件下,无须任何成孔添加剂及溶剂,使聚丙烯具有一种不同于橡胶"熵弹性"的"能弹性"。[2]而具有这种高弹性的聚丙烯中空纤维在特定拉伸条件下能

〔1〕 浙江省轻工业志编纂委员会.浙江省轻工业志.北京:中华书局,2000.

〔2〕 徐又一,石灯水,王剑鸣等.环保领域中聚丙烯中空纤维膜—生物反应器的研究.膜科学与技术,2000(2):26—29.

形成大量的微孔结构,从而制得一种新型的、以塑料加工技术制备的中空纤维微孔膜材料。这种新型的微孔膜具有强度高,耐温性好,耐酸碱腐蚀性强,透气性能好,原料易得,附加价值高等特点。由于聚丙烯具有较强的疏水性能,膜表面经亲水或复合改性后可得到疏水、亲水、复合三大系列的功能分离膜材料。亲水性聚丙烯微孔膜已在自来水、矿泉水、饮料、酿造、电子、医药、化妆品、化工、环保等行业的水处理超微过滤领域得到广泛应用;疏水性聚丙烯微孔膜在气态膜应用及海水淡化领域取得了突破性进展。该成果于1996年获国家技术发明三等奖。

二、建材与陶瓷

低热微膨胀水泥

1950年,杭州水泥厂用干法回转窑工艺生产普通硅酸盐水泥。1964年,将土立窑改造为半机械化立窑。1968—1969年,将中空回转窑改为带立筒预热器回转窑,这是我国第一台带立筒预热器回转窑。1973年,半机械化立窑改为直径2.2米×9.1米的机械化立窑。1978年,杭州第二水泥厂(原富春江水泥厂)与浙江大学等单位合作,试制成功低热微膨胀水泥,这种水泥以粒化高炉矿渣为主要组分,加入适量硅酸盐水泥熟料和石膏,磨细制成的具有低水化热和微膨胀性能的水硬性胶凝材料,1979年获国家发明二等奖。

浮法玻璃生产线

浙江的玻璃建材生产始于20世纪50年代。1957年,杭州平板玻璃厂(杭州玻璃总厂前身)成立,采用坩埚法工艺生产无碱玻璃纤维和无碱玻璃纤维布。1962年该厂年产1000吨玻璃纤维系统正式投产,生产无碱、中碱玻璃纤维。[1]

1982年杭州玻璃厂和浙江大学合作,在有槽引上法平板玻璃成分中率先引入微量元素,从而降低能耗,提高产量,该成果获1982年省优秀科技成果一等奖、1985年国家科技进步三等奖。1985年,杭州玻璃厂在300吨级浮法玻璃生产线上进行工艺改进,生产厚2.5~12毫米八个品种的浮法玻璃,填补了省内浮法玻璃生产的空白,获1988年省科技进步二等奖,该项设计1991年获国家建筑材料工业局优秀设计二等奖。1988年,该厂又和南

---

〔1〕　浙江省科学技术志编纂委员会.浙江省科学技术志.北京:中华书局,1996.

京玻璃纤维研究院等单位协作,研制成功国内第一条国产化玻璃配料生产线,采用配方自动计算、可编程过程控制、人机对话操作记录、电子秤称量系统等技术,这是国内第一条国产化玻璃配料生产线,获 1990 年国家建筑材料工业局科技进步二等奖。同期,杭州安全玻璃有限公司建成安全玻璃生产线,生产夹层玻璃和钢化玻璃。1989 年,杭州玻璃厂改造六机平板玻璃熔窑,将空气蓄热室由联通式改为分隔式,该项技术填补了国内空白,并结束了大型玻璃熔窑前脸墙结构采用进口 L 形吊墙的历史。[1] 1990 年,杭州玻璃总厂浮法玻璃生产线建成,开始生产茶色玻璃。

仿宋官窑青瓷

宋代瓷窑有官窑与民窑之分。"靖康之难",宋室南渡,定都临安(今杭州),"袭旧京遗制",建立修内司、郊坛下官窑,通称杭州南宋官窑。南宋灭亡后,官窑被毁,技艺失传,传世珍品寥若晨星。

20 世纪 60 年代初,在总结恢复和发展龙泉青瓷生产的同时,浙江省开始考虑恢复杭州南宋官窑生产。但受到"文革"冲击,试制被迫停止。[2] 1971 年底,省一轻局重新开始"恢复南宋官窑项目"的研究。经数百次试验,试制成功油灰和月白色釉色官窑瓷、粉青官窑瓷和莹青金丝纹片釉,使失传的南宋官窑瓷得以恢复。

1981 年 6 月 24 日,萧山瓷厂与浙江省日用轻工业公司合作的仿宋官窑粉青釉色研究通过鉴定,专家们一致认为仿制南宋官窑青瓷是成功的,保持了南宋官窑"紫口铁足"和纹片的特点。1987 年,浙江美术学院也研制成功南宋官窑青瓷,经鉴定,认为仿品与原物相比达到乱真程度。[3] 浙江恢复官窑青瓷制作成功,得到国内社会各界的极大重视,也得到国际上特别是日本的关注。日本陶艺家小笠原藤右门氏带着他们仿官窑作品访问杭州,但其作品与浙江美术学院制品相比,显得黯然失色。1991 年,杭州南宋官窑研究所和浙江省日用轻工公司研究的"用杭州紫金土仿制南宋官窑瓷"和"高级翠青釉瓷及尖晶石型 Fe-Cr 发色技术"成果,分别获国家发明二等奖和三等奖。

〔1〕 杭州市城乡建设志编纂委员会.杭州市城乡建设志(上).北京:中华书局,2002.
〔2〕 杭州市地方志编纂委员会.杭州市志(第三卷).北京:中华书局,1997.
〔3〕 浙江省轻工业志编纂委员会.浙江省轻工业志.北京:中华书局,2000.

第七章

工业技术的主要成就（下）

轻工业是浙江工业经济的基本组成部分，在浙江工业体系中具有重要地位。随着电子和计算机技术的发展，轻工企业进行了较大规模的技术改造，完成了一大批国家和省部级技术创新项目，促进了区域产业结构的调整和升级。本章围绕轻工纺织、电子电器、电子通信、计算机应用等技术在当代浙江的发展和主要成就进行介绍和讨论。

第一节 轻工纺织技术

轻纺工业是浙江国民经济的重要产业，是工业发展和出口创汇的传统支柱产业。新中国成立后，浙江省的轻纺工业发展较快。新中国成立初期，以企业自行研发生产为主，主要生产传统的制茶机、蜡纸、晶体管收音机以及纺织机械等产品。改革开放以后，企业开始有计划地开展技术升级，传统轻工和纺织业得到快速发展。20世纪90年代，通过经济体制改革和技术创新，轻工纺织的许多技术装备达到了90年代的国际水平，仅纺织工业的销售收入，就占全省规模以上工业企业的22%。主要纺织品包括布类、纤维、丝织品、呢绒、针棉织品、针织服装、衬衫、西服、领带、袜子的市场占有率居全国一、二位。特别是服装行业，引进了一大批具有当代国际先进水平的生产线，发挥品牌优势，巩固国内领先地位，形成一大批具有专业特色的产业基地。

一、轻工产品及技术

制茶机

茶叶是浙江省的重要经济作物,制茶技术的进步对于浙江省的农业经济发展具有重要意义。历史上制茶一向为手工作业,工具有锅灶、竹帘、晒簟和焙笼等,燃料为薪柴。制茶者多数凭经验"看茶作茶",一般没有规范的标准和工艺流程。新中国成立后,各地重视制茶厂建设,推广半机械和机械制茶,普及节能技术并进行灶具的改革。

1950 年,全国第一家国营制茶厂——杭州制茶总厂筹建。[1] 1957 年 5 月 7 日,杭州市第一木器制品社制成全国最完整、最新式的一套制茶机,送往北京全国农具展览会展出。此机可制红茶、绿茶,比人工制茶效率提高 6 倍,茶叶等级提高两级。之后,浙江省农业部门和商业部门与余杭红旗农业生产合作社及建德群力农业生产合作社协作,研制成杀青、揉捻、解块、分筛和炒(烘)干的成套初制茶机,定名为"浙茶 58 型"。该型茶机在全省的推广,促进了制茶机械由木制和铁木制向铁制方向的转变。后来在"浙茶 58 型"茶机的基础上,改进研制出"浙茶 67 型"成套眉茶初制机械,造价更低,且结构简单,茶叶品质提高,于是迅速推广应用。

1965 年以后,浙江德清地区茶机由木桶木盘竹棱骨改进为铁桶铁盘铜棱骨,动力改内燃机为电动机,传动方式由长轴传动改为分机组短轴传动和单机传动,后来逐步实现机械化和电气化。[2] 1966 年 6 月 14 日,我国第一台静电茶叶拣梗机在杭州茶厂制成,替代人工拣茶,其拣梗性能超过了当时日本同类茶机,为我国茶叶加工机械填补了一项空白。这时制茶的能源趋于多元化,薪柴、电力、煤炭甚至畜力和水力都成为应用的对象。后来还增加了沼气这一能源。

浙江泰顺县于 1979 年研制成功 79~84 型电炉杀青机。使用电热杀青明显提高制茶率,保持青嫩,减少茶粉,成茶品质提高一个等级以上。在省历届大宗茶品评会上,泰顺炒青绿茶均评上优质。[3]

1980 年以后,制茶机械向标准化、系列化发展。原有"浙茶 58 型"、"浙茶 67 型"茶机逐渐更新换代,由铁木结构全部更新为金属结构的标准化、系

〔1〕 杭州农业志编辑委员会.杭州农业志.北京:方志出版社,2003.
〔2〕 德清县志编纂委员会.德清县志.杭州:浙江人民出版社,1992.
〔3〕 泰顺县志编纂委员会.泰顺县志.杭州:浙江人民出版社,1998.

列化茶机,同时还引进、试用、推广节能茶叶加工机械。1981 年,浙江淳安县引进"电磁内热炉",在宋村公社制茶厂进行试验,后推广到屏门、秋口、齐坑和余家公社茶厂,共有电磁内热制茶机 30 台,制作成品茶 25.45 吨。1982 年,杭州市茶叶机械研究所和杭州市农业局等在电磁内热炒茶炉的基础上,运用远红外(线)技术,研制成 600CH-64 型电热远红外(线)炒茶炉,后来成为龙井茶区的主要灶具之一。[1]

机械闹钟

浙江省的钟表制造业始于 20 世纪 50 年代。1958 年,杭州市钟表业职工用手工制成的浙江省第一只双铃闹钟问世,建厂仅几个月的杭州钟厂短期内试制出仿日长三针 5 英寸背铃机械闹钟并正式投产。[2]

1959 年 5 月,杭州钟厂试制 B1A 型统机闹钟,经小样、批量试制,1961年 6 月投产,产品经上海钟表专业检测机构测定合格,注册商标西湖牌。1964 年初,国内首创的带有日历瞬跳机构的 N1HG 方形日历闹钟又在杭州钟厂研制获得成功,造型美观大方,改变闹钟以圆形一统天下的局面,成为该厂主要产品。产品日历跳字结构先进、瞬时完成,日历字体较大,工艺性能好,对针对时方便,成为驰名中外的名牌产品。1965 年 4 月,广交会期间,杭州钟厂生产的英雄牌圆形日历闹钟首次打开了外销渠道。1989 年,杭州钟厂试制出国内首创的 N2H 型微闹钟。同年 10 月,温州钟表厂试制出多功能定时钟和"8P12"转盘式闹钟,并获国家专利。[3]

收音收录机

浙江省的收音机、录音机制造业于 20 世纪 50 年代开创,兴起于六七十年代。以杭州为中心,主要生产企业有杭州群英无线电厂、杭州录音机厂、新安江无线电厂、浙江萧山无线电厂等。1965 年 4 月,杭州无线电四厂成立,先生产半导体收音机、扩大器、盘式录音机,接着又试制跟读机、同步机和语言机,后曾试产录音机,同时挂杭州录音机厂厂名。

收音机的生产技术在 20 世纪 50 年代开始,由杭州富春江电讯器材厂研制生产交流收音机。浙江人民广播电台服务部也曾生产电子管收音机。[4] 1969 年,杭州群英无线电厂在杭州无线电四厂的帮助下,试制出单波段半导体收音机,次年研制出二波段半导体收音机。1970 年,新安江无

〔1〕 杭州市地方志编纂委员会.杭州市志(第三卷).北京:中华书局,1997.
〔2〕 杭州市地方志编纂委员会.杭州市志(第三卷).北京:中华书局,1997.
〔3〕 浙江省轻工业志编纂委员会.浙江省轻工业志.北京:中华书局,2000.
〔4〕 杭州市地方志编纂委员会.杭州市志(第三卷).北京:中华书局,1997.

线电厂自行设计试制投产 501 型外差式收音机,后来产品逐渐转出口。731
型和 605-2 型收音机经上海轻工业品进出口公司出口,第一批出口 5000
台,属国内收音机行业出口较早的企业。浙江萧山无线电厂 1969 年开始研
制和生产杭州牌晶体管收音机。主要产品为杭州牌 JTD-2 型二波段台式
收音机、JTD-1 型三波段及 JTX-4 型中台式收音机。

收录机的开发始于 1965 年。杭州无线电四厂(杭州录音机厂前身)开
始仿制德国叶海尔三速盘式录音机,成为国内最早生产录音机的三个工厂
之一。1978 年,杭州录音机厂建立,主要产品为乐宝牌 SLT-810A 和 SLT-
810B 台式系列四喇叭收录机。1983 年,杭州录音机厂和杭州群英无线电
厂通过香港新豪公司从国外引进录音机生产流水线和全套关键生产测试设
备,次年下半年引进设备安装调试完毕,使录音机生产设备达到国内先进水
平。1985 年 1 月,杭州录音机厂迁入杭州群英无线电厂,实行两块牌子,一
套领导班子,产品逐步以生产各种收录机及组合音响为主,人员也逐步向录
音机厂流动。至此,杭州录音机厂、杭州群英无线电厂成为杭州市规模最大
的收音机、录音机专业生产厂。

铁笔蜡纸原纸

铁笔蜡纸原纸(即蜡纸坯)属长纤维特种纸。1937 年,王贤川在温州西山
创设大明振记纸厂,开始从奉化传入制造技术,1942 年易名温州大明实业厂。
此期间,又先后有中国、光华、建国三家蜡纸厂开设,均生产蜡纸原纸。[1]

1954 年 8 月,温州蜡纸厂利用添加助剂"化学脱胶"的新工艺,试验成
功山棉皮在蒸煮过程中的技术革新,代替"手工刨皮"。同年,大明蜡纸厂研
制成功摇摆式半自动九开抄纸机,为改变传统的手工抄纸迈出了第一步。
1958 年铁笔蜡纸首次出口。1959 年 12 月,温州蜡纸厂根据手工抄纸原理
首次试制成功侧浪式长网造纸机,首创国内以 100% 韧皮纤维抄造铁笔蜡
纸原纸,实现了铁笔蜡纸原纸机械化连续生产,提高劳动效率 44 倍,于
1986 年获国家科技进步一等奖,成为中国造纸史上一项重大技术革命。后
来,该厂又试验成功用聚丙烯酰胺在抄纸中作阻絮聚剂,再度革新了使用植
物黏液的古老工艺。

粉云母纸

粉云母纸是将云母片经处理后制成的一种矿物材料纸,主要用作工业
绝缘材料的基材。20 世纪 50 年代中期以后,随着工业建设事业的发展,电

---

〔1〕 浙江省科学技术志编纂委员会.浙江省科学技术志.北京:中华书局,1996.

机、电器需要云母薄片的数量急剧上升,供求矛盾非常突出,云母绝缘材料成为重要的攻关项目之一。

1960 年,杭州扬伦造纸厂用 100％白云母经化学制浆,研制成功在圆网纸机上抄造而成的粉云母纸,为浙江造纸工业填补了空白,并为绝缘材料工业提供了优质材料。1963 年,该厂生产 501 型卷筒粉云母纸,经中国电器科学研究院和上海、哈尔滨、西安绝缘材料厂及其电机厂分别测试、试验,证明其质量良好,物理、电气性能达到当时国外同类产品的标准,基本满足电机、电器的绝缘要求。[1]

1973 年,杭州扬伦造纸厂生产粉云母纸的 501 车间从原厂分出,建立杭州云母纸厂,在 20 世纪 70 年代先后用 100％白云母,以化学法和机械法生产粉云母浆制造 MPM 型各种云母纸,该粉云母纸具有厚度均匀、耐电压击穿强度高、介质损耗小等优点。其企鹅牌粉云母纸 1983 年获浙江省优质产品奖,翌年 501 型粉云母纸获轻工业部优质产品奖。[2]

二、纺织技术

半自动丝织机和丝织技术

1956 年,浙江省在丝织业全行业公私合营和进行经济改组时,普遍对丝织机进行维修保养,增加安全防护装置、轧梭保险、低压照明设施,以及对机身结构进行改进。丝织业还先后研制成功自动换梭装置、自动停经、自动检验、光电探纬等 10 项技术,效率提高 6％～8％。至 1958 年,丝织机械业进入新的发展时期。杭州纺织机械制造厂仿制成功我国第一台全铁 NS4×4 半自动丝织机,并在杭州都锦生丝织厂试车运转。[3] 1960 年,杭州纺织机械制造厂自行设计、试制成功具有中国特色的 K211 型自动换梭丝织机,受到全国丝绸业的重视,结束了我国自动换梭丝织机完全依赖进口的历史。1962 年,杭州丝织机械设备进行大规模的改造,将新中国成立前遗留下来几十种不同型号、不同规格的丝织机全部改造成统一规格的 62 式铁木机,改变了杭州丝绸业杂牌机生产丝绸的局面。在推广单机自动化中,首先从电气和传动设备入手,将原来应用"天轴"、"地轴"传动的丝织机,全部改为单机传动。

〔1〕 浙江省科学技术志编纂委员会.浙江省科学技术志.北京:中华书局,1996.

〔2〕 浙江省轻工业志编纂委员会.浙江省轻工业志.北京:中华书局,2000.

〔3〕 杭州市地方志编纂委员会.杭州市志(第七卷).北京:中华书局,1997.

20 世纪 70 年代初,杭州丝绸机械厂和有关单位协作,在 62 式铁木机基础上进行改进,试制成功各种型号的全铁丝织机并大批量生产。1973年,杭州都锦生丝织厂、浙江大学、杭州胜利丝织厂等共同进行提花丝织物纹制工艺自动化研究,通过光学方法绘制意匠图、穿孔记录、逻辑电路控制、自动轧出纹版。1978 年,杭州纺织机械制造厂又生产出 GD603 丝织机。

1984 年杭州都锦生丝织厂研制成功 ZJ-1 型多色程控自动换梭、换道丝织机,实现了丝织业多年来追求的织制多色、多道提花织物换梭不用手的愿望。1985 年,杭州春光丝织厂首次从日本引进 ZW-200-170 型喷水丝织机 96 台,多臂机 36 台及准备(辅助)设备,这意味着杭州丝织业开始从有梭织机向无梭织机过渡。[1]

缫丝自动化生产线

清代后期,杭州出现机械缫丝厂,引进国外机械与技术,缫丝生产开始步入机械与手工并存阶段。[2] 20 世纪 50 年代,浙江开始研制并应用自动缫丝机。1952 年,杭州武林铁工厂在国内率先进行起伏棒感知器、链式给茧机的自动缫丝试验。后又研制双级鼓轮、张力感知的自动缫丝机,这标志着浙江缫丝工业步入了自动化生产阶段。1964 年 7 月,杭州纺织机械制造厂对引进设备进行消化,试制成功定纤式 ZD647 型自动缫丝机,在杭州丝绸印染联合厂(简称杭丝联厂)安装投产。至此,杭州市缫丝业开始使用上自己制造的第一组定纤式自动缫丝机。

杭州新华丝厂进行“煮缫筒”合一的缫丝生产连续化自动流水线试验,选用 D301 型和 ZD721 型自动缫丝机各 5 组,并于 1983 年 6 月建成全国第一条缫丝自动化生产线,该生产线采用“垂直、分层流动”新工艺,用气力、水力输送,电力控制、电子计量和数字显示,彻底改变了传统的缫丝辅助部门肩扛手拉、往复运输、水平分段流程的旧工艺。该生产线的开发成功,为我国缫丝业技术改造开辟了一条新路,受到全国同行的重视。该成果获 1986年省科技进步二等奖。[3]

1985 年,杭州纺机厂、杭丝联厂、浙江丝绸科学院、浙江丝绸工学院、杭州新华丝厂等在 D301 型自动缫丝机的基础上,研制成功 D301A 型自动缫丝机,被列为国家“六五”技术开发项目。该成果获 1988 年省科技进步二等奖,1992 年 11 月,获国家科技进步二等奖,是 80 年代末 90 年代初国内缫

〔1〕 杭州市地方志编纂委员会.杭州市志(第三卷).北京:中华书局,1997.

〔2〕 杭州市地方志编纂委员会.杭州市志(第三卷).北京:中华书局,1997.

〔3〕 浙江省科学技术志编纂委员会.浙江省科学技术志.北京:中华书局,1996.

丝厂技术更新的主机。[1]

织机

新中国成立后，依靠人力的古老织机逐步改造为半机械化、机械化的现代织机，从而促进了织造技术发展。1954 年，杭州云庆绸厂工人创造"轧梭保险"装置，提高了产量、质量，降低了绸缎成本。1958 年，震旦丝织厂工人在铁木机上改装自动换梭获得成功。1961 年，杭州纺织机械厂试制成功 K211 型自动丝织机，该机运转平稳、启动灵活、张力自动调节、自动换梭比较正常，剪刀部分以割刀代替。

1970 年，杭州福华丝绸厂制造出 ZK71-2 型自动接经机，该机效率高，比手工接经时间缩短 6～7 倍。1972 年，杭州纺织机械厂设计制造花素两用的 ZK272 丝织机，该机为有梭织机，造价低，应用广泛。

1980 年，浙江省多家纺织厂研制成功多种新型号的织机，如 1983 年杭州纺织机械厂试制成功 GD721 型剑杆织机（刚性），1984 年杭州都锦生丝织厂试制成功 GD-ZJ-1 型多色程控自动换梭换道丝织机。1985 年，杭州市丝绸科学研究所，进行了 GD88 型直接式接经机的研制，该机可以直接式打结，技术更加先进，重量更轻。同年，杭州纺织机械厂研制成 GD603、GD603A 型有梭织机，1987 年获省科技成果二等奖。

"六五"期间，纺织工业跨入新的发展时期，尤其是化纤工业的迅速发展，带动了纺织工业技术装备的发展与更新，采用无梭织机新技术取代有梭织机成为发展的必然趋势，同时有梭织机亦向自动化进化。[2] 1987 年，杭州纺织机械厂与西安航空发动机公司联合研制成国内第一台具有国际水平的 GA731 型挠性剑杆织机。该机采用共轭凸轮引纬，引纬平稳、可靠，用高性能复合材料制成的剑杆、剑带减少惯性负荷，提高车速，机电式纬丝选择机构，保证经丝张力恒定，并有断纬、断经自动检测装置和自动找纬机构，采用无级变速器调节纬密，主要部件采用油浴润滑和集中加油系统，维修方便，入纬率每分钟 700～800 米，车速每分钟 200～280 转。1988 年 1 月，嘉善纺机厂等单位试制 ZGJ 型刚性剑杆织机获得成功。1989 年，杭州市丝绸工业公司装备中心设计出 ZGD2000 型挠性单剑杆织机，1990 年完成样机总装调试，后逐步发展为 GD752 型和 GD753 型。[3]

纺纱机

新中国成立后，浙江的棉纺机械设备经历过三代国产机的阶段。

---

〔1〕 杭州市地方志编纂委员会.杭州市志（第七卷）.北京:中华书局,1997.

〔2〕 浙江省纺织工业志编纂委员会.浙江省纺织工业志.北京:中华书局,1999.

〔3〕 浙江省纺织工业志编纂委员会.浙江省纺织工业志.北京:中华书局,1999.

国产第一代纺纱机。1958 年 2 月,杭州第一棉纺织厂(简称杭一棉厂)扩建的西纺车间投产,安装了前后配套的国产第一代棉纺设备("1"系列)纺锭 2 万枚、线锭 9120 枚;1958 年 4 月,筹建的萧山棉纺织厂(后名杭州第二棉纺织厂)以及 1960 年经过技术改造的宁波和丰纱厂这三家企业都使用了国产第一代棉纺设备。1957 年,浙江大学、省纺织科学研究所和杭州第一棉纺织厂合作研制成功全国第一台单头静电纺纱机。该机利用静电感应原理,使纤维在静电场内定向、凝聚、排列、伸直,经加捻器加捻,纺制出国内第一根静电纱。

国产第二代纺纱机。1960 年,国产第二代("A"系列)棉纺设备投产,浙江省逐步进行了棉纺生产中关键设备的更新。1965—1968 年,在新建兰溪、常山、嵊县、浦江、仙居、缙云、武义、上虞、慈溪等九个县的小型棉纺织厂时,采用了国产第一代与第二代设备。1966 年,杭一棉厂制成国内第一台 40 锭静电纺纱机。1978 年,该厂用静电纺纱机纺制出以涤纶长丝为芯,外包棉纤维的 13～15.4 号涤棉包芯纱。与环锭纺包芯纱相比,单产提高 80%,用电节约 12%,粗纱到筒子工序由三道减为一道,噪音低(80～82 分贝),有覆盖均匀、包绕牢度大、不需定捻、芯丝比例小、织物染色鲜艳均匀、毛羽少、缩水小等特点。该成果获 1984 年国家发明三等奖。[1] 到 70 年代后期,在平湖、海盐、镇海、宁海、慈溪、金华、衢州、舟山等地新建 3 万纱锭的新厂时,棉纺企业均采用了国产第二代棉纺设备。

国产第三代纺纱机。80 年代中期,国产第三代("FA"系列)问世,省内在金华棉纺厂及衢州棉纺厂的建设中采用 FA502 及 FA502M 细纱机。1983 年 1 月,杭州市纺织科学研究所和杭一棉厂试制成功我国第一台尘笼纺纱机。同年,在慈溪第一棉纺织厂开始使用新型纺纱机——转杯纺纱机(又称气流纺),1984 年,杭丰纺织有限公司引进瑞士及日本二手设备转杯纺纱机 2400 头,年底投产,成为省内第一个以转杯纺纱设备生产的工厂。1980 年,杭州市纺织科学研究所和杭一棉厂为开发利用下脚纤维,研制成功国内第一台摩擦纺单头试验机。1985 年,该所在消化吸收奥地利德雷夫Ⅱ型和Ⅲ型摩擦纺纱机的基础上研制成功国内第一台 FSI 型 6 头摩擦纺纱机。

改革开放以后,浙江省同时开始了国外纺纱设备技术的引进。1981 年,杭州纺织科学研究所先后引进德雷夫Ⅱ型、Ⅲ型摩擦纺纱机各一台,其他各家纺织厂也陆续引进清梳联合机、气流纺纱机、自动络筒机和喷水、喷

---

〔1〕 杭州市地方志编纂委员会.杭州市志(第七卷).北京:中华书局,1997.

气、剑杆、片梭织机等国外先进设备。1983年,慈溪第一棉纺织厂购置SQ型气流纺纱机五台1000头,生产纯棉纱。翌年,萧山杭丰纺织有限公司建成2000头第一代气流纺专业厂,1988年引进第三代瑞士RU14全自动气流纺纱机。随着纺纱机质量的提升,省内棉纺织技术装备进入"三无一精"(即纺纱无卷、成纱无结、织布无梭、精梳产品)的时代。1989年,杭丰纺织有限公司引进德国具有自动接头、自动定长、自动落筒、自动显示故障原因的全自动、大卷装转杯纺纱机,是当时自动化程度最高的纺纱设备。[1]

三、纺织工艺

染色工艺

1953年,我国出口绸缎发生严重褪色的质量问题。为此,杭州丝绸印染厂(简称杭丝印厂)组成"染色绸不褪色研究组",研制成功24种不褪色染色绸新工艺,改变了"若要染色色不褪,除非摘下天上彩虹来"的旧观念。[2]在1953—1957年的"一五"期间,浙江省丝绸行业进入全面的公私合营,完成了对丝绸企业的社会主义改造。1957年3月6日,我国第一个现代化丝绸印染联合企业——杭州丝绸印染联合厂动工兴建,次年建成投产。1980年后,杭丝印厂开始使用各类助剂。同时,丝绸炼染业生产逐步向半机械化、机械化发展。之后,杭丝印厂引进意大利希拉若利MBC常压溢流染色机、V.G.S恒张力卷染机等设备。1983年,ZM-6型系列粘胶人造丝染色工艺与设备研究成功,简化了低温活性染料染色工序,提高了染色质量。1987年,杭丝联厂和浙江丝绸科学院研究完成的真丝绸活性染料染色新工艺,适用于染中、浅色及少数深色绸,特别是染电力纺、洋纺等轻薄织物,色泽鲜艳,水浸、皂洗牢度均达4级以上,并可减少污水排放量。该成果获1987年省科技进步二等奖。

粘胶长丝(人造丝)的生产技术

粘胶纤维是再生纤维素纤维,又称人造纤维,分长丝和短纤两种,长丝即称为人造丝。早在20世纪20年代开始[3],浙江就酝酿发展人造丝。1929年首届西湖博览会上,工业专家许炳坤作过"人造丝问题之研究"讲演。1930年11月,民国政府浙江省建设厅厅长程振钧在《浙江建设月刊》

---

〔1〕 浙江省纺织工业志编纂委员会.浙江省纺织工业志.北京:中华书局,1999.

〔2〕 浙江省科学技术志编纂委员会.浙江省科学技术志.北京:中华书局,1996.

〔3〕 浙江省纺织工业志编纂委员会.浙江省纺织工业志.北京:中华书局,1999.

（第五期第一页）上发表过《人造丝问题》的论著。

1958年,浙江省计划筹建杭州人造丝厂(后改名为杭州化纤厂)。1961年经纺织工业部立项建设,于1963年11月投料试产,12月10日纺出首批粘胶长丝,开创了浙江粘胶长丝的生产历史。1963年,杭州化纤厂采用国产R531型纺丝机和丝饼淋洗机后处理的工艺与设备,建成粘胶长丝生产线,纺丝速度每分钟75米,纺制酸性丝饼。1972年,该厂扩建选用R535A型纺丝机,纺制中性丝饼,其后处理与酸性丝饼相比,可减少化工原料消耗及废气排放量,并使产品质量提高。

20世纪70年代中后期,国内辽化、金山等石油大化纤项目相继建成投产,为全国化纤行业的发展提供了较为丰富的原料,大力发展化学纤维成为纺织工业发展的一个热点。1984年4月,杭州化纤厂与航空工业部606研究所合作,设计制造出日处理5吨丝饼的国内第一条M25粘胶长丝丝饼压洗机生产线,能耗比传统的淋洗工艺每年节煤5000吨、节水20万立方、节电9万千瓦时以上,产品强度较淋洗丝饼提高2000米,伸长提高2%,且染色均匀、毛丝少、丝的利用率高。该成果填补了人造丝后处理工艺空白,1985年获国家发明三等奖。[1] 浙江的粘胶长丝自1983年以来一直保持国家银质奖荣誉,1987年开始出口。

1985年杭州化纤厂从德国引进纺前着色注射器,采用世界先进的纺前着色直接注射工艺,替代传统染色工序,减少染色产生的废液污染,色牢度从3级提高到4级,色素利用率达到世界同类技术的先进水平。1985年还引进多效酸浴蒸发器。原单效蒸发1吨水所用蒸汽为1.3吨,改用11级闪蒸装置后,每蒸发1吨水所用蒸汽为0.31吨,节能效果十分明显。通过技改和科技攻关,粘胶长丝产量从1964年的723吨增加到1985年的5260吨。1986年,浙江大学与杭州化纤厂共同进行二硫化碳生产尾气回收治理的研究,建成年产1000吨长丝的配套治理设施,技术指标达到国内先进水平,属国内首创。1988年,采用国外丝条管中成形技术,改造R531型纺丝机,通过控制纺丝浴液在水平管中的流速适当低于纺速,使浴液平稳地与丝束同向流动,改变了传统深浴法纺丝浴液流动不规则,易使纤维产生疵点的不足,纺速为每分钟125米,达到国际水平。该成果获1990年国家实用新型专利及1990年省科技进步二等奖。[2]

---

〔1〕 杭州市地方志编纂委员会.杭州市志(第三卷).北京:中华书局,1997.
〔2〕 浙江省科学技术志编纂委员会.浙江省科学技术志.北京:中华书局,1996.

第二节　电子电器技术

　　浙江省的电子电器制造工业及技术,在新中国成立以后,以大学为依托,通过研究院所的协作研发,得到迅猛发展。改革开放后,紧紧跟踪以数字化、网络化为代表的国际信息技术发展主流,加快实现传统电子工业向现代信息产业的战略性转型,确立电子信息制造工业的战略地位,做大产业规模,发展水平居国内前列,在工业经济发展中发挥先导作用。同时,浙江的家电工业也随着电子技术的大力发展,在吸收、引进国外技术的过程中,重点发展智能化、个性化、节能和环保型洗衣机、空调器、冷柜、电冰箱等新产品和国内先进的压缩机、家用电机等配套产品,提升了小家电和节能高效电光源的技术竞争力。

一、电子器材

　　浙江省的电子工业发展较晚。1949 年以前基本上是空白。50 年代中期湖州创办长兴耐火材料厂,利用当地丰富的硅酸盐矿资源,开始研制电子陶瓷材料。1958 年杭州市开发锗二极管产品。1959 年,浙江大学制造出省内第一个电子管,同时杭州大众牙刷厂也试制出省内第一块扬声器磁体,揭开了电子技术发展史上新的一页。1960 年开始,建立了杭州磁性瓷厂(即杭州磁性材料厂)、杭州电子管厂、杭州无线电二厂、宁波东风无线电厂等全国重点企业。

电子管

　　1961 年 8 月,富春江电讯器材厂(杭州电子管厂前身)试制成功了汞气整流管。之后相继试制了玻璃放电管、玻璃充气闸流管、稳压管、陶瓷放电管和金属陶瓷结构的氢闸流管等。1970 年开始,相继研制成功各种型号结构更为先进的离子管。1964 年 5 月,杭州电子管厂开始试制 X 射线管。先后研制成功工业用 X 射线管、固定阳极医用诊断 X 射线管、医用治疗 X 射线管和旋转阳极医用诊断 X 射线管等。1988 年试制成功高速旋转阳极 X 射线管。1992 年试制成功小型旋转阳极医用诊断 X 射线管。

　　20 世纪 60 年代中期起,浙江大学、杭州大学在半导体器件的研制上取得了一系列进展。1966—1975 年,先后分别研制成功 8 毫米波段混频二极管、平面型硅低频大功率晶体管、硅高频大功率管、D202 硅功率晶体管、硅达林顿功率管,达到国内先进水平。1974年,杭州无线电二厂研制成功6WD微功耗差分对管,属国内首创。1979—1980年,浙江大学陈启秀等研制成VMOS大功率场效应晶体管,获中国科学院科技成果二等奖。80年代初,浙江大学研制成功VDMOS场效应功率晶体管,主要用于快速开关电源、自动控制和各种接口电路,1984年获省优秀科技成果二等奖。

自杭州电子管厂1963年试制成功高压整流管开始,浙江省二极管开发经历了一个漫长的过程。1967年,杭州无线电二厂试制成功硅普通稳压二极管。1970年,开始试制可控硅。同年,杭州无线电二厂试制成功硅平面补偿稳压二极管。1974年试制成功微波检波二极管,1978年,杭州半导体厂相继试制成功行输出管、硅NPN低频大功率三极管。1980年,又试制成功高反压大功率三极管和硅NPN高频小功率管。1981年起,杭州仪表元件厂试制投产FG系列发光二极管和BS系列半导体数码管。1983年,杭州电子管厂与浙江大学半导体专业协作开发成功增强型VMOD功率场效应管。1984年,杭州仪表元件厂研制成功红色芯片和绿色芯片,主要光电技术指标属国内领先水平。1985年,杭州电子管厂试制成功半导体硅堆。1985年,杭州无线电二厂相继研制成功玻封基准稳压二极管、玻封硅稳压二极管、玻封硅整流二极管、玻封硅开关二极管。1988年,雷迪斯光电器件有限公司开发成功超高亮度LED像素管。1989年,杭州电子管厂试制成功高压硅堆。1990年,研制完成彩电用发光二极管三个品种11个规格。

1979—1982年,浙江大学研制成功捷变磁控管。它由PIN管腔外调谐电调频率捷变、22磁控管,在普通磁控管上外加一个或数个PIN管调谐构成,该产品调谐速度快、寿命长、频率确定较准确、跟踪容易且能方便地实现编码控制。可用于提高轻型雷达抗海浪、云雾、地物杂波等性能,改善飞机低空性能,降低气道漫反射,同时,还有抗瞄准式干扰的能力,使轻型歼击机性能进一步提高,特别适于国内轻型雷达的技术改造。该成果属国内首创,1984年获国家发明三等奖。1983年,浙江大学等研制成功电桥式PIN管调谐多点跳频捷变磁控管。该器件属国内首创,1984年获电子工业部科技进步二等奖。

集成电路

1978年,杭州电子管厂根据上海冶金研究所的科研成果试制2048位EPROM集成电路,1980年定型。1983年,浙江无线电厂试制成功运算放大器、集成宽带放大器、差分对管、差分放大器。1984年,又试制成功测光集成电路。杭州无线电二厂试制成功数字逻辑集成电路和双极型线性模拟集成电路。1992年10月,杭州半导体公司从美国仙童公司引进的一条3

英寸(77 厘米)集成电路生产线的第一期工程——平面工艺生产线竣工投产。

氦氖激光管

氦氖激光管是一种具有连续输出特性的气体激光器,由于它的光束质量好、器件结构简单、操作方便、造价低廉、输出光束又是可见光,在精密计量、准直、导航、全息照相、通信、激光医学等方面得到了极其广泛的应用。

浙江省激光器和激光技术的发展始于 1969 年。同年,浙江大学研制成氦氖气体激光管,并与激光测振仪配套运转,省内第一支 300 毫米全内腔式氦氖激光管问世,输出功率 2 毫瓦,波长 0.6328 微米,主要用于导向、检测、光学演示、全息和医疗等方面。[1] 1979 年,浙江大学与其他机构合作研制长寿命氦氖激光管,该成果获 1982 年国家仪器仪表总局科技成果二等奖。1980 年,浙江大学研制成反射率 99.9% 激光硬膜反射镜,技术指标优于美国光谱物理公司及光学涂层公司同类产品。从 1982 年开始,浙江大学研制大功率氦氖激光管,采用甲烷和弱磁场联合抑制 3.39 微米波长的跃迁,研制成放电长度为 1 米、工作波长 0.6328 微米的 HN-120J2 型氦氖激光管,具有预热时间短、输出功率大、功率稳定性好等特点,属国内领先水平,达到国外 80 年代初同类产品的技术指标。1984 年,浙江大学研究用激光束聚焦后的高能量密度,使石英、玻璃等材料熔融达到真空封接要求,完全克服了环氧树脂胶密封带来的弊病,提高了氦氖激光管寿命,存放可达七年以上。激光管镜片的激光封接技术于 1987 年获国家发明专利。1986 年,研制成 3-120 型折叠式氦氖激光器及其 2DJ-Ⅱ 型稳流激光电源,采用 π 型折益式结构设计和电预热技术,属国内首创。该器件 TEM00 模输出功率大于 100 毫瓦,稳定度高,国际上无同类产品,获 1987 年国家教委科技进步二等奖。

电度表

以电度表为代表的浙江仪器仪表工业始于 1958 年。同年,杭州仪表厂开始仿制单相电度表和三相电度表,在国内占有相当优势,是全省规模最大的电度表专业工厂。[2]

20 世纪 60 年代开始,杭州仪表厂逐步从仿制走向自行设计。1962 年,该厂自行设计的 DD5 型单相电度表,吸取了 LANDIS 的一些技术,在当时全国质量评比中名列第一。1969 年,该厂自行开发成功我国第一台 0.5 级

〔1〕 浙江省科学技术志编纂委员会.浙江省科学技术志.北京:中华书局,1996.

〔2〕 浙江省五金交电化工公司.浙江五金交电化工商业志.杭州:浙江人民出版社,1991.

三相四线标准电度表。至 70 年代末,杭州仪表厂陆续设计试制成 DD15 型单相电度表、DX15 型和 DX16 型两种三相无功电度表、DS16 型三相三线有功电度表(精密级)、DD28 型单相电度表。1974 年,该厂试制成功 DZ1 型最大需量电度表,是国内第一种自己制造的特种电度表。1981 年,试制成功国内第一次把数字电路技术用在电能仪表上的 DZ3 型多路最大需量电度表。[1]

浙江省还拥有一批在国内具有先进水平和达到国外 20 世纪 80 年代初水平的科技成果。[2] 其中,杭州仪表电机厂研制的 45TCY 永磁减速同步电动机,获 1982 年省优秀科技成果一等奖。1988 年,杭州仪表厂与中国计量学院合作,开发全电子式高精度标准表,至 1990 年先后完成 PS31 型 0.1 级静止式单相标准电度表和 PS51 型 0.05 级三相静止式标准电度表。同年完成的交流电度表系列产品设计获国家科技进步二等奖。杭州仪表厂除了自行生产之外,还从日本、美国、德国等国家引进先进检测、试验设备和先进的电度表制造技术,在全国电度表同行业中一直保持产量、质量上的领先地位。

测色色差计

测色色差计是一种性能优越、用途广泛而又操作方便的测色仪,适用于测定各种物体的反射色,可以测试物体的白度以及两种物体的色差,能广泛应用于有色产品的颜色计量测试、色差评价以及品质控制与管理等。

1984 年,杭州光学仪器厂试制成 WPZ 塞曼效应仪,又与浙江大学、杭州自动化研究所联合在国内首次设计开发 WGS 测色色差计。[3] 该成果采用光电积分式测量原理、准双光路型式,d/80 照明与观察几何条件,配置专用微机,高速高分辨率采集数据,软件界面汉化、友好,菜单功能完善,可对纺织、塑料、塑制品等有色物体表面进行高精度颜色测量,给出各种色度参数,也可根据标准与试样进行颜色比较,比较出两者的各种色差数据。特别适合于纺织品色差控制、颜色质量评定与分级、颜色参数分析等的应用。

等离子体显示技术

等离子体显示技术是一种利用气体放电发光的有源平板型显示技术。等离子体显示具有亮度大、对比度高、寿命长、视角大、功耗低等优点,可用于计算机终端显示以及各种图形、符号、数字的显示,还可用于壁挂式彩色

〔1〕 杭州市地方志编纂委员会.杭州市志(第三卷).北京:中华书局,1997.
〔2〕 浙江省科学技术志编纂委员会.浙江省科学技术志.北京:中华书局,1996.
〔3〕 杭州市地方志编纂委员会.杭州市志(第三卷).北京:中华书局,1997.

电视和大屏幕显示等。

浙江省从 20 世纪 70 年代起陆续研制出等离子显示设备。70 年代初，杭州大学利用气体放电发光原理，在字符显示屏研制中成功地解决了介质层抗溅射分解难题，使显示屏寿命大于 1 万小时。在研制成功国内第一块等离子体显示板后，1975 年又研制成具有单面电极结构的等离子体显示板，用于空军机场塔台计时仪器，获南京空军政治部奖励。[1] 1977 年起，杭州大学开始研制大型等离子体数字显示系统，至 80 年代，在大屏幕和超大屏幕显示器的研制中取得具有国内和国际先进水平的重要成果。继 1979 年研制出耐离子轰击的透明介质材料和超大型等离子体汉字显示装置，分别获全国和省科学大会奖之后，又研制出优质低熔点玻璃密封材料，首创了等离子体显示板窄边密封技术和低功耗矩阵型大屏幕显示驱动电路，研制成直观式大屏幕 AC 等离子体显示系统。该系统显示面积可向二维任意扩层，显示分辨率达 256 线/米，显示屏功耗小于 50 瓦/平方米，具有显示清晰、位置精确、稳定可靠、功耗小、使用寿命长、价格低廉等特点，其水平居世界领先地位，获中国发明专利和 1985 年国家科学技术进步二等奖。[2] 1986 年进一步研制成高分辨率等离子体模块显示板，分辨率达 320 线/米，获 1987 年省科技进步二等奖。[3]

磁性材料

浙江省是磁性材料及器件产业的大省，规模和品种均居全国第一，产业规模在世界上也处于前列。磁性材料主要品种包括软磁铁氧体、永磁铁氧体、稀土永磁、塑磁铁氧体等，在浙江的产业化程度最高，仅横店集团东磁公司一家就大规模生产上述四大类磁性材料及器件，还有浙江天通的软磁、杭州永磁集团的永磁、宁波韵升和科宁达的钕铁硼永磁、浙江天女的稀土永磁等在国内均位居前列。

1982 年 7 月国家计委批复杭州磁带厂建设计划，这是我国当时筹建规模最大、技术最先进的磁记录材料行业大型骨干企业。1987 年 4 月，年产 60 万米高档纸管生产线建成试产，系全套引进日本纸管工业株式会社的设备和技术，规格为内径 3～12 英寸，品种有各类聚酯薄膜专用纸管。1988 年 10 月，设备从日本制钢所全套引进，工艺技术自行开发，"三次拉伸"制强化聚酯薄膜技术属国内独有。1990 年 11 月，该厂全套引进日本 TDK 工业

〔1〕 浙江省科学技术志编纂委员会.浙江省科学技术志.北京：中华书局，1996.

〔2〕 杭州市地方志编纂委员会.杭州市志（第三卷）.北京：中华书局，1997.

〔3〕 杭州市地方志编纂委员会.杭州市志（第七卷）.北京：中华书局，1997.

株式会社的设备和技术,产品质量达到 TDK 同类水平,年产 6000 万盒中高档录音磁带和 600 万盒录像磁带生产线建成试产。"大自然(NATURE)"牌磁带获 1991 年首届中国国货精品博览会磁带行业唯一金奖。1988 年,杭州磁带厂引进英国和瑞士 32 轨输入、24 轨输出的调音台录音设备及其录音录像棚建成试运转,时有"我国东南第一棚"之称。1988 年研制成功薄型薄膜(磁带带基)用 PET 树脂和 HC-Ⅱ型磁测仪。1989 年完成高档录音磁带带基用聚酯切片技术研究小试。1990 年研制成功广播录音磁带用聚酯薄膜、感光树脂版印刷用聚酯薄膜、SB7270 热敏打字色带。1991 年研制成功金属化膜用聚酯薄膜,完成 1.5 千克规模以碱法铁黄合成微细化磁粉的扩大试验。

横店集团东磁股份有限公司(前身为东阳县磁性材料厂)是全国磁性行业第一家通过 ISO9000 质量体系认证和 QS9000 质量体系认证的企业。自 1996 年开始加大了对软磁的投入,引进国外最先进的彩偏磁芯生产线和大功率铁氧体生产线,产品性能达到国际领先水平,已成为全国品种最多、规格最齐的软磁铁氧体生产基地。2005 年,公司软磁铁氧体产量占国内总量的 13.25%,全球总量的 7.31%,是我国最大的软磁铁氧体生产企业。此外,永磁铁氧体产量占国内总量的 16.59%,全球总量的 7.76%,是全球最大的永磁铁氧体生产企业。东磁还进行纳米铁氧体的研究、开发工作,抗干扰磁芯、高性能电机磁瓦、微波炉磁体等产品已形成大批量生产,其中微波炉磁体是国内最早能生产的厂家,产量占到世界总量的 80%。

宁波韵升强磁材料有限公司 1996 年涉足钕铁硼永磁材料产业后,通过不断的技术改造,成为我国重要的钕铁硼生产和销售基地之一。公司研制成功稀土强磁材料浇铸冷却模、100 千克快速冷却旋转式熔炼炉、自动电镀流水线、多工位防氧化全自动成型压机等多项技术,拥有磁场下浇注用的结晶器及浇注工艺等多项专利,能生产 N48、N45、42M 等高能积磁体。宁波韵升生产的 DVD、电脑的光读头所用磁性材料产量占到全球的 35%,手机振动马达使用的磁钢产量占到全球的 15%。

二、电器装置

医用立体 X 线装置

浙江省于 1954 年,由浙江医学院附属第一医院和杭州市第一医院联合开展钡胶浆支气管造影研究,成效卓著。市第一医院与浙江医学院放射教研组、杭州纺机厂合作,于 1956 年自行设计一台快速换片机,每秒 1 张,可自动连续换片 8 张,并有杠杆式高压注射器装置,在全省首次进行心血管造影。[1] 同年,浙医二院引进德国生产的 500 毫安大容量 X 线机,为全省第一台大型 X 线机。1965 年,浙医二院和杭州制氧机厂合作,试制成功自制卷片式快速换片机及高压注射器,每秒可摄片 1～3 张,并进行省内第一例腹主动脉造影。同年又首先在省内普及小剂量定向气脑造影。

20 世纪 70 年代,浙江省中医院引进 X 线 ERCP 检查(内窥镜逆行性胰胆管 X 线造影),在全省首先推广应用。[2] 杭州市第一医院还与上海实用电子研究所合作,研制成功国内首台移动式 X 线电视机,适用于亮室条件下,开展 X 线导向骨科复位、取异物及打钉等手术,用于小儿胸、腹等脏器病变的检查。1978—1980 年,杭州大学、宁波立体显示技术研究所和杭州市第一医院共同完成国内第一台医用立体 X 线电视显示机。电视显示图像逼真、立体感强,系统构成简单合理,在透视诊断中具有重要的实用价值,尤其对骨折复位、取异物、导管定向等有明显效果,填补了国内空白,达到国际先进水平。获 1981 年浙江省优秀科技成果二等奖。[3]

黑白电视机

浙江最早生产黑白电视机是在 1961 年,之后就开始组织全省性的电视机试制,1970 年浙江广播器材厂试制成功 48 厘米钱江牌黑白电视机,并在全国较早开始正式生产电视机。[4] 1973 年 9 月,杭州市"五七"干校无线电厂自行设计试制成两台西湖牌 9 英寸(23 厘米)(901、902)全晶体管黑白电视机。1977 年,杭州电视机厂试制成西湖牌 12HD1 型黑白电视机,该机为全晶体管 31 厘米黑白电视接收机,电光声性能好,图像清晰,更重要的是解决了元器件的可靠性和稳定性问题。[5] 1981 年,我国从日本东芝公司引进 TA 集成电路,黑白机的集成电路化成为普遍关注的课题。杭州电视机厂研究解决了屏幕干扰问题,将 TA 电路成功应用于 35HJD1 型黑白机上,并在全国推广。1982 年,杭州电视机厂开发 35HJD1 型集成电路黑白电视机。1983 年,该厂又开发出 35HJD1-1 型全塑壳、双天线、双喇叭(高、低音)电视机,在全国首家成功地解决了三块国产集成电路在黑白电视机中应用的问题。同年还开发了 44 厘米黑白电视机,该机采用与 31HD1-3 型、35HD2 型完全相同的电路,形成 31 厘米、35 厘米、44 厘米

---

〔1〕　浙江省科学技术志编纂委员会.浙江省科学技术志.北京:中华书局,1996.
〔2〕　杭州市地方志编纂委员会.杭州市志(第六卷).北京:中华书局,1997.
〔3〕　杭州市地方志编纂委员会.杭州市志(第七卷).北京:中华书局,1997.
〔4〕　浙江省科学技术志编纂委员会.浙江省科学技术志.北京:中华书局,1996.
〔5〕　杭州市地方志编纂委员会.杭州市志(第七卷).北京:中华书局,1997.

黑白电视机系列产品。[1]

彩色电视机

浙江彩色电视机研制始于20世纪70年代初,其中以杭州电视机厂规模最大、品种最多。

1971年年底,杭州电视机厂试制出两台行轮换调频制彩电(全晶体管和晶体管电子管混合式各一台),经过两次闭路试验,效果尚可。接着杭州电视机厂开始小批量生产单枪三束彩电。[2]

1976—1977年间,杭州电视机厂在单枪三束彩电的基础上,又开始试制三枪三束彩电。1982年,杭州电视机厂和香港利东公司合作生产西湖牌37CD2型35厘米彩电。同时进行彩电国产化试制工作。该厂还引进日本东芝彩电生产线,在日本东芝原型机C1431Z型X56P机芯的基础上,设计了国产机37CD7型35厘米彩电II型机。该机较好地运用国产化五大件:显像管、集成电路、行输出变压器、电调谐器和印刷电路板,国产化程度达65%。随后又开发研制47CD3彩电,元器件的国产化比例达90%,整机性能达国外同类产品水平。

1985年8月18日,杭州电视机厂从日本JVC公司引进零部件组装的西湖牌35厘米7190HZ型彩电通过省级技术鉴定。80年代新型彩色电视机增添了许多功能,如遥控选台、预编程序、多画面显示等,向多功能化、数字化、智能化方面发展。[3]

真空激光监测装置

真空激光监测装置是用于测量水库大坝变形、保证大坝安全的重要装备。大坝变形属毫米级,对观测有很高要求。若用经纬仪和水准仪,精度不够;若用引张线和静力水准,存在受外界干扰较大,可靠性、准确性、实时性均较差等问题。20世纪70年代,针对大坝监测要求精度高和长期稳定可靠的难题,杭州大学王绍民联合东北勘测设计院夏诚改进了美国斯坦福大学安装、调整直线加速器的真空中激光三点法,在杭州大学和丰满水电站坝顶分别做了20米长的原理性实验和200米长的现场性能试验,基本解决了理论、技术和工艺等问题后,在水利电力部的支持和各有关单位的协作下,于1981年和1984年在太平哨电厂和丰满电厂作了安装,至今运转正常。

1995年东北洪水百年一遇,在紧急时刻,三大水系、五大水库、十座大

〔1〕 杭州市地方志编纂委员会.杭州市志(第三卷).北京:中华书局,1997.

〔2〕 杭州市地方志编纂委员会.杭州市志(第三卷).北京:中华书局,1997.

〔3〕 http://www.34343.cninfo1762.htm.

坝只有太平哨和丰满两个电厂能一天三次准确报出大坝变形量,给各级领导迅速决策提供了可靠的依据,控制泄洪,防止了 9 个市县被淹,保护了数百万人民的生命安全,减少损失 176.8 亿元的财产,并多发电 6.04 亿度,取得了重大的社会效益。该技术后推广到龚嘴、桓仁、云峰、太平湾等电站,并作了大幅度自动化改进。1996 年,确定用于三峡大坝,并以葛洲坝为试点,进一步加强可靠性的设计,解除了国内外对高坝大库的种种疑虑。"真空激光自动监测大坝变形技术"获 2000 年国家科技进步二等奖。[1]

第三节 电子通信技术

新中国成立后至 20 世纪 70 年代,浙江省的电子通信技术以人工通报和部分自动交换设备的自行研发、制造为主。改革开放后,随着电子技术和计算机技术的发展,通过国内外先进通信技术和设备的引进,浙江省的通信技术形成初步完整的通信传输系统网络,结合自行研发的多种邮政机械、电子器材和通信设备的运用,使浙江邮电和通信技术达到了国内先进水平。其中,东方通信等相继开发成功了 GSM 手机、CDMA 交换系统、SDH 传输设备等一批通信重点产品,在全国处于领先地位;ATM 高速宽带接入设备、个人数字助理(PDA)开发成功,实现了高速通信的技术突破。

一、通信技术

邮电通信

邮电通信是社会的基础设施,是国民经济的先行产业,是社会生产力的重要组成部分。

1952 年 5 月 1 日,杭州市电信局首创人工电报交换机,后在全省逐步推广。1958 年,浙江省邮电科学技术研究所(简称省邮电科研所)建立,此后,浙江省邮电通信勘察设计院和浙江省通信学会陆续成立,建立各类邮电通信器材生产厂,为浙江省邮电通信技术的发展奠定了基础。

20 世纪 80 年代,随着电子计算机技术、传感技术、激光技术等在邮政、电信中的应用,浙江邮电通信技术达到国内先进水平。至 1999 年年底,全省有长途电话自动交换机 296072 路、市内电话交换机总容量 5187617 门、

---

〔1〕 王绍民等.真立激光自动监测大坝变形技术.物理,2001(3).

长途业务电路 157918 路、长途光缆 6405 皮长千米、数字微波 5220 波道千米。全省 94％的行政村通电话,城市市区基本实现光纤到小区,数据通信和计算机互联网业务开始成为浙江电信业务的增长点。

20 世纪末,邮政系统迎来数据化应用的革新时代。实施了邮政电子汇兑系统、邮区中心局项目、邮资票品系统、支局电子化系统工程和邮政储蓄统版工程等,并作为全国邮政信息改革的试点工程,浙江邮政采用升腾终端"一台清"解决方案及产品,进行浙江邮政电子化支局和邮区中心局生产作业系统改造,为浙江邮政构建了"高兼容、高可靠"的作业系统。

电报

1957 年 6 月 6 日,杭州市邮局试制成功我国第一部 100 转低频电报机。随着技术的进步与产品的更替,国产电传机、自动电话交换机、载波机等陆续替代落后的早期设备,并发展了传真通信,省内主要城市相继安装国产步进制、纵横制、准电子自动电话交换设备。[1]

1960 年,杭州市邮电局仿制成功单机头五单位自动发报机。1967 年,杭州装备的国产晶体管 64-4AB 型双机头自动发报机,淘汰了杂式和自制的五单位发报机,进一步提高了电报传输质量和传输效率。[2] 1979 年,杭州市电信局与邮电部第一研究所、上海市电报局合作研制成功 PMOS 电传电报自动回询纠错设备,获 1980 年省优秀科技成果二等奖。[3]

20 世纪 80 年代,为满足社会对通信的需求,浙江省从国外引进程控电话交换、无线寻呼等设备,并在消化吸收引进技术的基础上研制成功新型通信设备。计算机技术在自动转报和电话网路管理系统的应用,使转报系统功能更加完善,电话网路管理更趋科学化。从 1982 年开始,全电子电传机逐渐替代噪声大、通报速度慢的 BDO55 型电传机。1983 年,为了提高转报效率和通报质量,杭州市电信局采用 64 路自动转报系统,1987 年又改用 256 路自动转报系统。之后省邮电科研所陆续研制成功汉字电传机、电报分集器、营业智能电报机,研制的产品功能更加强大,处理更加智能化。

杭州市的统计数据显示,1980 年全市电报业务量 73.76 万份,至 1988 年达到 194.85 万份,为历史最高峰。从 20 世纪 90 年代初开始,随着固定电话的普及,传真的兴起,还有后来移动电话和网络的迅速发展,电报业务量急剧下降,曾经带给人们生活很多方便的电报逐步退出了历史舞台。

〔1〕 浙江省科学技术志编纂委员会.浙江省科学技术志.北京:中华书局,1996.

〔2〕 杭州市地方志编纂委员会.杭州市志(第五卷).北京:中华书局,1997.

〔3〕 杭州市地方志编纂委员会.杭州市志(第五卷).北京:中华书局,1997.

电话

1955 年,自动电话交换机已趋饱和,杭州市话工程技术人员为解决接通率低的问题,运用集体智慧,研制了"人工辅助台"。[1] 1956 年,为满足召开电话会议的需要,杭州市电信局采用电阻分配式汇接机,汇接数条长途电话电路,但与会者不能同时对讲。1958—1960 年先后改用混合线圈式和桥分式汇接机,使与会者可以对话。1957 年,杭州市邮电局为缓解市话紧张状况,改进了人工辅助台。该台有四个机架,容量为 400 门,采用小型步进寻线器相应进位和用户所拨号码脉冲相同,由话务员视用户所拨信号人工辅助接续。1959 年 1 月 1 日,杭州市电信局新增国产 47 式步制 5000 门自动交换总机一座,取代使用 28 年之久的旧机器,市内电话号码由 4 位数升为 5 位数。1962 年,浙江省邮电学校试制成功 20 门纵横制自动电话交换机,这是省内第一台纵横制自动电话交换机。1976 年,杭州市市话线路开始研制复用设备,并采用 522 厂试制的 24 路脉码调制器(简称 PCM),接口设备由杭州市电信局自行研制。自杭州建立市内电话以来,都是以一对线接通一部电话机或一对中继线。当线路饱和时,只能停装电话。而采用线路复用设备可一线多用,在一定程度上缓解了电话装机的矛盾。

改革开放后,电话不仅数量猛增,而且技术和设备都有了质的飞跃,除了杭州,省内其他城市的电话技术发展也相当迅速。1978 年,宁波市邮电局研制成功 HJB-1000 门螺簧式准电子自动电话交换机,话路接续部分采用螺簧接线器,可用于多局制市内电话。1979 年,余杭县邮电局试制成功 YH-JT79 型准电子无绳长、农话交换机。该机采用按键方式,能自动计时和对自动局实行半自动拨号。1981 年,杭州通信设备厂又研制成功 JHJ-03-H81 型晶体管 48 路会议电话汇接机。该机具有同播性能,可同时召开两场独立的电话会议。[2] 随着社会各界对通信需求的日益增长,市话线路供需矛盾日趋突出。1982 年邮电部向全国推广市话环路载波(俗称"1＋1")。杭州市电信局先后购入"1＋1"设备 60 套和 150 套,装在二分局和三分局,使用情况良好。1984 年,奉化县邮电局研制成功 ZFA 长、农话快速按钮接续设备,用译码信号代替脉冲信号,接续速度比号盘拨号提高 3 倍以上。1986 年,该局和奉化邮电通讯器材厂共同试制成功 JTF301 型共电式长、农话交换台,对市话出中继线采用多线单拍快速译码接通,能对任意路载波拨号音终盘提供双向互拨性能,融长机和人工坐席为一体,构成一

---

〔1〕　杭州市地方志编纂委员会. 杭州市志(第五卷). 北京:中华书局,1997.

〔2〕　杭州市地方志编纂委员会. 杭州市志(第五卷). 北京:中华书局,1997.

个独立完整的长、农话交换台。1989年,杭州市电信局为实现市内电话网运行、维护、管理的科学化,研制成功 HZ-01 型市话模拟网集中监测(OMC)系统。

PAS 无线市话

成立于1995年的 UT 斯达康公司是专门从事现代通信领域前沿技术和产品的研究、开发、生产、销售的国际化高科技通信公司,公司总部位于美国硅谷,杭州拥有该公司的分支机构。1996 年 8 月,AirStar-WLL(空中之星)无线本地环路系统(即 PAS 无线市话的前身)参加当年邮电部主持的无线接入网试验,在 DECT-WLL 和 CDMA-WLL 等技术中脱颖而出,成为中国电信无线接入网技术的首选。UT 斯达康从原来由国际巨头垄断的中国通信市场中脱颖而出,被誉为通信界的一枝新秀。同年 12 月,PAS 无线市话(俗称"小灵通")首次在杭州余杭开通试用,独创性地将无线接入技术与固定电话网相结合,成为有线电话网的补充和延伸,"小灵通"为中国百姓提供了一种新的便捷通信服务。1999 年,PAS 无线市话在保定、西安、杭州等地相继推出,受到电信局及老百姓的欢迎,一度成为中国电信新的业务增长点。2001 年底,PAS 无线市话用户超过 300 万,遍及全国 20 多个省,200 多个城市及乡镇。UT 斯达康 PAS"小灵通"无线市话成为风靡一时的新兴通信产品。

无线移动通信

1958 年,杭州通信设备厂开始研制生产单路载波电话终端机、12 路载波终端机、12 路载波电话增音机、3 路载波电话终端机、16 路载波机、12 门共桥式会议电话汇接机,改变了国内通信设备全部依靠进口的局面。[1] 1964 年,杭州通信设备厂研制成的 24 门会议电话汇接机、100 门会议电话汇接机,为各级电话会议提供了良好的通信手段,填补了国内空白。1976 年,杭州通信设备厂研制成功的晶体管 960 路超群调制架、载供架、公务群,开通了京、成、渝和京、沪、杭以及京广三大微波通道干线,填补了国内载波通信业空白。该系列获 1978 年全国科学大会奖。

1980 年开始,移动无线通信技术有了一系列突破。电子工业部江南电子通信研究所研制成的 77 型短波特种通信附加器,获 1985 年国家科技进步二等奖。JXB-5 型超短波无线电话机,70 型超短波特种通信设备,分别获 1983 年电子工业部科技成果二等奖和 1985 年国家科技进步二等奖。还

---

[1] 杭州市地方志编纂委员会.杭州市志(第五卷).北京:中华书局,1997.

有 201 机载甚高频特种通信设备,获 1984 年电子工业部科技成果一等奖和 1985 年国家科技进步二等奖。1985 年 11 月,省内引进无线寻呼系统,无线通信发展迅猛,杭州首次开放人工寻呼业务。无线寻呼传递及时,使用方便,称之为"电话秘书",因而业务发展很快。[1]

1990 年,杭州通信设备厂与美国摩托罗拉公司合作,引进先进的蜂窝移动电话产品制造技术。1991 年,我国第一代"大哥大"从杭州通信设备厂下线。1992 年 2 月 15 日,浙江省邮电管理局和杭州通信设备厂、摩托罗拉公司正式签订了浙江省移动电话(大哥大)基站系统设备供货合同。5 月 17 日,浙江省 900 兆赫公众移动电话(大哥大)正式开通,同时开通了 450 兆车载移动电话(二哥大),10—12 月,先后开通"126"长途寻呼、"127"全自动寻呼和移动电话异地漫游业务。1995 年 12 月 29 日,杭州开通公用数字移动电话网,网号 139。该网采用数字蜂窝移动电话网络标准、全球通数字移动通信系统,实现国内和国际漫游。1996—1999 年,无线通信发展迅速。数字数据用户与计算机互联网用户起步并取得较快发展。[2]

至 90 年代末,浙江已经成为移动电话生产大省,建在杭州湾的我国最大的手机研发生产基地"东方通信城"于 2000 年启动了第一条国产手机生产流水线,另两条生产线随后投入建设,三条生产线合计年生产能力可达 180 万部。与此同时,浙江奉化波导公司第二条年生产能力 50 万部的生产线开通,年生产能力达 120 万部。截至 2000 年,浙江年手机生产能力达 300 万部,占全国手机生产总量的 1/3。[3]

测绘和遥感技术

遥感广义上是泛指从远处探测、感知物体或事物的技术,主要应用于卫星地面接收、海洋、地质、农业及城建等领域。

1979 年,浙江省首次制成 1∶100 万全省卫星影像图。[4]当时省测绘局的科技人员利用美国地球资源卫星 1 号和 2 号、相片比例尺约为 1∶367 万的 14 张卫星底片资料,以常规的航测仪器,经过改装,进行研制和试验。该卫星影像图经整饰、复制后,广泛应用于农业、林业、海洋、地质、环境保护等方面,并受到了好评。著名影测量学家、中国科学院院士王之卓教授的评价是:"最可贵的是利用常规航测仪器,自力更生研制成功。"该成果曾获浙

---

〔1〕 浙江省科学技术志编纂委员会.浙江省科学技术志.北京:中华书局,1996.

〔2〕 杭州市城乡建设志编纂委员会.杭州市城乡建设志(下).北京:中华书局,2002.

〔3〕 人民日报·华东新闻.2000-06-01(2).

〔4〕 浙江省科学技术志编纂委员会.浙江省科学技术志.北京:中华书局,1996.

江省 1979 年优秀科技成果三等奖。省地矿厅遥感站利用陆地卫星 MSS 影像编制成浙江省卫星影像图,印刷成 1∶50 万全省影像地图,是国内首次利用卫星图像编制的省级卫星影像图。

1979 年,省测绘局综合测绘大队利用在杭州市区航摄的红外假彩色底片,在常规航摄仪器、黑白摄影像片晒像设备和普通纠正仪上,经反复试验,印制出杭州市区红外假彩色航摄像片和第一幅 1∶5000 西湖红外假彩色相片图,为城市规划提供了重要资料和依据。[1]

1982 年,浙江大学地质系根据资源卫星 2 号 1976 年 11 月 CCT 磁带,用电子计算机分析判读,编制 1∶50000《杭州市土地利用分类图》一幅。这是浙江用电子计算机进行图像技术处理的第一幅卫星彩色影像图。[2] 同年,杭州大学开展遥感图像处理及其在浙江省土地资源调查中的应用研究,处理了全省 16 幅 MSS 组合卫星相片的假彩色编码图像,于 1985 年编制成全省首幅 1∶100 万浙江省土地利用图。1989 年,浙江省地矿厅运用航天遥感图像编制出 1∶20 万浙江省影像解译地质(组)图,为全国编制新一代地质图提供了技术方法。浙江大学赵元洪等开展遥感定量化应用中地形影响研究,用于校正地形因素对地物反射数据的影响,其成果被推选为"中国优秀新产品走向世界"的优秀新产品,于 1992 年获中国科学院自然科学二等奖。

二、通信设备

播控扩声技术

浙江省广播电视设备技术的发展可追溯到 20 世纪 50 年代后期。1958年,杭州、宁波、嘉兴等地建立了电讯器材厂,开始生产收音机、扩大机、电话会议终端机等。20 世纪 60 年代中期,组建和改建了一批无线电整机厂。

1965 年 5 月 30 日,杭州无线电厂试制成功我国第一台晶体管八路同声传译设备。[3] 1970 年该厂试制成我国第一套无线传声器和无线通信设备,1974 年研制成舞台用多通道无线传声器,1977 年研制成距离 50 米、教学用单通道无线传声器。1978 年 10 月,该厂试制成功 QY-Q-3 型十六路前置放大器。该厂的舞台扩声系统与成套播音控制设备获 1978 年全国科

---

〔1〕 浙江省测绘志编纂委员会.浙江省测绘志.北京:中国书籍出版社,1996.
〔2〕 浙江省科学技术志编纂委员会.浙江省科学技术志.北京:中华书局,1996.
〔3〕 杭州市地方志编纂委员会.杭州市志(第七卷).北京:中华书局,1997.

学大会奖。

杭州无线电七厂从 1982 年开始研制各种放大器、调音台、混合式扩音机、立体功放、卡拉 OK 话筒等产品。1984 年 12 月,该厂研制完成 CD-Ⅰ 远程大功率电动有线广播系统、立体声调音台和 GK 县级广播中心控制桌。1989 年,杭州无线电厂研制成功微机控制铁路车站扩声设备。同年完成上海人民广场广播扩声工程、沈阳体育中心成套扩声设备、亚运会工程成套多声道扩声设备等。[1] 其中,上海人民广场广播扩声工程获 1989 年上海市科技进步二等奖。

立体声调频广播发射机

20 世纪 80 年代,广播电视设备技术和产品发展成为全省电子工业的主要产品门类,淳安无线电厂的中小功率电视差转机和立体声调频广播发射机、杭州无线电厂生产的播控扩声设备等居国内先进水平。[2]

1984 年 3 月,浙江省开始研制 GP-1001 型立体声调频广播发射机。调频立体声广播是在单声道调频广播基础上发展来的,在听觉上有较强的临场感,比单声道广播更具逼真性。同年 6 月,完成 100 瓦单声道调频发射机实验样机;7 月,开始研制全波段非线性失真在 0.5% 以下的变容二极管调容器、晶体振荡器等部件。该项研制全部采用国产元器件,主要技术指标进入国内同类调频发射先进水平的行列,100 瓦档级立体声调频广播发射机属国内首次研制成功。1985 年 10 月,通过省电子工业公司鉴定。[3] 1988 年,浙江省广播研究所研制成 1000 瓦微机监控一体调频立体声发射机,具有自动监控功能,能实时检测、记录发射机工作情况,处理偶发事故,为实现微机远距离监控创造了条件。

程控交换机

程控数字交换机是现代数字通信技术、计算机技术与大规模集成电路(LSI)有机结合的产物。先进的硬件与日臻完美的软件综合于一体,赋予程控交换机以众多的功能和特点。浙江省的电话交换技术在短短的几年时间就完成了国外几十年的技术变革,实现了从效率低下的人工交换到程控交换的转变。1986 年 6 月,宁波市电话公司引进瑞典 AXE-10 程控电话交换设备,开通市区三个分局和小港开发区共 14000 门市话以及 500 回线长途程控全自动交换机。同年,杭州市电信局引进日本 F-150 市话 13000 门、

〔1〕 杭州市地方志编纂委员会.杭州市志(第三卷).北京:中华书局,1997.

〔2〕 淳安县志编纂委员会.淳安县志.上海:汉语大词典出版社,1994.

〔3〕 浙江省科学技术志编纂委员会.浙江省科学技术志.北京:中华书局,1996.

长话 1000 回线程控交换机,割接开通。随后,温州等城市也相继引进日本 F-150、上海贝尔公司 S-1240 等型号的长话、市话和农话模块程控交换设备。

1989 年,杭州市电信局为实现市内电话网运行、维护、管理的科学化,研制成功 HZ-01 型市话模拟网集中监测(OMC)系统。该系统 OMC 中心站集中多个子系统,监测最大容量为 20 万门市话终端设备,话务量统计工效比人工提高 100 倍。1990 年,该局又研制成功市话数字网集中监测(OMC)系统。

随着长途自动电话网的迅速扩展,静态管理已不能适应通信发展的需要。1986 年,杭州市电信局研制省级微机控制电话网路管理系统。该系统中心机为长城 286 机。[1] 1988 年投入运行后,为电话网的科学管理、提高长途电路利用率提供了可靠的统计数据。该成果属国内首创,1989 年分别获省、部科技成果一等奖,1990 年获国家科技进步三等奖,该技术在全国省会城市推广。1991 年国内第一台软硬件全部自行设计制造的模块型分布式千门程控交换机由杭州通普电器公司制成。

海底通信电缆

浙江省的海底电缆经历了一段沧桑的历史,海底电缆主要分布在宁波、舟山等临海地区。早在 1885 年(清光绪十一年),为连接镇海至宁波军用电报线路,敷设了新江桥过江水底电缆 1000 米,于 2 月 20 日接通,是宁波第一条水线电缆。[2] 1966 年,敷设了沈家门至普陀山海底电缆,后大

图 7-1　海底通信电缆建设

部毁损。[3] 1974 年前,舟山的民用电话只能通过驻军电话线路同外地通话,之后通过小容量海底电缆与外地通话。这些电缆对保证沿海岛屿部队的战备通信和党、政、军、民的通信起了重要的作用。

1976 年 8 月,舟山成立"127"工程办公室,配合实施海底电缆通信工程建设。1982 年 12 月,国家重点项目舟山海缆"127"工程开通,总投资 1665

〔1〕 浙江省科学技术志编纂委员会.浙江省科学技术志.北京:中华书局,1996.
〔2〕 宁波市地方志编纂委员会.宁波市志.北京:中华书局,1995.
〔3〕 普陀县志编纂委员会.普陀县志.杭州:浙江人民出版社,1991.

万元,历时 4 年 8 个月,建成以定海为中心,西连宁波,北接上海的海底电缆通信网络,建成宁波霞浦登陆站,敷设霞浦至定海 120 路同轴海缆 1 条,计32.4 皮长千米。[1]

第四节　计算机应用技术

浙江省的计算机及其应用技术,从 20 世纪 60 年代末,通过仿制研发电子管计算机开始,到 80 年代开始批量生产微型计算机,同时,计算机的汉字处理技术得到了快速发展。软件技术主要体现在系统控制和软件创新开发方面,成为技术创新最活跃的产业。许多技术领域,如总线控制专家系统、证券金融软件、印染花样设计和服装设计软件、财务软件、医院管理软件、商业 POS 软件、宾馆管理软件、工控软件、电子出版物等方面,在国内处于领先地位。

一、计算机硬件及汉化处理

计算机硬件

浙江省的计算机硬件技术起步于 20 世纪 60 年代初研制的第一代电子管计算机。1962 年,浙江大学着手研究串行补码系统运算器,在参阅 LGP-30 计算机有关资料基础上,设计制造了省内第一台计算机,并命名为 ZD-1。该机于 1965 年初步调试成功并进行了试运算。60 年代末,国防科工委赠送杭州大学一台 103 型电子管计算机。[2] 1966 年 8 月 17 日,浙江大学购入第一台晶体管计算机 DJS-5。

1976 年,杭州无线电研究所相继研制成功 TS-121 简易台式电子计算器和 TS-163 函数型电子计算器。[3] 1978 年初,杭州无线电研究所(杭州自动化研究所前身)与上海华东师范大学合作,研制成第四机械工业部下达的 DJS-112 型小型通用电子计算机。1979 年,省计算所研制成功 DJS-183A 小型计算机,全部采用国产元器件,该产品获 1980 年省科技进步二等奖。1978 年 12 月,杭州无线电模具厂(后为杭州计算机外部设备厂)试制

〔1〕 舟山市地方志编纂委员会.舟山市志.北京:浙江人民出版社,1992.
〔2〕 浙江省科学技术志编纂委员会.浙江省科学技术志.北京:中华书局,1996.
〔3〕 杭州市地方志编纂委员会.杭州市志(第七卷).北京:中华书局,1997.

完成 CYD-1202 型宽行打印机。

浙江省 20 世纪 80 年代中期开始批量生产微型计算机,同时工业、农业、金融业、商业等各行各业开始逐步开展计算机应用。其中,计算机图像处理、计算机图形学、计算机控制、计算机辅助设计等众多领域均取得多项成果。1984 年,省计算所引进日本 M-240 大型计算机,成为全国八个有规模的省级计算中心之一。同时计算机高等教育也不断开展起来,自 1973 年浙江大学建立电子计算机专业起,短短十几年内浙江大学先后设立了计算机应用专业博士点和博士后流动站。1991 年,完成"七五"国家重点科技攻关项目 CJ3178、CJ5578 中西文终端和 3287 汉字打印控制器,通过部级鉴定,达到国际先进水平。

计算机汉化处理

杭州自动化研究所(后为杭州自动化技术研究院)是国内最早研究汉字信息处理技术的单位之一,是国家"六五"期间微机汉字处理系统项目重点攻关单位。

从 1979 年开始,杭州自动化研究所先后研制成功汉字拼音键盘、汉字打印控制器、汉字信息处理终端、汉字智能远程通信终端等多种实用系统。汉字拼音键盘及汉字线段显示器的研究成功,是对汉字进入电子计算机和汉字信息处理系统的一项重大贡献。专家认为,这一成果具有独创性和国内外先进水平,既符合国家规定的汉语拼音方案,又符合我国传统声韵双拼的习惯,是一个创造。1982 年 12 月,汉字智能终端与引进的 FACOM230/38 中型计算机远程系统联机成功。1985 年 4 月,CC-IBM-3275 汉字远程终端与 IBM4331 计算机联机仿真技术通过部级鉴定。

1984 年,杭州自动化研究所的 CCRT-ⅡA 型汉字终端配套系统,在国家海洋局执行太平洋海底矿藏勘探及南极科学考察任务中获得成功。为海军机要所配套的汉字显示器与汉显设备,开始批量提供海军舰艇通信使用,在我国首次水下发射导弹试验中,创发送 600 多万汉字报文无差错的纪录。该成果获国家科技进步三等奖,开创我国军事通信应用计算机之先例。1984 年,杭州汉字信息设备厂接产杭州自动化研究所科研成果,1985 年 5 月,自动化研究所被国家定点为微机汉字系统重点开发单位。[1] 1986 年,杭州自动化研究所研制完成"六五"国家重点科技攻关项目——微型机汉字信息处理系统,通过部、省级鉴定。

除杭州自动化研究所之外,省内还有多家机构研制成功计算机汉化系

---

〔1〕 杭州市地方志编纂委员会.杭州市志(第七卷).北京:中华书局,1997.

统,并获得了重大奖项。1981年,杭州无线电研究所研制成功CCRT系列汉字显示器,获1985年国家科技进步一等奖。1982年8月,该所与中国科学院成都计算机所联合研制的JX-2G型计算机实时处理选票系统配套的公告汉字显示器,在党的十二大会议选举中取得成功的应用,整个过程从数小时缩短到十几分钟,受到中央领导和与会代表的好评。[1] 同年,杭州电子计算机厂研究开发出微型计算机处理中文系统,杭州计算机外部设备厂试制出CYD15-1型微型打印机。

计算机排版技术

20世纪70年代末,杭州通信设备厂研制的滚筒式激光照排机采用自动上下片机构、高精度He-Ne激光束扫描技术和独特的激光调制方案、圆光栅锁相等一系列防止抖动和减小随机误差的措施,使对齐精度误差小于5微米,激光输出精度、文字质量优于英国MONOTYPE公司照排机,达到了国际先进水平。整个系统获1987年国家科技进步一等奖。[2]

1985年,浙江新华印刷厂在试制成功薄铅版并推广应用于凸版印刷机的基础上,引进日本产电子照排机及配套的复印机等设备,形成省内第一条完整的照相排版生产线。同期,杭州通信设备厂与北京大学等开展华光型计算机激光汉字编排版系统的研究,该厂利用报纸传真技术,研制成功与计算机—激光汉字编辑排版系统配套的CBT×04型激光照排机,照排幅面可容国内大报4开版面,在经济日报社首先安装使用,文字输出精度达到国际同类产品水平。该机1990年获国家优质产品银质奖,编排版系统1987年获国家科技进步一等奖。该厂的汉字激光照排系统获国家新技术成果一等奖,激光照排设备获国家经委颁发的新产品金龙奖。[3]

二、计算机系统控制技术

计算机控制系统

20世纪70年代后期,浙江大学参加低中高频振动标准计量系统的研制,在国内较早地采用了微型计算机处理系统,从而提高了测量精度、稳定性和应用效果。该成果获1985年国家科技进步二等奖。[4]

〔1〕 杭州市地方志编纂委员会.杭州市志(第三卷).北京:中华书局,1997.
〔2〕 杭州市地方志编纂委员会.杭州市志(第五卷).北京:中华书局,1997.
〔3〕 浙江省科学技术志编纂委员会.浙江省科学技术志.北京:中华书局,1996.
〔4〕 浙江省科学技术志编纂委员会.浙江省科学技术志,北京:中华书局,1996.

1984年,杭州自动化所与中央电视台合作研制成功 S-09 电视字幕机,通过广电部、机械部联合鉴定,在国内多个省、市电视台推广应用。"六五"期间浙江省的科研人员研制完成了 M6800 微机用于中型锅炉自动控制系统、半山电厂三号机组 MCC68 微机监测系统、微机力车外胎硫化控制系统、电光源工业玻璃窑炉和萤火灯柱管机生产过程微机实时控制系统、全自动洗衣机电脑控制器、造纸机定量水分微机控制系统、杭州市城乡建委办公自动化系统、黄磷生产过程控制成套装置、罐头杀菌过程二级微机控制系统和土霉素发酵动态模型和洁霉素发酵控制系统,一系列计算机控制系统的研制为计算机技术的应用推广奠定了基础。[1]

中国工程院院士、浙江大学孙优贤教授从1973年开始致力于造纸过程自动控制的研究,他与同事和学生一起以浙江嘉兴民丰造纸厂为科研基地,解决生产中遇到的实际问题,成功研制了国内第一套造纸机定量水分计算机控制系统,其成本不到同类引进系统的四分之一。此后,他们又针对不同纸种、不同车速、不同纸机开发了10多种动态数学模型、新型控制策略,推出了具有不同配置和功能的造纸机计算机控制系统。其中,造纸过程自动控制、超薄型纸机的模型化及控制、厚型纸定量水分计算机控制,分别于1986、1988、1989年获国家教委科技进步二等奖。孙优贤注重科研成果与工程应用相结合,推广造纸机计算机控制系统 50 多套,产生经济效益超亿元。

20世纪90年代,杭州计算机软件研究所(中国计算机软件与技术服务公司杭州分公司)和秦山核电公司协作研制成功秦山核电站调试实时监测系统。杭州自动化技术研究院开发完成复混肥配料微机控制系统和冷柜自动测试系统,可同时对四条线的 104 台冷柜的 208 点温度进行实时在线控制。

现场总线控制系统

由浙江大学和浙江大学中控技术有限公司研制的现场总线控制系统[2],属于国家重点科技攻关项目"96-749-01",主要研究以现场总线技术为核心的工业控制系统。该技术将数字通信一直延伸到现场仪表,从根本上改变了控制系统的结构,开创了自动控制的新纪元,代表了工业控制系统的发展方向。根据世界上应用最广泛的现场总线 HART 协议和技术上最先进的 FF(基金会现场总线)协议,该项目开发按符合这两个协议的要求进

〔1〕 杭州市科学技术委员会《科技志》编纂委员会.杭州市科技志.杭州:杭州大学出版社,1996.
〔2〕 http://www.nosta.gov.cn/.

行，提高了国产控制系统的技术含量和竞争力。项目开发充分发挥了"产、学、研"相结合的优势，浙江大学与上海自动化仪表股份有限公司、西安仪表厂、瑞安联大石化仪表厂等企业合作，开发出基于 HART 协议的压力变送器、温度变送器、液位变送器等产品，填补国内空白，打破了国外产品垄断国内市场的局面。在 JX-100 基础上开发的 JX-300X 集散控制系统具有现场总线接口，是集传统 DCS 和 FCS 于一身的新一代控制系统，既符合中国的国情，又具有先进性。他们研制的 JL-26、JL-22M、JL-22 无纸记录仪，DRC-97记录调节器等产品改变了传统记录仪机械传动、纸笔记录的方法，开创了控制室仪表研究的新思路。有 13 项成果通过国家级鉴定，2000 年获国家科学进步二等奖。同时，科研项目注重与市场相结合，为将成果产品化推向市场，开展了大量的工程应用和系统集成工作，在石油、化工、冶金、制药、交通等领域都进行推广，形成产值超过亿元的产业，提高了我国仪表厂家的技术含量和国产仪表的竞争能力，经济效益和社会效益非常巨大。

三、专业软件

计算机辅助设计研究（CAD）

CAD 作为信息技术的一个重要组成部分，将计算机高速、海量数据存储及处理和挖掘能力与人的综合分析及创造性思维能力结合起来，对加速工程和产品的开发、缩短设计制造周期、提高质量、降低成本、增强企业市场竞争能力与创新能力有重要作用。随着 Internet/Intranet 网络和并行、高性能计算及事务处理的普及，异地、协同、虚拟设计及实时仿真得到了广泛应用。浙江大学计算机辅助设计（CAD）与图形学（CG）国家重点实验室，先后获科技成果奖 18 项，其中计算机图形生成与几何造型研究获 1991 年国家自然科学三等奖，装潢图案 CAD 系统获国家科技进步二等奖，基于 Unix 成套机械产品 CAD 支撑软硬件系统获 1991 年浙江省科技进步一等奖。

1979 年，浙江大学成立 CAD/CAM 中心，开始计算机辅助设计（CAD）的研究。浙江大学蒋静平、陈希钰等进行提花丝织物纹制工艺自动化研究，这项技术既能保持纹制工艺传统特色，又缩短了提花丝织物纹制过程的周期，提高了市场竞争力。该成果 1979 年获中国科学院科技成果二等奖及 1979 年浙江省科技大会一等奖。[1]

1982 年开始，浙江大学研制了"计算机智能模拟彩色平面图案创作系

---

〔1〕　浙江省科学技术志编纂委员会.浙江省科学技术志.北京：中华书局，1996.

统",将人工智能的理论与美术图案的 CAD 技术相结合,改变了传统的图形造型方法在表达复杂多变自然形体时的困难,能为纺织、建筑、印刷等行业快速大量地提供各类图案。系统采用基于知识的自动设计与变互修改相结合的智能 CAD 结构等新方法,为人工智能、计算机图形学和 CAD 等学科提供了新思想、新方法,属国内首创,并达到国际先进水平,在地毯、墙纸、纺织、刺绣、装潢等行业广泛应用,大大提高了劳动生产率和产品质量。

长期以来,我国印染行业中的花样设计、图案分色等工作完全依靠人工绘制,不仅生产周期长,效率低,原材料消耗大,而且由于一些细茎、泥点和不规则图形的分色,手工操作极其困难,印染质量难以保证,直接影响了我国丝绸和其他纺织品在国际市场上的竞争力。1986 年,浙江大学陈纯提出由计算机代替轻纺行业的印前手工工艺。他选择全省最大的丝绸印染企业喜得宝丝绸公司作为试点,经过三年的研制,"计算机丝绸花样设计、分色处理及制版自动化系统"通过了鉴定,获浙江省科技进步二等奖。这个系统利用先进的 CAD/CAM 技术给粗糙的布料披上彩色的外装,且使其精度更高。[1]

1986 年开始,浙江大学计算机学科的团队,在石教英、何志均等带领下,与华中理工大学协作,经过近五年的研究,在国内首先开发集成化的基于 UNIX 的成套机械产品 CAD 支撑软硬件系统,提供一个面向机械产品的 CAD 支撑软件系统 ZD-MCAD 和以高分辨率图形汉字工作站 DGS-8000 为代表的 DGS 系列智能图形汉字工作站。ZD-MCAD 图形支撑软件和优化设计软件达到国际先进水平,属国内首创,获 1991 年省科技进步一等奖。[2]

在 1986—1989 年,浙江大学研制了成套通用电子工程 PCB-CAD 系统及彩色电视机设计 CAD 系统。该系统自动化程度高,性能价格比好,功能和通用性强。可按不同功能要求配置硬件和进行设备更新换代,构成系列向上兼容的 CAD 系统。适用于数字电路、模拟电路及数字、模拟混合电路的设计,能进行电视机、录音录像机、计算机、邮电通信、电子仪表等设备的 CAD 设计。其中模拟电路 PCB-CAD 系统填补了国内空白,有关算法技术达到国际水平,获 1989 年省科技进步一等奖。[3]

〔1〕 张宇宜. 成功属于坚强的人——记信息科学与工程学院副院长陈纯, http://www.zdxb. zju. edu. cn/article/show_article_one. php? article_id＝324.

〔2〕 浙江省科学技术志编纂委员会. 浙江省科学技术志. 北京:中华书局,1996.

〔3〕 浙江省科学技术志编纂委员会. 浙江省科学技术志. 北京:中华书局,1996.

专家系统

专家系统是 20 世纪 60 年代中期发展起来的一门新兴的人工智能应用学科,是计算机应用的新领域。1981 年,浙江大学建立了人工智能研究所。1982 年以后,该所成功地研制了成蚕育种、勘矿等多个专家系统。其中潘云鹤等研制的艺术图案制作专家系统,将设计过程知识和设计对象知识进行综合表达,模拟人类艺术设计师的构图、赋色和创新等过程,能快速画出几乎不计其数的艺术图案。该系统 1985 年代表中国计算机应用成果参加日本筑波世界科技博览会,达到当时计算机美术领域的世界水平。[1]

1986 年,浙江大学在国内首次推出具有国际水平的专家系统构造工具 ZDEST-1,采用基于"黑板"的控制结构来交互出面向具体领域的专家系统。后又成功地研制出语言型的专家系统。利用该成果,已先后构造出医学诊断、污染源寻找、机械规划等实用型专家系统。1990 年,又开发出一个面向决策支持的第二代专家系统构造工具 DECISION-T。

1990 年,浙江大学何志均等和中国科学院数学所合作,由浙江大学方面负责核心常规推理机和规划推理机文本的设计与实现,研制成功通用型集成式专家系统开发环境,建立了一个包括四部推理机、三个知识获取工具、四套人机接口生成工具的综合环境。该系统达到国际先进水平,1993 年获国家科技进步二等奖。

〔1〕 浙江省科学技术志编纂委员会.浙江省科学技术志.北京:中华书局,1996.

第八章

科协组织和科普活动

科学技术协会(简称科协)是党领导的人民团体,是党联系广大科技工作者的桥梁和纽带。科协的主要工作是开展国内外学术交流,普及科学知识,组织科技咨询,提出政策建议,开展继续教育,举荐科技人才,联系科技工作者,参政议政,维护科技工作者的合法权益。浙江省科学技术协会是浙江省科技工作者的群众组织,它领导市、县级科协以及其他各级各类科学技术学会和企事业科协组织在促进浙江科学普及等方面发挥了重要作用。

第一节 浙江省科协发展历程

一、浙江省科学技术协会

浙江省科协组织的发展历史,可按孕育期、创建期、停顿期、恢复和发展期划分为四个阶段。

孕育期(1949—1958 年)

新中国成立前夕,浙江科学社团在中共地下党组织的领导下,活动已经非常活跃。为团结广大科学工作者,扩大爱国统一战线,1945 年 7 月,中国科学工作者协会在重庆成立。1948 年 1 月,以中国科学时代社杭州分会[1]为中坚,以浙江大学为基点的中国科学工作者协会杭州分会(简称中国科协杭州分会)由知名教授竺可桢、苏步青、陈立发起,在浙江大学心理实

---

〔1〕 科学时代社成立于抗战胜利前夕。民国 35 年(1946 年),杭州分社成立,活动中心在浙江大学,社员大多是思想进步的青年助教、讲师。

验室成立,著名心理学家陈立为主席,这是国内最早成立的中国科学工作者协会分会。后来,年轻教师朱兆祥、任雨吉、过兴先、谷超豪等一批共产党员相继加入。1949年5月3日杭州解放,科协杭州分会立即建立党支部,隶属中共杭州市委直接领导。不久,科协杭州分会举行新中国成立后首次会员大会,省委书记谭震林到会讲话。

科协杭州分会为了响应军管会的号召,于1949年5月17日在浙江大学召开了有关杭州恢复与发展工业生产的座谈会。市军管会副主任兼财经部长汪道涵参加了会议,他鼓励科协杭州分会的成员,与军管会一起做好接管工作,克服困难,恢复生产,建设杭州。

1950年8月,被称为"全国第一次科学大会"的中华全国自然科学工作者代表会议在北京举行。会上,成立了中华全国自然科学专门学会联合会和中华全国科学技术普及协会(分别简称为"全国科联"和"全国科普")。三个月后,科联、科普杭州地区临时工作委员会成立。同时,中国科协杭州分会结束活动,完成历史使命。在短短的两年多时间里,中国科协杭州分会为杭州乃至浙江的顺利解放作出了重大贡献,同时也为浙江科联、科普的成立奠定了良好的基础。

1951年3月,中华全国自然科学专门学会联合会杭州分会筹备委员会(简称杭州科联(筹))成立,1956年,杭州科联(筹)被改组为中华全国自然科学专门学会联合会浙江省分会(简称浙江科联)。在这之前的1953年,浙江省科学技术普及协会(简称省科普协会)第一次代表大会已在杭州召开。

在20世纪50年代,浙江"科普"、"科联"的地址在杭州市长生路4号,当时的科学家和协会专职干部之间,相互尊重、密切团结、和济共事、共同奋斗,会员视协会为家,协会为会员热忱服务,这种"长生路四号精神"后被广为传颂。

创建期(1958—1966年)

1958年2、3月间,全国"科联"和"科普"分别向中科院和中宣部呈送了关于召开第二次全国代表大会的请示报告。在会议筹备过程中,"科联"已经越来越多地向工农开门并开展了科普工作,"科普"也在做群众性科学研究,两个组织实际上已开始走向汇合。1958年9月,经中央批准,两大团体在北京政协礼堂联合召开了全国代表大会,成立了中华人民共和国科学技术协会。

1958年10月15日,浙江省科学技术协会成立大会暨第一次代表大会在杭州人民大会堂举行,同时宣告中华全国自然科学专门学会联合会浙江省分会和浙江省科学技术普及协会撤销。大会总结了"科联"、"科普"的工作,提出科协今后的主要任务是围绕生产、科研、教学开展各种学术活动,对城乡人民积极普及科学知识。会议通过了浙江省科学技术协会章程,选举王谟显为浙江省科协主席,丁振麟等4人为副主席,常委32人。从全国各省级科协的成立时间来看,浙江省科协的成立在全国是第二个,仅在甘肃省科协之后。

停顿期(1966—1978年)

1966年"文革"开始,科协和其他所有科学类机构一样受到冲击,命运坎坷。1968年3月,浙江省革命委员会成立,全省范围内开展"清理阶级队伍"的运动,省科协机关工作人员在"精简机构、改革不合理的规章制度"的名义下纷纷被调离,下放"五七干校",科协逐步解体。1970年4月,浙江省科学技术局成立时,省科学技术协会机关不再存在。

恢复和发展期(1978年至今)

粉碎"四人帮"不久,在党中央的关心和支持下,中国科协于1977年下半年重新开始活动,逐步恢复组织。同年12月,经省委批准,浙江省科学技术协会筹备组建立。

1978年4月,国务院批准了《关于全国科协当前工作和机构编制的请示报告》,科协各组织机构得到正式恢复。8月,浙江省科学技术协会在杭州人民大会堂召开恢复大会。《浙江日报》为此发表了《组织浩浩荡荡的科学大军为加速实现四个现代化服务》的社论,热烈庆祝浙江省科学技术协会第三届委员会成立。

1979年年底,中共中央以中发〔1979〕97号文件批转了中国科协党组报送的《关于召开中国科协第二次全国代表大会几个问题的请示报告》;这个文件彻底纠正了"文革"中对科技群众团体的"左"倾错误,明确了科协的性质、地位、作用、任务和领导体制。根据这个文件精神,中共浙江省委决定建立浙江省科学技术协会党组。

科协是协助党和政府联系科技工作者的纽带,及时反映科技人员的意见和呼声,发挥他们在国家和社会事务管理中的民主参与、民主监督作用,这是科技群众团体性质所决定的,也是科协重要工作之一。在"文革"以前,浙江省科协作为省政协的组成单位,参加过省政协的活动。"文革"中,科协组织被砸烂,不能参加政协会议。1988年全国政协七届一次会议上,苏步青等200多位政协委员联名提出,要求恢复中国科协在全国政协的团体地位,在各方的努力下,1991年1月,全国政协七届十二次常委会会议决定恢复中国科协为全国政协组成单位。1991年3月10日,政协浙江省六届十五次常务会议通过决定,恢复省科协为省政协的组成单位。

截至 2000 年年底,省科协机关在编人员 45 人。主办科技期刊 2 种,2000 年发行总数为 67200 册。在 2000 年一年中,完成咨询活动合同 660 项,合同实现金额 5890 万元,技术交易额 5890 万元。举办科普讲座 12 次,听讲 6000 人次,举办展览 41 次,有 820000 参观人次,举办青少年科技竞赛次数 7 次。[1]

二、各级科协

市(地)科协

市(地)科协是浙江省科协的地方组织,由当地党委领导,业务上受浙江省科协指导。1958 年 11 月,在中国科协和浙江省科协"一大"精神指导下,宁波市科协在全省各市(地)中率先成立,随后杭州市科协、温州市科协也相继成立。其余六个地区以专署所在的中心市(县)成立科协,兼有指导全地区范围内县级科协的任务。[2] "文革"期间科协活动中断。1978 年 4 月,杭州市恢复市科协和各专门学会的活动,此后,各地、市科协组织也相继恢复活动。

截至 2000 年年底,全省有 11 个市(地)科协,机关在编人员 124 人。主办科技期刊 3 种,2000 年发行总数为 13800 册,主办科技报纸 1 种,2000 年发行总数为 6 万份。2000 年,完成咨询活动合同 1350 项,合同实现金额 8293.6 万元,技术交易额 8290 万元。举办科普讲座 380 次,听讲达 92021 人次,举办展览 82 次,有 652785 参观人次,举办青少年科技竞赛次数 41 次。[3]

县(市、区)科协

县(市、区)科协在浙江省科协工作中占有重要地位,在推进农村科普事业方面尤为重要。1958 年,浙江省科协成立后,各县(市、区)科普协会也相应改为县科协,受当地县委领导。"文革"期间,县科协停止活动,"文革"结束后,浙江省的县(市、区)科协也相继恢复。

2000 年年底,全省建立的县级科协 84 个,机关在编人员 458 人。主办科技期刊 36 种,2000 年发行总数为 55451 册,主办科技报纸 17 种,2000 年发行总数为 19.7 万份。2000 年,完成咨询活动合同 1706 项,合同实现金

〔1〕 浙江省统计局. 浙江统计年鉴 2001. 北京:中国统计出版社,2002.
〔2〕 浙江省科学技术协会志编纂委员会. 浙江省科学技术协会志. 北京:方志出版社,1999:105—106.
〔3〕 浙江省科学技术厅. 浙江省"九五"社会发展科技工作进展报告. 2001:89.

额 6147.6 万元,技术交易额 4273.7 万元。举办科普讲座 1864 次,听讲达356299 人次,举办展览 1406 次,有 1701762 参观人次,举办青少年科技竞赛次数 455 次。[1]

其他科协

乡镇科协和街道科协:乡镇科协与街道科协是科协在城区及农村的基层组织,是社区及农村的科技工作者、科技活动骨干分子的科普性群众团体,是街道及乡镇党政在社区和农村中普及科学知识、推广先进技术、振兴农村经济的一支重要力量。几乎所有的乡镇与街道都建立了科协组织。1958 年,全省各地人民公社纷纷建立科协组织。1983 年后,公社科协改为乡镇科协。浙江街道科协工作起步较晚,1984 年 5 月,杭州市下城区长庆街道创建了杭州市第一个街道科技协会。截至 2000 年年底,全省城区街道科协发展到 98 家,占全省街道总数的 98% 以上。[2]

企事业科协:厂矿、大专院校、科研院所等企事业科协是省科协的基层组织。

厂矿科协的前身是 1950 年成立的厂矿科普协会,1958 年后改名为厂矿科协。在"文革"中,厂矿科协和其他科协组织一起被撤销,直到 1980 年3 月,中国科协"二大"提出,有计划、有步骤地把组织建立到县级和较大的厂矿企业。此后,厂矿科协逐步恢复并很快发展起来,1986 年党中央和国务院颁布的《全民所有制工业企业厂长工作条例》中,明确规定厂长要支持科协工作,这样厂矿科协第一次被政府文件正式予以确认。

1958 年,根据中国科协第一次代表大会和浙江省科协第一次代表大会的决议,温州、宁波和杭州三市的厂矿企业率先建立科协组织,发挥了科协组织作为党组织在发动群众开展技术革命运动中的助手作用。"文革"后,杭州肉类联合加工厂首先建立了科协组织。此后,杭州汽轮机厂、衢州化工厂科协等陆续成立。总体来看,建有科协机构的厂矿企业在浙江主要集中在国有(控股)大中型企业,普及度不高。

三、浙江的各级科技学会

在浙江出现较早的行业协会雏形,可以追溯到 1679 年(清康熙十八年)杭城中药业建立的吴山药王庙集会,吴山药王庙集会一边向药王菩萨敬香

〔1〕 浙江省统计局.浙江统计年鉴 2001.北京:中国统计出版社,2002.
〔2〕 浙江省科学技术厅.浙江省"九五"社会发展科技工作进展报告.2001:89.

祷祝,一边在同行间借机互通行情,商讨经营策略。经费由杭城几家大药店轮流做东主持操办,每逢过年的演戏欢宴,成为吴山中药文化中的热闹一景。

浙江近代意义上的学会,是 1897 年在杭州成立的化学公会。到 1949 年浙江科协成立时,已有不少学会成立。较早的如中国物理学会杭州分会(1949 年 10 月 8 日成立)。到 1953 年,当时杭州科联(筹)所属学会数已达 26 个。

"文革"之前,浙江共有 36 个省级科技学会。这些省级学会开展的年会、学术讨论会,丰富多彩,还出版了不少年会论文集。例如,浙江省科协理科工作委员会与杭州大学联合召开遗传学术讨论会,浙江农学会的早稻育秧、密植技术讨论会,浙江冶金学会的生铁脱硫讨论会,浙江土壤肥料学会召开土壤物理化学专业会议,浙江药学会举行中药质量鉴定学术会议,浙江畜牧兽医学会召开"猪的地方品种选育改良和现有杂种猪整理问题"、"办好集体养猪场"、"湖羊发展方向和品种改良"学术讨论会等。

据浙江省科协统计,到 1980 年年底,"文革"前 36 个学会均已恢复活动(省作物学会由省农学会分立恢复),并新建 21 个学会,共达 57 个学会、协会和研究会。1991 年,省级学会达 123 个,会员 11 万人,市、县级学会 2793 个,会员 31.3 万人。到 2000 年,省级学会数达 133 个,会员 15.4 万人。[1]

1992—2000 年,省级学会主办、承办的学术会议次数每年 450～700 次,年均 546 次,"九五"期间,省、市两级科协和学会共举办学术会议 7800 多个,其中国际性会议 150 多个,参加学术交流的科技人员达 60 万人次,出版科技刊物 130 种。[2] 在浙江省科协和各级学会主办和协办的一系列学术性活动中,包括一些在全国有一定影响的高层次学术会议。

第二节　科普工作

科学技术普及工作是以公众易于理解、接受和参与的方式,普及科学技术知识、倡导科学方法、传播科学思想、弘扬科学精神,增强人们认识自然和改造自然的能力。在不同的历史时期,科普工作的重点也各不相同。

---

〔1〕 浙江省科学技术协会.让历史告诉未来:浙江科协发展历程揽胜.2003:61.
〔2〕 浙江省科学技术协会.让历史告诉未来:浙江科协发展历程揽胜.2003:61.

一、科普管理与科普制度

在浙江省科协成立之前,开展科普工作的主要领导机构是浙江省科普协会筹备委员会。

浙江科省协成立伊始,就把科普作为自己的工作重点。为了加强对科普工作的组织领导,健全科普工作体系,1981 年 10 月,浙江省科协向省编制委员会报告,要求设立普及部等处级机构。1987 年,浙江科协普及部改名为浙江科协科学普及部。

在完善垂直科普管理体系之外,浙江省科协还组织成立了专门的科普协会,加强社会科普工作的组织领导。

在科普组织机构逐步健全的同时,科普管理的规章制度也在不断完善,这为科普工作提供了制度保障。1994 年 12 月,《中共中央国务院关于加强科学技术普及工作的若干意见》颁布,从 1996 年开始,科技部、中宣部、中国科协每两年召开一次"全国科普工作会议";从 1999 年起,全国人大启动《中华人民共和国科学技术普及法》制定工作。这些举措阐明了我国新形势下科普工作的内容和对象,要求调动社会各方力量,广泛、深入地开展科普工作,使之逐步走上群众化、法制化、经常化的轨道。科普工作受到重视,在地方性法规、党和政府的有关文件中也得到体现。1999 年 10 月,浙江省委办公厅、省政府办公厅联合转发了省科协《关于加强科学技术普及工作的意见》的报告,要求各地切实加强科普工作。

20 世纪 90 年代中后期,在省委、省政府制定的"市县党政领导科技进步目标责任制"、"创建先进科技县"和"创建文明城市竞赛活动"等三项考核制度中,把制订科普规划、增加科普投入、开展科普活动作为考核指标。1996 年,省委、省政府《关于深入实施科教兴省战略加速科技进步的若干意见》的文件提出科普活动经费"1、2、3"政策,即由财政拨款并由科协管理使用的科普活动经费,从 1996 年开始到 2000 年,省、市、县三级按所辖人口分别达到年人均 0.1 元、0.2 元、0.3 元,全省按人口逐步达到年均 0.6 元,到 2000 年,市、县(市、区)两级科普活动经费总数为 2063.6 万元,全省年人均(含省级)0.58 元。

在逐步健全和完善的科普组织机构及科普制度下,浙江的科普工作取得了长足的进步。

二、科普形式与科普场馆

(一)科普形式

随着科学技术的进步,科普的形式逐渐由单一的科普讲座向科普报刊、科普展览、科普声像等人们喜闻乐见的方式呈现出来,从而进一步加大了科普工作的受众面。总的来说,科普工作的形式主要有以下几种类型。

科普讲座

科普讲座具有成本低,开展方便,形式灵活、受众面广等特点,对成立不久、经费有限的科协和学术团体来说,是一种较为理想的科普方式。特别是在新中国成立初期,科普载体较为单一,科普讲座在普及科学知识、破除迷信、传授技术等方面,发挥了重要作用。20世纪五六十年代,为配合干部学习社会主义工业化知识,省科普协会在杭州举行工业建设基本知识讲座。为响应全国政协和保卫世界和平委员会发起的"反对使用原子武器征集签名活动",省科普协会和杭州科联(筹)组织和平利用原子能讲演。为配合爱国卫生运动,省和各市科普协会(筹)开展爱国卫生讲演。为破除迷信、宣传科学知识,省科协与宁波、兰溪等13个市、县分别举办无线电、安全用电、风雨雷电等科普讲演。

进入20世纪80年代以来,随着农函大(中国农村致富技术函授大学)、农技协(中国农村专业技术协会)、科普画廊、科普教育基地等形式的出现,科普形式日益多样化,但科普讲座作为一种有效的科普宣传方式,在科普方面仍然发挥着重要的作用。

科普报刊

在科普报刊方面,新中国成立后浙江省最早的科普阵地是《科学生活》副刊,它是中国科协杭州分会和浙江省科普协会(筹)先后在《浙江日报》上开辟的副刊。影响较大的科普刊物主要是《科学24小时》、《知识画报》等。《科学24小时》于1980年1月创刊,开始是季刊,1981年后改为双月刊,由浙江省科普创作协会主办。1987年5月后归浙江省科协主办,成立《科学24小时》杂志社。1995年1月,《科学24小时》被省期刊协会、省科技期刊编辑学会评为1993—1994年"浙江省优秀科技期刊",从1989年开始(两年一次),成为省优秀期刊"三连冠"。《知识画报》1981年11月创刊,由浙江省科普美术协会创作协会主编。1986年后归浙江省科协主办,1988年1月停刊。1986年3月,浙江省编制委员会批复,同意将《科学24小时》、《知识画报》等刊物的编辑人员集中,建立省科协刊物编辑室。

同时期出现的省级科普报刊还包括：

《浙江科技小报》，1963 年下半年试刊，由浙江省科协主办。1964 年改名为《浙江科技报》，1966 年后，划归为浙江省科委管理，1967 年改名为《农村科技报》，1978 年又改名为《浙江科技报》。《浙江科技报》在宣传报道党的方针政策、弘扬科学精神、宣传科学方法、推广适用技术、传递经济信息、普及科学知识的过程中广受城乡读者欢迎，被读者称为"致富的金钥匙"。1990 年以来，该报发行量一直稳居全国科技报刊发行量前茅。随着城乡经济格局的变化和媒体运作市场化进程的推进，《浙江科技报》正致力于探索城乡并举的办报新方向，努力为新时期经济工作提供更有效的科技服务。

《生活与健康》报，1981 年创刊，由浙江省医学会主办。《生活与健康》报是以中老年人为主要读者群的家庭型医学卫生科普报刊和浙江省发行量最大的健康类报纸。1990 年，该报被全国爱国卫生运动委员会、卫生部、中国健康教育协会评为"全国优秀卫生报刊"。1993 年的 9 月，该报被北京等六省市群众集办报协会评为四星级"我们最喜爱的中国优秀卫生健康报纸"。

《杭州科协》，杭州市科协主办的内部双月刊，1949 年 5 月 26 日出版杭州解放后的第一期。《杭州科协》自创刊以来，较好地发挥了指导工作、交流经验、宣传科协工作的窗口作用。

《浙江科普》，1951 年 1 月创刊，系浙江省科普协会（筹）内部刊物。

《农村科学》，1953 年 5 月创刊，浙江省科普协会（筹）与团省委《浙江农村青年》社合办，1958 年 6 月，改名《农业科学常识》，半月刊，1959 年停刊。

《浙江科协》，1961 年 12 月创刊，由浙江省科协主办，内部不定期刊物，1982 年后改为双月刊，1995 年后改为月刊。

此外，全省的市（地）、县（市）科协也先后创办了一些科技报刊，较早的有《宁海科技报》、《宁波科技报》等。

科普展览

1950 年，省农业厅、浙江大学农学院、中国科协杭州分会等单位联合筹办省第一次农业展览，展品 3600 件，展期 10 天，观众 9 万余人。1964 年，由省科协牵头，省文化局等八个单位共同举办破除封建迷信展览。1965 年春节至春耕期间，将展览会复制的图片、幻灯片等宣传资料发到各县，并结合当地材料，深入农村开展宣传教育活动，活动参与达 1000 万人次，胡乔木等中央领导曾亲临参观。[1] 2000 年 4 月 25 日开始，省科协与省文明办联

---

〔1〕 浙江省科学技术协会.让历史告诉未来：浙江科协发展历程揽胜.2003：61.

合在省科技馆举办"崇尚科学文明　反对迷信愚昧"大型展览。

科普工作也宣传优秀科技工作人员。例如,"七五"期间,杭州市科协和市科普创作协会组织采写、编印了两辑《杭州科技之星》,市科普画廊展出《杭州科技之星》专栏,宣传了杭州市 20 名优秀科技工作者。

科普声像

早在 20 世纪 50 年代初,当时的杭州科联(筹)就通过省人民广播电台、华东广播电台,向农村播讲环境卫生、畜牧兽医等科学知识。1965 年 5 月,浙江省文化局与省科协等单位联合举办"科教电影周",通过科教电影为生产服务。

20 世纪 80 年代起,随着科普条件的不断改善,声像科普逐步成为科普的重要手段。1987 年省科协设置声像科,1988 年成立省科协声像中心。主要任务是负责省科协系统科教电影、电视以及图片的设置、发行、管理和声像科普宣传等。

80 年代,省科协组织拍摄《国土卫士》等五部科教片,受到了国内外专家和广大观众的肯定和赞扬,省科学会堂放映科教片 12000 多场,观众达 1000 余万人次。

对优秀科技工作人员的宣传,也从平面媒体进入到了电视媒体。如浙江省科协声像中心与宣联部合作,从 1994 年开始,把在浙江的两院院士和德高望重的老一辈科学家拍成《浙江知名科学家》电视系列片,共 18 集,在浙江电视台和中央教育台播出,受到广大电视观众和科协界、教育界的欢迎,1997 年 11 月,浙江省科协选送的《流体动力控制技术专家——路甬祥》获得中国科协第五届"全国优秀科技音像作品奖";1997 年开始,拍摄了《浙江科技新星》电视系列片,共八集,宣传有突出贡献的中青年科技人员;1998 年除了继续拍摄《浙江知名科学家》、《浙江科技新星》外,又着手将浙江省荣获"全国优秀科技工作者"称号的七名科技人员的事迹拍成了电视系列片。

(二)科普场馆

科普场馆是面向社会公众进行科普宣传和教育的重要场所,其规模与水平是一个国家和地区科普水平的重要标志。科普场馆主要包括科技馆和博物馆。随着科学技术的普及与发展,科技馆与博物馆所举办和展出的各类展览与展品日益多样化,大大满足了人们对科技知识的渴求。

科技馆

科技馆是普及科学与技术知识、传播科学思想与科学方法的公共科普宣传教育设施,主要任务是开展科普、科技展览教育、科技展品研究与开发、科学讲座、科学报告等。

到 2000 年,浙江省已开或在建的科技馆共有八个,分别是浙江省科技馆、杭州科技交流馆、嘉兴科技馆、绍兴科技馆、湖州科技馆、金华科技馆、余姚科技馆和兰溪科技馆。

浙江科技馆于 1991 年 1 月开馆,1996 年 2 月二期工程竣工后复馆,共四层,总建筑面积达 3720 平方米。自 1996 年复馆以来,成功举办了"美国旧金山自然科学探索馆杭州展"、"航空知识展览"、"青少年发明创造作品展览"、"克隆技术展览"、"人与自然环境"和"迈向 21 世纪的杭州——杭州市城市总体规划征询意见展览"等科普展览。

1997 年,中国科协将嘉兴市科技馆列为全国市级示范科技馆。1999年,浙江科技馆、嘉兴科技馆被中国科协评为全国科普教育基地。

博物馆

浙江拥有一批在全国有影响力的综合性、专业性博物馆,1990 年试行对外开放的中国茶叶博物馆、1992 年建成的杭州南宋官窑博物馆以及浙江省博物馆、浙江自然博物馆等,是浙江在文物收藏、研究方面的主力军,同时在科普方面也起着重要的作用。

杭州南宋官窑博物馆位于杭州玉皇山以南乌龟山西麓,地处西湖风景区南缘,是中国第一座在古窑址基础上建立的陶瓷专题博物馆。南宋官窑博物馆占地面积约 15000 平方米,建筑面积 4364 平方米,由展厅和郊坛下官窑遗址保护建筑两部分组成,1992 年正式对外开放。

浙江省博物馆始建于 1929 年,1993 年改扩建工程竣工,新馆占地面积 20400 平方米,新增历史文物馆、青瓷馆、书画馆、钱币馆、工艺馆、礼品馆、吕霞光艺术馆、常书鸿美术馆、明清家具馆和精品馆等 10 个展馆。浙江省博物馆是浙江省内最大的集收藏、陈列、研究于一体的综合性人文科学博物馆。馆藏文物 10 万余件。浙江省博物馆以斑斓多彩的文物展品,多层次、多角度地展示了浙江七千年古老悠久的历史。文物长年在历史文物馆、书画馆、青瓷馆、工艺馆等陈列馆展出。同时,精品馆不定期地推出从国内外引进的各种高品位的专题展览。

浙江自然博物馆是中国自己创办的历史最悠久的博物馆之一,也是浙江省唯一以生命科学和地球科学标本收藏、研究、展示为主要业务活动的省级博物馆。浙江自然博物馆的前身是浙江省西湖博物馆,始建于 1929 年,1984 年独立建制。

此外,各类自然、历史文化和动植物园区,科研机构、院校,科技型企业,工农业科技园、科技种植养殖场等利用已有的科技活动资源,在一定程度上向公众开放,也是浙江科普基地的重要组成部分。

三、城市科普与农村科普

改革开放之前,城市科普工作存在脱离生产实际、为科学而科学的倾向,反映出科技与经济"两张皮"的现象。改革开放以后,在以经济建设为中心的方针指引下,根据"经济建设必须依靠科学技术,科学技术工作必须面向经济建设"的战略方针,浙江城市科普的内容,由过去单纯注重科学知识普及发展到科学知识和应用技术相结合,在新技术的推广、技术引进和消化、技术攻关、新产品开发等活动中起着积极的作用,同时科普的形式也不断创新。

(一)城市科普

社区科普

从1984年杭州成立浙江省第一个街道科普协会以来,社区科普有了较大发展。到2000年年底,全省城区街道科协已发展到98家,占全省街道总数的98%以上,从2000年开始,《关于开展创建科普街道活动的通知》对全省开展创建科普街道工作做出动员与部署。经年底考核,已有杭州、宁波、温州、嘉兴、台州、舟山等地的24个街道达到创建指标,杭州上城区、宁波江东区继续被列为全国科普示范城区。[1]

社区因地制宜开展科普活动,到"九五"期末,全省已建成科普画廊1000多处,共计6000多米。杭州市、宁波市、嘉兴市、永康市为全国"百城万米科普画廊工程"城市。

厂会协作

厂会协作可以追溯到1986年中国科协开展的"为1万个中小企业、乡镇企业服务"的活动。帮助这些企业扭亏为盈,提高经济效益。后来,厂会协作就是该活动的伸展。

1997年5月,中国科协部署全国科协系统开展"千厂千会协作行动",得到全国各地科协响应。6月,浙江省科协召开市(地)科协厂会协作工作协调会,学习贯彻中国科协"千厂千会协作行动"工作协调会精神,部署浙江省"百厂百会协作行动"组织实施方案,并分解落实计划。"百厂百会协作行

---

〔1〕 浙江省科学技术厅.浙江省"九五"社会发展科技工作进展报告,2001:89—90.

动"为各级学会参与地方经济建设、促进科技发展开拓了新的领域。

1999 年,杭州市科协系统共有 15 个学会、1 个县科协及 4 个企业科协分别与 23 个企业或公司签订了厂会协作备忘合同,完成协作项目 16 项,6 个项目取得明显成果。杭州市科协获省"百厂百会协作行动"优秀组织奖,杭州结构与地基处理研究会与浙江东南网架集团有限公司的协作项目获国家经贸委、中国科协"千厂千会协作行动"优秀组织奖,省科协"百厂百会协作行动"项目一等奖。宁波市科协在 2000 年获省"厂会协作行动"先进组织奖,宁波市墙体材料协会获全国"厂会协作行动"先进学会,宁波市电子学会、水产学会获省"厂会协作行动"先进学会。

"讲理想、比贡献"竞赛活动

"讲理想、比贡献"竞赛活动(简称"讲、比"活动)是以企业科技工作者为主体,以企业科协组织体系为依托,以促进企业成为技术创新的主体为目的,团结、动员和组织企业广大科技工作者,立足本职岗位,面向生产一线,广泛开展的群众性技术创新竞赛活动。

1987 年 5 月,浙江省科协和与省计经委联合下发《关于工业企业中加强厂矿科协工作的意见》,6 月,又转发《关于在全国厂矿企业工程技术人员中开展"讲理想、比贡献"竞赛活动的通知》。1996 年,浙江省科协会同省委组织部、省计经委联合发出《关于进一步深化企业"讲理想、比贡献"竞赛活动》的通知。

浙江省"讲、比"竞赛活动在"九五"期间,每年有上千家企业开展这项活动,有六万多名各类科技人员积极围绕企业技术进步、提供产品质量、开发新产品和提高企业经济效益等内容,共提出了 20000 多条科技建议,被采纳 8000 多条,实现科技立项 2000 多项。

科普宣传周

为了克服科普活动比较零散、科普主题不明确、资源配置效率不高的问题。一些地方开始探索集中时间开展科普活动。

浙江是第一个提出举办科普宣传周的省份。1987 年 7 月 8—15 日,浙江省科协与杭州科协在杭州联合举办杭州市首届科普宣传周。科普宣传周把原来城市科普多渠道分散进行的模式改为科普宣传周集中的形式,联合各方面力量,加大科普宣传的声势和效果。[1] 此后,杭州科普宣传周每年都举行,每年有一个主题,到 2000 年,已进行了 14 届。

---

〔1〕 王光明.科协纵横谈.杭州:浙江大学出版社,2000:71.

(二)农村科普

在新中国成立后相当长一段时间内,我国农村贫困,科学文化水平低下,广大农民深受疾病、迷信、落后和贫穷的危害。在这种情况下,1954年,根据中共浙江省委把"全省工作重点放在农村"的指示,浙江科普工作把主要力量投入到农村中。农村科普的重点在于宣传科学知识,破除封建迷信。农村的科学技术普及工作主要是通过报刊开辟的科普专栏、编印科普小册子、安排讲座等方式进行。浙江省科普协会在1951—1957年间,制作了《妇女卫生》、《怎样种棉花》和《畜牧兽医》三套展览,还编印了《怎样种绿肥》等科普小册子,发行15万册。[1]

党的十一届三中全会以后,特别是从1982年起,中央连续五年发出有关农业农村工作的"一号文件",科普工作又强调农村战场。在20世纪八九十年代,农村科普的一个显著特点是科普与生产结合的程度越来越高。

在20世纪80年代,浙江省的农村科普工作不断深化,逐步完善,逐渐形成了以农函大为龙头,以培养农村科技示范户、建立和发展农村专业技术协会、开展农村技术职称评定为载体的"四个轮子"一起转的活动机制。[2]

农村实用技术的培训、示范和推广,是20世纪90年代浙江农村发生的最深刻的变化之一。[3]一是全面启动并实施的以农函大为龙头的科技素质教育、培训工作成绩斐然;二是带动发展了一支庞大的农村科技队伍;三是扶持和推动了农村专业技术协会的健康发展;四是注重规范建设农村科普示范基地;五是有效开展了创建科技示范县市、乡镇、村的试点工作。[4]

中国农村致富技术函授大学

1985年3月,中国农村致富技术函授大学在北京创办,它是由中国科学技术协会主办的一所面向全国农村传授先进实用技术、培养农村技术人才的函授学校。农函大的招生对象是具有初中以上文化程度或同等学力的农村基层干部、学生、知识青年、部队指战员、乡镇企业工作人员和农民等。根据提高广大农民的科学文化素质、推动农村科技进步、振兴农村经济、增加农民收入的办学宗旨,在专业设置上,紧紧围绕农村发展的需要,秉承实际、实用、实效的培训原则。

---

〔1〕　王光明.科协纵横谈.杭州:浙江大学出版社,2000:88.

〔2〕　浙江省科学技术协会.让历史告诉未来:浙江科协发展历程揽胜,2003:53.

〔3〕　浙江省科学技术协会.让历史告诉未来:浙江科协发展历程揽胜,2003:65.

〔4〕　浙江省科学技术厅.浙江省"九五"社会发展科技工作进展报告,2001:87—89.

1988年6月,浙江省教委成教办公室根据浙江省科协"关于建立中国农村致富技术函授大学浙江分校报告"批复,同意中国农函大浙江分校作为助学性质予以备案。

截至2000年,全省已建有县级以上分校91所,乡级农函大1390所,村级农函大辅导班2380个,形成了从省到乡村的农民科技培训网络;共招收一年制农民学员46.5万多人,短期培训134万多人次。仅1999年,就招生一年制学员10.54万人,短期培训54万人。[1]

2000年,浙江省农函大、杭州市农函大、萧山市农函大被评为中国农函大先进分校。

时任浙江省委书记李泽民对浙江省农函大作出的成绩给予了充分肯定和高度赞扬,他指出:"农函大不搞学历,扎根农村,务农学农,干啥学啥,是个方向,有生命力,农函大可以大搞,要大发展,办好。"浙江省现在有70%以上的乡镇建立了农函大辅导站。[2]

农村专业技术协会

农村专业技术协会起源于20世纪五六十年代的农村科普小组、科学实验室,是20世纪80年代农民为了解决技术、良种的引进和产品加工等独家独户无法解决的问题而出现的,是技术自助、自愿联合,逐步向专业化生产、规模化经营并向实体化方向发展的一种崭新的农村经济组织形式。90年代进入市场经济环境以后,农技协在组织农户开展联合行动、提高新技术的应用能力和市场竞争能力方面显得更加突出。[3] 农村专业技术协会在促进我国农村科学普及、科技成果转化、农业增产、农民增收、农村社会进步以及调整农村产业结构、发展农村商品经济等方面发挥了重要作用。

自改革开放以来,浙江的农村专业技术协会已形成规模,至1999年年底,浙江农村各类专业协会、研究会、合作社共有4500多个[4],涌现出以慈溪市长河镇蔬菜专业技术协会、海盐县于城八字葡萄专业技术协会等一批在当地有重要影响力的协会。这些专业合作经济组织在带动当地农民发展效益农业、组织种养加专业化生产、提供产前产中产后社会化服务、实施农工贸一体化经营方面,发挥出越来越重要的作用,在很大程度上推进了浙江农业结构战略性调整,增加了农民收入。如据慈溪市长河镇蔬菜专业技术

〔1〕　任秉文.送"蛋"不如教养"鸡".科协论坛,2000(15):28—30.
〔2〕　王光明.科协纵横谈.杭州:浙江大学出版社,2000:105.
〔3〕　浙江省科学技术协会.让历史告诉未来:浙江科协发展历程揽胜.2003:67.
〔4〕　朱方洲,郭晓红.农民专业合作经济组织需扶持.浙江经济,2000(10):4—5.

协会的统计,截至 2000 年,协会累计举办培训班 200 多期,受训会员及农户达 25600 人次,印发技术资料 60000 余份,并邀请日本、澳大利亚的农业专家和国内专家教授前来讲学辅导。农民通过合作组织的教育和锻炼,不仅使自己融入大市场,认识到自己的利益所在,而且提高了自身的综合素质,学会运用组织的、政策法律的手段来共同维护自己的正当利益,养成团结协作的精神,从而深刻地改变了生产和生活方式,增进了社区的文明与进步,加快了现代化步伐。

农村科普示范体系

1998 年 7 月,中国科协发出了关于创建全国"科普示范县"实施办法的通知,启动了在全国创建 100 个科普示范县的活动。

浙江省以此为契机,组成创建科普示范县市、乡镇、村工作指导小组,在全国科协系统率先完成了对萧山、嘉善、诸暨和温岭 4 个被列为全国科普示范县市试点单位和 20 个科普示范乡镇的评估验收。经过两年多的努力,全省科普示范乡镇数发展到 151 个,并涌现出了 1274 个科普示范村。义乌市、温岭市等科协还被科技部、中宣部、中国科协命名为全国科普先进集体。[1]

农村科普示范基地出现在 20 世纪 80 年代末 90 年代初,是展示农业高新技术的窗口,通过看得见、摸得着的示范效应和讲求"实际、实用、实效"的培养方法,实行系列、配套的有效服务,不但集科普宣传、技术培训、成果推广、科技扶贫、技术服务等科普内容于一身,而且把科学技术的引进、试验、示范、培训、普及等科普过程融为一体。

浙江省科协按照《浙江省科学技术普及工作"九五"规划》的总体要求,于 1998 年提出了加强和规范全省农村科普示范基地的工作要求,经过近三年的努力,建立起了 100 多个省、市、县三级科协规范操作的农村科普示范基地,初步摸索形成了农村科普示范基地建设新路子,以"基地建设规模精练一点,基地项目的科技含量高一点,科技群团的参与投入力度大一点,示范推广的辐射效应好一点,社会与经济效益明显一点"为特色,以引进、示范、推广为核心,以基地为窗口,以辐射带动区域效益农业发展为落脚点。

新昌县茶树良种繁育示范场[2],原是红旗乡茶场。20 世纪 80 年代中期,随着珠茶生产出口的不景气,红旗茶场面临着严峻的考验。1986 年,茶

〔1〕 浙江省科学技术厅.浙江省"九五"社会发展科技工作进展报告,2001:89.

〔2〕 吕新浩.他们如何托起"大佛龙井"一片天——记全国农村科普示范基地新昌县茶树良种繁育示范场.茶叶,2003(3):164—167.

场从杭州请来了龙井茶炒制行家,为场员传授龙井茶炒制技术。从此,龙井茶成为场里的主要产品,投放市场后供不应求,收入十分可观,每亩茶叶产值从原来的 400 多元一跃到 8000 余元,增长了 20 倍。

新昌县茶树良种繁育示范场的效益不仅仅体现在企业自身,更重要的是体现在示范效应上。名茶开发和茶树良种改造铸就了示范场的辉煌。示范场的名声大振,当地的茶农和省内外以及国际上一些茶业人士纷纷来茶场参观取经。新昌县茶树良种繁育示范场也是各级茶叶部门的"试验田"。他们先后承担了中国农业科学院茶树研究所的茶树品比观测试验,浙江省的茶树新技术、新品种的试验和示范推广,浙江大学茶学系的嫁接换种、新型肥料、机制名茶试验,新昌县的茶叶农药防治和肥料试验等 30 多项试验,参与了名茶开发与产业化等 10 多个项目的实施,并取得了许多科研成果。其中,《新昌县名茶开发与产业化项目》获浙江省农业科技进步二等奖,《名优茶新技术示范推广项目》获全国农牧渔业丰收一等奖。

农民技术职称评定

在 20 世纪 80 年代末 90 年代初,全省在编的国家农民技术干部不足两万人,从 1988 年起,省科协开始在现有农民中选拔培养具有专业技术的能人,尝试进行农民技术人员职称评定工作。1991 年至 1992 年,全省首届农民技术职称评定工作共评出具有各种专业特长的农民 134600 人,分为农民高级技师、技师、助理技师、技术员和助理技术员五个层次。涉及农业、林业、水产、电力、盐业、水利、土管等多个专业。1993 年,《浙江省农民技术人员职称评定和晋升实施细则》试行,对指导浙江省农民技术人员职称评定工作发挥了重要作用。

农民技术干部队伍不占编制、不拿工资、不吃公粮,是浙江省农村社会化技术服务和农业现代化中重要的农技服务队。[1] 据不完全统计,截至"九五"末,全省农业、林业、水产、水利、农电、土管、盐业等七个系列范围,有近 21 万农民相继获得了不同级别的农民技术职称,其中高级农民技师 914名。通过农民技术职称评定工作,各级政府建立起了一支科技兴农中"留得住、用得上、带一片"的科学技术普及队伍,主管部门摸清了农民专业技术队伍的"家底",对评上职称的农民自身而言,他们的专业技术得到了政府和社会的承认,技术水平通过职称评定和晋升中的培训得到提高。[2]

---

〔1〕 浙江省科学技术协会.让历史告诉未来:浙江科协发展历程揽胜,2003:66—67.

〔2〕 浙江省科学技术厅.浙江省"九五"社会发展科技工作进展报告,2001:87—88.

四、青少年科普

青少年是祖国的花朵,是国家的未来。新中国成立后,党和政府非常重视对青少年的科普教育。20世纪50年代,浙江各地中小学校就有科普协会或科学研究小组等组织。"文革"结束后,省科协进一步加强了对青少年科技活动的领导,各级科协根据青少年的特点和兴趣爱好,开展丰富多彩的科技教育工作[1]:

一是依托各级学会组织科技夏令营等活动,从小培养学生对自然和科学的浓厚兴趣,如1993年组织全省500多所中小学参加全国青少年卫星搭载番茄种子试验活动;1995年开展青少年科技夏令营百营活动,全省组织了地质、海洋、生物、环保等夏令营220多个,1996年达到300多个。

二是在全省中小学生和部分大学生中开展各种学科竞赛活动,竞赛项目包括中学生数、理、化、计算机奥林匹克竞赛,小发明、小论文,大学生课外学术科技作品竞赛等。1982年,省评选青少年创造发明八件和科学小论文两篇,参加全国第一届青少年创造发明比赛活动,获科学小发明作品一等奖一件、二等奖四件,三等奖三件,科学小论文二等奖一篇。为了推动青少年科技活动,1985年3月,浙江省青少年科技辅导员协会成立。从20世纪80年代起,浙江在国际上多次获得国际奥林匹克学科竞赛金牌。

三是组织青少年学生开展国际交流。1997年,杭州市科协组织了10名中学生赴日本进行水环境保护的考察和交流,听取了日本农工大学教授、环境厅有关方面官员的介绍,并采访了日本前副首相兼外长河野洋平参议员。

四是通过建立一批科普教育(试验)基地,开展青少年科普教育。较有代表性的是临安县交口小学的少年科学院。1954年,临安县交口小学成立了课外"种植试验小组"、"米丘林小组"。周恩来总理在京亲切会见了他们的代表。1958年8月,在两个小组基础上成立交口少年科学院,宋庆龄副委员长亲笔题词"力争上游"镜框一方赠送给交口少年科学院。1961年,浙江省委书记林乎加传达周总理指示"一定要把交口少年科学院这朵鲜花培育得更好。"自1954年到1965年的10余年间,少年科学院的少先队员们进行了500多项试验活动,取得了130多项科技成果。1978年10月,临安交口少年科学院获得新生,全国科协青少年工作部著文:"一定要把这朵鲜花

---

〔1〕　浙江省科学技术协会.让历史告诉未来:浙江科协发展历程揽胜.2003:69—70.

培育得更好。"1991年,浙江省科协确定少年科学院为"小星火计划实验基地"。1993年,交口少年科学院被评为浙江省"十佳少科院",全国少工委也授予少年科学院为"青少年劳动技能达标基地"。

五、科技工作者的继续教育

自浙江省科协成立以来,为了更好地发挥"科技工作者之家"的作用,使科技工作者不断更新知识、提高知识层次、增强创造力,全省科协系统先后成立了杭州市业余成人科技大学、浙江省科学技术培训中心等继续教育部门,这些继续教育部门为社会培养了大批的专业技术人才。

1979年杭州市科协成立杭州市业余成人科技大学,1991年更名为杭州市成人科技大学,后又更名为杭州市科技职业技术学院。杭州市科技职业技术学院办学初衷是为杭州市的科技人员提供更新知识即接受继续教育服务,1982年取得大专学历教育资格,是省内首批进入高等职业教育试点的院校,学院实行继续教育和学历教育并举,两条腿走路的办学方针,为杭州市及周边地区的经济社会发展输送了大批适用人才。

1986年3月,浙江省编制委员会批复,同意建立浙江省科学技术培训中心,为处级事业单位。此外还成立了杭州市成人技术大学、宁波市科技进修学院、温州市业余科技大学、嘉兴市科技干部培训中心、金华市科技教育中心和衢州市科技培训中心等。1988年7月,由省科技培训中心设立浙江省科协系统干部业务函授培训班辅导站,在业务上受中国科协系统干部业务函授培训办公室指导。

从1986年到1990年期间,仅杭州市业余科技大学参加学习的科技人员就达1.27万人次。1990年,有五个专业的大专学历班,经省教委验证毕业学员有507人。与浙江大学合作,开办了研究生预备班。经济管理刊授联合大学杭州市分校,按照国家教委的规定,通过补课和考试,544人获得了省教委颁发的大专毕业文凭。1986年起举办家用电器维修技术培训班,有3615人经考核合格领取了全国家电维修培训结业证书。[1]

六、20世纪90年代的主要科普活动

20世纪90年代,在省科协的领导下,浙江省的科普工作与社会经济发

---

[1] 杭州市科学技术委员会.杭州市"七五"科技发展概览,1991.

展的紧密程度日益提高,科普工作在社会经济发展过程中的作用也越来越大。

科技下乡

1997以来,全省科技群团根据中宣部、科技部、中国科协等11部委《关于进一步做好文化、科技、卫生"三下乡"工作的通知》和省委的要求,主动结合农村科普工作的实际,开展送科技下乡活动。省科协在部署协调全省科技群团组织开展送科技下乡活动的同时,于每年的冬春之交,争取省、市、县三级联动举行大型送科技下乡活动。"九五"期间,全省科技群团先后组织682支科技人员下乡服务团队,涉及各专业科技人员27540人次,发布推广实用技术23922项次,受益农民达256.8万次。[1]"三下乡"活动形式多样、点面结合,成效显著。据统计,1999—2000年,全省各级科委在有关部门的积极配合下,共计举办科技大集567场(次),送科技录像带2000多盘,举办各类农业科技培训班5000余次,培训农民100万人次,参加科技下乡,直接为农民服务的科技人员2.2万人次。还供应了大量的良种和科技物化产品。各类科技下乡活动,吸引了众多的农民群众踊跃参加,得到了各级政府的支持和农民群众的普遍欢迎。科技下乡活动中,全省不少地方开通了"农技110"咨询服务热线电话,为科技下乡活动的创新提供了一条更简捷、更有效的途径,同时也架起了全方位的科技信息服务与不同用户具体需求之间的金桥。[2]

新千年科普大行动

2000年11月,省科协和宁波市科协联合举办的以"百万市民学科学"为主题的"新千年科普大行动"在宁波市隆重举行。这次科普大行动,为浙江科普工作进入新千年开了个好头。中国科协主席周光召对浙江省新千年科普大行动给予了高度评价。

此次迎新千年科普大行动有几个特点:一是积极探索科普工作新的路子。省科协与地方科协联动是新的尝试。这种联合能发挥两个积极性,上下联动,全面展开。二是精心组织,提高公众参与率。为搞好这次行动,专门组织了组委会,省、市领导和院士担任顾问,组委会下设七个工作组。据统计,宁波市至少有百万人次参与了430项科普活动。三是针对性强、有实效,重在解决问题。为提高干部科学素质,专门在宁波市府大楼开辟了科普画廊。为提高市民科学素质,在宁波市桑田路400米长的街道边开设了科普画廊。

---

〔1〕　浙江省科学技术厅.浙江省"九五"社会发展科技工作进展报告,2001:85.

〔2〕　浙江省科学技术厅.浙江省"九五"社会发展科技工作进展报告,2001:120.

中国科协首届学术年会

1999 年 9 月，中国科协在杭州召开中国科协首届学术年会，年会的主题为"面向 21 世纪的科技进步和经济社会发展"。这次年会共有 3100 多名科技工作者和党政领导、企业界人士参加。大会设 1 个主会场，27 个分会场，内容涉及数学、物理、化学、天文学、地球科学、农学、医学等学科以及信息技术、工程技术、计算机应用技术、交通运输、资源、教育等 20 多个领域。会议收集了 3000 余篇论文摘要。出席会议的有全国人大常委会副委员长、中国科协主席周光召，中国科学院院长路甬祥等 60 余名两院院士，资源部长周永康等国家部委局的领导，浙江省委书记张德江、省长柴松岳、省政协主席刘枫等省领导，浙江各市地的党政领导以及香港著名实业家查济民等企业集团的巨头。163 个全国性学会，114 个地方科协，22 个国家重点企业集团也参与了年会。周光召、路甬祥、王选等 16 位著名科学家和国务院有关领导同志围绕大会主题，作了特邀学术报告。年会向多学科科技人员、企业家、科技管理干部和社会公众开放，打破了过去同行业科技工作者在本行业中闭门讨论的局面。与以往的学术会议相比，这次年会可谓是规模最大、规格最高、代表最多、学科最广、论文最丰富、震动最强烈、影响最广泛、意义最深远，概括起来四个字——"史无前例"。[1]

第三节　科技咨询

咨询业是现代社会分工和专业化发展的产物。我国在 20 世纪 30 年代也出现过科技咨询活动，但是，科技咨询作为一种产业，起步于 20 世纪 80 年代初。改革开放以后，来自经济建设的咨询需求、政府科学决策的咨询需求和外资投资的咨询需求促进了我国科技咨询产业的发展。

一、科技咨询发展三阶段

改革开放后，浙江经济的活力、发展的速度、对外开放的程度在中国都名列前茅。浙江省科协系统的有偿科技咨询活动，也是全国最早开展的单

〔1〕 王光明.科协纵横谈.杭州:浙江大学出版社,2000:45.

位之一。[1] 从 1980—2000 年,浙江省科协系统的科技咨询经历了起步、调整、发展三个阶段。

起步期(1980—1985 年)

科技咨询在我国是 1980 年起步的。1980 年 3 月,时任中共中央总书记胡耀邦同志在中国科协召开的第二次代表大会上,要求科协努力开发智力资源,充分支持科技工作者在两个文明建设中大展宏图。大会通过的中国科协章程正式把科技咨询列为科协的主要任务之一。根据会议精神,中国科协成立了科技咨询服务部,在下发《关于在学会、地方科协建立科技咨询服务机构的通知》后,又和财政部联合颁发了《科协系统及所属学会团体科技咨询服务收费的暂行规定》,这是我国第一部有关科技咨询的行政法规,有力地推动了全国科协系统科技咨询活动的兴起。

1980—1985 年,浙江省科协系统的科技咨询组织网络逐步形成并得到初步发展。1983 年 2 月,浙江省科协发通知建立"浙江省科技咨询中心"。1984 年,《浙江省科技咨询中心章程》颁布。同年 8 月,省科协党组决定设立浙江省科协科技咨询部,作为省科协管理科技咨询工作的职能部门,与浙江省科技咨询中心合署办公。从 1982 年起,各市(地)科协的咨询机构也相继建立。1982 年 10 月,温州市科协成立温州市科技咨询服务公司(1991 年更名为温州市科技咨询服务处),这是浙江省科协系统最早成立的咨询公司。

调整期(1986—1990 年)

在 1986—1990 年间,全省科协系统的科技咨询机构规模出现了较大的波动。1985 年,按照国务院关于清理整顿公司的通知,浙江省曾对公司进行过一次清理整顿。在这个过程中,一批挂着咨询牌子的转卖信息公司、公关公司、点子公司等被列入整顿之列,不少机构转向或者倒闭。1988 年,《国务院关于深化科技体制改革的若干问题的决定》颁布,科研机构开始进入科技咨询服务领域,形成了一个咨询机构注册高峰。

由于科技咨询机构数量的波动,造成咨询业务量也有了较大的起伏,从 1987 年中期开始,科技咨询业务有所上升。1989 年,省科技咨询中心荣获中国科协第一届"金牛奖",这是为表彰在科技咨询服务工作中作出突出贡献的集体和个人而设立的奖项。

发展期(1991—2000 年)

这一时期,政府在推动、引导、规范咨询业发展方面发挥了重要作用,并

---

〔1〕 浙江省科学技术协会志编纂委员会.浙江省科学技术协会志.北京:方志出版社,1999:366—367.

相继出台了一些鼓励性的发展政策。1992年6月,国务院颁布了《关于加快发展第三产业的决定》,明确提出了要加快发展科技、法律、会计等其他咨询业务。同年8月,当时的国家科委发布了《关于加速发展科技咨询、科技信息和技术服务业的意见》,这两个文件的出台,表达了政府鼓励并推动咨询业发展的意愿,科技咨询的整体环境大大改观,科协系统的科技咨询业步入了稳定发展的新阶段。

20世纪90年代,全省科协系统的科技咨询为浙江省和国家现代化经济建设发挥了多方面的重要作用,以省科技咨询中心为例,90年代主要围绕推动高新技术产业化开发、为重点建设工程服务、帮助企业攻克技术难关以及为决策提供科技咨询等四个方面开展工作,促进了浙江经济的发展。

二、决策咨询与技术咨询

决策咨询

随着科学技术、社会经济和全球化、信息化的迅猛发展,政府决策活动所涉及的规模、范围和复杂性均达到了前所未有的高度,使得现代政府决策体制产生了全面而又深刻的变化。仅仅凭领导者个人或某一机构独立地承担全部决策任务是十分困难的,必须借助专门的决策咨询机构协助其完成决策任务。各级科协与学会凭借其专业能力,对涉及全局性、战略性、政策性、综合性的问题,如经济、科技、社会等长远规划的制订,重大工程项目的建设以及资源、环境、交通、城市建设等方面问题进行研究分析和论证,提出建议和可供选择的方案,为领导层和主管部门决策提供依据。

1979—1985年,杭州市科技咨询中心受杭州市人民政府有关部门的委托,先后完成的《杭州市城市建设总体规划》的编制及"西湖环境保护和风景区旅游资源的开发"、"三江水资源的开发利用"等咨询报告,均被有关部门采纳。[1]

1994年10月,受宁波市政府委托,省科协和宁波市政府在杭州联合举行"杭州湾通道杭州研讨会"。与会专家对杭州湾交通通道的重要性和预可行性进行了探讨,认为长三角地区已形成中国最大的城市群,建设杭州湾通道,能够把被杭州湾分割的长三角南北两岸连成一片,形成世界级大港口群。会议建议有关方面把建设杭州湾交通通道尽快纳入建设规划。如今,世界上最长的杭州湾跨海大桥已于2008年建成通车。浙江科协在组织专家进行预可行性探讨和呼吁促进方面发挥了积极作用。

---

〔1〕 浙江省科学技术协会志编纂委员会.浙江省科学技术协会志.北京:方志出版社,1999:377—378.

技术咨询

截至 1991 年年底,全省科协系统已拥有直属咨询机构 97 个,分支机构 696 个,专职队伍 2900 人,基本形成了较为健全的网络体系,并开展了卓有成效的技术咨询工作。1988 年,浙江省科技咨询中心所属成员电力试验研究所科技咨询部承担浙、苏、沪等有关单位委托的 P.T 二次回路压降补偿改造。应用这一方法,可不更换电缆、不停电,并解决费用高、施工难、投工大的矛盾,且安装调整方便,改造费用节约 90% 以上,降低能耗 3%~10%。经改造 120 条线路,每月可追回由于电压互感器二次回路电压降低损失的 120 万千瓦时电量。此项目荣获浙江省人民政府 1998 年科技进步三等奖。1991 年 5 月,浙江省科协《关于秦山核电厂场外应急计划的建议》获中国科协首届优秀建议二等奖。杭州汽轮机厂科协组织完成的镇海炼油厂从德国引进的空压机转子修复及叶片断裂事故诊断和上海吴泾化工厂国产 30 万吨合成氨装置汽轮机技术改造等,都是其中的代表。

20 世纪 90 年代,全省科协系统的科技咨询为浙江省和国家现代化经济建设发挥了多方面的重要作用。以省科技咨询中心为例,1990—1999 年,共完成科技咨询项目 9300 多项,完成合同额 4.2 亿多元,咨询业务的年均增长率达 24%。[1]

"九五"期间,全省 51 家县级以上直属咨询机构共完成科技咨询项目 183.5 万项,其中提供无偿服务 15.4 万项,决策咨询 3351 项,先后为 300 多个大中型建设项目提供了可行性研究、论证等决策咨询服务,为 100 多项高新技术的产业化开发提供了技术支持,为一大批企业的技术改造、产品的升级换代提供了有效服务。[2]

1992—2000 年,全省科协系统直属咨询机构从 14 个发展到 51 个,年技术合作实现额和技术交易额,分别从 5200 多万元和 3700 多万元,增长到 2 亿多元和 1.8 亿多元,增长分别达近四倍和近五倍。[3]

三、金桥工程

"金桥工程"是中国科协贯彻党的十四大精神,在深化改革、建设社会主义市场经济体制新的历史时期,总结吸收了北京、湖北、山东、陕西等省、市

〔1〕 浙江省科学技术协会.让历史告诉未来:浙江科协发展历程揽胜.2003:56—57.

〔2〕 浙江省科学技术厅.浙江省"九五"社会发展科技工作进展报告.2001:91.

〔3〕 浙江省科学技术协会.让历史告诉未来:浙江科协发展历程揽胜.2003:56.

科协的经验,结合科协组织的性质和主要任务提出的一项工程。"金桥工程"的宗旨是促进科技与经济相结合,推动科技成果转化为现实生产力。自1993年2月中国科协四届三次全委会决定实施"金桥工程"以来,全国各地科协积极响应,认真组织实施,广大科技人员踊跃参加。截至1997年6月底的不完全统计,已实施"金桥工程"架桥项目71109项,完成55682项,占项目总数的78.3%。这些项目均获得新增利税和纯增收入。实践证明,"金桥工程"是组织科技人员面向经济建设主战场,发挥科协系统学科众多、人才荟萃、信息灵通的智力优势和组织网络优势,促进科技与经济结合,促进科技成果尽快转化为生产力,促进高新技术的推广与应用的一种好形式。[1]

为推动浙江省"金桥工程"的深入发展,实现规范化管理,省科协先后制订《浙江省科协实施"金桥工程"方案》、《"金桥工程"项目管理试行办法》和《"金桥工程"奖励办法》。到1993年年底,全省共有56个市(地)县(市、区)科协制订实施方案,有381个学会、49个咨询机构、196个乡镇科协、23个厂矿科协和3个街道科协,开始实施"金桥工程",立项和实施项目共达1512项。1994年11月,经省科协"金桥工程"协调小组审查,确定了"合成氨原料气净化新工艺的工业应用"等71个项目为省科协第一批"金桥工程"重点项目。"九五"期间,全省县级以上"金桥工程"立项3222项,完成1827项。其中有216个项目列入省重点立项,44个项目被列入国家级"金桥工程"项目。[2]

"金桥工程"推出以后,受到各级党委政府和社会各界的支持和欢迎。1993年3月,省长万学远到省科协了解工作,就"金桥工程"基金等作了重要指示。9月,省委办公厅转发了省科协党组《关于在全省实施"金桥工程"方案的报告》。省委还将"金桥工程"写进了《浙江省社会主义精神文明建设纲要(1993—2000)》和省第九次党代会工作报告。杭州、嘉兴、温岭等市委、市政府纷纷把"金桥工程"列入"九五"规划。2000年,全省有19个县(市)的党政领导亲自担任"金桥工程"指导协调小组组长。1994年4月,浙江省"金桥工程"基金会成立,主要用于扶持重点项目和表彰先进。嘉善县科协筹资35万元成立了浙江省第一家县级"金桥工程"基金会,杭州、萧山、温岭等市、区政府拨专款用于"金桥工程"的项目扶持、奖励和基金积累。[3]

〔1〕 中国科协"金桥工程"简介,http://www.chinaconsult.com.cn/jb/zix-serve/jqproject.htm.
〔2〕 浙江省科学技术厅.浙江省"九五"社会发展科技工作进展报告.2001:91.
〔3〕 浙江省科学技术协会.让历史告诉未来:浙江科协发展历程揽胜.2003:58—59.

主要参考文献

杜石然等编.中国科学技术史稿(上、下).北京:科学出版社,1982.

李佩珊,许良英主编.20世纪科学技术简史(第二版).北京:科学出版社,1999.

卢嘉锡总编.中国科学技术史(农学卷、生物学卷、机械卷、医学卷).北京:科学出版社出版,2000.

[英]李约瑟(Joseph Needham)原著,[英]柯林·罗南(C. A. Ronan)改编.中华科学文明史.上海交通大学科学史系译.上海:上海人民出版社,2001.

查尔斯·辛格等主编.技术史(Ⅰ—Ⅶ卷).上海:上海科技教育出版社,2005.

吴国盛著.科学的历程(第二版).北京:北京大学出版社,2002.

全林编著.科技史简论.北京:科学出版社,2002.

吴熙敬主编.中国近现代技术史(上下卷).北京:科学出版社,2003.

范岱年著.科学哲学和科学史研究.北京:科学出版社,2006.

[英]利萨·罗斯纳编撰顾问.科学年表.郭元林,李世新译.北京:科学出版社,2007.

[美]萨顿著,陈恒六,刘兵.科学史和新人文主义.仲维光译.上海:上海交通大学出版社,2007.

马来平主编.通俗科技发展史(综合卷).济南:山东科学技术出版社,2008.

陶德言主编.20世纪纵览(1900—1995).杭州:浙江人民出版社,1996.

丁长青主编.中外科技与社会大事总览.南京:江苏科学技术出版社,2006.

国家统计局编.新中国五十年(1949—1999).北京:中国统计出版社,1999.

汪海波主编.新中国工业经济史(1949.10—1957).北京:经济管理出版

社,1994.

刘克祥,陈争平著.中国经济史简编.杭州:浙江人民出版社,2001.

储成仿著.新中国经济发展战略重大转折研究(1953—1965).合肥:安徽大学出版社,2002.

苏星著.新中国经济史(修订本).北京:中共中央党校出版社,2007.

张芳,王思明主编.中国农业科技史.北京:中国农业科技出版社,2001.

国家统计局农村社会经济调查总队编.新中国五十年农业统计资料.北京:中国统计出版社,2000.

李根蟠著.农业科技史话.北京:中国大百科全书出版社,2000.

江山野主编.中国教育事典(高等教育卷).石家庄:河北教育出版社,1994.

竺可桢著.竺可桢全集(1—5卷).上海:上海科技教育出版社,2004.7—2005.12.

中国大百科全书出版社编辑部,中国大百科全书总编辑委员会编.中国大百科全书.北京:中国大百科全书出版社,2004.

金普森,陈剩勇主编.浙江通史.杭州:浙江人民出版社,2005.

陆立军,王祖强著.浙江模式.北京:人民出版社,2007.

浙江省科学技术志编纂委员会编.浙江省科学技术志.北京:中华书局,1996.

魏桥,陈铭,俞佐萍主编.浙江人物简志(上).杭州:浙江人民出版社,1984.

魏桥,陈学文,胡国枢主编.浙江人物简志(中).杭州:浙江人民出版社,1984.

魏桥,念祖,胡国枢,叶炳南主编.浙江人物简志(下).杭州:浙江人民出版社,1984.

浙江省文物考古研究所编.浙江文物简志.杭州:浙江人民出版社,1986.

浙江教育简志编纂组编.浙江教育简志.杭州:浙江人民出版社,1987.

浙江肉禽蛋商业志编纂委员会编.浙江肉禽蛋商业志.杭州:浙江科学技术出版社,1989.

浙江省石油商业志编纂委员会编.浙江石油商业志.杭州:浙江科学技术出版社,1990.

浙江省商业厅编.浙江商业管理志.杭州:浙江人民出版社,1990.

浙江省百货商业志编纂委员会编.浙江百货商业志.杭州:浙江人民

出版社,1990.

　　浙江省五金交电化工公司编.浙江五金交电化工商业志.杭州:浙江人民出版社,1991.

　　浙江省测绘志编纂委员会编.浙江省测绘志.北京:中国书籍出版社,1996.

　　浙江火电建设志编委会编.浙江省火电建设公司志(1958—1990).北京:中国电力出版社,1996.

　　浙江省外事志编纂委员会编.浙江省外事志.北京:中华书局,1996.

　　浙江省二轻工业志编纂委员会编.浙江省二轻工业志.杭州:浙江人民出版社,1998.

　　浙江省水利志编纂委员会编.浙江省水利志.北京:中华书局,1998.

　　浙江省电力志编纂委员会编.浙江省电力志.北京:中国电力出版社,1998.

　　浙江省水产志编纂委员会编.浙江省水产志.北京:中华书局,1999.

　　浙江省丝绸志编纂委员会编.浙江省丝绸志.北京:方志出版社,1999.

　　浙江省粮食志编纂委员会编.浙江省粮食志.北京:当代中国出版社,1999.

　　浙江省纺织工业志编纂委员会编.浙江省纺织工业志.北京:中华书局,1999.

　　浙江省科学技术协会志编纂委员会编.浙江省科学技术协会志.北京:方志出版社,1999.

　　浙江省轻工业志编纂委员会编.浙江省轻工业志.北京:中华书局,2000.

　　浙江省农业科学院编.浙江省农业科学院志.杭州:浙江科学技术出版社,2001.

　　浙江省林业志编纂委员会编.浙江省林业志.北京:中华书局,2001.

　　浙江省医药志编纂委员会编.浙江省医药志.北京:方志出版社,2003.

　　浙江省地质矿产志编纂委员会编.浙江省地质矿产志.北京:方志出版社,2003.

　　浙江省建筑业志编纂委员会编.浙江省建筑业志.北京:方志出版社,2004.

　　浙江省农业志编纂委员会编.浙江省农业志(全二册).北京:中华书局,2004.

　　浙江省教育志编纂委员会编.浙江省教育志.北京:方志出版社,2004.

　　浙江省人物志编纂委员会编.浙江省人物志.北京:方志出版社,2005.

　　浙江石油商业志编纂委员会编.浙江石油商业志.杭州:浙江科学技术

出版社,2006.

浙江省经济研究中心编.浙江省情概要.杭州:浙江人民出版社,1986.

浙江省科学技术委员会编.浙江省"八五"农业科技研究进展.北京:中国农业科技出版社,1999.

浙江省统计局编.新浙江五十年统计资料汇编.北京:中国统计出版社,2000.

浙江省科学技术厅编.浙江省"九五"农业科技研究进展.杭州:浙江人民出版社,2002.

浙江政报(1949—2002).

浙江科协(1982—2002).

浙江年鉴(1987—2002).

浙江统计年鉴(1984—2002).

杭州市科学技术委员会《科技志》编纂委员会编.杭州市科技志.杭州:杭州大学出版社,1996.

杭州市地方志编纂委员会编.杭州市志.北京:中华书局,1997.

宁波市地方志编纂委员会编.宁波市志.北京:中华书局,1995.

温州市志编纂委员会编.温州市志.北京:中华书局,1998.

嘉兴市地方志编纂委员会编.嘉兴市志.北京:中国书籍出版社,1997.

湖州市地方志编纂委员会编.湖州市志.北京:昆仑出版社,1999.

绍兴市地方志编纂委员会编.绍兴市志.杭州:浙江人民出版社,1996.

台州地区地方志编纂委员会编.台州地区志.杭州:浙江人民出版社,1995.

舟山市地方志编纂委员会编.舟山市志.杭州:浙江人民出版社,1992.

德清县志编纂委员会编.德清县志.杭州:浙江人民出版社,1992.

海盐县地方志编纂委员会编.海盐县志.杭州:浙江人民出版社,1992.

金华市地方志编纂委员会编.金华市志.杭州:浙江人民出版社,1992.

丽水地区志编纂委员会编.丽水地区志.杭州:浙江人民出版社,1993.

诸暨县志编纂委员会编.诸暨县志.杭州:浙江人民出版社,1993.

淳安县志编纂委员会编.淳安县志.上海:汉语大词典出版社,1994.

衢州市志编纂委员会编.衢州市志.杭州:浙江人民出版社,1994.

开化县志编纂委员会编.开化县志.杭州:浙江人民出版社,1988.

余杭县志编纂委员会编.余杭县志.杭州:浙江人民出版社,1990.

泰顺县志编纂委员会编.泰顺县志.杭州:浙江人民出版社,1998.

普陀县志编纂委员会编.普陀县志.杭州:浙江人民出版社,1991.

杭州市轻工业志编纂委员会编.杭州市轻工业志,1996.

杭州市二轻工业总公司编.杭州二轻工业志.杭州:浙江人民出版社,1991.

杭州市商业志编纂委员会编.杭州市商业志.杭州:浙江大学出版社,1996.

杭州丝绸控股集团公司编.杭州丝绸志.杭州:浙江科学技术出版,1999.

杭州农业志编辑委员会编.杭州农业志.北京:方志出版社,2003.

杭州市城乡建设志编纂委员会编.杭州市城乡建设志(上、下).北京:中华书局,2002.

商景才主编.浙江事典.杭州:浙江教育出版社,1998.

蒋泰维主编.浙江基础研究二十年.杭州:浙江大学出版社,2009.

叶永烈主编.浙江科学精英.杭州:浙江科学技术出版社,1987.

王光明主编.科协纵横谈.杭州:浙江大学出版社,2000.

鞠建林,王刚主编.浙江60年档案解密.杭州:浙江人民出版社,2009.

侯虞钧著.侯虞钧院士文集.杭州:浙江大学出版社,2005.

周忠德主编.甬籍院士风采录.杭州:浙江大学出版社,2002.

钟越宝.越国对绍兴的历史贡献.载:浙江省博物馆编.东方博物(第十四辑).杭州:浙江大学出版社,2005.

浙江省文物考古研究所编.浙江省文物考古研究所学刊建所十周年纪念1980—1990.北京:科学出版社,1993.

浙江省文物考古研究所编.纪念浙江省文物考古研究所建所二十周年论文集1979—1999.杭州:西泠印社,1999.

杨楠著.江南土墩遗存研究.北京:民族出版社,1998.

杨楠.良渚文化兴衰原因初探.载:中央民族大学历史系.民族史研究(第1辑).北京:民族出版社,1999.

浙江省文物考古研究所编.良渚遗址群(良渚遗址群考古报告之二).北京:文物出版社,2005.

孙维昌.福泉山良渚文化墓地的论析.载:南京博物院编.东方文明之光——良渚文化发现60周年纪念文集.海口:海南国际新闻出版中心,1996.

浙江省文物考古研究所编.浙江北部地区良渚文化墓葬的发掘.浙江省文物考古研究所学刊(二).北京:科学出版社,1993.

浙江省文物考古所,江山县文管会.江山县南区古遗址墓葬调查试掘.

载:浙江省文物考古研究所.浙江省文物考古研究所学刊(第1辑).北京:文物出版社,1981.

(明)曹昭等.古窑器论,新增格古要论(卷七).北京:中国书店,1987.

任世龙著.浙江瓷窑址考古十年论述.载:浙江省文物考古研究所.浙江省文物考古研究所学刊(第2辑).北京:科学出版社,1993.

童建栋著.国际小水电的理论与实践.南京:河海大学出版社,1993.

刘军.浙江考古的世纪回顾与展望.考古,2001(10).

姚克等.非球面等视象后房型人工晶体的临床应用.中华眼科杂志,1989(5).

曾一本.我国对虾移植、增殖放流技术研究进展.中国水产科学,1998(3).

杜明昆等.国产18甲基炔诺酮皮下埋植剂和Norplant的临床比较性研究—666例4年报告.生殖与避孕,1998(5).

陈春圃.浙江中医主要学术流派.中华医史杂志,1999(10).

何浙生.细菌L型及医院感染之现状.浙江预防医学,2000(4).

郭芳彬.蜂花粉与前列腺增生.蜜蜂杂志,2000(10).

朱方洲,郭晓红.农民专业合作经济组织需扶持.浙江经济,2000(10).

何国勇,金定.浙江省联合收割机发展中存在的问题和对策.农机化研究,2002(8).

郑文钟,应霞芳,何勇.浙江省农业机械化发展的系统分析.浙江大学学报(农业与生命科学版),2003(2).

浙江省科学技术厅.浙江省"九五"社会发展科技工作进展报告,2001.

浙江省科学技术协会.让历史告诉未来:浙江科协发展历程揽胜,2003.

浙江省预防医学会.浙江卫生防疫五十年回顾与展望,2003.

杭州市科学技术委员会.杭州市"七五"科技发展概览,1991.

省科协1960年工作计划总结及三年工作总结.杭州:浙江档案馆,J115—2—027.

1958年科技工作会议文件.杭州:浙江档案馆,J115—5—006.

1958—1962年重点研究任务规划纲要及主要研究项目.杭州:浙江档案馆,J115—5—007.

1959年度科研工作总结.杭州:浙江档案馆,J115—6—026.

1959年科研发展纲要、总结.杭州:浙江档案馆,J115—6—033.

关于"二五"、"三五"建所规划.杭州:浙江档案馆,J115—7—014.

关于1963—1972年技术政策文件及科技进展汇总统计表.杭州:浙江档案馆,J115—12—042.

附　录

浙江籍院士及在浙江工作过的院士[1]

（2000 年以前当选部分）

一、在浙中科院、工程院院士简介（18 人）[2]

曹楚南（1930—）

腐蚀科学与电化学专家。江苏常熟人。1952 年毕业于同济大学化学系。浙江大学教授。在中国领导和开拓了腐蚀电化学领域，专著《腐蚀电化学原理》从平衡热力学、不可逆过程热力学、多电极系统和多反应耦合系统的电极过程动力学等方面论述了腐蚀电化学的特殊规律，形成了比较完整的理论体系；将数理统计和随机过程理论应用于腐蚀科学中，研究了最深腐蚀孔深度统计分布和腐蚀活性点平均密度统计推断等问题，从理论上导出了概率公式和电化学噪声的谱功率密度方程式；提出了利用载波钝化改进不锈钢钝化膜稳定性的思想并为国内外实验证实；将定态过程稳定性理论引入电化学阻抗谱（EIS）研究，使 EIS 理论有重要发展；发展了研究腐蚀过程和监测腐蚀速度的电化学理论和方法。1991 年当选为中国科学院院士（学部委员）。

陈耀祖（1927—2000）

有机化学、有机分析学家。湖南长沙人。1949 年浙江大学化学系毕业，留校任教。创立了反应质谱的立体化学分析法，为测定有机分子的绝对构形、差向异构、顺反异构、苏赤式异构和构象提供了一种快速超微量手段，开辟了质谱分析新用途。运用波谱分析技术结合化学反应分析了几十种西北地区药用植物化学成分，其中六种有新的结构骨架，丰富了天然产物有机

---

〔1〕 根据人民网的中国两院院士资料库、中国科学院网站、中国工程院网站整理。

〔2〕 按当选时间及姓氏拼音音序排列。

化学。发展了快原子轰击—串联质谱法测定糖甙结构。建立了闪蒸气相色谱质谱和微量预吸附气相色谱质谱分析植物挥发油和鲜花头香的微量技术。建立了抗癌物自旋标记分析法,为此类药物药理研究提供了一种新的灵敏易行的分析手段。1991 年当选为中国科学院院士(学部委员)。

陈子元(1924—)

核农学家。原籍浙江鄞县,出生于上海。1944 年毕业于上海大夏大学化学系。历任上海大夏大学讲师,华东师范大学讲师,浙江农业大学教授、博士生导师、校长,中国原子能农学会理事长,中国农业生态环境保护协会副理事长。主要从事核技术在农业和环境科学中应用的研究和教学工作。1991 年当选为中国科学院院士(学部委员)。

毛江森(1934—)

病毒学家。浙江江山人。1956 年上海第一医学院医疗系毕业。1957 年在中国医学科学院病毒系从事病毒学研究,60 年代率先开展干扰素研究。1978 年到浙江省医学院从事病毒学研究,1983 年任研究员,后任浙江省医学科学院院长。长期致力于医学病毒学研究,对干扰素进行过比较系统的研究,发现乙型脑炎病毒——鸡胚单层细胞是良好的干扰素产生系统,阐明了影响因素;从事中国脊髓灰质炎减毒活疫苗免疫学及病毒学研究,合作建立了人胚肾传代细胞系,传代应用至今。1965 年在论文《病毒感染细胞机理》中提出信息(遗传)也有可能从 RNA 传给 DNA,是当时国际上认识到病毒遗传信息有可能逆转录的少数科学家之一。1991 年当选为中国科学院院士(学部委员)。

阙端麟(1928—)

半导体材料专家。福建福州人。曾任浙江大学教授、博士生导师、副校长,浙江省政协副主席,九三学社浙江省委主委。他是开办浙江大学半导体材料与器件工科专业的骨干,先后为本科生、研究生开设电工材料、半导体材料、近代物理基础等课程;是国内较早开始半导体材料的研究者之一,并取得显著成绩。个人荣获国家级有突出贡献的中青年专家称号,浙江省劳动模范、全国五一劳动奖章。1991 年当选为中国科学院院士(学部委员)。

苏纪兰(1935—)

物理海洋学专家。湖南攸县人。曾任国家海洋局第二海洋研究所教授、研究员、所长,浙江省政协副主席,中国海洋学会副理事长。长期从事长江口及杭州湾水文环流及悬移质输运、黑潮对我国近海水文流系的影响等研究。1991 年当选为中国科学院院士(学部委员)。

汪槱生(1928—)

电子电力技术专家。浙江杭州人。1950 年浙江大学电机工程学系毕业后留校任教。1958 年参加了国际上首创的电机双水内冷技术。1970 年研制成功我国第一台 1kHz100kW 晶闸管中频感应加热电源。1975 年研制成功改良型中频电源。1987 年研制成功当时我国自制的容量最大的 (1500kW)中频电源。1988 年研制成功 250kW/8kHZ 简单并联逆变中频电源。1991 年后又研制成功模块控制的中频电源。领导开发了 400Hz～8kHz、100kW～1500kW 中频电源系列,并亲临推广应用于熔炼、热加工、热处理等行业。1994 年当选为中国工程院院士。

岑可法(1935—)

燃烧专家、工程热物理学家。广东南海人。历任浙江大学能源系主任、教授、博士生导师,浙江大学热能工程研究所所长、教授,中国动力工程学会常务理事及国际合作与交流委员会主席等职。在煤的流动床燃烧技术、电站锅炉计算机辅助试验(CAT)及在大型电厂中的应用、工程气固多相流动等领域均有开拓性成就,形成一套独特的学术思想。曾获国家科技进步三等奖,国家发明二等奖,国家级有突出贡献的中青年专家。1995 年当选为中国工程院院士。

高从阶(1942—)

功能膜工程技术专家。山东即墨人。1965 年毕业于山东海洋学院化学系。毕业后在国家海洋局第一海洋研究所工作,现任国家海洋局杭州水处理技术开发中心研究员。一直从事功能膜及其他工程技术的研究和开发,是我国反渗透膜工程技术领域的开拓者之一。曾荣获国家科技进步一等奖。1995 年当选为中国工程院院士。

沈之荃(1931—)

女,高分子化学家。上海市人。1980 年任浙江大学教授、博士生导师,浙江省科技协会副主席。长期从事高分子化学的教学和科研工作。在 10 多个国家、30 多所高校讲过学。60 年代研制三元镍系顺丁橡胶,获 1985 年国家科技进步特等奖。在创建具有中国特色的稀土络合催化聚合学科方面作出了重大贡献。1995 年当选为中国科学院院士。

孙优贤（1940—）

工业自动化、控制工程专家。浙江诸暨人。1964 年浙江大学化学工程系毕业后留校任教。长期从事科研与教育事业，开创了我国第一个国家级工程研究中心，成为全国唯一具有博士点、博士后流动站等五星级学科单位。创造性提出一套适合于复杂工业系统特点的现代控制的新方法和新技术。1995 年当选为中国工程院院士。

董石麟（1932—）

空间结构专家。浙江杭州人。1985 年调浙江大学土木系任教授。长期从事薄壳结构、网架结构、网壳结构、塔桅结构、升板结构诸方面的科研与教学工作，11 项科研成果分别获全国科学大会奖、国家科技进步三等奖，以及省部委科技进步一、二等奖。1997 年当选为中国工程院院士。

侯虞钧（1922—2001）

化工工程、化工热力学家，著名的马丁—侯（MH）状态方程的创始人之一。出生于福建福州。1945 年毕业于浙江大学化工系，1955 年获美国密歇根大学博士学位，1962 年任浙江大学化工系教授。长期从事化学工程、化工热力学的教学与研究，取得丰硕成果。1997 年当选为中国科学院院士。

金翔龙（1934—）

海洋地质、地球物理学家。江苏南京人。1985 年任国家海洋局第二海洋研究所研究员、国家海洋局海底科学重点实验室主任、中国科学院海洋研究所和浙江大学博士生导师。我国海底科学的奠基人之一，长期致力于我国边缘浅海的海底研究，推动我国浅海油气勘探的起步，为我国进入大洋勘探开发的国际先进行列作出了贡献。曾获中国科学院科技进步一等奖，国家海洋局科技进步一等奖。1997 年当选为中国工程院院士。

潘云鹤（1946—）

计算机专家。浙江杭州人。中国智能 CAD 领域的开拓者，创造性地将人工智能引入 CAD 技术，研制成功轻纺花型、广告装潢、建筑布局、管网规划等多个新颖实用的智能 CAD/CAM 系统，特别是轻纺花形图案 CAD/CAM 领域取得创造性的重大突破。1997 年当选为中国工程院院士。

沈寅初（1938—）

生物化工专家。浙江嵊县人。1998 年 10 月调入浙江工业大学工作。

长期从事生物化工和生物农药研究。先后主持开发了井冈霉素、阿维菌素等生物农药产品,为我国生物农药工业的建立奠定了基础;主持完成了微生物催化法生产丙烯酰胺研究,建立了我国第一套利用生物技术生产大宗化工原料的工业化装置,开创了生物催化在化工行业中应用的先河。1997 年当选为中国工程院院士。

宋玉泉(1933—)

超塑性专家。河北张北人。1998 年调入浙江工业大学工作。长期从事教学和科研工作,对超塑性变形及其成形规律进行系统研究,在力学理论及实验方法上都有系列性的创新和突破,把超塑性研究提高到一个新的水平。曾获国家教委科技进步一、二等奖。1997 年当选为中国科学院院士。

韩祯祥(1930—)

电工、电力系统专家。浙江杭州人。原浙江大学校长。长期从事电力系统学科的前沿研究,对提高我国电力系统计算分析和安全经济运行水平起了重要作用。主持交直流电力系统建模、分析和控制的理论及方法的研究,对保证舟山直流输电工程的稳定运行作出贡献。倡导和从事人工智能在电力系统中的应用研究,在电力系统故障诊断等领域作出了重要贡献。1999 年当选为中国科学院院士。

二、浙籍中科院院士和工程院院士简介(239 人)[1]

贝时璋(1903—2009)

细胞学家。浙江镇海人。1948 年选聘为中央研究院院士。在丰年虫中间性的性转变过程中,观察到细胞重建现象;对鸡胚早期发育、小鼠造血系统(骨髓)、根瘤菌和沙眼衣原体进行了细胞重建的研究;特别是在丰年虫和鸡胚早期发育中,证明以卵黄颗粒为基础或细胞质为基地,重建为细胞,是客观存在的现象,并从卵黄颗粒中提取出染色质。早年对线虫生活史、个体发育、细胞常数、再生、染色体结构和行为,甲壳动物色素细胞在不同温度和不同浓度眼柄激素影响下的活动情况,摇蚊幼虫变态过程中咽侧体和心侧体结构与功能变化以及环节动物再生—再生与自然分裂关系、不同温度

---

[1] 按当选时间及姓氏拼音音序排列。

下分裂与解体关系等进行了研究。1955 年选聘为中国科学院院士（学部委员）。

陈建功（1893—1971）

数学家。浙江绍兴人。原杭州大学副校长兼复旦大学教授。主要从事实变函数论、复变函数论和微分方程等方面的研究工作，是中国函数论方面的学科带头人和许多分支研究的开拓者。1955 年选聘为中国科学院院士（学部委员）。

陈世骧（1905—1988）

昆虫学家。浙江嘉兴人。以鞘翅目叶甲总科为主要研究对象，把叶甲总科三科分类改进为六科系统，为国际同行采用。发表昆虫 60 多个新属、700 多个新种的研究论文。1975 年总结了"又变又不变"的物种概念。所著《进化论与分类学》首次将物种概念、进化原理和特征分析综合为进化分类学的一个理论体系，为分类学提供了新的理论概念和特征分析方法。1955 年选聘为中国科学院院士（学部委员）。

程裕淇（1912—2002）

地质学家。浙江嘉善人。早年在苏格兰提供了国际系统研究交代型混合岩的范例，阐明其交代机理；发现川西丹巴递进变质带；发现昆阳富磷矿，是中国寻找沉积磷矿床的突破。提出铁矿类型组和铁矿成矿系列以及所有矿床的成矿系列的概念，提出混合岩系列和混合岩化成矿的观点，进行混合岩化作用的地质背景分类和区域变质岩石的详细分类，阐明中国各时代变质岩系、岩带的特征，从而促进了变质地质学的发展。1955 年选聘为中国科学院院士（学部委员）。

褚应璜（1908—1985）

电机制造专家。浙江嘉兴人。20 世纪 30 年代首次研究成功我国中小型交流异步电动机系列产品。主持设计了哈尔滨电机厂第一期工程，组织研制了 800 千瓦、3000 千瓦、10000 千瓦水轮发电机组；负责国际电工标准的技术咨询与推广工作，主持制定了中国电压、电流与频率等级标准。1955 年选聘为中国科学院院士（学部委员）。

冯德培（1907—1995）

神经生理学家。浙江临海人。1948 年选聘为中央研究院院士。1986 年当选为第三世界科学院院士。曾任中国科学院副院长。发现静息肌肉被拉长时产热增加,这一发现被称为"冯氏效应";1936—1941 年,在神经肌肉接头生理学方面进行了大量的开创性研究,成为国际公认的这一领域的先驱者。1955 年选聘为中国科学院院士(学部委员)。

冯泽芳(1899—1959)

农学家。浙江义乌人。对亚洲棉的形态、分类和遗传,以及亚洲棉与美洲棉杂种的遗传学及细胞学,均有深入的研究。最早在中国从事植棉区划及棉工业区域的系统研究,提出中国划分五大棉区的意见,至今仍为科技界所沿用。1955 年选聘为中国科学院院士(学部委员)。

顾功叙(1908—1992)

地球物理学家。浙江嘉善人。中国地球物理学会和中国地震学会的发起人之一,对中国地球物理勘探事业和石油等矿产资源的发现及开发作出了重要贡献。20 世纪 50 年代参与了"大庆油田发现过程中的地球科学工作"。1990 年出版了专著《地球物理勘探基础》。1955 年选聘为中国科学院院士(学部委员)。

黄昆(1919—2005)

固体物理、半导体物理学家。原籍浙江嘉兴,出生于北京。1980 年当选为瑞典皇家科学院外籍院士。1985 年当选为第三世界科学院院士。主要从事固体物理理论、半导体物理学等方面的研究并取得多项国际水平的成果,是中国半导体物理学研究的开创者之一。20 世纪 40 年代首次提出固体中杂质缺陷导致 X 光漫散射的理论(被誉为黄散射)。50 年代与合作者首先提出多声子的辐射和无辐射跃迁的量子理论即"黄—佩卡尔理论";首先提出晶体中声子与电磁波的耦合振动模式及有关的基本方程(被誉为黄方程)。证明了无辐射跃迁绝热近似和静态耦合理论的等价性,澄清了这方面的一些根本性问题。1955 年选聘为中国科学院院士(学部委员)。

柯召(1910—2002)

数学家。浙江温岭人。主要从事代数学、数论、组合数学等方面的研究工作,取得突出成就。在数论方面,在表二次型为线性型平方和的研究上取得一系列重要成果。在不定方程方面,突破了 100 多年来未能解决的卡塔兰猜想的二次"幂"情形,并获一系列重要结果。在组合论方面,与他人合作得出了关于有限集组相交的一个著名定理即"安道什—柯—拉多定理",开辟了极值集论迅速发展的道路。1955 年选聘为中国科学院院士(学部委员)。

纪育沣（1899—1982）

化学家。浙江鄞县人。毕生从事药物化学及有机合成工作。其中,对嘧啶的研究最为知名,例如硫氰基嘧啶类化合物重排为相应的异硫氰嘧啶,过氧化氢与巯基嘧啶的反应以及胺和肼与 2-甲巯基嘧啶的作用等研究。1955 年选聘为中国科学院院士(学部委员)。

金善宝（1895—1997）

农学家。浙江诸暨人。从世界各地收集的 3000 多份小麦材料中选出"矮粒多"和"南大 2419",在长江流域等 13 个省、市推广,获得高产;育成了京红 1、2、3、4、5、6、7、8、9 号和"6082"等优质高产品种;对"北京春播—高山夏播—南方秋播"一年三代加速世代育种方法的研究,加速了新品种的繁殖工作;研究鉴定了从全国征集到的 5544 个小麦品种,其中"云南小麦"是世界上独有的小麦新种,对小麦种类及其分布的系统研究,为中国小麦育种打下了基础。1955 年选聘为中国科学院院士(学部委员)。

李庆逵（1912—2001）

土壤农业化学家。浙江宁波人。长期从事土壤农业化学的基础研究和应用研究。20 世纪 30 年代编著的《土壤分析法》,推动了中国土壤分析化学的发展。对中国土壤磷、钾状况进行了系统的研究,促进了中国磷、钾肥的发展和应用;对中国红壤的生成、发育、开发利用和化学性质进行了系统的研究,受到国内外土壤学者的重视,对橡胶等热带作物宜林地的开发及合理施肥等方面作出了重要贡献。1955 年选聘为中国科学院院士(学部委员)。

梁希（1883—1958）

林学家。浙江吴兴人。1913—1916 年在日本东京帝国大学农学部林科学习,1923 年赴德国塔朗脱高等林业学校(现为德累斯顿大学林学系)研究林产制造化学,1927 年回国。担任林业部部长、研究员。长期从事松树采脂、樟脑制造、桐油抽提、木材干馏等方面的试验研究,创立了中国林产制造化学的学科。1955 年选聘为中国科学院院士(学部委员)。

罗宗洛（1898—1978）

植物生理学家。浙江黄岩人。1948 年选聘为中央研究院院士。中国植物生理学创始人之一。早年研究氢离子浓度对细胞原生质胶体性质的影响;植物对铵态氮和硝态氮的吸收及各种金属离子对植物吸收铵离子、硝酸根离子的影响研究,发展了植物氮素营养生理研究领域;进行了植物组织培养、微量元素、生长素的研究;水分生理、抗性生理、辐射生理的研究在农业生产中发挥了一定的作用;参加苏北沿海盐渍对造林的影响、西北地区干旱与盐渍对植物生长的影响、华南橡胶树北移问题的考察研究,解决了生产中的实际问题。1955 年选聘为中国科学院院士(学部委员)。

陆学善(1905—1981)

物理学家。浙江湖州人。主要从事晶体物理学和 X 射线晶体学的研究,是中国晶体物理学研究的主要创始人之一和 X 射线晶体学研究队伍的主要创建人之一。早年首创的利用晶体点阵常数测定相图中固溶度线的方法,至今仍被广泛采用。1955 年选聘为中国科学院院士(学部委员)。

钱崇澍(1883—1965)

植物学家。浙江海宁人。1948 年选聘为中央研究院院士。中国科学院植物研究所研究员、所长。中国近代植物学的开拓者之一,与胡先骕等植物学家创建了中国早期的植物学研究机构和学术团体,编写中国第一部大学生物教科书《高等植物学》。1955 年选聘为中国科学院院士(学部委员)。

钱三强(1913—1992)

核物理学家。原籍浙江湖州,出生于浙江绍兴。在核物理研究中获多项重要成果,特别是发现重原子核三分裂和四分裂现象并对三分裂机制作了科学的解释。为中国原子能科学事业的创立、发展和"两弹"研制作出了突出贡献。在中国科学院以及国家的科学活动的组织推动等方面作出了重要贡献。1955 年选聘为中国科学院院士(学部委员)。

钱志道(1910—1989)

化学家。浙江绍兴人。1935 年毕业于浙江大学化学系。1963 年 5 月调任中国科学院技术科学部副主任,从事科研组织管理工作。1965 年起担任中国科技大学副校长,在困难条件下参与创建了中国第一所研究生院——中国科技大学研究生院,为培育优秀科技人才作出了贡献。1955 年选聘为中国科学院院士(学部委员)。

邵象华(1913—2012)

钢铁冶金学家、钢铁工程技术专家。浙江杭州人。抗日战争期间主持新型平炉炼钢厂的设计、施工和生产。1948 年起在鞍钢参与恢复生产、建立我国第一代大型钢厂的生产技术和研究开发体系,参与主持大型钢铁联合企业技术管理的奠基工作。1959年起在研究院主持冶金反应、冶金新工艺、真空熔炼及铁矿资源综合利用等方面的一系列科研项目,在生产中得到应用。1955年选聘为中国科学院院士(学部委员),1995年当选为中国工程院院士。

苏步青(1902—2003)

数学家。浙江平阳人。1927年毕业于日本东北帝国大学数学系,后入该校研究院,获理学博士学位。回国后,受聘于浙江大学数学系。1952年全国院系调整,到复旦大学任教,任教务长、副校长、校长等职,1983年起任复旦大学名誉校长。1985年起任温州大学名誉校长。历任第七、八届全国政协副主席,第五、六届全国人大常委,民盟中央副主席。专长微分几何,创立了国内外公认的微分几何学派。撰有《射影曲线概论》、《射影曲面概论》等专著10部。研究成果"船体放样项目"、"曲面法船体线型生产程序"分别荣获全国科学大会奖和国家科技进步二等奖。1955年选聘为中国科学院院士(学部委员)。

斯行健(1901—1964)

古植物学家。浙江诸暨人。1926年毕业于北京大学地质系。1931年获德国柏林大学哲学博士学位。中国科学院古生物研究所(南京地质古生物研究所前身)研究员、所长。长期从事古植物研究,对古植物的分类和演化、地层划分对比以及植物地理分布等都有深入系统的研究,是我国古植物研究的先行者。主要论著有《中国中生代植物》、《陕北延长层植物群》、《鄂西香溪煤系植物化石》等。1955年选聘为中国科学院院士(学部委员)。

童第周(1902—1979)

实验胚胎学家。浙江鄞县人。1927年毕业于复旦大学生物系。1930年获比利时比京大学科学博士学位。1948年选聘为中央研究院院士。中国科学院副院长。中国实验胚胎学的创始人。晚年进行了细胞核和细胞质在发育中关系的研究,证明在个体发育中,核与质之间不是彼此独立的,而是有非常密切的关系。1955年选聘为中国科学院院士(学部委员)。

汪胡桢(1897—1989)

水利专家。浙江嘉兴人。主持和参与制订了《导淮工程计划》、《整理南北大运河工程计划》,亲自勘察了杭州到北京的大运河,设计了邵伯、淮阴、宿迁三个船闸;领导修复钱塘江海塘工程。主编出版了最早的大型专业工具书《中国工程师手册》。主持治淮技术工作,负责设计、施工、修建了中国第一座大型连拱坝——佛子岭水库。负责黄河三门峡水库的施工、修建工作,直至大坝完成蓄水。1955 年选聘为中国科学院院士(学部委员)。

汪猷(1910—1997)

化学家。浙江杭州人。1984 年当选为法国科学院外籍院士。中国抗生素研究的奠基人之一,系统研究了链霉素和金霉素的分离、提纯以及结构和合成化学。参加领导并直接参加了人工合成胰岛素的研究。在淀粉化学方面,创制了新型血浆代用品。所建立的石油发酵研究组,当时在国际上居于前列,做出多项成果。1955 年选聘为中国科学院院士(学部委员)。

伍献文(1900—1985)

动物学家。浙江瑞安人。1948 年选聘为中央研究院院士。中国研究鱼类学和水生生物学的奠基人之一。在《鲤亚目鱼类分科的系统及其科间系统发育的相互关系》一文中提出了鲤亚目鱼类的一个新的分类系统,其论点被加拿大学者 J. S. 纳尔逊引用于权威性著作《世界鱼类》第二版。1955 年选聘为中国科学院院士(学部委员)。

许宝騄(1910—1970)

数学家。原籍浙江杭州,出生于北京。1948 年选聘为中央研究院院士。中国早期从事数理统计学和概率论研究并达到当时国际先进水平的一位杰出学者。发展了矩阵变换的技巧,推进了矩阵论在数理统计学中的应用。在概率论研究中获突出成果,并与他人首次引入全收敛概念,在极限理论研究方面开辟了一个新方向。1955 年选聘为中国科学院院士(学部委员)。

严济慈(1901—1996)

物理学家。浙江东阳人。1948 年选聘为中央研究院院士。1988 年获法国总统授予的军官级荣誉军团勋章。曾任中国科学院副院长。中国现代物理学研究的开创人之一。在压电晶体学、光谱学、大气物理学、应用光学与光学仪器研制等方面取得多项重要成果。1955 年选聘为中国科学院院士(学部委员)。

杨石先(1897—1985)

化学家。蒙古族。浙江杭州人。南开大学名誉校长、教授。主要研究农药和元素有机化学,并长期从事化学教育。系统研究了有机磷杀虫剂、杀菌剂、除草剂及植物生长调节剂等高效农药。1978 年该研究所有 10 项成果获全国科学大会奖。系统地研究了磷有机化合物的结构与生物活性的关系。1955 年选聘为中国科学院院士(学部委员)。

叶桔泉(1896—1989)

中医中药学家。浙江吴兴人。系统研究中医中药学,主张中西医结合,运用现代科学整理祖国医药文献;并在江苏昆山和苏州吴县等地承担血吸虫病的防治工作,为继承和发展中医中药学作出了贡献。1955 年选聘为中国科学院院士(学部委员)。

俞大绂(1901—1993)

植物病理学、微生物学家。浙江绍兴人。1948 年选聘为中央研究院院士。北京农业大学教授、校长。育成抗黑粉病小麦、抗荚疫病大豆、抗稻瘟病水稻品种;首创中国禾本科作物黑粉病菌生理小种的研究;对粟病及蚕豆病害进行了全面系统的研究;在我国首先开展赤霉素的研究,培养出优良菌种,研究提出发酵工艺流程及提纯技术。1955 年选聘为中国科学院院士(学部委员)。

章名涛(1907—1985)

电机工程学家。浙江鄞县人。1927 年获英国纽加索大学学士学位。1929 年获英国曼彻斯特工业大学硕士学位。清华大学电机工程系教授。参加制订全国 12 年科学远景规划。一直从事电机工程方面的教学与科研。1955 年选聘为中国科学院院士(学部委员)。

张肇骞(1900—1972)

植物学家。浙江永嘉人。擅长植物分类学和植物区系研究,特别是对菊科、堇菜科、胡椒科进行了较系统深入的研究;对中国华南地区植物学研究的发展起到了重要作用。将中国科学院华南植物所由一个单一的植物分类学研究机构扩办成包括植物分类学、植物生态学、地植物学、植物生理学、植物生物化学等学科的综合性研究机构。协调江西、湖南、福建、广西、广东等华南地区的植物学研究工作。1955 年选聘为中国科学院院士(学部委员)。

赵九章(1907—1968)

气象学、地球物理学和空间物质学家。原籍浙江湖州,出生于河南开封。长期从事科学研究和组织工作,对大气科学、地球物理学和空间科学的发展作出了重要贡献,是我国地球科学物理化和新技术化的先驱。在气团分析、信风带热力学、大气长波斜压不稳定、大气准定常活动中心、有关带电粒子和外层空间磁场的物理机制等方面的研究成果是奠基性的。1955 年选聘为中国科学院院士(学部委员)。

赵忠尧(1902—1998)

核物理学家。浙江诸暨人。1948 年选聘为中央研究院院士。中国科学院高能物理研究所研究员,中国核学会名誉理事长。中国核物理研究的开拓者。1929 年与欧洲学者同时最先观察到 γ 射线通过重物质时除康普顿散射和光电效应外的"反常吸收",并首先发现"特殊辐射"。40 年代发现"混合簇射"。1955 年选聘为中国科学院院士(学部委员)。

竺可桢(1890—1974)

气象学、地理学家。浙江上虞人。20 世纪二三十年代开创气象教育事业,创建中央研究院气象研究所,组建早期的中国气象观测网,开展物候观测、高空探测及天气预报等业务。在台风、中国季风及大气环流、气候区划、物候、气候变迁等研究方面都作出了开拓性的贡献。精辟地指出台风眼中有下沉气流存在,西太平洋台风路径之变化受远东四个大气活动中心所控制。在中国首先提出季风系统这一概念。首创区域气候研究,提出划分亚热带的指标。确定中国八大气候区,确立了气候区划和自然区划的基本轮廓。研究中国近五千年的气候变迁,其成果对气候变化研究有重要贡献。主持并参加我国黄河中游水土保持、治沙,黑龙江流域、新疆、西部南水北调,华南热带生物、云南热带资源等综合考察,作出了重大贡献。1955 年选聘为中国科学院院士(学部委员)。

朱洗(1900—1962)

细胞学家。浙江临海人。长期从事两栖类、鱼类、家蚕等动物卵子成熟、受精等研究,发现卵子成熟程度与胚胎的正常发育有密切关系;输卵管产生的胶膜对受精有重要作用;创立了蟾蜍卵巢离体排卵的方法。1961 年使人工雌性发育的雌蟾蜍与雄蟾蜍交配,繁殖出后代,证明了单性生殖的高等动物仍保有传代的能力。1955 年选聘为中国科学院院士(学部委员)。

钱学森(1911—2009)

应用力学、工程控制论、系统工程学家。原籍浙江杭州,出生于上海。在应用力学、工程控制论、系统工程等多领域取得出色研究成果,在中国航天事业的创建与发展等方面作出了卓越贡献。1991 年获"国家杰出贡献科学家"荣誉称号。1999 年获"两弹一星"功勋奖章。1957 年选聘为中国科学院院士(学部委员)。1994 年当选为中国工程院院士。

张宗燧(1915—1969)

物理学家。浙江杭州人。1934 年毕业于清华大学。1938 年获英国剑桥大学哲学博士学位。中国科学院数学研究所研究员。主要从事理论物理特别是统计物理、量子力学、量子电动力学和量子场论等方面的研究工作。1957 年选聘为中国科学院院士(学部委员)。

鲍文奎(1916—1995)

遗传育种学家。浙江宁波人。1951 年起以各类作物的人工多倍体为对象研究人造新物种如何使之成为人工新物种。40 年后发现,物种的演化应分为两个阶段,新种形成在前,并且是随机的、突然发生的;演化(进化或人工选育)在后,并且是渐进的、有方向性的。在八倍体小黑麦这个新作物的选育过程中证实,同自然物种演化过程一样,隔离机制是必不可少的。1980 年当选为中国科学院院士(学部委员)。

蔡昌年(1905—1991)

电力系统专家。浙江德清人。长期从事电力系统运行调度和自动化工作,是我国大电网调度管理体制的主要奠基人之一。逐步建立和健全了东北电力系统运行调度指挥管理制度,制定了一系列规程和技术标准,使系统运行逐步走向科学管理的道路。1980 年当选为中国科学院院士(学部委员)。

陈芳允(1916—2000)

无线电电子学与空间系统专家。浙江黄岩人。为我国无线电电子学做了开创性工作,单独或与他人合作完成多项国家急需的电子系统课题,和合作者研制并参加组建成功我国人造卫星无线电测量控制系统;提出了微波统一测控系统的新方案,并负责这一系统的研制和星地技术协调工作。1986 年和王大珩、王淦昌、杨嘉墀联合向中央提出了发展我国高技术的倡议(863 计划)。1999 年荣获"两弹一星"功勋奖章。1980 年当选为中国科学院院士(学部委员)。

陈中伟(1929—2004)

骨科专家。浙江杭州人。1963 年首创世界首例断臂再植成功,在国际上首创了"断手再植和断指再植"等六项新技术。1996 年他的国家自然科学基金资助项目"手臂残端再造指控制的电子假手研究"通过国家鉴定,为国际首创。1999 年获国际显微重建外科学会颁发的"千年奖"。在国际上被称为"再植之父"。1980 年当选为中国科学院院士(学部委员)。

程纯枢(1914—1997)

气象学家。浙江金华人。长期从事气象业务技术工作,为我国气象事业的建设、发展和现代化作出了贡献。早期从事天气预报业务研究工作,1949 年后在从事气象业务技术领导工作的同时,致力于大气探测、气候资源及农业气象等方面的研究,并带领和指导开拓这方面业务服务和研究的领域。1980 年当选为中国科学院院士(学部委员)。

戴传曾(1921—1990)

核物理学家。浙江宁波人。曾任中国原子能科学研究院院长。主要从事实验核物理、反应堆物理、反应堆工程和核电安全方面的分析研究,是国际上首批从 (d,n) 反应中测得自旋宇称的学者之一。50 年代,指导并参加研制成中子衍射谱仪等多种仪器并用其开展了有关研究。60 年代以来,在大型电磁分离器等多种仪器研制和核潜艇动力堆等多项重点项目研究中,做了大量组织领导和业务指导工作,领导研制成微型反应堆,并开发了单晶硅中子嬗变掺杂技术,为建立中国核电安全研究体系作出了突出贡献。1980 年当选为中国科学院院士(学部委员)。

丁舜年(1910—2004)

电机工程学家。原籍浙江长兴,出生于江苏泰兴。主持设计了国内自制最大的交流同步发电机,低噪声新型"华生"牌电扇。领导设计了国内最大的高速感应电动机,研制成功无轨电车直流牵引电机。建立了一机部系统内第一代电子计算机站。对发展我国电机、电器工业作出了重要贡献。1980 年当选为中国科学院院士(学部委员)。

冯康(1920—1993)

数学和物理学、计算数学家。原籍浙江绍兴,出生于江苏南京。中国计算数学和科学工程计算学科的奠基者和学术带头人,在拓扑群、广义函数理论和应用数学、计算数学研究等方面取得了突出成就。创造了求解偏微分方程问题的有限元方法。在国际上首创间断有限元函数空间的嵌入理论,并提出了自然边界元法。1980 年当选为中国科学院院士(学部委员)。

干福熹(1933—)

光学材料、非晶态物理学家。浙江杭州人。1957 年建立了我国第一个光学玻璃试制基地。建立了我国耐辐射光学玻璃系列,建立激光钕玻璃系列,研究过渡元素及稀土离子在玻璃中的光谱及发光性质,研究玻璃的光学常数及外场作用下的非线性性质,研究玻璃的物理性质变化规律,在此基础上建立完整的无机玻璃性质的计算体系。1980 年当选为中国科学院院士(学部委员)。

高尚荫(1909—1989)

病毒学家。浙江嘉善人。在国际上首创将流感病毒培养于鸭胚尿囊液中;创立了昆虫病毒单层培养法,在家蚕的卵巢、睾丸、肌肉、气管、食道等组织培养中应用成功;创办了中国最早的病毒学实验室和病毒学专业。1980 年当选为中国科学院院士(学部委员)。

高小霞(1919—1998)

女,化学家。浙江萧山人。长期致力于分析化学的教学和研究。专长电分析化学和极谱催化波以及环保大气污染监测仪的研制。在极谱催化波的理论与应用方面从事了大量工作,在国内起了积极促进作用。形成了极谱分析的某些特色,开创稀土极谱络合吸附波分析方法。1980 年当选为中国科学院院士(学部委员)。

谷超豪(1926—2012)

数学家。浙江温州人。主要从事偏微分方程、微分几何、数学物理等方面的研究和教学工作。在一般空间微分几何学、齐性黎曼空间、无限维变换拟群、双曲型和混合型偏微分方程、规范场理论、调和映照和孤立子理论等方面取得了系统、重要的研究成果。担任过复旦大学副校长和中国科技大学校长,对两校的发展作出了贡献。1980 年当选为中国科学院院士(学部委员)。

郭燮贤(1925—1998)

化学家。浙江杭州人。先后提出了烷烃芳烃化半氢化根机理;表面"空位"对吸附和催化反应作用的概念;烃类异构化和氢解反应的类三元环机理及Ⅷ族金属/TiO_2 催化剂金属担体强相互作用;氢和一氧化碳活化吸附方面的"易位吸附"和"协同机理"的新概念等。1980 年当选为中国科学院院士(学部委员)。

胡海昌(1928—2011)

力学家,空间技术专家。浙江杭州人。在力学研究方面,首创弹性力学中的三类变量广义变分原理并推广应用。1966 年起参加空间飞行器的研究与设计。负责东方红一号卫星早期的总体和结构设计,东方红二号卫星早期的总体和结构设计。1991 年被航空航天部批准为有突出贡献的老专家。1980 年当选为中国科学院院士(学部委员)。

姜伯驹(1937—)

数学家,拓扑学家。原籍浙江平阳,出生于天津。1962 年开始研究不动点类理论并打破了该理论长期停滞的局面。在尼尔森数的计算方面创立了现在国际上称为"姜子群"、"姜空间"的方法。1978 年以后,他将不动点理论与低维拓扑学结合起来,证明了对于曲面的同胚,尼尔森数一定等于最少不动点数,而对于曲面的映射,尼尔森数可以小于最少不动点数,全面地解决了已有 50 年之久的"尼尔森不动点猜测"。1980 年当选为中国科学院院士(学部委员)。

蒋丽金(1919—2008)

女,化学家。原籍浙江杭州,出生于北京。20 世纪 50 年代从事中国大漆漆酚的研究工作,硼氮六环化合物的合成以及高感胶片助剂的剖析等工作。1978 年以后,开展了光化学研究。主要研究工作如下:一是中草药——竹红菌素及其衍生物的合成以及光疗机制;二是藻类植物的结构与光合作用能量传递等。1980 年当选为中国科学院院士(学部委员)。

柯俊(1917—)

材料物理、科学技术史学家。浙江黄岩人。在钢中首次发现贝茵体切变机理,至今在英国、美国、德国、日本、俄罗斯等国学者中仍为贝茵体形成机理的主流学派。20 世纪 50 年代首次观察到钢中马氏体形成时基体的形变和对原子簇马氏体长大的阻碍作用。1980 年当选为中国科学院院士(学部委员)。

李正武(1916—2013)

核物理学家。浙江东阳人。长期从事核物理、等离子体物理和受控核聚变等方面的研究,并领导解决了若干重大关键技术问题。20 世纪 80 年代初期领导研制成功受控核聚变实验装置"中国环流器一号"。提出了带电粒子活化分析方法。中国第一台高气压型质子静电加速器和第一台电子静电加速器的主要研制者之一。1980 年当选为中国科学院院士(学部委员)。

娄成后(1911—2009)

植物生理学家。原籍浙江绍兴,出生于天津。中国农业大学教授兼中国科学院上海植物生理研究所研究员。首先证明植物生活组织中通过胞间联丝具有"细胞间的电偶联"。首先在国内探讨类似生长素 2,4-D 机理的基础上,开展"植物生长调节剂"在调节作物生育与防除田间杂草的应用。1980 年当选为中国科学院院士(学部委员)。

毛汉礼(1919—1988)

海洋水文物理学家。浙江诸暨人。参加和主持了 1957 年"金星"号"渤海及北黄海西部海洋综合调查",参加并参与领导了"中国全国海洋综合调查(1958—1961)"和"中国海温、盐、密度跃层"、"东海北部气旋型(冷)涡"、"黄、东海环流"等专题研究。与日本海洋学家合作,于 1957 年提出的上升流理论模式迄今仍被广泛采用。与同事在中国首次提出了中国海跃层的研究方法。1980 年当选为中国科学院院士(学部委员)。

倪嘉缵(1932—)

化学家。浙江嘉兴人。早期主要从事铂的配位化学、原子能化学及核燃料化学。70 年代初开始转向稀土元素的配位化学、分离化学及材料化学。1980 年后,系统地开展了稀土冠醚、酞菁及羧酸等为配体的稀土配位化合物的研究,并在国内较早开展了稀土生物无机化学的研究。1980 年当选为中国科学院院士(学部委员)。

潘家铮(1927—2012)

水利水电工程专家。浙江绍兴人。致力于创造性地运用力学理论解决实际设计问题,对许多复杂的结构应用结构理论、弹性理论或板壳理论以及运用特殊函数,提出了新的计算理论和方法,研究和推导出边坡稳定分析基本原理、不稳定扬压力和封闭式排水设计理论等。先后参加和主持黄坛口、流溪河、东方、新安江、富春江、乌溪江、锦屏、磨房沟等大中型水电站的设计工作,指导龙羊峡、东江、岩滩、二滩、龙滩、三峡等大型水电工程的设计工作。1980 年当选为中国科学院院士(学部委员)。1994 年当选为中国工程院院士。

钱宁(1922—1986)

泥沙专家。浙江杭州人。1951 年在美国加利福尼亚州立大学获博士学位,1955 年与留美学者一道,冲破重重阻力,毅然回国参加社会主义建设。他继承和发展了 H. A. 爱因斯坦泥沙运动力学理论体系,倡导了高含沙水流运动推理的研究,为我国的河流动力学与地貌学结合研究河床演变起了重要作用。对黄河、长江的治理作出了重要贡献,是我国河流泥沙研究工作的卓越组织者之一。1980 年当选为中国科学院院士(学部委员)。

邱式邦(1911—2010)

昆虫学家。浙江湖州人。早年从事多种农业害虫发生规律和防治的研究,特别是对飞蝗防治提出了 666 粉剂和毒饵防治及蝗情监测办法,对控制我国的蝗害起了重要作用。对玉米螟进行系统研究,提出了颗粒剂防治的技术。20 世纪 70 年代以来,建立我国生物防治的专业研究机构,创办和主编《中国生物防治》刊物,对发展我国害虫综合治理和生物防治事业作出了贡献。1980 年当选为中国科学院院士(学部委员)。

任美锷(1913—2008)

自然地理学与海岸科学家。浙江宁波人。地理学界最高奖——维多利亚奖的唯一中国得主。长期从事自然地理学与海岸科学的研究与教学工作。撰写的中国自然地理著作已被译成英文、西班牙文和日文出版发行。海岸科学方面,主持了江苏省海岸带调查。1980 年当选为中国科学院院士(学部委员)。

沈鸿(1906—1998)

机械工程学家。浙江海宁人。机械工业部高级工程师。曾任第一机械工业部副部长。通过刻苦自学获得理论知识,同时又是在实践中应用的实践家。长期从事机械工程的研制和组织领导工作,为我国机械工业的发展作出了重要贡献。领导研究制造了中国第一台 12000 吨全焊接结构的锻造水压机;参加组织领导研制成功我国第一套火车车轮箍轧机。主持编写了中国第一部《机械工程手册》和《电机工程手册》。提倡研究、试验、设计、制造、安装、使用、维修"七事一贯制"的工作方法。1980 年当选为中国科学院院士(学部委员)。

沈天慧(1923—2011)

女,半导体化学家。浙江杭州人。参加了包头稀土铁矿以及钼矿的分析工作。开展了用三氯氢硅法制备超纯硅的研究工作。1966—1986 年从事半导体材料及航天用大规模集成电路的研制。1978 年成功地用等平面 N 沟硅栅 MOS&.127 工艺,研制出大规模集成电路数种,当时在国内处于领先地位。1987 年后,从事磁头磁盘及电磁型微马达的研制工作,制出具有国际水平的直径为 2 毫米的微马达。1980 年当选为中国科学院院士(学部委员)。

沈允钢(1927—)

植物生理学家。浙江杭州人。20 世纪 50 年代进行植物体内碳水化合物转化的研究,证明 β-淀粉酶可通过迅速分解引子淀粉而影响磷酸化酶合成淀粉的能力,否定了国外文献中认为有直接抑制作用的观点;60 年代开展光合作用机理的研究工作,发现了光合磷酸化过程中高能中间态的存在,提出高能中间态有多种存在形式及耦联因子的变构不同会影响高能中间态的散失和耦联效率。其后又进一步研究能量转化功能与膜结构的关系,光合机构的运转及其调控等。1980 年当选为中国科学院院士(学部委员)。

苏元复(1910—1991)

化学工程学家。浙江海宁人。主要研究领域为液液萃取理论及应用。深入研究液滴传质理论,提出了水相中含少量杂质或添加表面活性剂时滴外传质系数的表达式;肯定了醚类—水等二元系统存在着激烈的界面湍动;提出了既考虑前混又考虑返混的萃取塔复合模型;首创了两种新型的高效萃取塔。1980 年当选为中国科学院院士(学部委员)。

谈家桢(1909—2008)

遗传学家。浙江宁波人。1985 年当选第三世界科学院院士和美国国家科学院外籍院士,1987 年当选为意大利国家科学院外籍院士,1999 年当选为纽约科学院名誉终身院士。20 世纪 30 年代初起进行亚洲异色瓢虫色斑的遗传变异研究和果蝇的细胞遗传基因图及种内种间遗传结构的演变研究,尤其是异色瓢虫等位基因嵌镶显性遗传和果蝇性隔离形成的多基因遗传基础的发现,引起国际遗传学界的巨大反响,对我国遗传学工作起了推动作用。60 年代初在领导中苏合作的猕猴辐射遗传的研究,以及 70 年代起进行的组织分子遗传学和植物遗传工程等研究,均取得了一些重要成果。1980 年当选为中国科学院院士(学部委员)。

谭其骧(1911—1992)

历史地理学家。原籍浙江嘉兴,出生于辽宁沈阳。长期从事历史疆域政区地理的研究,主编及主持修订了《中国历史地图集》,集中反映了中国历史地理研究的成果。对历史自然地理的研究有独特见解。主编《中国自然地理·历史自然地理》,填补了该领域的空白。发掘和整理古代地理遗产,纠正了前人的错误,阐述了古代著作的科学价值。1980 年当选为中国科学院院士(学部委员)。

陶诗言(1919—2012)

气象学家。浙江嘉兴人。长期从事大气环流和天气动力学研究工作,并为我国天气预报业务的建立和发展作出了重要贡献。在我国最早将卫星资料用于大气分析和预报的研究,提出东亚季风是独立于南亚季风但两者又有密切关系的观点;系统研究中国暴雨的活动规律、机制和预报,这些研究工作对中国天气预报有重要的指导作用。1980 年当选为中国科学院院士(学部委员)。

王伏雄(1913—1995)

植物学家。浙江兰溪人。主要从事植物胚胎学和花粉形态学研究,特别对裸子植物胚胎学及系统演化方面有系统的研究和见解。在中国首先开创近代植物花粉形态的研究。出版了许多专著。1980 年当选为中国科学院院士(学部委员)。

王仁(1921—2001)

固体力学与地球动力学家。浙江吴兴人。致力于固体力学和地球动力学方面的研究,特别是在压力加工塑性分析和理论,结构的塑性分析和动力响应及动力稳定性,全球和区域构造应力场分析和地震迁移规律的数学力学模拟等方面做出了创新性成果,并对力学与地质学、地震学的研究结合起来作出了贡献。1980 年当选为中国科学院院士(学部委员)。

翁文波(1912—1994)

地球物理学家。浙江鄞县人。建立了一套适用于我国石油地球物理勘探的理论和方法,指导了石油勘探工作。特别在 20 世纪 50 年代末和 60 年代初,参加指导了大庆油田地球物理勘探和有关地震预报等方面的工作。1966 年研究天灾预报的理论和方法。1984 年出版《预测论基础》一书,用于推测自然现象研究,有一定学术价值。1980 年当选为中国科学院院士(学部委员)。

吴中伦(1913—1995)

林学家,森林地理学家。浙江诸暨人。对中国主要林区和造林区进行了广泛的考察,对重要用材树种的分类、地理分布、生态习性进行了研究,对中国西南部林区和大兴安岭林区的区划、林型分类、采伐方式、更新和育林技术作了深入的探讨,从而对国土绿化、园林化、保护水源林、发展薪炭林等提出了积极的建议。在树木引种驯化的理论和实践上,促进了中国引进国外松和其他优良树种的工作。1980 年当选为中国科学院院士(学部委员)。

吴自良(1917—2008)

物理冶金学家。浙江浦江人。20 世纪 60 年代,领导并完成了铀同位素分离用"甲种分离膜"的研制任务,为打破超级大国的核垄断作出了贡献。60 年代初,证明只有钛才有足够的固氮能力,净化位错,消除钢的应变时效。1988 年转向研究高温超导体 YBCO 中的氧扩散机制。1980 年当选为中国科学院院士(学部委员)。

武迟(1914—1988)

石油化工专家。浙江余杭人。在参加铂重整等炼油新工艺开发,利用炼厂气制取聚合级丁二烯和生产顺丁橡胶等攻关会战中,发挥了技术领导作用,使中国石油化工工业进入新的发展阶段。参与组织了分子筛催化剂提升管催化裂化新工艺的研究和开发,推进了新型双金属重整催化剂的研制和择形分子筛催化剂在石油化工中的应用,均取得显著成效。1980 年当选为中国科学院院士(学部委员)。

谢少文(1903—1995)

微生物学家、免疫学家。原籍浙江绍兴,出生于上海。20 世纪 30—40年代主要研究传染病,在国际上首次用鸡胚培养斑疹伤寒立克次氏体成功(1934)。50 年代开始探讨神经系统与免疫系统的联系。70 年代致力于免疫学新方法、新技术的研究、推广和标准化,促进了免疫学在中国的发展。1980 年当选为中国科学院院士(学部委员)。

徐光宪(1920—)

化学家。浙江绍兴人。长期从事物理化学和无机化学的教学和研究,涉及量子化学、化学键理论、配位化学、萃取化学、核燃料化学和稀土科学等领域。提出普适性更广的$(nxc\pi)$格式和原子共价的新概念及其量子化学定义,根据分子结构式便可推测金属有机化合物和原子簇化合物的稳定性。

建立了适用于研究稀土元素的量子化学计算方法和无机共轭分子的化学键理论。合成了具有特殊结构和性能的一系列四核稀土双氧络合物。1980年当选为中国科学院院士（学部委员）。

严东生（1918—）

材料科学家。浙江杭州人。先后当选为美国纽约科学院院士、第三世界科学院院士、国际陶瓷科学院院士，亚洲各国科学院联合会主席，并获美国陶瓷学会"杰出终身会员"称号。曾任中国科学院副院长。结合航空航天及其他新兴技术的需要，进行了各类耐高温、抗氧化、新型涂层以及抗烧蚀复合材料的研究，在多方面获得应用。对高温氧化物、氮化物体系进行了相平衡和结晶化学规律的基础研究。1980年当选为中国科学院院士（学部委员），1994年选聘为中国工程院院士。

张钟俊（1913—1995）

自动控制专家。浙江嘉善人。在网络综合、电力系统、自动控制和系统工程等领域，作出了开创性的贡献。1948年在我国最早讲授自动控制课程《伺服机件》。中华人民共和国成立初期，在上海建议和参与建立了统一的电力系统，实现了集中管理和调度。1956年参加全国12年科学规划工作，编写了电力系统规划，并作为电力系统组组长，参加了长江三峡水力发电站的规划论证。出版了《张钟俊教授论文集》四卷。1980年当选为中国科学院院士（学部委员）。

郑哲敏（1924—）

爆炸力学、应用力学和振动专家。原籍浙江鄞县，出生于山东济南。早期从事弹性力学、水弹性力学、振动及地震工程力学研究。1960年开始从事爆炸加工、地下核爆炸、穿破甲、材料动态力学性质、爆炸处理水下软基等方面的研究。开展爆炸成形模型律、成形机理、模具强度、爆炸成形材料的动态力学性能、爆炸载荷等方面的理论研究和实验工作，同时解决了成形参数与工艺问题，开辟了力学与工艺相结合的"工艺力学"新方向，在爆炸力学的理论和应用方面作出了贡献。1980年当选为中国科学院院士（学部委员）。

周立三（1910—1998）

经济地理学家。浙江杭州人。中国农业区划理论与实践的开拓人之一，对推动全国各省、市、县大规模农业资源调查与农业区划研究，为因地制宜地进行农业生产合理布局,作出了重要贡献。晚年领导主持我国国情分析研究,编写《生存与发展》等报告,引起各方面广泛关注和高度评价。1980年当选为中国科学院院士(学部委员)。

周廷冲(1917—1996)

生化药理学家。浙江富阳人。军事医学科学院研究员。证明了细菌供体酶系统可以代替三磷酸腺苷—辅酶A-乙酸盐(乙酰硫激酶供体系统)在鸽肝受体酶系统催化下,可以完成芳香胺的乙酰化反应;首先发现氨基葡萄糖的乙酰化反应,阐明了乙酰基活化的两步酶催化反应;建立了家兔血吸虫病虫卵的实验模型。1980年当选为中国科学院院士(学部委员)。

周廷儒(1909—1989)

地貌学、自然地理学、古地理学家。浙江富阳人。首次提出中国地形三大区划分的思想。运用景观分带学说和专门方法研究了中国新生代时期自然地带分异的规律,重建了第三纪和第四纪的自然地带和自然区。1980年当选为中国科学院院士(学部委员)。

朱壬葆(1909—1987)

生理学家。浙江金华人。发现内分泌对部分家禽副性特征的控制与调节不单纯依靠性激素作用,也需要其他内分泌腺参与;发现雄性激素不仅存在于雄性动物中,也存在于雌性动物中。1980年当选为中国科学院院士(学部委员)。

朱夏(1920—1990)

大地构造学、石油地质学家。原籍浙江嘉兴,出生于上海。地质矿产部上海海洋地质调查局高级工程师。从事地质研究工作50余年,为我国地质学的发展和石油天然气勘探事业的发展,作出了卓越的贡献。1980年当选为中国科学院院士(学部委员)。

朱祖祥(1916—1996)

土壤化学家。浙江慈溪人。浙江农业大学教授、名誉校长。早期研究影响土壤中交换态阳离子有效性的各种因子,提出饱和度效应,陪补离子效应和晶格结构效应等概念。通过土壤中磷的转化研究,从正反两方面论证了养分位的实际含义。对土壤和水稻营养障碍化学诊断的理论、方法及标准等问题作了系统的研究。1980年当选为中国科学院院士(学部委员)。

邹元燨(1915—1987)

冶金和材料科学家。浙江平湖人。20世纪50年代初,和周仁合作对包头含氟稀土铁矿高炉冶炼中氟的行为和冶炼过程进行了研究,解决了含氟铁矿高炉冶炼问题,使包头钢铁厂得以投入全面开发。1957年承担了攀枝花铁矿冶炼试验任务,在国际上首先采用钒钛铁矿高炉冶炼新工艺,实现了风口喷吹新技术。60年代后致力于半导体材料和有关高纯金属及其物理化学研究。领导研制出高纯金属镓、磷、砷等,为我国高纯金属研究和生产奠定了良好的基础。致力于砷化镓材料质量的提高及缺陷的研究,用物理化学观点研究结构缺陷,提出砷化镓结构缺陷模型的新理论。1980年当选为中国科学院院士(学部委员)。

陈俊亮(1933—)

通信与电子系统专家。浙江宁波人。是有线600/1200波特及无线600波特数据传输设备的主要研制者之一。建立了程控交换机诊断的基本理论,提出了数字交换网络的理论模型与测试诊断算法。承担"DS-30程控数字电话交换机"及"程控交换软件单元测试系统"等数项"七五"攻关项目,提出了程控软件测试与维护新的方法与观点。20世纪90年代开始从事网络智能化研究,主持研制我国第一套智能网系统,实现了该系统的产业化,并在我国通信网中得到实际应用。1991年当选为中国科学院院士(学部委员),1994年当选为中国工程院院士。

陈俊勇(1933—)

测量专家。原籍浙江宁波,出生于上海。是新中国测绘界的第一位博士。在中国几何大地测量、卫星大地测量、地球重力场参数计算及地球动力学等方面成就卓著。1975年,任中国珠穆朗玛峰高程计算组组长。其推导的"1980年大地参考系"参数计算公式被国际大地测量地球物理学联合会(IUGG)验证通过并全套采用,沿用至今,这是华人首次为全球测量基准提供数学基础。1991年当选为中国科学院院士(学部委员)。

陈梦熊(1917—2012)

水文地质学家。原籍浙江上虞,出生于江苏南京。长期在地矿部水文地质工程地质局担任副总工程师职务,主管水文地质科技业务,领导完成全国区域水文地质普查工作。20世纪80年代以来,开始致力于地下水资源与环境水文地质问题的研究。完成国际水文计划(IHP)两项国际合作研究课题。1991年当选为中国科学院院士(学部委员)。

洪孟民(1931—2012)

分子遗传学家。浙江临海人。参加了金霉菌生理与生化的研究,该研究结果提供了金霉素高产的理论基础。1985年后主要工作转移到植物分子遗传方面。在水稻蜡质基因的研究中取得很有意义的进展,克隆了蜡质基因,测出序列,分析了该基因在转录和转录后水平上表达的调节机制。揭示了在低直链淀粉含量的水稻品种中,蜡质基因第1外显子与第1内含子之间连接位点上,自然发生的单碱基突变(G突变成T)是这些品种的蜡质基因第1内含子剪接效率低的主要原因。1991年当选为中国科学院院士(学部委员)。

胡仁宇(1931—)

物理学家。原籍浙江江山,出生于上海。从事核物理实验研究及核测试技术工作。先后筹建并领导了多种核物理实验室,承担有关中子物理、放射性核素测量和其他核测试工作。开展了强脉冲混合辐射场的各种特性的测量工作。20世纪70年代末以后,参加组建惯性约束聚变实验室,使其初具规模并取得了有特色的研究成果。1991年当选为中国科学院院士(学部委员)。

黄志镗(1928—)

化学家。浙江黄岩人。20世纪50年代从事有机硅化合物和有机硅高分子的研究。60年代起从事酚醛树脂、环氧树脂等增强塑料及耐高温高分子的研究,为防热材料的发展作出了贡献。在交联型聚酰亚胺和合成三嗪交联的新型耐高温高分子上都有创新。80年代起进行杂环化学的研究,系统研究杂环烯酮缩胺的合成及反应,合成了1000个以上的新杂环化合物。1991年当选为中国科学院院士(学部委员)。

蒋民华(1935—2011)

晶体材料学家。浙江临海人。在ADP大晶体生长规律和技术以及DKDP晶体亚稳相生长理论和方法方面取得了有影响的创新成果;在KTP晶体的助熔剂生长方面取得重大突破,开创了用助熔剂法批量生长非线性光学晶体的先河;首次探索并生长出新的非线性光学晶体LAP,并在此基础上进一步开拓了有机基团和无机基团结合的有机金属配合物非线性光学晶体材料系列的研究领域,形成了有特色的半有机非线性光学材料的新方向。1991 年当选为中国科学院院士（学部委员）。

李志坚（1928—2011）

微电子技术专家。浙江宁波人。20 世纪 50 年代初在半导体薄膜光电导和光电机理研究中，提出电子晶粒间界理论，在此基础上研制成高信噪比 PbS 红外探测器。60 年代从事硅器件研究，其中平面硅工艺及高反压硅高频三极管成果，促进了国内有关的研究和生产。1977 年以后主要从事大规模、超大规模集成技术及器件物理的研究，领导、指导和直接参与了多种静态存储器、8 位、16 位高速微处理器、EEPROM 和 1 兆位汉字 ROM 等超大规模集成电路芯片的研制工作。1991 年当选为中国科学院院士（学部委员）。

刘元方（1931—）

化学家。浙江镇海人。组织建成了每分钟 5 万转的六氟化铀气体高速离心机。1980—1981 年在美国加州大学劳伦斯伯克利实验室从核反应直接制得镄-251，解决了从几十种元素中快速分离出纯镄的难题，精确测量了镄-251 的衰变性质。建立了从核燃料后处理废液中提取铑和钯的新萃取流程，成功地研究从金川贵金属精矿中分离和提纯铑和铱。开展了抗癌单克隆抗体的放射性标记化学的研究，用于癌症的放射免疫定位诊断，其中铟-111 标记的比活度达到国际先进水平。1991 年当选为中国科学院院士（学部委员）。

楼南泉（1922—2008）

物理化学家。浙江杭州人。国家攀登计划项目首席科学家，先后承担许多国家重大科技攻关、国防军工以及重大基础理论研究工作，作出了突出贡献。新中国成立初期，他与合作者主持了水煤气合成液体燃料研究项目，研制出的催化剂超过世界水平。1978 年他率先在国内开辟了分子反应动力学研究，在短期内建设成了两套具有国际水平的交叉分子束装置，其中一部分已达到国际先进水平。1991 年当选为中国科学院院士（学部委员）。

路甬祥（1942—）

流体传动与控制专家。浙江慈溪人。1990 年当选为第三世界科学院院士。历任浙江大学校长、中国科学院院长。创造性地提出"系统流量检测力反馈"、"系统压力直接检测和反馈"等新原理，并应用于先导流量和压力控制器件，将此技术推进到一个新阶段，使大流量和高压领域内的稳态和动态控制精度获得量级性提高。运用这些原理和机—电—液一体插装技术相结合,推广应用于阀控、泵控和液压马达等控制,研究开发了一系列新型电液控制器件及工程系统。主持开发研究相应的 CAD、CAT 支撑系统,被广泛应用于中国许多工业部门。1991 年当选为中国科学院院士(学部委员)。1994 年当选为中国工程院院士。

钦俊德(1916—2008)

昆虫生理学家。浙江安吉人。创立中国第一个昆虫生理研究室;揭示昆虫与植物的生理关系,阐明了昆虫选择植物的理论;研究马铃薯甲虫、飞蝗、棉铃虫、黏虫、蚜虫等多种害虫的食性和营养及植物成分对它们生长和生殖的影响。1991 年当选为中国科学院院士(学部委员)。

沈家骢(1931—)

高分子化学家。浙江绍兴人。在聚合反应动力学与特种高聚物设计合成研究领域取得了一大批高水平的研究成果。运用模型与概率函数,建立了反应机理与分子量分布的定量关系;用键段模型建立了较完整的共聚反应统计理论,首次提出了扩散模型,为聚合反应工程学提供了理论依据。结合交联共聚研究,开发了 JD 系列光学塑料。在凝胶色谱法中填补了标样与高效填料的国内空白。1991 年当选为中国科学院院士(学部委员)。

施立明(1939—1994)

遗传学家。浙江乐清人。通过赤麂、小麂及其杂种的比较细胞遗传学分析,提出串联易位和罗伯逊融合是麂属核型进化的主要机制。在遗传毒理学、减数分裂特别是联会复合体的研究方面也多有建树。从遗传多样性和遗传资源保护的角度,组织建立了具有我国资源特色的野生动物细胞库。1991 年当选为中国科学院院士(学部委员)。

石钟慈(1933—)

数学家。浙江宁波人。20 世纪 50 年代末建立了一种将变分原理和摄动理论相结合的新算法,并算出氦原子最低能态的良好近似值;研究了矩阵特征值的定位问题,得到精度很高的上下界估计公式。70 年代中期以来,从事有限元的理论研究和应用,首创的样条有限元被广泛应用于实际计算并引发了大量后继工作;研究非协调元的收敛性,证明国际上流行的一种检验方法既非必要也不充分,并提出新的判别准则;发现非协调元的一系列奇特的错向收敛性质,从理论上证实了早期工程计算中观察到的现象;分析并证明多种在应用上极有价值的非协调元的收敛性,奠定了它们的理论基础。1991 年当选为中国科学院院士(学部委员)。

孙钧(1926—)

隧道与地下建筑工程专家。原籍浙江绍兴,出生于江苏苏州。长期以来在岩土力学与岩土工程以及隧道与地下工程结构等学术领域辛勤耕耘,是国内外地下结构学科领域的知名学者和专家。在岩土流变力学、结构黏弹塑性理论和防护工程抗爆动力学等子学科方面有深厚学术造诣。近年来还开拓了环境土工学和软科学理论与方法在岩土力学与工程中的应用等方面的科学研究。是最早创建"地下结构工程力学"学科分支的主要奠基人。1991 年当选为中国科学院院士(学部委员)。

孙钟秀(1936—2013)

计算机科学家。原籍浙江余杭,出生于江苏南京。主持研制了国产系列计算机 DJS200 系列的 DJS200/XT1 和 DJS200/XT1P 等操作系统。在国内首次研制成功 ZCZ 分布式微型计算机系统。主持研制了多个分布式系统软件,设计和实现了 ZCZOS 和 ZGL 等操作系统。1991 年当选为中国科学院院士(学部委员)。

唐九华(1929—2001)

光学工程总体设计专家。原籍浙江绍兴,出生于上海。20 世纪 50 年代研制成功光学测地经纬仪和自动记录红外分光光度计并推广至工业生产。60 年代起研制成功多种大型光学跟踪测量设备和坐标基准传递设备,为中国飞行器测控技术作出了贡献。70 年代后发现了光学补偿定向仪新原理,开辟光学动态观察测试技术领域,获 1985 年国家科技进步特等奖。1991 年当选为中国科学院院士(学部委员)。

屠守锷(1917—2012)

火箭总体设计专家。浙江湖州人。1940 年毕业于清华大学航空系。1943 年获美国麻省理工学院航空系硕士学位。中国航天工业总公司研究员、高级技术顾问。1999 年荣获"两弹一星"功勋奖章。1991 年当选为中国科学院院士(学部委员)。

闻邦椿(1930—)

工程机械专家。原籍浙江温岭,出生于浙江杭州。系统地研究和发展了振动学与机器学相结合的新科学"振动利用工程学"。研究了转子动力学、机械系统非线性振动理论及应用、机械故障的振动诊断及工程机械理论的某些问题。研制成功 10 多种新型振动机械和工程机械,其中"惯性共振式概率筛"和"激振器偏转式大型冷矿振动筛"达到国际先进水平。1991 年当选为中国科学院院士(学部委员)。

吴全德(1923—2005)

电子物理学家。浙江黄岩人。提出银氧铯阴极光电发射的物理模型,推导出长波光电激发的光电流密度和量子产额公式,计算了它的长波光谱响应理论曲线,指出对长波有贡献的平均银超微粒的直径约 21 埃。此理论被国外有关文献称之为"吴氏理论"。他对超微粒子—半导体薄膜材料的结构和特性进行系统研究,获国家级科技奖。还与合作者提出实用多碱光电阴极"多碱效应"的解释以及多晶光电发射模型的理论,提出固体表面上原子团和超微粒的形成和生长理论,并推广到外延生长条件等问题。1991 年当选为中国科学院院士(学部委员)。

徐如人(1932—)

无机化学家。浙江上虞人。研究领域为分子筛与微孔晶体化学,水热合成化学,微孔催化材料的分子工程学。近年来开辟了一条在有机体系中特种结构的链状、层状与骨架结构无机化合物的合成路线,并合成出一批全新化合物。其中 JDF-20 是目前国际上具有最大孔径的微孔磷酸铝。开拓了水热合成代替高温固相反应制备高纯匀相无机物的合成路线。1991 年当选为中国科学院院士。

严陆光(1935—)

电工学家。浙江东阳人。长期从事近代科学实验所需特种电工装备的研制和电工新技术的研究发展工作,在我国开创了大能量电感储能装置的系统研制。在超导电工方面,研制成多台实用超导磁体,建成了空间反物质探测计划用阿尔法磁谱仪的大型永磁磁体。积极倡导我国可再生能源发电,促进了磁流体船舶推进与高速磁浮列车研究发展工作的进展。1991 年当选为中国科学院院士(学部委员)。

颜鸣皋(1920—)

材料科学家。原籍浙江慈溪,出生于河北定兴。开创中国钛合金研究,组建中国第一个钛合金实验室,系统开展航空钛合金研究,建立中国航空用钛合金系列,领导参与高温合金、钛合金和一些新材料的应用基础研究,在微观结构分析、合金强化机理、金属超塑性理论等方面取得一系列创造性成果。在 Ti3 Al 合金、Al-Li 合金和 Ni3 Al 合金研究中均取得突破性进展。1991 年当选为中国科学院院士(学部委员)。

杨福家(1936—)

核物理学家。原籍浙江镇海,出生于上海。领导、组织并基本建成了"基于加速器的原子、原子核物理实验室"。给出复杂能级的衰变公式,概括了国内外已知的各种公式,推广至核能级寿命测量,给出图心法测量核寿命的普适公式;用 γ 共振吸收法发现了国际上用此法找到的最窄的双重态。在国内开创离子束分析研究领域。在束箔相互作用方面,首次采用双箔(直箔加斜箔)研究斜箔引起的极化转移,提出了用单晶金箔研究沟道效应对极化的影响,确认极化机制。1991 年当选为中国科学院院士(学部委员)。

杨福愉(1927—)

生物化学家。浙江镇海人。20 世纪 70 年代以来围绕生物膜膜脂—膜蛋白相互作用对线粒体膜、红细胞膜、人工脂蛋白体进行研究。他对二价金属离子(如 Mg^{2+},Ca^{2+})通过影响膜脂调节膜蛋白的功能进行了系统而深入的研究,获得了创新的成果。发现微量元素硒对人红细胞膜骨架有直接的稳定作用,从而为研究硒与生物膜开辟了一个新的途径。用"匀浆互补法"来预测谷子、水稻等农作物的杂种优势,得到理想的结果。1991 年当选为中国科学院院士(学部委员)。

杨雄里(1941—)

神经生理学家。原籍浙江宁波,出生于上海。应用微电极细胞内记录、染色技术,并与药理、计算机技术相结合,从不同侧面对视网膜中信息传递的调控在几个层次上进行了系统的研究,在水平细胞所接收的光感受器信号及其相互作用的几个方面作出了新的发现。率先发现了视锥信号在暗中受到压抑的新现象,并对网间细胞及几种神经调质的参与机制进行了系统而细致的分析。1991 年当选为中国科学院院士(学部委员)。

袁道先(1933—)

岩溶地质学家,水文地质学专家。浙江诸暨人。为我国水文地质、工程地质、岩溶环境地质的研究作出了重大贡献。20 世纪 50 年代承接了拉萨第一座水电站从勘察、设计到施工建成的全部地质工作。60—70 年代在成昆铁路金沙江以南 200 千米的线路上查清地质隐患,保证了成昆铁路顺利建成通车。先后访问过 27 个国家,对各国的地质现象作现场调查和测试,并把带回的大量岩石标本和原始数据作进一步研究,获得了许多重要发现。1991 年当选为中国科学院院士(学部委员)。

袁权(1934—)

化学工程学家。浙江德清人。20 世纪 60 年代他从事精密分馏和重水分离研究,实现了由液氨生产重水和水蒸馏重水提浓的先进工艺。70 年代完成了航天燃料电池系统的研制,对相应的电化学工程理论有所发展。70 年代后致力于化学反应工程学研究,率先在国内研究膜反应和膜反应器理论。1991 年当选为中国科学院院士(学部委员)。

张弥曼(1936—)

女,古脊椎动物学家。浙江嵊县人。从事比较形态学、古鱼类学、中生代晚期及新生代地层、古地理学及生物进化论的研究。曾研究我国东部中生代晚期以来的鱼类化石和泥盆纪肉鳍鱼类化石。在新生代含油地层鱼化石的研究中,探明了这一地质时期东亚鱼类区系演替规律,在学术和实际应用上具有重要价值。现在的工作重点是新生代鱼类化石及相关的环境与古地理问题探讨。1991 年当选为中国科学院院士(学部委员)。

张淑仪(1935—)

女,声学家。浙江温州人。长期从事超声物理和光声科学研究,对凝聚态物质(液体和固体)中多种模式的超声波传播规律进行了较深入细致的实验和理论研究。在半导体材料和器件的研究中,利用相位选择的方法对集成电路进行光声成像,得到了迄今为止国际上最好的分层成像。发展了光声技术应用于半导体超晶格等多层薄膜的研究。1991 年当选为中国科学院院士(学部委员)。

张效祥(1918—)

计算机专家。浙江海宁人。1943 年毕业于武汉大学电机系。20 世纪 50 年代末,领导中国第一台大型通用电子计算机的仿制,并主持中国自行设计的从电子管、晶体管到大规模集成电路各代大型计算机的研制,为中国计算机事业的创建、开拓和发展起了重要作用。70 年代中期,领导和直接参与并率先在中国开展多处理器并行计算机系统国家项目的探索与研制工作。经过多年努力,于 1985 年完成中国第一台亿次巨型并行计算机系统。

1991 年当选为中国科学院院士(学部委员)。

周维善(1923—2012)

有机化学家。浙江绍兴人。长期从事甾族化学、萜类化学和有机合成研究,为我国甾族药物工业作出了贡献。合成光学活性高效口服避孕药 18-甲基炔诺酮和雌甾酚酮,测定抗疟新药青蒿素结构并完成其全合成。中国最早从事昆虫性信息素化学研究的有机化学家,发展了植物生长调节剂油菜甾醇内酯及一类物的合成方法和合成。改良了 Sharpless 烯丙醇不对称环氧化反应的试剂,并首次成功地扩展到烯丙胺,α-糠胺等的动力学拆分,所得的两个手性合成砌块,已广泛地应用于天然产物的不对称合成。1991 年当选为中国科学院院士(学部委员)。

周毓麟(1923—)

数学家。原籍浙江镇海,出生于上海。对非线性抛物型、非线性椭圆型方程和具孤子解的非线性发散方程(组)进行了系统的长期研究,取得了一系列完整而深刻的结果,作出了重要贡献。对 Landau-Lifshitz 型方程进行的全面研究,受到了国内外知名学者的重视。在计算数学、流体力学及其计算方法的研究方面取得了丰硕成果。完整地建立起离散泛函分析的基本理论,并将偏微分方程中的内插不等式等应用于有限差分理论中。1991 年当选为中国科学院院士(学部委员)。

陈翰馥(1937—)

数学家、控制论专家。浙江杭州人,20 世纪 60—70 年代研究随机系统的能观性、不用初值的状态估计,给出最优随机奇异控制。80 年代起研究系统辨识、适应控制和随机逼近。在辨识方面,给出常用辨识算法的收敛速度、估出闭环控制系统的参数。在适应控制方面,用扰动方法,使参数估计趋于真值,同时使性能指标接近或达到最优。在随机逼近方面,提出变界截尾算法,引进确定性的直接分析方法,去掉了对回归函数的限制性条件,对噪声要求降到最低,使随机逼近应用范围大为拓广,成功地用到随机适应镇定控制、大范围优化、离散事件动态系统等领域。1993 年当选为中国科学院院士。

程庆国(1927—1999)

桥梁和铁道工程专家。浙江桐乡人。早年从事预应力混凝土桥梁结构及其工业化生产技术的科学研究和工程实践。20 世纪 60 年代在成昆铁路创议并发展了多种桥梁新结构和施工新工艺。70年代主持湘桂线红水河铁路斜拉桥的设计施工和试验研究,对促进我国桥梁技术的发展作出了重要贡献。近年来,积极倡导高速铁路、城市有轨交通和大跨径桥梁的发展,主持开展车桥耦合振动、列车走行性、桥梁结构空间非线性分析、钢纤维混凝土本构理论及其疲劳损伤等方面科研工作。1993年当选为中国科学院院士。

韩济生(1928—)

神经生理学家。浙江萧山人。自1965年起从事针刺镇痛原理研究。首先阐明针刺人体一个穴位引起镇痛的时间空间分布规律,进而证明针刺可促进神经系统中分泌出5-羟色胺、内啡肽等具有镇痛作用的化学物质。发现改变穴位上电刺激的频率可引起脑中释放出特定的神经肽。设计制造出神经刺激仪,可收到镇痛、解痉等效果,还可用于海洛因成瘾的治疗。1993年当选为中国科学院院士。

齐康(1931—)

建筑学家。原籍浙江天台,出生于江苏南京。长期从事建筑和城市规划领域的科研、设计和教学工作,最早参与我国发达地区城市化的研究及相关的城市化与城市体系的研究,长期从事现代建筑创作的研究及相关的建筑形态研究,主张进行地区性城市设计和建筑设计,首先在我国提出城市形态的研究及其相关的城市形态与城市设计。1993年当选为中国科学院院士。

裘法祖(1914—2008)

外科学家。浙江杭州人。20世纪50年代对晚期血吸虫病和肝炎后肝硬变引起的门静脉高压症的外科治疗进行了深入研究,创建了"贲门周围血管离断术",有效地治疗了食管胃底曲张静脉破裂大出血。70年代在我国最早开展从动物实验到临床的肝移植研究。晚年致力于胆道流体力学与胆结石成因的研究,自体外牛胆汁中研制培育出"体外培育牛黄"。有"中国外科之父"之称。1993年当选为中国科学院院士。

孙儒泳(1927—)

生态学家。浙江宁波人。以八个季节的实验资料,证明地理上相距仅110千米的两个种群间存在着静止代谢率的地理变异,平行地出现于两种小啮齿类,从而为兽类提供了地理物种形成假说的生理生态学证据;同时,提出了地理变异季节相的新概念。研究长爪沙鼠代谢率随环境温度变化，发现静止代谢率与平均每日代谢率的变化率不同，提出以 20℃下 ADMR 为主要参数的 Weiner 日能量收支（DEB）模型应予以修正。提出恒温动物的恒温能力的一个新指数，在应用上优于 Ricklef 指数。发现晚成性根田鼠的体温调节能力的胎后发育呈"S"形，可划分为三个时期。1993 年当选为中国科学院院士。

吴杭生（1932—2003）

著名低温物理学家。原籍安徽桐城，出生于浙江杭州。主要从事超导电性理论研究。在铁磁与超导共存问题、过渡金属超导电性、超导薄膜、超导临界温度、第二类超导体、约瑟夫逊效应和高 Tc 铜氧化物等方面做了大量系统的研究，取得突出成果。在开创和推动我国超导电性研究方面起了重要作用，是我国这方面主要的专家之一。1993 年当选为中国科学院院士。

吴祖泽（1935—）

实验血液学专家。浙江镇海人。对造血干细胞有较深研究。应用性染色体作为细胞遗传标志，进一步论证了脾结节生成细胞是兼具向髓系细胞与淋巴细胞分化的多能造血干细胞；阐明了低剂量率 γ 线连续照射下造血干细胞的剂量——存活曲线具有双相特征机理；观察到在妊娠四至五个月的胎儿肝脏中造血干细胞含量最高，并证明输注胎肝具有刺激造血与免疫功能的作用。1993 年当选为中国科学院院士。

殷鸿福（1935—）

地层古生物学及地质学家。浙江舟山人。创导生物地质学方向，推动古生物学与地质学全面结合；最早或较早系统介绍间断平衡论、新灾变论、事件地层学；提出地质演化突变观，对古、中生代之间绝灭事件的研究产生广泛影响。在生物成矿方面提出生物—有机质—有机流体成矿系统。在地球表层系统方面着重对长江环境演变进行研究。发表化石描述近 300 种，图版 80 多幅。在建立黔、青、甘三叠纪地层系统等方面起主要作用。首次提出国际二叠—三叠系界线新定义，界线事件的火山成因说等，在他主持下使全球二叠系—三叠系界线层型（金钉子）确立在中国浙江长兴。1993 年当选为中国科学院院士。

应崇福（1918—2011）

超声学家。浙江宁波人。在固体中超声的散射研究，压电换能器发射和接收行为研究,激光超声的指向性,压电体内、人体组织内、油井内的声波传播,功率超声的应用等方面获重要成果。1993 年当选为中国科学院院士。

钟万勰(1934—)

工程力学、计算力学专家。原籍浙江德清,出生于上海。20 世纪 60 年代发现潜艇耐压锥、柱结合壳失稳的不利构造形式。70 年代与小组基于群论研制了大量工程应用软件,并主持研制了三维大型有限元系统 JIGFEX/DDJ。80 年代提出了基于序列二次规划的结构优化算法及 DDDU 程序系统;提出结构极限分析新的上、下限定理,继而又提出了参变量变分原理及相应的参变量二次规划算法用于弹—塑性变形及接触问题,是中国计算力学发展的奠基人之一。1989 年以来,发现了结构力学与最优控制相模拟;据此又提出了弹性力学求解新体系与精细积分的方法论。1993 年当选为中国科学院院士。

周兴铭(1938—)

计算机专家。原籍浙江余姚,出生于上海。20 世纪 60 年代初到 70 年代后期,先后参加晶体管计算机、集成电路计算机、百万次级大型计算机的研制,从事总体方案研究。70 年代后期到 1992 年,先后研制了我国第一台巨型计算机银河Ⅰ,我国第一台全数字实时仿真计算机银河仿Ⅰ,我国第一台面向科学/工程计算的并行巨型计算机银河Ⅱ,在总体方案、CPU 结构、RAS 技术方案、系统接口协议等方面都做出了创新性工作。1993 年当选为中国科学院院士。

朱兆良(1932—)

土壤学家。原籍浙江奉化,出生于山东青岛。在稻田土壤供氮量预测和氮肥施用量推荐方法研究中,揭示了现行方法只能达到半定量水平及其原因;论证了用"平均适宜施氮量法"推荐施氮量的可靠性。在氮肥去向研究中,发现我国农田中氮肥利用率偏低、损失率偏高,明确了变幅及主要影响因素;定量评价了主要稻区稻田中的氨挥发潜力,指出稻田田面水的铵浓度和光照是决定氨挥发量的主要因素,提出了减少氨挥发的施肥原则和使用水面有机分子膜减少氨挥发的技术。研究确定了农田生态系统中定量评价氮循环主要过程的参数,为协调农业发展与环境保护的氮素管理提供了理论依据。1993 年当选为中国科学院院士。

金国藩(1929—)

光学仪器专家。原籍浙江绍兴,出生于辽宁沈阳。长期从事光学仪器及应用光学技术研究。主持研制了我国第一台三坐标光栅测量机。领导可擦除盘机、激光陀螺等研究工作,创造了一种可写可擦光学头,独创地将激光陀螺用于测量弱磁场。率先在国内研究计算全息、光计算及二元光学。有创见地提出了脉冲调制理论解释计算全息及空间域滤波的新概念,出版了国内迄今唯一的《计算全息图》、《二元光学》专著,开创性地将计算全息用于制作凹面光栅及光学合成孔径雷达信号处理等。研制成功的二元光学激光分束器。1994 年当选为中国工程院院士。

卢良恕(1924—)

小麦育种、栽培、农业与科技发展专家。原籍浙江湖州,出生于上海。曾主持选育早熟、抗锈、丰产的"华东 6 号"等系列小麦优良品种,推动了我国长江中下游地区小麦生产。创造性地提出"现代集约持续农业"、"食物安全"、"种植业三元结构"等重要战略观点,在高层次决策咨询中发挥了重要作用。立足区域协调发展,关注沿海发达地区、资源"金三角"、黄土高原、西部贫困地区等区域农业综合开发,取得突出成效。1994 年当选为中国工程院院士。

倪光南(1939—)

计算机专家。浙江镇海人。作为我国最早从事汉字信息处理和模式识别研究的学者之一,提出并实现在汉字输入中应用联想功能。主持开发的联想式汉字系统,较好地解决了汉字处理的一系列技术问题。随后又主持开发了联想系列微型机。致力于在中国推进开放源代码的 Linux 操作系统以及基于国产 CPU 和 Linux 的网络计算机等有自主核心技术的产品。1994 年当选为中国工程院院士。

屠善澄(1923—)

自动控制专家。浙江嘉兴人。在试验通信卫星研制工作中,任控制系统主任设计师。主持控制系统研制和飞行试验全过程。在通信卫星飞行试验过程中,为提高第一颗试验通信卫星轨道的高度及解决第二颗试验通信卫星蓄电池过热故障控制系统作出了重大贡献。1994 年当选为中国工程院院士。

汪成为（1933—）

计算机专家。浙江奉化人。长期从事电子计算机及人工智能研究工作。参与和主持多种系统仿真、模拟计算机及数字计算机总体，整机及软件设计。著有《面向对象的方法、技术和应用》、《灵境（虚拟现实）技术的理论、实现及应用》等。1994 年当选为中国工程院院士。

吴有生（1942—）

水弹性力学与船舶力学专家。浙江嵊县人。曾长期从事舰艇结构与设备抗水下爆炸与核空爆研究，在理论、实验、应用及冲击环境记录仪研制等方面作出了贡献，解决了舰船抗核加固及战效预估的关键技术。20 世纪 80 年代以来从事船舶流固耦合动力学、振动噪声、新型船及极大型浮动结构的研究。创造性地把水动力学与结构力学融为一体，建立了三维水弹性力学理论，并在该船舶力学新领域的前沿进行了二维与三维、频域与时域、稳态与瞬态、线性与非线性的系统性研究，创导了船舶水弹性力学实验研究，为发展应用技术作出了贡献，成果已在国内外用于新船型的研制，有重要的科学与应用价值。1994 年当选为中国工程院院士。

徐承恩（1927—）

炼油工艺设计专家。浙江诸暨人。长期从事炼油厂的工程设计工作。曾先后参加设计和主持审核国内燕山石化公司炼油厂、福建炼油厂等六个大型炼厂和两个援外炼油厂的工程设计工作，取得了良好业绩；参加过原石油部和中国石化总公司组织的多次炼油工艺技术攻关工作，在尿素脱蜡、分子筛脱蜡、常压渣油催化裂化、甲基叔丁基醚合成以及炼油厂的节能技术改造等方面作出了重要贡献。1994 年当选为中国工程院院士。

徐更光（1932—）

爆炸理论与炸药应用技术专家。浙江东阳人。长期从事爆炸理论及炸药应用技术的教学与科学研究。先后研制成功新型混合炸药 10 余种，发展了多种装药新工艺。1994 年当选为中国工程院院士。

张直中（1917—2011）

雷达与信息处理技术专家。浙江海宁人。1953 年主持试制了中国第一部中程对空警戒雷达，并批量生产。1957 年指导研制中国第一部微波动目标显示雷达。1961 年开展单脉冲调制的研究，并于 1964 年研制成功中国第一部单脉冲试验雷达，为研制导弹、卫星无线电测量设备奠定了基础。

领导了色散延时线和脉冲压缩电路的研制,成果被广泛应用于多种雷达。80年代开展多普勒波束锐化、逆合成孔径雷达等多项技术的研究,取得显著成果。1994年当选为中国工程院院士。

朱高峰(1935—)

通信技术与管理专家。原籍浙江宁波,出生于上海。参与主持多个通信载波传输系统总体设计与研制工作,负责总体设计的中同轴电缆4380路载波通信系统,打破了国际上对我国通信技术的封锁,取得了丰硕成果,填补了国内空白。20世纪80年代倡议并组织建设全国长途自动电话网,提出网络运行可靠性总体设想,推动了通信网络理论的发展。90年代组织制订了我国长途网络规划,为我国邮电事业的发展作出了突出贡献。1994年当选为中国工程院院士。

邹竞(1936—)

女,感光材料专家。原籍浙江平湖,出生于上海。20世纪60年代成功地研制出当时国防军工急需的三种特种红外胶片,填补了国内空白;"六五"、"七五"、"八五"期间,先后主持开发了三代感光度为ISO100的乐凯彩色胶卷,使国产彩卷从无到有,质量逼近80年代末国际先进水平,为发展我国民族感光材料工业作出了突出贡献。1994年当选为中国工程院院士。

陈敬熊(1921—)

电磁场与微波技术专家。浙江镇海人。长期从事电磁波地面波传播、电磁场理论、天线与微波技术的研究与应用。1959年最先提出Maxwell方程的直接求解法,在地空导弹研制中解决了许多工程问题。其中地空导弹制导雷达设计的天线系统误差关键技术的解决,获1985年国家发明一等奖。1986年出版《电磁理论中的直接法与积分方程法》。1995年当选为中国工程院院士。

陈清如(1926—)

矿物加工专家。浙江杭州人。长期从事选矿理论及应用的研究。主持建立了采用重介质旋流器的末煤选煤厂,解决了我国难选和极难选煤的分选;指导设计了筛下空气室跳汰机,解决了我国跳汰选煤机的大型化;建立了粒群透筛概率理论,研制成功煤用概率分级筛系列设备,解决了潮湿细粒煤的干法筛分;成功地创建了空气重介质稳定流态化的选矿理论和技术,并建立了世界上第一座空气重介质干法选煤厂。1995年当选为中国工程院院士。

陈宜张(1927—)

神经生理学家。浙江慈溪人。20世纪50年代主要从事中枢神经生理研究。80年代首先在国际上提出糖皮质激素作用于神经元的快速、非基因组机制或膜受体假说,受到国际学术界的高度评价,被国际权威教科书所引用。多次获得军队科技进步及国家自然科学等奖项。1995年当选为中国科学院院士。

戴金星(1935—)

天然气地质与地球化学家。浙江瑞安人。提出"煤系是良好的工业性烃源岩"理论,开拓了我国煤成气开发研究工作。提出了煤成烃模式、各类天然气藏鉴别方法、天然气藏模式及大中型气田富集规律。主持研究"中国煤成立的开发研究"项目,获国家科技进步一等奖;"大中型天然气田的形成条件分布规律和勘探技术"项目获国家科技进步一等奖。1995年当选为中国科学院院士。

贺贤土(1937—)

理论物理学家。浙江镇海人。在我国核武器研究中有突出成就。作为首席科学家,领导国家"863计划"惯性约束聚变主题专家组工作,为我国形成一个独立自主的惯性约束聚变研究体系作出了重要贡献。在基础研究方面,主要进行高温高密度等离子体系统的非平衡弛豫过程、激光核聚变有关问题及非线性等离子体物理、非线性科学中斑图动力学与时空混沌等研究工作。1995年当选为中国科学院院士。

何友声(1931—)

流体力学与船舶流体力学专家。浙江宁波人。奠定了我国水翼水动力设计的基础,开拓了螺旋桨激振研究领域,使我国船舶的减振水平跃上新台阶。20世纪80年代以来,在空泡流和水中兵器出入水的研究中取得了突破性进展,特别是在解决水气干扰、燃气泡演化等关键难题上取得了重要成果,有力地支持了水下发射导弹和新型鱼雷型号的开发研究,为型号研制节省了可观的经费。近年又积极开展环境流体力学和河口水动力学研究;同时,还开辟了高速水动力学研究领域。1995年当选为中国工程院院士。

胡思得(1936—)

核武器工程专家。浙江宁波人。一直从事并先后参加或主持领导了多项核武器理论研究设计工作。在突破原子弹阶段、氢弹的研究设计和发展以及核试验的近区物理测试中做了大量组织领导工作,创造性地解决了一系列关键技术问题,为我国核武器的研究设计和发展作出了重要贡献。1995 年当选为中国工程院院士。

黄文虎(1926—)

机械动力学与振动专家。浙江永康人。在复杂结构的振动分析和振动设计方面,提出汽轮机整圈连接长叶片振动设计的新方法和叶片调频的"三重点"理论,解决了我国自行设计大容量汽轮机中的一个技术关键。针对高速旋转机械和卫星及载人飞船等设备的故障诊断,提出模糊智能诊断等新方法。针对我国航天器和工业机器人,发展多柔性体系统动力学。研制带挠性附件卫星动力学与控制的应用软件,研究运载器仪器舱的减振技术和新型的整星隔振技术,为我国卫星完善动力学设计提供了手段。1995 年当选为中国工程院院士。

姜文汉(1936—)

光学技术专家。浙江平湖人。早年从事大型光测设备研究,在精密轴系理论和技术、固定式光学测量系统等方面有开创性工作。1979 年在我国首先开拓自适应光学方向,建立整套基础技术并研制多代具有国际先进水平的系统,在自适应光学和光束控制两方面均作出了重大贡献。1995 年当选为中国工程院院士。

乐嘉陵(1936—)

空气动力学专家。浙江镇海人。长期从事超声速气动地面试验设备的研制及战略武器、运载火箭的气动理论和实验研究。主持和领导了"921"工程中的关键技术之一的技改方案的论证和建设;在地面实验设备研制中创造性地为我国建立了水平脉冲地面实验装置,从而为解决卫星、运载火箭等的关键气动问题奠定了基础。1995 年当选为中国工程院院士。

林永年(1932—)

信息处理技术专家。浙江宁波人。长期从事国防科研工作,在工作中作出突出贡献,先后荣获国家科技进步一等奖一次、二等奖两次、三等奖三次,国家发明二等奖一次,军队科技进步一等奖三次、二等奖两次,国防科工委科技进步二等奖一次。1995 年当选为中国工程院院士。

林宗虎(1933—)

蒸汽工程专家。浙江湖州人。长期在锅炉等工程的重要科技领域气液两相流和传热等方面从事系统性研究,取得多种开创性成果。创建的两相流孔板流量计算式被国际上评为最佳式,称为林氏公式而被广泛引用和应用。率先对强化传热管和 U 形管内两相流脉动机理进行系统研究,得出计算程序和防止法。建立了国际上第一个脉动流动时的沸腾传热计算式,开拓了研究新领域并应用广泛。解决用一个元件同时测定两相流两个参数的国际难题。1995 年当选为中国工程院院士。

陆建勋(1929—)

通信工程专家。原籍浙江杭州,出生于北京。长期从事舰艇通信工程的研制工作,主持和组织核潜艇特种通信系统的研制,提出了总体技术方案和技术指标,解决了系统的关键技术。开拓了我国长波通信的科研领域,其系列成果装备了国家多项重点工程。主持国家重点工程"岸船、船船通信分系统"的研制,完整地提供了多种通信装备和系统,圆满完成了我国洲际导弹海上试验的通信任务。1995 年当选为中国工程院院士。

毛用泽(1930—)

核技术应用专家。浙江宁波人。参加创建了我国首次核试验早期核辐射与放射性沾染效应参数测量技术、现场辐射防护监测以及高空核烟云取样技术,并组织指导现场实施。1995 年当选为中国工程院院士。

潘镜芙(1930—)

船舶工程专家。浙江湖州人。作为我国两代导弹驱逐舰的总设计师,在主持两代四型驱逐舰研究设计中勇于创新,每一型舰在技术上均有新突破,在驱逐舰研制、舰载作战系统研制中作出了重大的开拓性贡献,缩短了与世界先进水平的差距,对提高我国海上防御作战能力起着重要作用。1999 年获国家科技进步特等奖。1995 年当选为中国工程院院士。

钱绍钧(1934—)

实验原子核物理学家。浙江平湖人。先后主持完成了核爆炸中放射性核素的分凝规律、核材料燃耗测定等课题的研究以及多项测试技术的改进、核数据的编评等工作,拓宽了试验放射化学诊断领域,提高了测试精度。组织领导了多项地下核试验工程技术的攻关,取得了突破,为建立适合我国试验场地质条件的地下核试验工程技术体系作出了贡献。1995 年当选为中国工程院院士。

阮可强（1932—）

反应堆物理、核安全专家。原籍浙江慈溪，出生于上海。负责完成了第一座快中子零功率反应堆的建造和物理启动，为我国快堆研究的起步奠定基础。作为物理设计负责人研制成功微型反应堆。为核工业中铀同位素分离、核燃料后处理、燃料元件制造、铀钚冶炼加工和核电站等多个重要工厂的设计、投产、运行，解决了大量的临界安全问题。1995 年当选为中国工程院院士。

沈昌祥（1940—）

信息系统工程专家。浙江奉化人。在信息工程与计算机安全领域中，研制成功海陆兼容的信息处理系统、保密通信电报网络系统，并主持研究计算机安全操作系统，取得了突破性进展。1995 年当选为中国工程院院士。

沈国舫（1933—）

林学及生态学专家。原籍浙江嘉善，出生于上海。长期从事森林培育学和森林生态学的教学和研究工作，是国家重点学科森林培育学的学科带头人。在立地分类和评价、适地适树、混交林营造及干旱地区造林方面做了许多研究工作。第一个提出了分地区的林木速生丰产指标，主持起草了《发展速生丰产用材林技术政策》。1995 年当选为中国工程院院士。

沈珠江（1933—2006）

岩土工程专家。浙江慈溪人。20 世纪 70 年代后从事土体本构模型及数值计算方法研究，提出过多重屈服面、等价应力硬化理论和三剪切角破坏准则等新概念，建议了两种新的弹塑性模型，发展了有效应力分析方法，开发了六个有限元分析程序，广泛用于大型土石坝工程的计算。开辟土体结构性模型研究的新方向，提出了新的胶结杆元件和一种基于损伤概念的双弹簧模型。1995 年当选为中国科学院院士。

屠基达（1927—2011）

飞机设计专家。浙江绍兴人。1957 年独创性地设计成功国内首架两侧进气下单翼传力的机身结构，此后，出色完成"初教-6"国内首创小飞机全铝合金半硬壳结构设计。成功主持我国第一次飞机测绘设计。主持我国第一项与西方军工合作，成功引进英国航空电子设备改装歼击机并使我国军用飞机进入国际市场。1995 年当选为中国工程院院士。

汪燮卿(1933—)

有机化工专家。原籍安徽休宁,出生于浙江龙游。研制成功具有独创性的用重质原料生产轻质烯烃和高质量汽油的新技术,并得到广泛应用;研究成功 DCC-Ⅱ和以常压渣油为原料的 MGG 工业成套技术 ARGG 新工艺;研究成功符合 DCC 和 MGG 工艺要求的 CRP、CIP、RMG 和 RAG 等催化剂并实现了工业化;指导研制成功钛硅分子筛作氧化催化剂并实现工业化应用。1995 年当选为中国工程院院士。

王阳元(1935—)

微电子学家。浙江宁波人。主持研究成功我国第一块三种类型 1024位 MOS 动态随机存储器,是我国硅栅 N 钩道 MOS 集成电路技术开拓者之一。提出了多晶硅薄膜"应力增强"氧化模型、工程应用方程和掺杂浓度与迁移率的关系,对实践有重要的指导意义。研究了亚微米电路的硅化物/多晶硅复合栅结构的应力分布。发现磷掺杂对固相外延速率的增强效应以及 $CoSi_2$ 栅对器件抗辐照特性的改进作用。提出了 SOI 器件浮体效应模型和改进措施。1995 年当选为中国科学院院士。

翁史烈(1932—)

热力涡轮机专家。浙江宁波人。主持承担了我国航空涡轮风扇发动机的多用途改型研制。开拓我国新一代热力发动机,提高了现代化水平。研制成我国第一台陶瓷绝热涡轮复合柴油机原理样机,完成了我国第一批增压器陶瓷涡轮转子的设计和试验台建设。1995 年当选为中国工程院院士。

吴常信(1935—)

动物遗传育种学家,畜牧学家。浙江嵊县人。在国际上,首次提出"数量性状稳性有利基因"的假设,并通过实验得到证明;首次提出多胎动物中"混合家系"概念,提高了选种的准确性。在国内最早倡导并应用蛋鸡合成系育种的理论与方法,育成了节粮小型蛋鸡;并开辟了"动物比较育种学"的新研究领域。1995 年当选为中国科学院院士。

吴澄(1940—)

自动控制专家。浙江桐乡人。参与国家"863 计划"的规划与实施,曾任 CIMS 主题专家组组长,自动化领域首席科学家。主持多学科科技人员联合攻关,共同完成了我国第一个计算机集成制造系统(CIMS)实验工程,解决了我国企业综合信息化的总体关键技术。1995 年当选为中国工程院院士。

吴祖垲(1914—2014)

真空电子技术专家。浙江嘉兴人。主持试制成功我国第一只日光灯、黑白显像管、彩色管及电压穿透式多色显示管等重大产品并投产。1995 年 5 月美国 SIG 特授予他"Special Recognition Award"。1995 年当选为中国工程院院士。

项海帆(1935—)

桥梁及结构工程专家。原籍浙江杭州,出生于上海。我国风工程学科的主要学术带头人。长期从事桥梁结构理论研究,近些年来主要侧重于大跨桥梁抗风研究。先后主持完成国家自然科学基金重大项目 1 项、重点项目 2 项,其他省部级科研项目以及重大科研项目 40 多项。1995 年当选为中国工程院院士。

徐匡迪(1937—)

钢铁冶金专家。浙江桐乡人。长期从事电炉炼钢、喷射冶金、钢液二次精炼及熔融还原的研究。研制成功 SGDF 型喷粉罐、超低硫钢冶炼技术及铁浴法熔融还原不锈钢母液、生产高纯管线钢的真空循环脱气喷粉(RH-IJ)技术,提出了铁液脱硫的"拟一级不可逆反应处理法"及锰熔融还原三步反应模式。1995 年当选为中国工程院院士。

徐祖耀(1921—)

材料科学家。浙江宁波人。在马氏体相变、贝氏体相变、形状记忆材料及材料热力学诸领域研究获丰硕成果。揭示了无扩散的马氏体相变中存在间隙原子的扩散,由此重新定义了马氏体相变,修正了经典动力学方程;成功地由热力学计算铁基、铜基合金和含 ZrO_2 陶瓷的马氏体相变开始温度(Ms);运用群论分析马氏体相变晶体学创建了铜基合金贝氏体相变热力学;论证了贝氏体相变的扩散机制并发现 ZrO_2-CeO_2 中的贝氏体相变;建立形状记忆合金的物理—数学模型,发展了形状记忆材料,优化了一些实用材料的相图,推出 Cu-Zn 相图热力学以及杂质元素在钢中分布热力学等。1995 年当选为中国科学院院士。

徐元森(1926—2013)

微电子及冶金专家。浙江江山人。20 世纪 50 年代在球墨铸铁、包头和攀枝花等复杂铁矿石冶炼及超纯金属提纯等项目中,应用冶金学和物理化学原理出色地完成国家重大建设中的科研任务,解决了炼铁史上含钛和含氟铁矿冶炼的两大难题,丰富了炼铁学和冶金过程物理化学。致力于微电子领域的开拓,先后研制成功三种器件隔离方法以及泡发射区、双层金属布线、全离子注入等工艺技术。开发成功 DTL、TTL、ECL、EPROM、NMOS、CMOS 等系列集成电路 100 余种,为装备国产大型计算机作出了贡献。1995 年当选为中国工程院院士。

於崇文(1924—)

地球化学家,地质学家。浙江镇海人。长期从事地球化学、地质数学和地球系统的复杂性研究,提出地质作用与时—空结构是地质现象的本质与核心的理论观点,建立了新的地球科学理论体系和方法论,在我国率先研究"成矿作用的非线性动力学",开拓了矿床学的新领域。提出地球科学的复杂性理论,并应用于矿产资源研究,发现"大型矿床和矿集区在混沌边缘"和"矿床是活性分布介质中的自子",从而形成一种新的金属成矿理论,在现有矿床成因和成矿规律研究上实现了重要的突破。1995 年当选为中国科学院院士。

袁渭康(1935—)

化学工程专家。原籍浙江宁波,出生于上海。长期从事工业反应器的研究与开发。进行反应器动态行为研究,发展了一种全新的动力学模型筛选及状态估计方法,以及过程在线辨识方法;主持了多个工业反应器的开发项目;创导了"工业反应过程的开发方法论",应用反应工程理论,成功实现了反应器开发工作的高质量、短周期。1995 年当选为中国工程院院士。

周光耀(1935—)

无机化工专家。浙江鄞县人。长期从事纯碱工程技术等方面的研究工作。设计成功我国第一套完全独立的联碱装置,解决了水平衡问题;组织制订新都氮肥厂联碱装置的工艺设计方案;在完全由我国自行设计的年产 60 万吨大型纯碱装置设计工作中,采用了多项新工艺以及新型和大型设备;研究开发成功了自然循环外冷式碳化塔、新型变换气制碱技术,并广泛推广。1995 年当选为中国工程院院士。

周炯槃(1921—2011)

通信技术专家。浙江上虞人。1958 年创建了我国第一座实验电视台——北邮教学电视台,后又领导研制了飞点扫描彩色电视实验系统,填补了国内空白。首次把卷积码引入无线数字通信信道的纠错和检错,在国家科研项目"6401"的实验样机中取得成功。应用伪随机码理论于抗衰落技术,指导完成了对流层散射数据传输通信设备的研制,装备六大军区使用。指导研制报纸传真压缩传输设备,领导和建立了我国的数字化卫星报纸传真网。1995 年当选为中国工程院院士。

周勤之(1927—)

机械制造工艺与设备专家。浙江上虞人。我国静压轴承开创人之一,新开发的动静压轴承在高精度外圆磨床用卡盘夹磨工作圆度<0.08 微米,为当代国际最高水平。吸收国外技术试验开发镜面磨削外圆磨床,开创了我国镜面磨削先河。直接参与并组织指导研究开发的精密分度技术、接长丝杆技术、双薄膜反馈双边随动阀、磁分度技术、电子全闭环磨齿机、平面智能研磨等技术,为精密机床的开发打下基础。1995 年当选为中国工程院院士。

周永茂(1931—)

核反应堆工程专家。浙江镇海人。完成了"双流程堆芯"潜艇核动力堆本体的早期设计方案;主持开展了为生产堆、动力堆、游泳池堆的燃料元件与氚靶元件的首次国产工艺定型工作;参与了高通量堆设计建造和工程的重大决策,该堆的设计特色国外尚无先例。1995 年当选为中国工程院院士。

周志炎(1933—)

古生物学家。原籍浙江海宁,出生于上海。20 世纪 80 年代以来,着重于古植物的生物学研究,率先在我国古植物研究中应用扫描、透射电镜和超薄切片等技术,研究植物化石的显微和超微结构,并应用支序学说和顶枝学说等理论探讨古植物的系统发育、整体重建和异时发育等问题,开拓了学科研究的新领域。有关中生代银杏目化石的研究和全面探讨,被国际同行誉为该领域具有里程碑意义的工作。1995 年当选为中国科学院院士。

朱静(1938—)

女,材料科学家。原籍浙江杭州,出生于上海。20 世纪 80 年代初开始电子微衍射研究,运用相干电子波微衍射实验及原理,发现和确定了单个畴界的性质;提出了测定纳米区域有序度的方法,发展了电荷密度分布实验确定的研究,以及界面应变分布实验与数值模拟等,在高温结构材料、纳米材料和技术、固体表面与界面、应力诱导相交、微量元素偏析特征等研究中提出了一些新的见解。1995 年当选为中国科学院院士。

朱英浩（1929—）

变压器制造专家。浙江鄞县人。多次主持和组织开发变压器、互感器、调压器和电抗器等新产品。主持开发的 500 千伏 360 兆伏安三相变压器的运行，可靠性高于国外同类产品。解决了"厂用电变压器承受不住突发短路时产生的机械强度"的难题。组织设计、试验等，解决了 500 千伏电流互感器在制造上存在绝缘热不稳定问题，使其能在电力系统上安全运行。1995年当选为中国工程院院士。

陈亚珠（1936—）

女，高电压技术与生物医学工程专家。浙江宁波人。首次解决了多雷地区配电变压器的防雷问题、220 千伏屋内配电装置的电气绝缘距离问题以及高电压设备绝缘结构设计等。取得了多项研究成果，曾多次获国家级、省部级奖。从 1984 年起，在无创伤医疗技术领域获得了多项重大成果，是肾结石体外粉碎机的主要研究者之一。90 年代以来，积极开展了新的物理治疗技术的研究，运用超声射频等物理因子对肿瘤治疗的方法作了系统的研究，取得了多项具有自主知识产权的研究成果。1996 年当选为中国工程院院士。

陆道培（1931—）

血液病专家。浙江宁波人。我国骨髓（含造血干细胞）移植的奠基人。1964 年在亚洲首先成功用基因骨髓移植治愈重症再生障碍性贫血，并创下首先以孕妇供骨髓以及重建骨髓的最少细胞数的两项世界纪录。1981 年首先在我国持久植活异基因骨髓，用此疗法可根治大量的恶性和重症血液病患者。创造了骨髓移植根治遗传性无丙种球蛋白血症的世界纪录。首先证明骨髓混合胎细胞移植可明显降低抗宿主病。首先证明硫化砷类药物对急性早幼粒细胞白血病有卓效。1996 年当选为中国工程院院士。

盛志勇（1920—）

创伤外科学家，烧伤学家。浙江德清人。主要从事创伤、烧伤外科临床和实验研究。20 世纪 50 年代，在国内最早从事放射复合烧伤的治疗实验研究，初步阐明了病程规律和治疗方法。深入研究了烧伤脓毒症和多器官障碍综合征的发生机制及防治措施,降低了发生率和死亡率。总烧伤治愈率为 98%,达到世界先进水平。领导完成低温储存皮肤的研究,建立了国内第一家液氮保存异体皮库。1996 年当选为中国工程院院士。

曹春晓(1934—)

材料科学家。浙江上虞人。开创了新型钛合金和钛—铝系金属间化合物,并应用于航空工业;根据再结晶和相变相结合的原理,创立了高低温交替热变形技术,解决了长期以来存在于大型钛合金零件生产中的金相组织不均匀的关键问题;首先利用特定的相变模式优化钛合金的 β 转变组织形态和性能,创立 BRCT 热处理技术;利用形变—相变联合机制,创立钛合金急冷式 β 热变形强韧化技术;研究了钛合金的强化机制、阻燃机理、疲劳裂纹扩展特征及其他基础问题,并取得了创造性成果。1997 年当选为中国科学院院士。

陈难先(1937—)

物理学家。原籍浙江杭州,出生于上海。在国际上明确提出凝聚态物理和应用物理中玻色、费米及晶格三大类逆问题,并发展了独特而系统的方法,得到一系列新结果。在晶格比热逆问题研究中发展并统一了爱因斯坦与德拜的经典工作。在原子间相互作用势库研究中提出了由晶体结合能到对势的严格简捷公式并发展了 EAM 多体势,为复杂材料性能预测建立了良好基础。1997 年当选为中国科学院院士。

陈士橹(1920—)

飞行力学专家。浙江东阳人。1994 年当选为俄罗斯宇航科学院外籍院士。长期致力于弹性飞行器飞行动力学及控制研究,被评鉴为开拓新的学科研究分支。在弹性飞行器建模、伺服气动弹性动态耦合、稳定性分析、主动控制系统的设计等方面形成了较完整的理论体系和新颖的分析研究方法,成果达到国际先进水平,并成功地应用于飞航等型号设计。1997 年当选为中国工程院院士。

陈毓川(1934—)

矿床地质专家。浙江平湖人。系统、深入研究了广西大厂超大型锡多金属矿床、矿带地质,为指导找矿及总结成矿规律作出了贡献;深入研究宁芜、庐枞、南岭及全国区域成矿规律及找矿方向,提出宁芜玢岩铁矿成矿模式,在国内开拓区域矿床成矿模式研究领域,系统总结华南花岗岩有色、稀有矿床及陆相火山铁矿成矿规律,促进了全国火山岩区及花岗岩区的地质找矿工作;与程裕淇等一起研究提出矿床成矿系列概念,发展区域成矿理论,广泛应用于指导找矿。1997 年当选为中国工程院院士。

陈肇元(1931—)

土木结构工程和防护工程专家。浙江宁波人。长期从事钢筋混凝土结构理论与试验、爆炸荷载下结构的动力反应与防护工程设计理论、高强与高性能混凝土、建筑结构工作性能评估及结构安全性与耐久性等领域的研究工作并取得较为显著的成果。1997 年当选为中国工程院院士。

池志强(1924—)

药理学家。浙江黄岩人。中国科学院上海药物研究所研究员。他领导的实验室是我国分子药理学受体研究的主要单位。在国内领先开展阿片受体及其亚型高选择性配体研究,并取得显著成绩。独创设计的研究成果——阿片 μ 受体高选择性激动剂羟甲基芬太尼,是国际承认为最好的 μ 受体激动剂之一。1997 年当选为中国工程院院士。

杜庆华(1919—2006)

固体力学家,力学教育家。出生于浙江杭州。我国边界元研究领域的开拓者和奠基人,同时也是国际著名的工程中边界元方法的专家。主编我国第一部《材料力学》(1957)教材,是清华大学工程力学系及固体力学专业的创办人和奠基人之一。1997 年当选为中国工程院院士。

方秦汉(1925—2014)

桥梁工程专家。浙江台州人。大学毕业后,分配到铁道部参加武汉长江大桥设计。1954—1958 年,先后任湘江大桥、乌江大桥设计负责人,重庆白沙陀长江大桥工程副总工;1958—2004 年,主持南京长江大桥、九江长江大桥、芜湖长江大桥等国家重点大桥钢梁设计及科研负责人。1997 年当选为中国工程院院士。

洪国藩(1939—)

分子生物学家,浙江宁波人。在 DNA 研究和基因组科学中作出了贡献。1978 年发现梯度电场抵抗核酸分子扩散的效应。提出并完成单链 DNA 双向测定的方法,从而能直接有效地检定所得的 DNA 顺序;建立了高温 DNA 测序体系;提出固氮菌中结瘤调控基因的调控模型;提出并发表构建水稻基因组物理图的"快速、精确的 BAC—指纹—锚标战略",并用此战略领导完成了重叠群(contig)覆盖率达92％、平均DNA片段分辨率高达120kb的水稻基因组(12条染色体、4.3亿核苷酸)物理图。1997年当选为中国科学院院士。

金鉴明(1932—)

环境生态学专家。浙江杭州人。曾任国家环境保护局总工程师、副局长等。在环境工程学科领域中作出了重大贡献和富有创造性的成就。生物多样性保护研究、物种移地、就地保护工程和自然保护区设计以及建设工程等领域的开拓者和奠基者之一。1997年当选为中国工程院院士。

金庆焕(1934—)

海洋地质、油气地质专家。浙江临海人。主持或参与主持完成"南海地质与油气资源"、"南海北部大陆架第三系"、"南海北部大陆架第三纪古生物图册"和"太平洋中部多金属结核及其形成环境"等专著撰写,为南海地质和大洋矿产资源研究作出了贡献。1997年当选中国工程院院士。

柯伟(1932—)

金属腐蚀与防护专家。原籍浙江黄岩,出生于辽宁沈阳。1983以来历任中国科学院金属所疲劳断裂研究室主任。金属腐蚀与防护研究所研究员、所长、学术委员会主任、博士生导师。兼任中国腐蚀与防护学会理事长。担任英国期刊 *Materials Science and Technology* 编委及国内期刊《中国腐蚀与防护学报》、*Acta Metallurgica Sinica*、《航空材料学报》、《全面腐蚀控制》等编委和主编。1997年当选为中国工程院院士。

李乐民(1932—)

通信技术专家。浙江湖州人。长期从事通信技术领域科研、教学工作。为多项工程研制了数字传输关键设备。20世纪70年代初负责研制成功载波话路用9600比特/秒高速数传机,解决自适应均衡关键技术。80年代初起,对数字通信中传输性能与抑制窄带干扰研究有创造性贡献,提出抗窄带干扰新理论与技术。80年代中期以来,对宽带通信网技术进行研究。1997年当选为中国工程院院士。

李启虎(1939—)

水声信号处理和声纳设计专家。原籍浙江温州,出生于上海。长期从事信号处理理论和声纳设计、研制工作。结合我国浅海声传播的特点,创造性地应用信息论、数字信号处理、水声工程等理论,解决了一系列水声信号处理中的问题,为我国海军声纳装备的现代化作出了重要贡献,并对推动我国数字声纳的发展起到了良好的作用。1997年当选为中国科学院院士。

吕志涛(1937—)

结构工程专家。原籍浙江新昌,出生于上海。完善了混凝土结构计算理论,提出了预应力结构抗震设计、裂缝控制和超静定预应力结构计算方法,为推广应用提供了理论基础。发展了现代预应力混凝土高层大跨结构及转换层和巨型结构体系等。为北京西客站主站房、珠海海关联检大楼、南京电视塔、南京状元楼等重大工程承担了结构设计、计算和研究任务,解决了关键技术难题。1997年当选为中国工程院院士。

钱正英(1923—)

女,水利水电专家。原籍浙江嘉兴,出生于上海。主持研究、制定了一系列关于我国水资源开发利用、管理与保护的方针政策和管理办法,主持审定、决策了许多重大的水利水电工程建设项目,并具体参与研究解决建设中的重大技术问题,主持领导了三峡工程的可行性论证工作。1997年当选为中国工程院院士。

戎嘉余(1941—)

地层古生物学家。原籍浙江鄞县,出生于上海。长期从事早、中古生代腕足动物系统分类和群落生态研究,多次作全球腕足类动物地理学总结。阐述晚奥陶世赫南特期腕足动物群落分布环境,识别受温度控制的三大生物地理域;研究晚志留世动物群,划分出中—澳动物地理区;揭示扭月贝族和早期石燕的腕骨构造宏观演化规律等科学理论。1997年当选为中国科学院院士。

沈闻孙(1930—)

船舶设计专家。浙江海盐人。从事船舶设计建造40余年,参加和主持了从2.7万吨级到30万吨级近20种大型船舶的设计和建造工作,这些船舶均为国内首制,且都达到当代国际水平。成功地解决了大型双壳体油轮结构,大型船舶振动、艏浪冲击、机浆匹配、船体线型光顺等许多技术关键,效果达到国际先进水平。1997年当选为中国工程院院士。

沈渔邨(1924—)

女,精神病学专家。浙江杭州人。长期致力于探索精神病防治方法,首创并建立农村精神病家庭社区防治模式。20世纪60年代建立了我国最早的精神病生化实验室,研究精神分裂症、抑郁症和电针治疗等生化机理;80年代指导多种精神药物开发,开展药代动力学研究;90年代开展分子遗传学研究,发现不同民族酒瘾者除 ALDH 多态外,还有 ADH 多态不同类型。1986年被挪威科学文学院授予国外院士称号。1997年当选为中国工程院院士。

沈自尹(1928—)

中西医结合专家。浙江镇海人。率先对中医称为命门之火的肾阳进行研究,发现肾阳虚证病人,其反映肾上腺皮质功能的尿 17-羟皮质类固醇值明显低下,经补肾中药治疗可以恢复正常。通过对同病异征组进行下丘脑—垂体—靶腺轴功能的对比研究,推论肾阳虚证主要发病环节在下丘脑。首次用现代科学方法在国际上证实肾阳虚证有特定的物质基础。1997年当选为中国科学院院士。

孙义燧(1936—)

天体力学家。浙江瑞安人。在天体力学定性理论和非线性天体力学的研究中,得到了三体问题中三体运动轨道根数变化范围的充要条件。对具有同样三体质量和角动量的系统,与 C. Marchal 等合作得到了三体问题椭圆 Euler 特解对应惯量矩的最大下界便是所有有界运动惯量矩的最大下界这一重大结论。首先发现保守系统中近可积三维保体积映射存在充分多的二维不变环面,之后与程崇庆一起给此结果以严格的数学证明。1997年当选为中国科学院院士。

童志鹏(1924—)

电子信息工程专家。浙江慈溪人。主持多种通信电台、接力机和机载雷达的研制以及新一代卫星无线电测控系统、数据交换网等研究工作,均处于国内领先地位,获得国家多项奖励。20世纪80年代领导研究与国际开放系统互联标准一致的中国研究网,是我国与国际联网最成功、最早的系统之一。1997年当选为中国工程院院士。

翁心植(1919—2012)

内科学专家。浙江宁波人。在普通内科、寄生虫病、心血管病和呼吸系统病诸领域均有创造性贡献。20世纪40年代,发现和诊断了国内首例高雪病;60年代,在世界上报道了首例白塞病并发心脏瓣膜损害,并提出结核自身免疫反应是该病发生的原因之一;70年代起,在慢性阻塞性肺疾病和肺心病方面进行了大量研究,率先将肝素用于肺心病治疗,取得良好效果,创建呼吸重症监护室,使我国在这一领域达到国际水平;在国内最早开始控烟运动并取得显著成效,获世界卫生组织金质奖章。1997年当选为中国工程院院士。

徐秉汉(1933—2007)

船舶结构力学专家。浙江鄞县人。长期从事舰艇结构的研究,在大量理论与试验研究基础上完成专著《壳体开孔的理论与实践》,达到当代国际水平。主持建立我国最大的船舶结构试验室群体,发展船舶结构的模型与实艇试验,并在我国潜艇结构史上若干次重大试验中作出开创性贡献。1997年当选为中国工程院院士。

余松烈(1921—)

小麦专家。浙江慈溪人。长期从事"冬小麦精播高产栽培技术"的研究与示范推广。首创冬小麦精播高产栽培理论和技术,改变了"大肥大水大播量"常规栽培方法,为我国黄淮海麦区小麦高产开创了新途径。1997年当选为中国工程院院士。

袁承业(1924—)

有机化学专家。浙江上虞人。从事有机磷化合物的合成与应用研究。20世纪五六十年代组织并领导核燃料萃取剂的研制,解决了我国国防工业的急需。70年代结合我国有色金属的综合利用研制成功分离稀土及钴镍的多种萃取剂,又用量子化学、分子力学、模式识别、因子分析及相关分析进行处理,从而将萃取剂化学提高到一个新水平。80年代以来从事具有生物活性有机磷化合物的设计与合成。1997年当选为中国科学院院士。

张齐生(1939—)

木材加工与人造板工艺学专家。浙江淳安人。国家局林业科技委委员、中国竹产业协会副会长,是我国和世界竹材加工利用研究领域的开拓者,为竹材加工利用事业作出了创造性的贡献。1997年当选为中国工程院院士。

朱道本(1942—)

有机化学、物理化学专家。原籍浙江杭州,出生于上海。长期从事有机固体领域的研究,是中国最早从事该领域研究的主要科学家之一。在有机导体、超导体、有机铁磁体、LB膜技术、高温超导线材等有机固体研究领域内做出了一系列具有国际先进水平的工作;在以 C_{60} 为基质的电荷转移复合物、C_{60}、C_{70} 及其衍生物的薄膜结构及性能等方面的研究引起了国际同行的广泛关注,为推进中国有机固体研究作出了突出贡献。1997 年当选为中国科学院院士。

陈洪铎(1933—)

皮肤性病学专家。浙江绍兴人。在朗格汉斯细胞来源、分布、转换、抗原、功能和病理研究中,作出了系统的、创造性的、有实际价值的贡献,对角质形成细胞的免疫学功能有新的发现,并发现维甲酸能促进紫外线所致结缔组织损伤的恢复。1999 年当选为中国工程院院士。

陈联寿(1934—)

大气科学专家。浙江定海人。对热带气旋做了系统性和开拓性的研究,是国内这一领域的学科带头人。担任国家攀登 B 计划青藏高原地气物理过程及其影响项目(TIPEX)首席科学家,1998 年上高原指挥和实施了第二次青藏高原大气科学试验,成功完成预定目标。曾长期从事和负责全国范围灾害性天气预报及警报的制作和发布,使国家减灾工作取得显著社会和经济效益。曾主持、设计并实施了全国电视天气预报动态显示业务系统和天气预报会商室现代化业务系统,均在全国气象部门推广并为首创。其研究工作的论著丰硕。获国家科技进步二、三等奖和省部级一、二等奖多项。组织和推动了国际热带气象和热带气旋的科技合作。1999 年当选为中国工程院院士。

陈星弼(1931—)

半导体器件及微电子学专家。原籍浙江浦江,出生于上海。20 世纪 50 年代末,对漂移晶体管的存贮时间问题在国际上最早作了系统的理论分析。80 年代以来,从事半导体电力电子器件的理论与结构创新方面的研究,发明了耐压层的三种新结构,提高了功率器件的综合性能优值。1999 年当选为中国科学院院士。

程书钧(1939—)

肿瘤医学专家。原籍浙江临安,出生于江西玉山。国家“973 计划”肿瘤项目首席科学家,主要从事肿瘤病因、环境致癌和抗致癌物研究,人上皮细胞无血清培养,人肺癌变分子机理和肿瘤分子标志谱研究。1999 年当选为中国工程院院士。

冯宗炜(1932—)

森林生态学和环境生态学专家。浙江嘉兴人。长期从事森林生态学、环境生态学与生态恢复工程研究,开拓我国酸雨生态影响和生态恢复工程研究领域。阐明了我国酸雨的生态影响机制,建立了生态监测与试验方法。是最早公开提出保护东北红松天然林,改大面积皆伐为择伐理论依据的学者之一。1999 年当选为中国工程院院士。

倪维斗(1932—)

动力机械工程专家。原籍浙江镇海,出生于上海。发展了复杂热力系统及其关键部件的先进建模方法和一系列新的控制策略;首次提出一种非稳态小偏差线性化方法用于非线性系统的大扰动过程描述上述理论成果及工程应用;首次在国内用伪随机信号对大型燃气轮机进行动态试验,在国内对复杂热动力系统率先采用与发展了模块化建模的理论与方法,所发展的模块化理论与方法对我国大型火电站(200MW,300MW,600MW)仿真培训装置的研制起了关键作用。1999 年当选为中国工程院院士。

戚正武(1932—)

生物化学家。浙江宁波人。多年来对酶、蛋白酶抑制剂、活性多肽进行了软深入的研究。其中,绿豆胰蛋白酶抑制剂的研究处于国际领先地位。舒缓激肽增强因子结构与功能的研究,曾在国际激肽会议上获优秀论文奖。1999 年当选为中国科学院院士。

邱爱慈(1941—)

女,高功率脉冲技术和强流电子束加速器专家。浙江绍兴人。是我国强流脉冲粒子束加速器和高功率脉冲技术领域的主要开拓者之一。参加我国第一台高阻抗电子束加速器的研制、改进工作。负责研制成功我国束流最强达 1MA 的低阻抗脉冲电子束加速器"闪光二号",主持建成了多功能辐射装置"强光一号"。1999 年当选为中国工程院院士。

桑国卫(1941—)

临床药理学专家。原籍浙江湖州,出生于上海。对长效甾体避孕药的药代动力学、种族差异及临床药理学作了系统研究。研制成功的复方庚炔酮避孕针于 1993 年被选为我国基本药物。提出男性抗生育剂棉酚可能抵制肾内 II-β-OHSD 导致低血钾的新假设。1999 年当选为中国工程院院士。

沈世钊（1933—）

结构工程专家。浙江嘉兴人。致力于大跨空间结构新兴领域的开拓，在"悬索结构体系及其解析理论"、"网壳结构非线性稳定"、"大跨柔性屋盖风振动力响应"和"网壳结构在强震下的失效机理和动力稳定性"等前沿研究中取得重要成果。1999 年当选为中国工程院院士。

舒兴田（1940—）

无机化工专家。原籍浙江定海，出生于上海。长期从事分子筛的开发和工业应用等研究，多次获得国家和省部级奖励，"CHZ(SRNY)裂化催化剂"获 1995 年国家发明奖二等奖，1999 年当选为中国工程院院士。

宋大祥（1935—2008）

蛛形学与无脊椎动物学家。浙江绍兴人。最早提出中华绒螯蟹生殖洄游受阻是其减产的主要原因，在学术上首次揭示了医蛭的生殖全过程。20世纪 70 年代末开始从事蛛形学动物的系统学研究，解决了蟹蛛科、狼蛛科、平腹蛛科和肖蛸科等科中的许多种属的分类问题。同时对纺器、听毛、染色体、精子的发生和包装进行了研究，对某些分类单元的系统学提出新的见解。已研究建立 2 个新亚科 14 个新属，已发现 300 余新种。1999 年当选为中国科学院院士。

魏正耀（1936—）

信息技术专家。原籍浙江慈溪，出生于上海。长期从事信息技术研究工作，经验丰富，技术精湛，学术造诣深，主持完成多个研究项目，发挥了关键作用，取得了一批具有国际国内先进水平的研究成果，获 1985 年、1998年、1999 年和 2001 年国家科技进步一等奖各 1 项。1999 年当选为中国工程院院士。

伍荣生（1934—）

大气科学专家。浙江瑞安人。在大气动力理论方面作出了系统而有一定创新性的研究成果，特别是对边界层动力学与锋生理论的发展作出了重要贡献。进一步发展了地转适应与锋生理论，该研究结果已被实际工作和数值模拟试验所证实。1999 年当选为中国科学院院士。

谢世楞（1935—）

海岸动力及海岸工程设计专家。原籍浙江慈溪，出生于上海。长期从事港口及海岸设计工作,在水工建筑特别在深水防波堤方面有国内外领先的独创成果,在海港水文特别是海浪和泥沙理论方面造诣很深,为我国海岸动力的设计条件充实了理论基础。1999年当选为中国工程院院士。

许绍燮(1932—)

地震学专家。浙江绍兴人。从事核爆地震与天然地震监测工程技术研究。首次实现了地震准实时速报;主持编写地震活动性地震预报方法程式以及中国地震震级标准化;首先用非几何相似定震相定测点测定我国(首次)核爆当量;成功组建侦察国外核试验速报体系;创建多种测定核爆地震方法;代表我国参加禁核试地震核查的国际谈判;提出的识别核爆筛选方案被接受纳入国际禁核试条约。1994年国家地震局授予其"有贡献的地震预报专家"称号。1999年当选为中国工程院院士。

余梦伦(1936—)

航天飞行力学、火箭弹道设计专家。原籍浙江余姚,出生于上海。1960年毕业于北京大学数学力学系。中国运载火箭研究院北京宇航系统工程研究所研究员。1999年当选为中国科学院院士。

俞梦孙(1936—)

生物医学工程专家。浙江余姚人。中国航空生物医学工程的创始人。20世纪70年代,首创了冲击载荷下的人体脊柱动态响应模型,并解决了中国火箭弹射救生的医学工程学难题。开创了中国飞行实验室,大大推动了中国航空医学的发展。1999年当选为中国工程院院士。

张宗烨(1935—)

女,核理论物理学家。原籍浙江杭州,出生于北京。20世纪60年代与合作者提出了原子核相干结构及相干对涨落模型理论,成功地解释了16O附近原子核低激发态的主要特性。1976年从理论上预言了在超核中存在超对称态,并于1980年被国外实验所验证。80年代以来,对核力的夸克模型理论作了系统研究,成功地统一描述了核子—核子散射相移及超子—核子散射截面,并预言了 $\Omega\Omega$ 是一个深度束缚的双重子态。1999年当选为中国科学院院士。

钟群鹏(1934—)

机械(电)装备失效分析预测和预防专家。浙江上虞人。在材料韧脆转移数学模型和冷脆断裂机理控制、压力容器失效分析和弹塑性安全评估、宏观微观断口物理数学模型和定量反推分析方法以及机械重大事故模术、原因和机理分析等方面取得重要研究成果。1999 年当选为中国工程院院士。

周立伟(1932—)

电子光学专家。原籍浙江诸暨,出生于上海。长期在宽束电子光学、光电子成像领域从事教学与科研工作。是我国宽束电子光学理论与设计的主要开创者,创建了宽电子束聚焦与成像较为完整的理论体系,提出了直接积分法研究电子光学时间像差的新理论,并为我国微光夜视行业由仿制到独立研制作出了重大贡献。1999 年当选中国工程院院士。

大事记

1949 年

5 月 3 日,杭州解放。

5 月 25 日,浙江新华广播电台在杭开播。

5 月 29 日,《杭州科协》第一期出刊,发表"解放献词"社论,介绍中国科学工作者协会简史、杭州分会今后的工作方向。

8 月 6 日,由中国科协杭州分会主编的《浙江日报》科学副刊"科学生活"创刊。

10 月,英士大学农学院并入浙江大学农学院,增设畜牧兽医系。江苏南通农学院农经系随后亦并入浙江大学农学院。

是年,建国汽车零件制造厂生产出国内第一片石棉制动离合器片。

是年,杭州广济医院(浙医二院前身)建立胸腔外科,石华玉在国内首次进行胸膜外肺松懈术及胸膜外气胸术,并在国内最早开展肺区段切除手术。

1950 年

4 月 15 日,嘉兴县建立浙江第一个国营抽水机站。

5 月,浙江大学王淦昌研制成功探测铀矿的计算器,交浙江省地质调查所应用。

5 月,全省 10 个专署设立农作物病虫防治站、兽疫防治站、蚕业指导组。

11 月 5 日,中华全国自然科学专门学会联合会(科联),中华全国科学技术普及协会(科普)杭州地区临时工作委员会成立。

12 月 17 日,浙江省科普协会筹备委员会在杭州长生路 4 号举行成立大会。

是年,浙江省医药公司第一制造厂化学合成红汞,成为中国第一种出口原料药。

是年,省农业厅主办的《农林通讯》创刊。

是年,浙江省成立了全国最早的省级医药卫生研究机构——浙江卫生实验院。

1951 年

1月,《浙江科普》创刊,系浙江省科普协会(筹)内部刊物。

3月18日,中华全国自然科学专门学会联合会杭州分会筹委会成立。

4月5日,省农业厅提出农业"三改"要求,即中稻改晚稻、籼稻改粳稻、低产作物改高产作物,推动稻、麦两熟制的发展。

6月,省农业厅成立省土产改进所,加强对土产生产的技术指导工作。

是年,浙江省妇幼保健院成立。

1952 年

1月2日,浙江省高等学校院系调整委员会首次会议决定调整全省高等院校,浙江大学工学院与之江大学工学院合并为浙江大学;浙江大学医学院与浙江省立医学院合并成立浙江医学院;以浙江大学文学院与之江大学文理学院为基础,成立浙江师范学院。

5月1日,杭州市电信局首创人工电报交换机,后在全国省会局推广。

1953 年

5月,《农村科学》创刊,系浙江省科普协会(筹)与团省委《浙江农村青年》社合办。

8月,杭州市在苏联城市规划专家穆欣的帮助下,编制了省内第一个现代城市规划。

是年,9个县建立农业技术推广站,到1955年,60个县和325个区建立了农业技术推广站。

是年,浙医二院余文光在国内首先报道用胰十二指肠切除治疗胰头癌获得成功。

是年,浙江省卫生防疫站成立。

1954 年

2月28日,中华全国科学技术普及协会在杭州召开浙江、江苏、江西、河南、河北、四川等分会工作汇报会。

5月29日,中共浙江省委批准建立中华全国自然科学专门学会杭州分会(筹)、浙江省科学技术普及协会党组。

1955 年

3 月 18 日,《浙江日报》发表省人民政府农业厅《关于 1955 年改变耕作制度的意见》,开始全面推行"五改"。

4 月,省农业厅在金华成立全省第一个机耕试验站。

9 月 8 日,《浙江日报》报道浙江省由缺粮省变为余粮省。

是年,新中国成立后良渚附近遗址进行第一次发掘。

1956 年

1 月 3 日,杭州通用机器厂(杭州制氧机厂前身)制成我国第一台 30 立方米/小时制氧机(仿苏),并开始制氧。

1 月 5 日,毛泽东在杭州召集陈毅、柯庆施、谭震林、廖鲁言,以及辽宁、山西、甘肃、陕西、四川,华东五省,中南六省的省委书记开会,对《农业 17 条》进行补充和修改,逐步形成了《1956 年到 1967 年全国农业发展纲要(草案)》,共 40 条。

6 月,杭州植物园成立。

10 月,发现新石器时代遗址——罗家角遗址。

10 月,浙江农业机械厂试制成 40 厘米 15 千瓦金属结构立轴式水轮机,为杭州水轮机制造的开始。

10 月 19—21 日,中华全国自然科学专门学会联合会浙江省分会在杭州正式成立。

是年,国务院批复准予将新安江水电站工程正式列入全国第一个"五年计划"。

是年,杭州武林机器厂设计、制造成功国内第一批手拉葫芦。

是年,苏步青关于射影曲面论和 K 展空间几何学的研究获中国科学院科学奖。

是年,浙江省湖州钱山漾遗址开始挖掘。

1957 年

4 月 1 日,杭州动力机厂试制成功第一台"丰收牌"万能小型拖拉机。

4 月 2 日,浙江钢铁厂(后改名杭州钢铁厂)在半山破土动工兴建,1958 年建成投产。

5 月 7 日,杭州市第一木器制品社制成全国最完整、最新式的一套制茶机,送往北京全国农具展览会展出。此机可制红茶、绿茶,比人工制茶效率提高六倍,茶叶等级提高两级。

6月6日,杭州市邮局试制成功我国第一部100转低频电报机。

8月2日,浙江大学、省纺织科学研究所、杭州第一棉纺织厂共同研制成功直线自由端纺丝工艺,这是国内第一台单头静电纺纱机,纺出了我国第一根静电纱。

10月,绍兴钢铁厂炼出省内第一炉铁。

10月9日,杭州通用机器厂在苏联专家的帮助下,制成我国第一台氩塔。

10月27日,杭州造船厂制造的全省第一艘100吨拖轮试航。

11月,浙江吴兴邱城遗址发掘500平方米,发现红陶、灰陶、黑衣陶、印纹陶四叠压层。

12月17日,周恩来总理视察浙江省农业科学研究所。

是年,杭州通用机器厂自主设计、试制成功150立方米/小时制氧机。

是年,命名为"西湖牌"的杭州第一辆长途客车在杭州拖拉机厂试制成功。

是年,富春江水力发电厂始建。

是年,浙江人民广播电台服务部扩建为浙江广播器材厂。

是年,杭州纺织机械制造厂研制成功我国第一台半自动丝织机。

是年,浙江省药品检验所建立。

1958 年

1月5日,毛泽东主席视察浙江省农业科学研究所,观看经该所改进的双轮双铧犁表演,并亲自扶犁耕地。同日,毛泽东主席还视察了杭州小营巷卫生工作。

1月11日,杭州汽轮机厂试制成功第一台70匹马力向心式汽轮机。

2月,朱德委员长视察余杭县九堡蚕桑示范区。

1—4月,浙江科联开始整顿和健全各学会理事会。

4月4日,浙江大学机械制造厂仿制国外进口的8英尺高级精密万能螺丝车床成功。

4月5—6日,浙江省科学工作委员会成立大会召开,省长周建人兼任主任委员。

6月17日,中国科学院浙江分院成立大会召开,中国科学院副院长竺可桢到会讲话。

9月16日,浙江大学为主研制的世界上第一台并网运行的3000千瓦双水内冷凸极式同步发电机(1500转/分)在萧山电机厂诞生,创造性地解决了电机转子水内冷技术的难题,功率是原来空气冷却电机的4倍多。

10月27日,浙江大学参与研制的世界上第一台1.2万千瓦3000转/分双水内冷汽轮发电机在上海电机厂诞生。

9月,省水产厅采用人绒毛膜促性腺激素催产鲢鱼亲鱼成功,为国内首创。

10月,中国农业科学院茶叶研究所在杭州成立。

10月15日,浙江省科学技术协会成立大会暨第一次代表大会在杭州举行。中华全国自然科学专门学会联合会浙江省分会和浙江省科学技术普及协会同时撤销。

11月2日,刘少奇委员长视察浙江大学。参观双水内冷发电机、旋风炉等科研成果。

1959 年

1月1日,杭州市电信局新增国产47式步制5000门自动交换总机一座,市内电话号码由4位数升为5位数。

3月,浙江嘉兴马家浜发现大量兽骨和古代遗物。

4月26日,杭州市第一条无轨电车线路从城站到拱宸桥建成通车。

7月1日,杭州电信局相片传真机与北京、上海两地试传成功。

9月,浙江大学设计制造国内第一台电动凿岩机。

是年,浙江大学制造出国内第一个电子管。杭州大众牙刷厂试制出省内第一块扬声器磁体。

是年,温州蜡纸厂根据手工抄纸原理,试制成功侧浪式长纤维长网造纸机,首创国内以100%韧皮纤维抄造铁笔蜡纸原纸。

是年,以杭州市为中心的浙江省邮电网建成。

1960 年

3月4日,毛泽东主席视察金华双龙水电站,指出浙江水力资源丰富,搞水电大有前途。

4月,浙江医学院改名为浙江医科大学。以浙江卫生实验院为基础的浙江医学科学院成立。

4月,新中国自行设计、建造的第一座大型水电站——新安江水电站第一台机组开始发电。

5月,浙江省科委、省科协、省科学院和省委工业生产委员会合并,浙江省科协党组撤销。

11月,省委指示恢复浙江省科学技术协会组织机构。

1961 年

7月1日,省委宣传部同意省科协关于建立农、工、医、理所属专门学会工作委员会和"挂靠"的报告。

12月,浙江省科协主办的内部不定期刊物《浙江科协》创刊。

12月,杭州齿轮箱厂试制成功第一台 3HC100 型船用齿轮箱,从根本上解决了长期以来制约我国船舶传动技术的一大难题,是我国工业传动装置领域的一项重大突破。

是年,杭州汽轮机厂试制成功 750 千瓦冷凝式汽轮机,标志着杭州工业汽轮机制造的正式开始。

1962 年

1月,省科委制订 1962—1969 年浙江省科技发展规划。

6月,根据中共中央的通知,中国科学院浙江分院撤销。

9月,浙江省科学工作委员会改称浙江省科学技术委员会,陈伟达兼主任。

是年,浙医一院在国内首先报告 5 例红血病。

是年,省邮电学校试制成功省内第一台纵横制自动电话交换机。

是年,浙江大学着手研究串行补码系统运算器,在参阅 LGP-30 计算机有关资料基础上,设计制造了省内第一台计算机。

是年,《数学学报》在杭州大学设立编辑部。

1963 年

7月,杭州光学仪器厂研制成光电荧光光度计试验样机,次年9月通过鉴定。

10月,浙江省第一家肿瘤专科医院成立,成为国内最早的四家肿瘤医院之一。

12月2日,《浙江科普资料》改版为《浙江科技小报》,并公开发行。

12月,中国林业科学院在富阳县建立亚热带林业研究所。

是年,杭州汽车发动机厂研制成功我国第一代 6120 高速车用柴油发动机。

是年,浙医一院研制成功心脏镜扩张器,无须低温麻醉或体外循环,可在直视下行二尖瓣扩张,当时国际上尚未有报道。

是年,浙医二院在国内首次提出格林巴利综合征小脑延髓池和腰池中脑脊液的蛋白含量不同,对该病的诊断探讨提供了有价值的依据。

1964 年

7月,杭州纺织机械厂消化引进设备,试制成功第一台 ZD647 型自动缫丝机。

8月12日,浙江大学机械工厂自行设计、制造的新型坐标镗床试车成功。

秋,浙江广播器材厂试制成国内第一套全晶体管8路同声传译设备。

12月,杭州机床厂自行设计制成第一台 MM7132 精密卧轴矩台单面磨床。

12月,杭州重型机械厂与天津工程机械研究所等联合设计、试制成功我国第一台 W2002 履带式单斗建筑型挖掘机。

是年,浙医二院在国内首次提出尿水解试验对急性白血病原始细胞的鉴别诊断。

是年,杭州汽轮机厂自行设计制成第一台多级背压式工业汽轮机。

1965 年

是年,杭州钟厂首创国内第一批带日历瞬跳机构的长方形日历闹钟。

是年,杭州无线电四厂开始仿制德国叶海尔三速盘式录音机,为国内最早生产录音机的工厂之一。

是年,新安江钢铁厂首创铬铁合金炉外真空脱气技术。

1966 年

3月,杭州机床厂首次攻破平面镜面磨削难关,使平磨技术跨入世界先进行列。

6月14日,杭州茶厂制成我国第一台静电茶叶拣梗机。

是年,浙江大学研制成功250万幅/秒等待型转镜式高速摄像机,成功用于中国第一次核爆炸过程拍摄。

是年,全省粮田平均亩产437千克,成为全国第一个超过《全国农业发展纲要》要求的省份。

是年,国家海洋局第二海洋研究所在杭州建立。

1967 年

是年,杭州无线电二厂试制成功硅普通稳压二极管。

是年,杭州装备国产晶体管 64-4AB 型双机头自动发报机,淘汰了杂式和自制的五单位发报机,进一步提高电报传输质量和传输效率。

1968 年

12 月,富春江水力发电厂第一台机组发电。

是年,《浙江科技小报》继续出版发行,改名为《农村科技报》。

是年,杭州水泥厂在国内首家将中空回转窑改为带立筒预热器回转窑。

是年,杨伦造纸厂 501 车间在国内首先研制成功 501 型云母纸。

是年,杭州机床厂试制成功十字工作台型精密平面磨床,填补国内空白。

是年,浙江省农科院与萧山棉麻研究所协作,从“浙棉 1 号”中系统选育,育成“协作 2 号”。

1969 年

是年,浙江大学研制成功省内第一支 300 毫米全内腔式氦氖激光管,输出功率 2 毫瓦。

是年,杭州重型机械厂自行设计、研制成功我国第一台 WY-200 全液压挖掘机。

是年,嘉兴制革厂研究成功用工业微生物蛋白酶取代灰碱法进行猪皮脱毛,使制革废水不再含有污染环境的石灰和硫化碱。该技术是皮革工业的一次重大改革。

是年,杭州水泥厂改装成功我国第一台带立筒预热器回转窑,用于生产普通硅酸盐水泥。

1970 年

年初,浙江大学汪槱生主持研制成功我国第一台晶体管并联逆变式中频感应加热电源。

7 月,杭州第一毛纺厂在省内首家开发出涤棉纱。

是年,浙江省科学技术局成立。

是年,浙江农业大学用早期世代选择法选育成“浙农 1 号”夏秋蚕品种。

是年,杭州无线电厂试制成功我国第一套无线传声器和无线通信设备。

是年,浙江大学研制成功高纯硅烷及多晶硅生产的成套技术,成为我国生产高纯硅烷的主要工艺和方法。

1971 年

3 月,浙医二院骨科成功进行我国首例断肢移位再植手术。

是年,省淡水水产研究所在国内首次突破海水河蟹人工繁殖技术。

是年,温州医学院黄达枢等在国内首次提出流行性喘憋性肺炎的命名和防治方案,得到卫生部的肯定。

是年,浙医二院在国内首次应用高压氧治疗脑血管阻塞性疾病,对急性脑梗死治疗的有效率达 78%。

1972 年

2 月 26 日,杭州市电信局首次开通与美国纽约、旧金山及华盛顿的直达话路。

6—7 月,著名数学家华罗庚到浙江指导推广优选法工作。

是年,杭州仪表厂自行设计、试制成功 DJ1 型直流电表,填补国内空白。

是年,浙江开始分省和地(市)两级编制科学技术年度计划。

是年,浙医二院在国内首次进行高压氧治疗大面积烧伤。

是年,全省粮田平均亩产 541 千克,为全国第一个亩产超千斤的省份。

是年,浙江海洋渔船基本实现机帆化。

1973 年

1973 年 11 月,浙江省开始河姆渡遗址考古发掘,一大批罕见国宝出土。

是年,浙江气象台安装的接收设备开始接收美国 ZOAA-2 号气象卫星云图。

是年,浙江省农科院应用辐射诱变育成早籼品种"原丰早",在长江流域稻区大面积推广。

1974 年

5 月 26 日,临安县邮电局 H·905/400 门纵横制自动电话交换机开通,成为全省第一个实现电话自动化的县城。

是年,省中医院在国内首先提出"弥漫性泛细支气管炎"概念,随后又提出肺功能检测手段、诊断标准及中西医治疗方法。

是年,庆元县发现世界濒危物种之一———百山祖冷杉。

是年,中国林业科学院亚热带林业研究所与安吉县合作,从全国引入竹种 26 属 200 多种,建立国内竹种最多、规模最大的竹种园。

1975 年

5 月,杭州市无线电研究所成立,为全省首家国家不拨事业费的研究所。

12 月,杭州重型机械厂完成我国第一台采矿用 WUD400/700 型斗轮挖掘机总装。

是月,国家建材科学院、杭州造纸厂、前进化工厂联合完成氯化锂转轮除湿机,技术水平接近当时国际水平。

是年,杭州汽轮机厂试制成 2 万千瓦驱动合成气压缩机工业汽动机和首套国产 30 万吨/年合成氨装置汽轮机组。

是年,浙江大学童忠钫主持研制的中频振动标准装置在七机部一院计量站投入使用,性能达到国外同类装置水平。

1976 年

5 月 22 日,浙江省第一台高温高压 5 万千瓦双水内冷发电机组在半山发电厂投产。

是年,浙江化工学院制得国内第一只低温型氨合成催化剂。

是年,浙江省农科院等单位在国内首次鉴定出稻瘟病生理小种计 7 群 43 个小种。

是年,浙江省冶金研究所在国内首创用湿球团矿直接入回转窑冶炼生铁新工艺。

是年,浙江医科大学在国内首次报道用绒毛膜上皮细胞诊断胎儿性别正确率为 99％的研究成果。

是年,杭州制药厂在国内首次应用快中子辐照土霉菌,选育得到 1626 号新菌株。

1977 年

8 月,龙山化工厂采用联碱法生产纯碱,开发成功以原盐直接制碱的小联碱样板技术。

10 月,浙江省科技局撤销,恢复浙江省科学技术委员会,陈伟达任主任。

是年,省农科院育成之江 28-2 豇豆新品种,果荚长而粗,早期产量比较大,成为覆盖率达 70％的全国主栽品种。

1978 年

3 月 18—31 日,全国科学大会在北京召开,浙江省共有 233 个单位获奖。

8 月 10 日,浙江省科学技术协会在杭州人民大会堂召开恢复大会。

1978—1980 年,温州医学院在国内首先报道应用肺阻抗血流图测定右心收缩期右心输出量肺动脉压的结果,提出了 PEP/RVET 比值是无创性和敏感的右心功能检查指标。

是年,浙江省地质局与地矿部物化探研究所、浙江客车厂等试制成功国内第一辆地质化探分析车。

是年,龙山化工厂开发成功碳酸丙烯酯脱除变换气中二氧化碳新工艺,工艺水平国内领先。

是年,余杭人蔡堡出版《东方虫茶蟓胚胎发育图谱》,填补国内空白。

是年,杭州电视机厂试制成功 20 台西湖牌 C19-1 型彩色电视机。

是年,浙江省医学科学院毛江森等人开始研制甲型肝炎的病原学并研制出活疫苗,处于国际领先水平。

1979 年

3 月,浙江省科学大会在杭州召开。会议奖励了全省 60 年代以来取得的重要成果 548 项。

11 月 14 日,浙江省编委同意建立浙江省科学会堂。

是年,省卫生实验院与望江山疗养院等在国内首次成功地从病人粪便中提取甲型肝炎抗原。

是年,浙江省遥感地质站首次利用卫星图像,编制国内第一张浙江省 1∶50 万卫星影像图。

是年,浙江省卫生防疫站朱智勇等在国内首先进行流行性出血热病毒分离和传代研究,并在国内首先研制成灭活疫苗。

是年,杭州市第一个民办科研机构杭州市交叉技术应用研究所成立。

是年,杭州叉车厂在国内首家采用双缸宽视野门架和无级变速技术,开发成功新型叉车。

是年,杭州红旗电线厂试制成我国第一根 F4 彩色绕包线。

是年,桑国卫首次在国际上报道了单次肌注 200 毫克庚酸酯炔诺酮后的血药峰值时间及半衰期,被世界卫生组织多次引用。

1980 年

1月,省科普创作协会会刊《科学 24 小时》创刊发行。

2月,杭州制氧机研究所试制成功的"Y361 翅片冲床"首次出口德国。

6月,浙江大学内燃动力工程教研室和杭州三轮车辆厂试制成功国内首台 2E75Q 微型汽车发动机。

6月,浙江省科委发布《浙江省科学技术研究成果管理试行办法》。

7月,浙江省人民政府发布《浙江省科学技术研究成果奖励试行条例》。

7月,浙江省科委、省财政厅发布《关于试行浙江省有偿科研经费管理办法》,在国内首次冲破了科技三项费无偿使用的禁区。

是年,联合国计划开发署和我国签订协议,决定成立杭州轴承试验研究中心。

是年,杭州汽轮机厂制成国内最大的 2 万千瓦工业汽轮机。

是年,浙江大学路甬祥提出"采用阀流量—位移—力反馈闭环控制"和"系统压力直接控制反馈"原理,使电液比例流量和压力两类控制器件的各指标性能有了级数上的改进,改变了沿用 100 多年的弗利明—琴肯流量控制设计原理。

是年,浙江电除尘器总厂研制成功国内第一台 GP100D-3 型大型电除尘器,用于 50 兆瓦机组燃煤电站,除尘效率≥98%。

是年,浙江省农业科学院育成胴体瘦肉率 57%的省内第一个瘦肉型猪种"浙江中白猪"。

是年,浙医二院用牛伊氏锥虫代替进口马疫锥虫早期诊断红斑性狼疮,为国内首创。

是年,浙江省科协原有 36 个学会和新建 21 个学会陆续恢复和开展活动。

1981 年

3月,浙江省石化厅在杭州创办国内首次技术交易会,采用市场机制,推进科研机构和企业的结合。

6月,国务院批准在杭州建立以水稻为主要对象的多学科综合性研究与开发机构——中国水稻研究所。

6月,杭州大学、宁波立体显示技术研究所和杭州市第一人民医院完成"立体 X 线电视"研究,填补国内空白。

是年,始建于 1973 年 2 月的温岭县江厦潮汐试验电站第一台机组建成运行。该电站 5 台机组总容量 3200 千瓦于 1985 年全部建成。

是年,浙江省农业科学院安装国内第一个铯 137 辐射源。

是年,浙江大学余潙在世界上首次成功地研制出超微传感器"对乙酰瞻碱敏感的离子选择性玻璃微电极"。

是年,杭州水处理中心在西沙群岛永兴岛建成日产 200 吨海水淡化站,是当时世界电渗析淡化海水容量最大的装置。

是年,浙医二院、衢州化学工业公司职工医院等首次在国内同时抢救两名特大面积烧伤(总面积皆为 100%,三度烧伤面积 94.56% 和 92%)病人成功。

1982 年

3 月 25 日—4 月 20 日,浙江省科学技术交易会由省科委、省经委、省科协牵头组织,在杭州成功举办。

是年,省海洋水产研究所朱振杏等进行中国对虾工厂化全人工育苗中试成功。

是年,省中医院在国内最早开展组织氧和二氧化碳分压测定技术。

是年,浙江医科大学郑树首次在国内进行雌激素受体(ER)荧光细胞化学法测定,并首次提出肿瘤细胞内 ER 分布的分类法,填补了国内空白。

1983 年

1 月,杭州市纺织科学研究所和杭州第一棉纺织厂合作试制成功我国第一台尘笼纺纱机。

1 月,中国第一条 120 路海底电缆通信工程——舟山海底电缆通信工程全部竣工,交付使用。

4 月 2 日,台州地区成立温黄平原杂交晚稻亩产超千斤栽培模式推广中心,推广"汕优 6 号"栽培模式。

6 月,杭州新华丝厂建成全国第一条缫丝生产连续化、自动化生产线。

6 月,30 万千瓦的我国第一座核电站——秦山核电站动工建设。

7 月 24 日,杭州东风造船厂制造的我国第一条气垫船——7206 型全垫升水文工作船下水。

11 月 12 日,京杭运河沟通钱塘江工程开工。

是年,浙江省科委、财政厅发出《浙江省工业技术研究成果有偿转让暂行管理办法》。

1984 年

6 月 20 日,浙江省人民政府发文,批转省科委《浙江省技术开发和应用推广科研单位由事业开支改为实行有偿合同制的改革试点意见》,拉开了浙江省科技体制改革的序幕。

7 月,淳安无线电厂采用国产元器件,研制成 GP-1001 型立体声调频广播发射机,填补了国内空白。

8 月 29 日,全省首家科技服务咨询机构浙江省科协咨询中心成立。

9 月 14 日,《浙江日报》报道浙江大学培养的第一个博士龚晓南完成《油罐软黏土地基性状》博士论文。

11 月,浙江首次国际科技展览交易"国际食品加工及保障设备展览会"在杭州举办。

11 月,国家海洋局第二海洋研究所 58 名人员参加中国第一次组团,乘"向阳红 10 号"海洋调查船赴南极考察。

是年,杭州制氧机厂研制成整体切换板翅式换热器,填补了国内空白。该工艺及设备还以专利形式向德国转让。

是年,浙江大学何志钧、潘云鹤研制的计算机智能模拟美术图案系统载入《中国百科年鉴》。

是年,杭州光学仪器厂与浙江大学、杭州自动化研究所联合在国内首次设计开发成功 WGS 测色色差计。

是年,杭州仪表元件厂研制成功红、绿色液晶显示芯片,主要光电技术指标国内领先。

是年,国家科委与欧共体能源总司合作,在大陈岛进行能源互补系统研究。

1985 年

1 月 3 日,浙江省科协向省人民政府呈送"关于民办科技机构若干问题"的报告。嗣后,又根据省政府指示,制定《浙江省民办科技机构的暂行管理办法》。

1 月 5 日,省科协、省教育厅、团省委、省体委、省妇联联合发文,决定成立浙江省青少年科技辅导协会。

1 月 10 日,浙江省科协国际民间交流中心在杭州成立。

1 月,浙江省科协创办的《科技通报》双月刊正式出版。

5 月 17—23 日,浙江省暨杭州市首次人才交流大会在杭州举办。

6月,纺织工业部在嘉兴市举办首届全国纺织技术成果交易会。

7月,杭州重型机械厂完成我国第一台 WUD1500/2000 型斗轮挖掘机及成套设备,其图案被印在 1987 年 500 元面额的国库券上。

10月,浙江第一座卫星电视地面接收站在舟山建成。

是年,浙江农业大学主持研究制定《全国农药安全使用标准》。

是年,浙江省病虫测报站建立《农作物主要病虫模式电报标准》,成为全国稻区正式颁发的标准。

是年,浙江省计划生育科学技术研究所成立。

是年,国防科工委在杭州举办全国军工技术转民用交易会。

是年,浙江省开始评选有突出贡献的中青年科技人员,两年一次,与国家评选交叉进行。

是年,浙江农业大学主持研究制定《全国农药安全使用标准》。

是年,浙医二院首先在国内应用肌皮瓣治疗大块组织缺损的深度烧伤病例。

是年,浙医一院开展超选择性插管、数字减影肝动脉造影(DSA),对原发性肝癌诊断率达 95% 以上,可显示最小肝癌直径为 1.4 厘米,最小复发灶为 0.7 厘米,并在国内首次报道肝动脉合并肝静脉造影以指导肝切除。

是年,杭州大学王绍民等开始研究列阵光学理论,为现代光学研究开辟了一个新的分支。

是年,杭州金属压延厂与湖南省冶金材料研究所协作,在国内首次研制成 TT-1 锑铜合金材料并制成散热器,填补了汽车材料工业一项空白。

1986 年

2月,浙江省《关于制定和实施"星火计划"意见的报告》下发,星火计划开始全面实施。

5月,杭州通信设备厂研制的国内第一台 CBTX04 激光照排机,照排幅面可容国内大报 4 开版面,在《经济日报》社首先安装使用。

5月,国内精度最高的 SRP-151 摄影光刻机在浙江大学研制成功,为发展大规模集成电路提供了先进手段。

6月,浙江大学研制成功国内第一台 LRZ-1 型激光喇曼光谱仪。

9月,浙江特级眉茶在瑞士日内瓦获 25 届世界优质食品评选会金质奖。

是年,浙江省余杭县反山遗址在人工堆筑的土山上发现良渚文化大墓

11 座,出土各类玉器 1200 多件套。入选"七五"期间全国十大考古发现。

是年,完成《浙江省农业资源和综合农业区划(1986—1990 年)》,提出浙江省分为两个农业热带量、三个高度层、四个农业类型、六个农业自然区和九个综合农业区的总体框架。

是年,嘉兴市郊区农科所等单位完成的"早籼二九丰"选育与推广获浙江省科技进步一等奖。

是年,浙江中医学院完成国内第一个《伤寒论》研究文献计算机检索系统——《伤寒论》研究资料库(1949—1985)。

是年,中共浙江省委决定建立浙江省技术市场协调指导委员会。省长薛驹、副省长吴敏达兼任正、副组长。

1987 年

1 月,浙江省首次召开表彰有突出贡献的中青年科技人员大会,16 人受到国家科委表彰,17 人受到浙江省人民政府表彰。

7 月 8—15 日,浙江省科协与杭州科协联合举办杭州市首届科普宣传周。

9 月,1987 年国际水稻研究会议在杭州举行,23 个国家和地区的 200 多位水稻科学家参加,发表论文 65 篇,其中中国科学家 19 篇。

11 月,浙江大学阙端麟等打破国际公认的氮不能作直拉硅单晶保护气的理论,首创以纯氮作保护气制备直拉硅单晶新技术,被《科技日报》评为 1987 年中国十大科技成果之一,并获 1988 年国家技术发明二等奖。

12 月,浙江省人民代表大会常务委员会通过《浙江省技术市场管理条例》、《浙江省农业技术推广暂行条例》。

是年,杭州纺织机械厂与西安航空发动机公司联合研制成功国内第一台具有国际水平的 GA731 型挠性剑杆织机。

是年,杭州开关厂制造出国产第一台最大容量的 CTH 型 3000 千瓦中频感应加热机,达到国际 80 年代先进水平。

是年,杭州轴瓦厂从澳大利亚引进铜铅烧结双金属带材生产线,自主开发了具有国际先进水平的轴瓦镀敷技术,填补了国内减磨材料空白。

是年,浙江农业大学应用辐射育成早稻"浙辐802",到 1990 年在全国推广近亿亩。

1988 年

1 月,浙江省人民政府发出《关于科研机构和科技人员的若干政策规定》,提出放活科研机构和科技人员的政策措施。

4月21日,钱江二桥正式动工,建桥技术创下建桥史上两个世界第一和三个全国之最。

5月,浙江省人民政府批准设立浙江省自然科学基金,以加强科学技术基础研究和应用基础研究。

7月8日,经国家科委批准,都锦生丝织厂、杭州丝绸印染厂与省丝绸科学研究院合作组建的两个国家级专业开发中心——丝绸装饰系列产品开发中心和丝绸印染电子计算机技术开发中心正式成立。

9月4日,联合国粮农组织、亚太植物保护委员会和农业部在杭州联合召开首次国际水稻病虫综合防治会议。

是年,国家科委和欧洲共同体委员会签约建立富春江流域水情自动测报系统,建成运行后整个预报过程仅需5分钟。

是年,杭州建立国内第一座药用植物种质资源库。

1989 年

1月14日,全国最大、日处理40万吨的一级污水处理厂在杭州四堡建成。

1月31日,京杭运河沟通钱塘江工程试航成功,使江、河、海衔接成为现实。

3月,浙江省人民政府发出《关于推进工业企业技术进步的若干规定》。

4月,杭州牙膏厂与省地矿科研所合作,率先在国内成功地将国产膨润土矿物凝胶用于牙膏生产,面向全国推广。

5月,中共浙江省委办公厅、浙江省人民政府办公厅印发《浙江省有突出贡献的中青年科技人员的选拔管理试行办法》。

11月,全国"星火计划"成果适用技术展览交易会在杭州举行。

12月15日,浙江省历史上首批8.7万农民获得技术职称,其中农技师9233人,农民助理技师28286人,农民技术员41131人,农民助理技术员9100人。

是年,浙江省开始组织实施"火炬计划",发展高新技术。

是年,省科委、省财政厅制定《浙江省科技发展基金管理暂行办法》。

是年,浙医一院在国内首先采用血浆置换术治疗再生障碍性贫血。

是年,杭州大学王绍民的列阵光学研究获国家自然科学四等奖,这是浙江省获得的首个国家自然科学奖。

1990 年

3 月,国际种子科学与技术会议在杭州召开。

4 月 13 日,浙江省第一艘科研实验船——1500 吨超浅吃水船"钱塘号"在杭州浙江第一码头下水。

6 月,省经委、省科委在杭州举办"浙江省工业技术交易会"。

9 月 30 日,国务院批准南麂列岛为我国首批五个海洋自然保护区之一。

10 月 10 日至 12 月 1 日,浙江省文物考古研究所对萧山跨湖桥遗址进行抢救性发掘。发掘结果表明,这是一处年代较早的新石器文化遗址。

10 月,杭州锅炉厂与浙江大学等共同开发、设计、制造的世界最大容量级 35 吨/时洗煤泥流化床锅炉在山东兖州矿务局投入试运行。

11 月 14 日,国家重点建设项目、引进日本技术和装备的杭州磁带厂全部建成试产,中日双方举行交接仪式,其三次拉伸制膜技术为国内独有。

是年,浙江省人民政府命名 50 个企业为技术进步优秀企业。

是年,省政府批准建立浙江省第一个高新技术开发区——杭州高新技术产业开发区。次年 3 月 6 日又获国务院批准。

是年,浙医二院率先在国内开展高温隔离灌注治疗骨肉瘤,为骨瘤保肢手术创造了条件。

是年,世界上首株大麦原生质再生绿色植株在中国水稻研究所培育成功,为大麦的遗传操作提供了手段。

是年,浙江大学沈天耀领衔的研究小组在离心风机的内流理论和应用方面取得重大成就,他们完成的"离心通风机内流理论及设计计算系统的研究与应用"获国家科技进步一等奖。

是年,中德两国政府签约,决定合作创办杭州应用工程技术学院,培养适用工业、工程第一线的高等工程技术应用人才。

是年,杭州南宋官窑研究所的"用杭州紫金土仿制南宋官窑瓷"获国家技术发明二等奖。

1991 年

1 月,浙江省植物保护总站成立。

1 月 25 日,浙江省科技馆正式开馆。

3 月 10 日,政协浙江省六届十五次常务会议通过决定,恢复省科协为省政协的组成单位。

4月13日,由浙江大学等四所大学联合承担的国内第一个国家重点化学工程联合实验室在杭州通过国家验收。

4月24日,我国第一座茶叶博物馆——中国茶叶博物馆在杭州建成开馆。

5月10日,我国第一家中药博物馆——胡庆余堂中药博物馆在杭州试开放。

7月22日,我国自行设计制造的第一台工业用4兆伏直线加速器在杭州锅炉厂安装调试成功。

12月15日,我国第一座核电站——秦山核电站并网发电。这是新中国第一座自行设计建造的30万千瓦的核电站。

是年,毛江森等七人被授予"'七五'国家科技攻关有突出贡献的科技人员"称号。

是年,杭州膜分离中心首次承接国际援助项目——马尔代夫海水淡化工程,开拓了国外工程技术市场。

是年,浙江省余杭瓶窑镇汇观山遗址发掘,发现一处较为完整的良渚文化祭坛,是当时所发现的良渚文化规模最大的祭祀遗址。

是年,浙江大学梁友栋的计算机图形生成和几何造型的研究获国家自然科学三等奖,侯虞钧的马丁—侯状态方程获国家自然科学四等奖。

1992 年

1月4日,新当选的中国科学院学部委员名单公布,浙江省毛江森、陈子元、苏纪兰、路甬祥、阙端麟等五位教授、研究员入选。

2月1日,浙江省地质矿产研究所在青田县发现间层矿物——绿泥间蜡石,得到国际新矿物与矿物命名委员会的承认。

2月26日,我国第一家丝绸博物馆——中国丝绸博物馆在杭州正式开馆。

5月1日,杭州市移动电话正式开通。

6月,省委、省政府召开全省科技工作会议,作出《关于大力推进科技进步,加速经济发展的决定》,部署"科教兴省"战略。

11月5日,省政府下发《浙江省科学技术发展十年规划设想和"八五"计划纲要》。

是年,浙江省首次重奖许梓荣等14位有重大贡献的科技人员。

是年,国家科委和《人民日报》等五家新闻单位首次组织评选全国十大科技成就。浙江省农业科学院陈剑平完成的"大麦和性花叶病在禾谷多黏菌介体内的发现和增殖研究"被评为 1992 年全国十大科技成就之一,1995 年获国家科技进步一等奖。

1993 年

3 月 18 日,浙江省人才市场在杭州建立。

6 月 30 日,省政府转发省科委《关于我省科研单位进行综合改革试点的意见》。

7 月 15 日,省政府颁发《浙江省科技进步奖励办法》。

9 月 14 日,经国家科委批准,舟山市六横岛正式列为全国海岛资源综合开发试验区。

10 月,巨化氟化工一期工程投产。

是年,浙江大学沈之荃完成的稀土催化剂在高分子合成中的应用研究获国家自然科学三等奖。

是年,中国水稻研究所等单位育成的高产、优质、多抗杂交水稻新组合"汕优 10 号"获国家科技进步一等奖。

1994 年

4 月 5—10 日,国际膜和膜过程学术研讨会在杭州召开。

6 月 3 日,浙江大学路甬祥、汪槱生当选为中国工程院首批院士。

8 月 27 日,省政府下发《浙江省政府关于加强企业技术改造若干政策的通知》。

11 月,经省科协、省人事厅、省科委商定,从 1995 年起,由三家单位联合组织评审浙江省自然科学优秀论文奖,评审活动每两年举行一次。

1995 年

6 月 9 日,浙江省人民政府与中国科学院签署科技合作协议书。

6 月 30 日,中国科技开发院与浙江省科委签订"关于组建中国科技开发院浙江分院"的协议。10 月,中国科技开发院浙江分院挂牌。

12 月 29 日,杭州开通公用数字移动电话网。

是年,浙江大学沈之荃入选中国科学院院士,成为浙江省第一位女院士。

是年,浙江农业大学"王浆蜂蜜双高产'浙农大 1 号'意蜂品种的培育"获国家技术发明二等奖。

是年,浙江大学董光昌关于非线性二阶偏微分方程的基础理论研究、唐晋发关于光学与光电子薄膜理论研究、吴训威关于数字电路设计理论研究、中国水稻研究所张志涛等关于稻飞虱鸣声信息行为及其机制研究等成果获国家自然科学四等奖。

1996 年

2月4日,《浙江省国民经济和社会发展"九五"计划和2010年远景目标纲要的报告》公布:"八五"期间浙江省技术进步在经济增长中所占比重已提高到了37.1%。

4月7日,"纪念茅以升教授诞辰100周年"活动暨茅以升教授像揭幕仪式在钱塘江大桥畔隆重举行。

5月7日,省委、省政府颁发《关于深入实施科教兴省战略加速科技进步的若干意见》,提出了科技进步的总体目标。

7月,浙江省第一例体外受精胚胎移植婴儿(试管婴儿)在浙江医科大学附属妇产科医院诞生。

8月6日,省委、省政府下发《关于实行市、县党政领导科技进步目标责任制的通知》。

8月7日,省委组织部、人事厅、科委、教委、财政厅发布《关于浙江省跨世纪学术和技术带头人培养规划(1996—2010年)》,"151"人才工程开始实施。

8月16日,省委、省政府公布《浙江省科学技术"九五"发展规划》。规划提出了现代农业技术等十大发展重点和"新世纪工程"、"科技兴海工程"、"星火燎原工程"三大重点科技产业化工程。

1997 年

1月31日,省政府下发《浙江省现代农业示范园区建设实施意见》。

2月,省政府召开全省科研院所体制改革工作会议,颁发《关于"九五"期间深化科研院所体制改革的决定》。

4月9日,省委、省政府下发《浙江省科学技术普及工作"九五"计划》。

5月30日,省政府下发《浙江省重点项目管理办法》。

6月,浙江省科协召开市(地)科协厂会协作工作协调会,部署全省"百厂百会协作行动"实施。

7月,中国水稻研究所研制成功转基因杂交稻并通过国家鉴定。此项目为国内领先、世界先进,被列为1997年中国十大科技进步之首。

8月1日,省委、省政府下发《关于1996年度市、县党政领导科技进步目标责任制考核情况的通报》。萧山市等 15 个市、县(区)受到通报表彰。

8 月,卫生部正式批准由浙江中医学院李大鹏为首的课题组研制的"康莱特"注射液生产上市,成为卫生部实施新药审评制度以来第一个批准生产的输液型恶性肿瘤治疗药。

是年,省卫生防疫站的出血热单价苗获国家科技进步一等奖。

是年,"秦山三十万千瓦核电厂设计与建造"获国家科技进步特等奖。

是年,浙江大学岑可法的煤水混合物异重床结团燃烧技术获国家技术发明二等奖。

1998 年

1 月 12 日,省长柴松岳在《政府工作报告》中宣布:科技进步因素对全省经济增长的贡献率达到 39.6%。

1 月 13 日,省委、省政府下发《关于授予温岭等 11 个单位浙江省科技进步先进县(市、区)称号的决定》。

2 月 12 日,省政府下发《关于开展科技进步统计监测评价工作的通知》。

7 月,巨化氟化工二期——聚四氟乙烯工程投产。

8 月 25 日,省科技教育领导小组成立,省长柴松岳任组长。

9 月 15 日,由原浙江大学、杭州大学、浙江农业大学、浙江医科大学四校合并组建的新浙江大学成立。

10 月 16 日,浙江院士厅在杭州对外开放。据统计,在我国"两院"院士中,浙江籍和在浙工作的共有 170 余位。

10 月 17 日,省政府颁发《浙江省鼓励技术参与收益分配若干规定》。

12 月 15 日,《浙江省专利保护条例》通过。

12 月 18 日,《浙江省农业和农村现代化建设纲要》通过,提出实施"科教兴农"战略,推进农业科技革命。

1999 年

1 月 31 日,省委、省政府发布《关于大力推进高新技术产业化的决定》。

2 月,浙江省首例非亲缘异基因骨髓移植者在移植后第 90 天顺利出院,标志着浙江省骨髓移植工作达到国际先进、国内领先水平。

3 月 25 日,省委、省政府转发省委组织部和省科委《1998 年度实现党政领导科技进步目标责任制考核意见》。

9 月,国家表彰"两弹一星"元勋 23 位,其中有浙江籍院士 6 位。

10月18—21日,中国科协首届学术年会在杭州隆重举行,约3000名全国科技工作者和企业界代表出席会议。

12月10日,省委、省政府作出《关于实施新世纪人才工程的决定》。

2000 年

1月10日,省政府下发《浙江省全面推进科研院所体制改革实施意见》。

3月10日,省科协、省科委、省教委为浙江省被命名为"全国青少年科技教育基地"和"全国科普教育基地"的单位授牌。

3月18日,省政府发布《浙江省高等教育改革和发展规划(2000—2020年)》。

3月20日,省委、省政府发布《浙江省教育现代化建设纲要(2000—2020年)》。

4月25日开始,省科协与省文明办联合在省科技馆举办《崇尚科学文明,反对迷信愚昧》的大型展览。

4月29日,省人大通过《浙江省人才市场管理条例》。

5月23—24日,省委、省政府在杭州召开全省科技创新大会,第一次提出了"抓住历史机遇,创建'天堂硅谷'"的要求。

6月2日,省委、省政府下发《关于加强技术创新发展高科技实现产业化的若干意见》。

9月26日,省委、省政府下发《浙江省科学技术普及工作"十五"计划》。

11月4—8日,省科协和宁波市科协联合举办的以"百万市民学科学"为主题的"新千年科普大行动"活动在宁波市隆重举行。

是年,宁波北仑电厂二期工程三台60万千瓦亚临界燃煤机组相继发电,北仑发电厂成为中国大陆第一座装机容量达300万千瓦的巨型火力发电厂。

是年,东方通信启动了第一条国产手机生产流水线,另两条生产线随后投入建设,三条生产线合计年生产能力达180万部。

索　引

后　记

　　2006 年 1 月,在浙江省社会科学规划领导小组正式下达浙江当代科学技术史研究课题后,我们对课题的研究团队作了进一步组织充实,以浙江大学科学技术史和科学技术哲学学科的师生为基础,一些不同学科专业的博士和硕士研究生被吸收整合进来。

　　从立项开始,经过一年多时间的研究,课题组于 2007 年 3 月底写出初稿,初稿各章的主要执笔人分别如下:第一章:崔海灵、许为民;第二章:朱玲;第三、四章:张健,张国昌;第五章:毛晓华,张国昌;第六、七章:李杰、张健、许为民;第八章:张国昌,朱玲。初稿于 2007 年 5 月递交浙江省哲学社会科学发展规划办公室后送专家评审,到 2008 年年初专家评审意见反馈。评审专家在肯定我们进行填补空白研究的成绩后,也提出了真切中肯的修改意见。根据专家意见,课题组启动全面修改工作。修改中吸收了专家的大多数意见,包括补充对研究"两弹一星"的浙籍科学家介绍。最后的修改统稿工作由许为民教授主持,浙江财经大学张健老师、浙江大学宁波理工学院张国昌老师共同参与,于 2009 年 1 月完成。在修改定稿的同时,课题组还进一步整理了大事记和浙江籍院士录。

　　本卷书稿的形成得到了许多学者的直接指导和帮助。黄华新教授、何亚平教授、罗见今教授、龚缨晏教授专门参加了课题讨论会,听取课题组的报告并提出了许多中肯的意见;李磊副教授、王淼副教授、张立副教授、王彦君副教授等在进行整个系列课题研究的同时,也对本卷的框架和内容进行了认真的讨论,给予本卷文献和写作各方面的重要帮助;浙江大学宁波理工学院图书馆赵继海馆长、浙江大学档案馆办公室蓝蕾主任、浙江大学哲学系硕士研究生邹阳洋、董伟丽等,都为本书的资料搜集提供了无私帮助……我们要对所有给予帮助的人表示诚挚的感谢!

尽管书稿已经完成,由于能力和水平所限,书中挂一漏万、疏漏错误之处可能不少。浙江当代科学技术史的研究还仅仅是起步,希望我们的研究能够抛砖引玉,得到广大专家和读者的不吝指正。我们也将继续努力,把这一研究持续进行下去,期待奉献出更多水平更高的浙江当代科学技术史学术研究成果。

许为民

2013 年 12 月